Auto-Reparaturanleitung Band 1349

Smart 453
fortwo
Coupé und Cabrio

Benzinmotoren
0,9-l Turbomotor
1,0-l Motoren

Modelljahre 2015 bis 2019

bucheli verlag

IMPRESSUM

ISBN 978-3-7168-2320-0

Auto-Reparaturanleitung
Band 1349

Text und redaktionelle Bearbeitung:
Christoph Pandikow

Bilder/Zeichnungen:
Silke Pandikow; Christoph Pandikow; autoaid GmbH; Hella KGaA Hueck & Co; Bosch Presseabteilung

Herstellung: Pandikow, 65554 Limburg/Lahn

Druck und Bindung:
PBtisk a.s. Pribram
Printed in Czech Republic

Sie finden uns im Internet unter www.motorbuch.de und www.bucheli-verlag.de

1. Auflage 2022

Inhalt

450
451
453

Inhalt

Folgende Symbole verdienen im Laufe der Arbeit besondere Beachtung:

Sichtprüfung
Teil genau ansehen; besonders beachten.

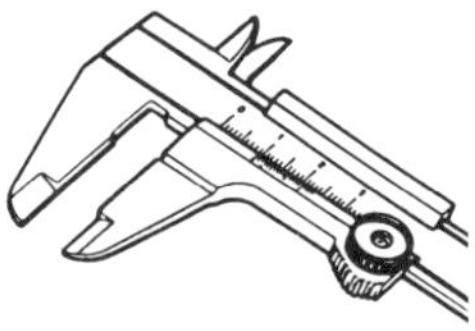

Messen
Schieblehre oder anderes Messwerkzeug nötig.

Achtung
Besondere Vorsicht geboten; Sicherheitshinweise beachten!

Tipp
Wertvoller Hinweis für einfacheres Schrauben; Erläuterung von Bauteilen und Begriffen.

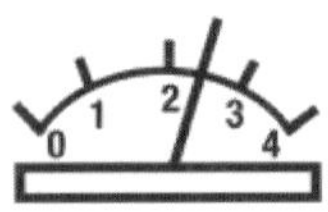

Messen mit elektr. Messgeräten
Multimeter- oder Diagnosegeräte-Einsatz erforderlich.

1 Einleitung

Arbeiten mit diesem Buch

Ein Reparaturhandbuch ist dann ein Reparaturhandbuch, wenn es bei Reparaturen zur Hand gehen kann. Es soll also helfen, Ihren Smart wieder »in die Gänge« zu bringen. Ganz klar, als blutiger Laie werden Sie nur mit einiger Hilfe gezielt arbeiten können. Bedenken Sie, dass Ihr Fahrzeug in jedem (oder zumindest in fast jedem) Teil etwas mit Sicherheit im Straßenverkehr zu tun hat. Jede einzelne Sekunde, in der Ihr Fahrzeug in Betrieb ist. Nehmen Sie die Fehler deshalb immer ernst. Gerade Anfänger übersehen oft Kleinigkeiten, die nachher durchaus größere oder zumindest schwer aufzufindende Fehler ergeben. Bei einer Fehlersuche am eigenen Fahrzeug unterhielten sich zwei angehende Kfz-Mechatroniker: »... was hast du denn zuletzt repariert?«, letztendlich fand sich dort dann auch der Fehler. Diese Anekdote zeigt sehr deutlich, dass zum einen die eigene Arbeit, zum anderen der Ablauf der Arbeiten, die Kenntnisse über den Funktionszusammenhang der Systeme und natürlich auch über die Informationsquellen, die zur Verfügung stehen, immer hinterfragt werden müssen. Dieses Buch eignet sich aber auch, um die Details Ihres Smart 453 einmal genauer unter die Lupe zu nehmen.

Wir haben den Aufbau so gestaltet, dass die Informationen praxisgerecht auf- und umgearbeitet wurden.

In den einzelnen Kapiteln wird der Umgang mit den Test- und Messgeräten genauer vorgestellt. Es handelt sich um getestete Übungen, die Sie problemlos nachvollziehen können. »An modernen Autos kann man gar nichts mehr selber machen!«, das ist ein typischer Satz, der weder richtig ist noch die motivierten Schrauber unter den Lesern von der Reparatur abhalten sollte. Betrachtet man sich die Probleme genauer, die mit der Fehlerdiagnose entstehen, stellt sich ein einfaches Prinzip heraus. Grundsätzlich sind Bauteile, deren Funktionsabläufe nachvollzogen und im wahrsten Sinne des Wortes »begriffen« werden können, leicht zu prüfen.

Elektrisches Messen
Leuchtet eine Glühlampe nicht, wird sie in der Regel demontiert und der Zustand des Glühfadens gegen das Licht kontrolliert. Über die Glühlampe, beziehungsweise ihren Aufbau, ist jedem bekannt, dass sie ohne den Glühfaden nicht funktionieren kann. Könnte man in alle Bauteile hineinsehen und den Funktionsablauf und den Aufbau auf diese Art kontrollieren, würde kaum ein Mechaniker über die immer komplizierter werdende Technik schimpfen. Hier kommt die Messtechnik zum Zuge. Es ist nämlich möglich, die Funktionsabläufe und die Funktion optisch zu überprüfen. Es ist auch möglich, das Bauteil selbst zu prüfen. Auch dafür werden keine teuren Spezialgeräte gebraucht. Sie oder Ihr Mechaniker müssen sich lediglich bereit erklären, die Technik und dazugehörige Prüfmethoden anzunehmen und gelegentlich auch etwas dazuzulernen.

Ganz klar gibt es Einschränkungen für Arbeiten, die aus Sicherheitsgründen nicht durchgeführt werden sollten. Dazu zählen Arbeiten z. B. an der Klimaanlage und am Airbagsystem.

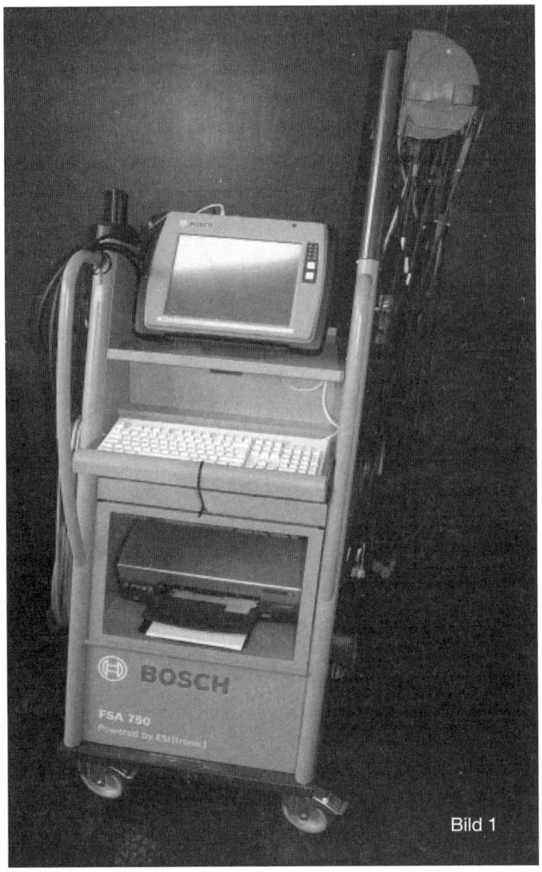

Bild 1
Bosch KTS 650/670 mit FSA 750-Modul und Abgastester.

»Die Tester kann sich keiner leisten!«, ist auch eine These, die wir widerlegen werden. Anhand der Beschreibungen der Spezialwerkzeuge und deren ungefähren Preise lassen sich hier die Kosten leicht überschauen. Die notwendige Ausrüstung ist bei den meisten Schraubern oftmals schon vorhanden. Andere Teile sind gar nicht so teuer und lassen sich sinnvoll als Geburtstagsgeschenkidee an die Lieben weitergeben. Die Aufgabe dieses Reparaturhandbuches ist es, eine Hilfestellung für Wartungsarbeiten und Reparaturen am Smart zu geben.
Das Buch wendet sich an die ambitionierten Schrauber, die mit ihrer Erfahrung Reparaturen, Wartungsarbeiten und Einstellungen an ihrem Fahrzeug vornehmen wollen. Da zu allen diesen Arbeiten ein OBD-Diagnosetester dazugehört und dieser für deutlich unter 100 Euro im günstigsten Fall erhältlich ist, wird die Arbeit anhand eines »Beispiel«-Testers dargestellt. Sie halten ein Buch in der Hand, das Lernstoff, Informationsquelle und Nachschlagewerk ist. Es soll die praktische Arbeit am Fahrzeug erleichtern, und Sie ermutigen sich »Know-how« anzueignen, auch als Ungeübter den ersten Schritt zu machen oder als Erfahrener sich recht tiefgehend mit der Diagnose auseinanderzusetzen.

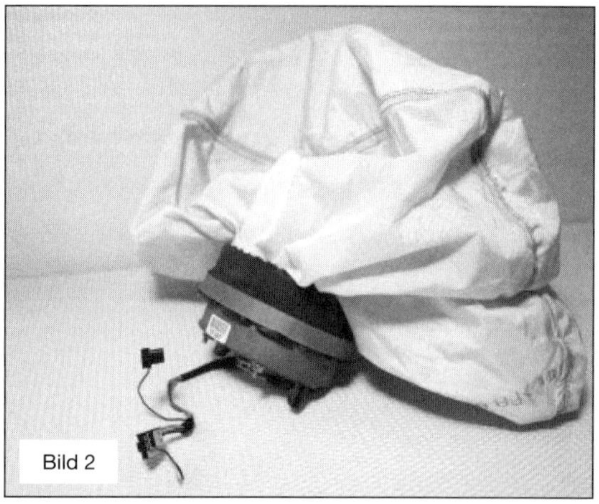

Bild 2
EXPLOSIV: gezündeter Airbag.

Bild 3
»Self-made«-Beulendoktor.

Um einen möglichst schnellen Zugriff auf die Informationen in diesem Buch zu ermöglichen, sind die technischen Daten, die zur Einstellung, Reparatur und Wartung benötigt werden, in einem separaten Kapitel zusammengefasst. Alle technischen Angaben, die speziell bei den Arbeiten benötigt werden, finden Sie natürlich auch an den entsprechenden Stellen. Die Montagearbeiten werden auf gängige Reparaturen beschränkt. Sie sollten aber immer sicherstellen, dass Sie in der Lage sind, die Reparaturen selbst durchzuführen. Ungeeignete Messgeräte oder auch fehlerhafte Handhabung eines Messgerätes können nicht nur finanzielle Folgen haben. Für die Arbeiten an Airbagsystemen ist eine spezielle Ausbildung erforderlich, die mit einem Sachkundenachweis abgeschlossen wird.

⚠ Unterlassen Sie es zu Ihrer eigenen Sicherheit, an Sitzen oder anderen Bauteilen Hand anzulegen, ohne diese spezielle Ausbildung abgeschlossen zu haben. Arbeiten an diesem System ohne Sachkunde sind GROB fahrlässig und gefährden Ihr Leben. Sollten Probleme an diesem System auftauchen, suchen Sie immer eine Werkstatt auf und erkundigen Sie sich auch darüber, inwieweit die »Airbag-Sachkunde« besteht.

⚠ In den einzelnen Airbageinheiten befinden sich zwar »kleine«, aber nicht ungefährliche Mengen an Sprengstoff. Nicht umsonst sind der Transport, der Umgang und die Lagerung gesetzlich im Sprengstoffgesetz geregelt. Die Arbeiten am Airbagsystem werden aus diesem Grunde nicht beschrieben. Es gibt aber auch so noch genügend Arbeiten, die Sie durchaus in Eigenregie angehen können.
Natürlich beschäftigt sich dieses Buch nicht nur mit Elektronik oder der reinen Montagearbeit. Auch einige Arbeiten mit den Diagnosegeräten wurden mit Praxisbezug ausgewählt und im Detail dargestellt.

Sicherheit geht immer vor

Sicherheit hat beim Heimwerken absolute Priorität. Sie sollten nur Arbeiten anpacken, die sie wirklich beherrschen. Handwerkliche Tätigkeiten, mit denen man in der Praxis bislang wenig oder gar keine Erfahrung hatte, sollte man niemals auf die leichte Schulter nehmen. Unsachgemäß ausgeführte Arbeiten können früher oder später fatale Folgen haben (Bilder 4-12).

Umgang mit Pyrotechnik-Bauteilen

⚠ Der Sicherheitsaspekt gilt insbesondere für pyrotechnische Bauteile. Diese enthalten einen Treibstoff, bei dessen Abbrand ein Gas erzeugt wird. In manchen Fällen steht für die Gaserzeugung noch zusätzlich in einem Druckbehälter gespeichertes Druckgas zur Verfügung.
Die Zündung erfolgt über elektrische/mechanische Anzünder. Bei unsachgemäßer Handhabung von Komponenten dieser Systeme kann es zu schweren Unfällen kommen. Deshalb keine Schraub- oder gar Reparaturversuche an der Sicherheitsausstattung vornehmen, sondern bei notwendigen Instandsetzungen an eine Fachwerkstatt mit Fehler-Auslesegeräten, Diagnose-Einrichtungen und geschultem Personal wenden!

⚠ Mechaniker, die an Rückhaltesystemen arbeiten, müssen spezielle Schulungen nachweisen und bei den zuständigen Behörden gemeldet sein. Pyrotechnische Bauteile dürfen auch nur im eingebauten Zustand und mit vom Hersteller frei gegebenen Diagnosesystemen geprüft werden, keinesfalls mit Prüflampe, Voltmeter oder Ohmmeter.
Nach dem Berühren von gezündeten pyrotechnischen Bauteilen: Hände waschen! Bauteile, die auf eine harte Unterlage herabgefallen sind oder Beschädigungen zeigen, dürfen nicht mehr verbaut werden.

⚠ Lagerung, Transport und Entsorgung von Airbag-, Gurtstraffer- und Batterieabtrennungseinheiten (pyrotechnische Bauteile) unterliegen der jeweiligen nationalen Gesetzgebung.

Bild 4
Gehörschutz: Bei Blecharbeiten mit Winkelschleifer u. Ä. notwendig

Bild 5
Schutzbrille: besonders beim Bohren, Schleifen und Meißeln tragen.

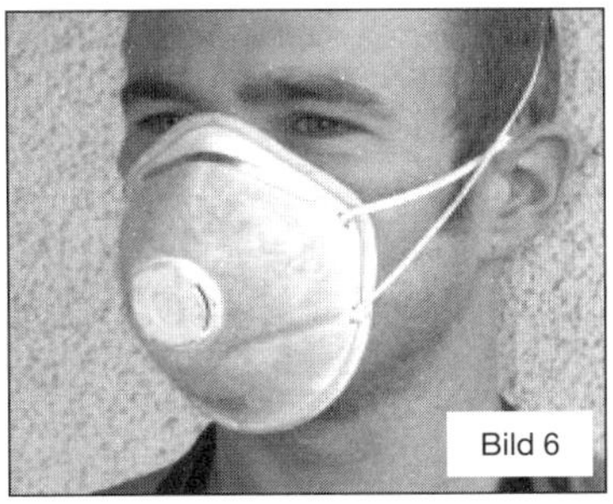
Bild 6
Atemschutzmaske mit auswechselbaren Filterelementen: Bei Arbeiten mit atemgängigen Stäuben unerlässlich.

Bild 7
Bei Arbeiten in der Grube: Unbedingt für Frischluft sorgen.

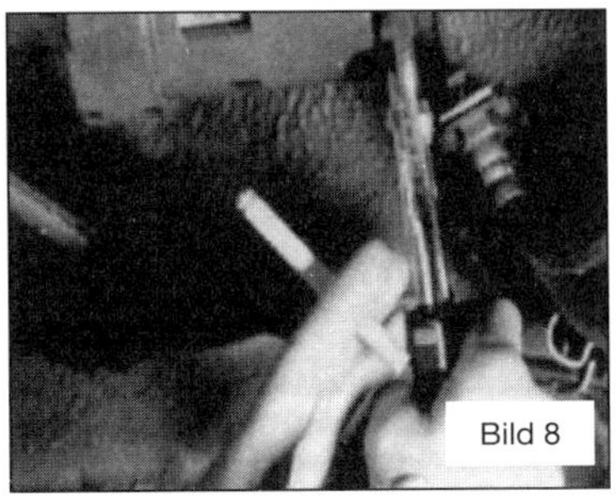
Bild 8
Nicht rauchen: Das sollte eigentlich bei Arbeiten gerade an der Kraftstoffanlage die Regel sein.

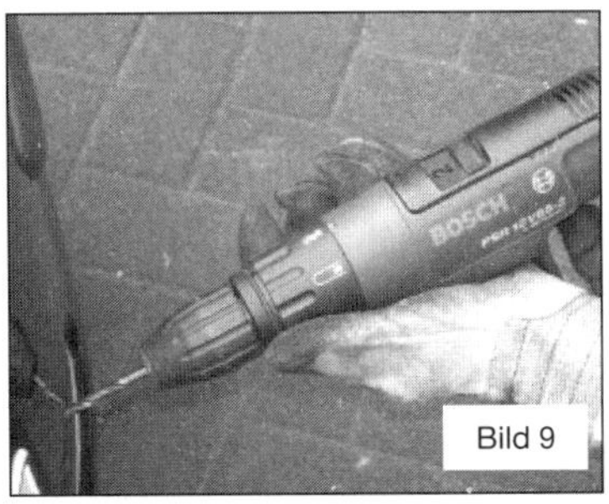
Bild 9
Arbeitshandschuhe: Bei vielen Arbeiten angebracht, beim Umgang mit Bohrmaschinen jedoch sehr gefährlich.

Bild 10
Leere Sprühdosen, Altöl, Bremsflüssigkeit u. Ä.: als Sondermüll entsorgen.

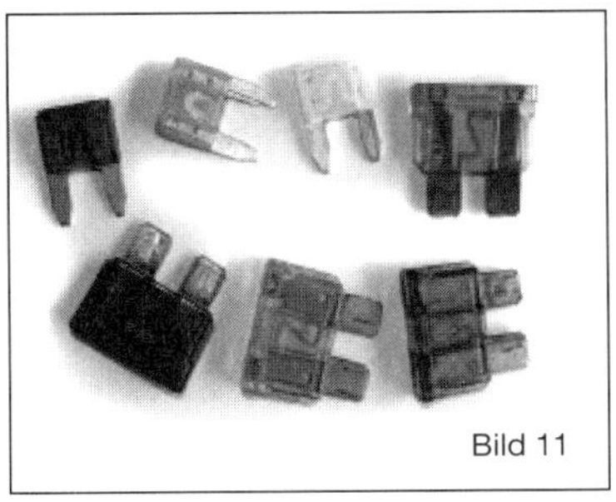
Bild 11
Durchgebrannte Sicherungen: niemals mit Alufolie, Büroklammern o. Ä. flicken.

Bild 12
Hochspannung: Vorsicht bei laufendem Motor oder eingeschalteter Zündung.

Umgang mit Bauteilen der Klimaanlage

Für das Kfz-Gewerbe sind z. B. auf europäischer Ebene zahlreiche relevante Gesetze erlassen worden. National ist z. B. in der BRD zusätzlich zur Präzisierung der europäischen Gesetzgebung ab dem 1. August 2008 die Chemikalien-Klimaschutzverordnung in Kraft getreten.

- Verordnung (EG) Nr. 1005/2009
- Verordnung (EG) Nr. 842/2006
- Verordnung (EG) Nr. 706/2007
- Verordnung (EG) Nr. 307/2008
- Richtlinie 2006/40/EG
- Chemikalien-Klimaschutzverordnung, Kreislaufwirtschafts- und Abfallgesetz (für die BRD)

Alle Personen, die an Kraftfahrzeug-Klimaanlagen Wartungs- und Reparaturarbeiten durchführen, müssen eine Schulung oder ein Trainingsprogramm besucht haben und die Sachkunde nachweisen (Sachkunde-Nachweis).

⚠ Beim unkontrollierten Druckablassen besteht Gefahr durch Vereisung. Hieraus können schwerwiegende Verletzungen entstehen (Gefrierbrand ist nicht nur bei Grillfleisch unschön!). Bei nicht entleertem Kältemittelkreislauf tritt Kältemittel aus. Das Kältemittel ist vor dem Öffnen des Kältemittelkreislaufs abzusaugen. Wird der Kältemittelkreislauf nach dem Absaugen innerhalb 10 Minuten nicht geöffnet, kann durch Nachverdampfung Druck im Kältemittelkreislauf entstehen. Das Kältemittel muss dann nochmals abgesaugt werden. Alle geöffneten Bauteile des Kältemittelkreislaufs sind gegen Eintritt von Luftfeuchtigkeit mit geeigneten Verschlussstopfen zu verschließen. Es ist verboten beim Betrieb, bei Instandsetzungsarbeiten und bei Außerbetriebnahme von Erzeugnissen, die Kältemittel enthalten, entgegen dem Stand der Technik, die in ihnen enthaltenen Stoffe in die Atmosphäre entweichen zu lassen.

Bild 13

Bild 13
Achtung Stromschlag! Restladungen und Induktionsspannungen können gesundheitsgefährdend sein.

Verletzungsgefahr durch automatischen Motorstart bei Fahrzeugen mit Start-Stopp-System

Bei Fahrzeugen mit aktiviertem Start-Stopp-System (erkennbar an einer Meldung im Schalttafeleinsatz) kann der Motor bei Bedarf automatisch starten.

☞ Deshalb sicherstellen, dass bei Arbeiten am Fahrzeug das Start-Stopp-System deaktiviert ist (Zündung ausschalten, bei Bedarf Zündung wieder einschalten).

Verletzungsgefahr bei Arbeiten an der elektrischen Anlage

Nicht nur die schon angesprochene Zündanlage birgt einige Überraschungen, die Sie in ungünstigen Situationen oder bei körperlichen Vorschäden leicht in Lebensgefahr bringen können. Im Gegensatz zur Hauselektrik sind keine »Personenschutzschalter« vorgesehen. Ziehen Sie grundsätzlich nicht leitende Handschuhe an, wenn Sie an Bauteilen arbeiten, deren Ladungszustand Sie nicht kennen.

HV-System im E-Smart

Der Smart ED **E**lectric**D**rive oder später »EQ« ist ein rein elektrisch betriebenes Fahrzeug. Für die Arbeiten an Elektrofahrzeugen ist ein besonderer Lehrgang erforderlich. Zumindest für alle Arbeiten, die einen Eingriff in oder um das Hochvoltsystem erforderlich machen. Für diese Fahrzeuge wird noch ein gesonderter Band mit den Besonderheiten zu Antrieb, Komponenten und den Arbeiten daran erscheinen.

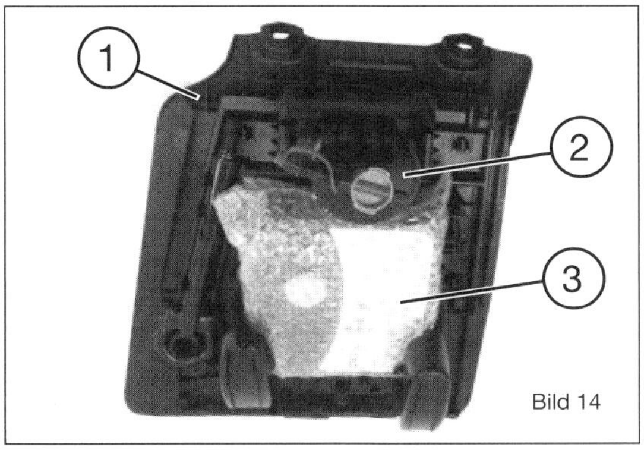

Bild 14

Bild 14
Beifahrer Fußstütze:
1 Fußstütze (von hinten)
2 Reifenfüllmittel
3 Kompressor

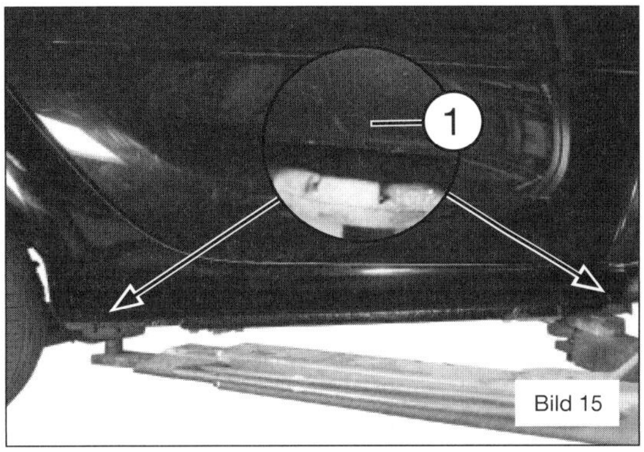

Bild 15

Bild 15
Aufnahmepunkte für Hebebühne und Wagenheber.
1 Markierung am Schweller

Richtiges Aufbocken

Wie bei vielen modernen Fahrzeugen wurde anstatt des Ersatzrades ein Pannenset mit elektrischem Kompressor verwendet. Platz für ein Reserverad ist werkseitig wie schon bei den Vorgängermodellen nicht eingeplant. Im Pannenset im Beifahrerfußraum ist nicht genug Platz, um einen Wagenheber unterzubringen. Soll trotzdem ein kleiner Wagenheber das Bordwerkzeug ergänzen, kann er lediglich hinter den Sitzen, am besten mit Klettverschluss am Teppich, befestig werden. Die Anschaffung eines entsprechenden Wagenhebers (Rangierwagenhebers) ist in jedem Fall sinnvoll. Am besten mit einer Gummiauflage, um die eine Beschädigung der Schwellerkante beim Anheben zu verhindern.

Hubwerkzeug

⚠ Bei kleineren Arbeiten bei angehobenem Fahrzeug mit dem Wagenheber, z. B. dem Wechseln der Bremsbeläge, soll das angehobene Fahrzeug aus Sicherheitsgründen unbedingt mit Unterstellböcken abgestützt sein.
Die beste Möglichkeit zum Anheben Ihres Fahrzeugs ist natürlich eine Hebebühne.

☞ Um Beschädigungen am Fahrzeugboden bzw. ein Abkippen des Fahrzeugs zu vermeiden, darf das Fahrzeug nur an den vorgesehenen, mit einer Eindrückung markierten und extra verstärkten Aufnahmepunkten (Bild 15) am Unterholm angehoben. werden. Diese Stellen sind erkennbar am Schweller mit einem Dreieck markiert. Der Wagen darf keinesfalls an der Motorölwanne, am Getriebe oder an den Achsen angehoben werden, da sonst schwerwiegende Schäden eintreten können.

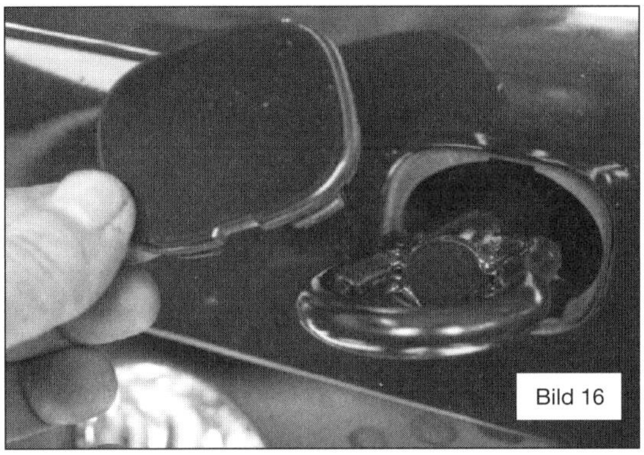
Bild 16

Bild 16
Einschrauben der Abschleppöse vorne.

Bild 17

Bild 17
Einschrauben der Abschleppöse hinten.

An- und Abschleppen

Bei manchen Pannen muss das Fahrzeug abgeschleppt werden. Anschleppen weil der Motor nicht anspringen will, sollte man nur, wenn keine Möglichkeit besteht, den Motor mit Starthilfekabeln zu starten.

⚠ **Fahrzeuge ohne Schmiermittel** im Schaltgetriebe oder mit Automatikgetriebe dürfen nur mit angehobenen Antriebsrädern abgeschleppt werden.

☞ Das Anschleppen von Fahrzeugen mit **automatischem Getriebe** zum Starten des Motors ist aus technischen Gründen nicht möglich. Beim Abschleppen von Fahrzeugen mit automatischem Getriebe muss der Wählhebel in Position »N« sein, und es darf nicht weiter als 50 km und nicht schneller als 50 km/h geschleppt werden, da sonst das Getriebe zerstört wird. Grundsätzlich ist es natürlich auch hier besser, zumindest die Antriebsachse anzuheben.

Zum An- und Abschleppen sollten Kunstfaserseile oder Seile aus ähnlich elastischem Material verwendet werden. Sicherer ist eine Abschleppstange. Beim Abschleppen dürfen keine unzulässigen Zugkräfte und keine stoßartigen Belastungen auftreten. Seil oder Stange dürfen nur an den vorgesehenen Abschleppösen vorn oder hinten angebracht werden. Die einschraubbare Öse befindet sich im Bordwerkzeug, die Einschraubgewinde werden nach Entfernen einer kleinen Abdeckung in den Stoßfängerverkleidungen vorn und hinten zugänglich. Von Hand eindrehen, mit durchgestecktem Radschraubenschlüssel festziehen.

Bei Schleppmanövern abseits regulärer Straßen besteht die Gefahr, dass die Befestigungsteile überlastet werden. Wird ein Abschleppseil verwendet, muss der Fahrer des ziehenden Wagens beim Anfahren und Schalten besonders weich einkuppeln. Der Fahrer des gezogenen Wagens hat darauf zu achten, dass das Seil straff gehalten wird. An beiden Fahrzeugen die Warnblinkanlage einschalten. Die Zündung muss eingeschaltet sein, damit das Lenkrad nicht blockiert ist und Blinkleuchten, Hupe und Scheibenwischer bei Notwendigkeit eingeschaltet werden können. Da der Bremskraftverstärker nur bei laufendem Motor arbeitet, muss ggf. das Bremspedal kräftiger getreten werden. Beim Anschleppen von Fahrzeugen mit Schaltgetriebe ist Folgendes zu beachten:

- Vor dem Anschleppen 2. oder 3. Gang einlegen, Kupplung halten.
- Zündung einschalten, damit das Lenkrad nicht blockiert und Blinkleuchten, Hupe sowie Wisch-/Waschanlage benutzt werden können.
- Kupplungspedal loslassen, wenn beide Fahrzeuge in Bewegung sind.
- Sobald der Motor angesprungen ist, Kupplung treten und Gang herausnehmen, um Auffahren auf das Zugfahrzeug zu vermeiden.

Einige Kniffe für Schrauber

Eine unlösbare Verschraubung oder eine abgerissene Schraube haben schon manchen Heimwerker von seinem Reparaturvorhaben wieder abgebracht. Unsere Hinweise sollen helfen, ungewohnte Arbeiten durchzuführen.

Passendes Werkzeug

Achten Sie gerade dann, wenn Verschraubungen schlecht zugänglich sind oder schon erkennbare Korrosionsschäden haben, auf passgenaues Werkzeug. Nichts ist ärgerlicher, als eine unnötige Mehrarbeit selbst verschuldet zu haben.

Verrostete Verschraubungen lösen

- Die freiliegenden Gewindegänge des Gewindebolzens von Rost und Schmutz befreien.
- Gewinde mit einer Drahtbürste säubern und anschließend mit Rostlöser besprühen.
- Bei Schnell-Rostlösern die Mutter sofort losdrehen.
- Bei anderen Rostlösern etwas warten.
- Wenn die Kanten einer Mutter bereits rund gedreht sind, oder wenn Rost die Anlageflächen deformiert hat, helfen nur noch Hitze oder Gewalt.
- Erwärmen Sie die Verschraubung.
- Gripzange verwenden. Damit lässt sich die Mutter fest greifen und oft losdrehen.
- Hilft das nicht weiter, wird ein scharfer Meißel angesetzt und die Mutter aufgemeißelt.
- Eine gut zugängliche Mutter kann auch entlang des Gewindes mit einer Metallsäge aufgesägt werden. Werkstätten benutzen einen Mutternsprenger.

Innensechskant- und Innenvielzahnschrauben lösen

- Das Schraubenloch muss von jeglichem Schmutz gesäubert sein, ehe das Werkzeug angesetzt wird.
- Am besten eignen sich Steckeinsätze mit langem Sechskant oder Vielzahn (Torx).
- Im Gegensatz zu Winkelschlüsseln, bei denen die Kraft schräg ansetzt, vertragen die Steckeinsätze einen Hammerschlag auf der Adapterseite mit dem Vierkant. Der Schlag lockert den Sitz der Schraube und erleichtert merklich das Lösen.

Schlitz- und Kreuzschlitzschrauben lösen

Schrauben können so fest sitzen, dass sie sich nicht mehr mit dem Schraubendreher herausdrehen lassen. Bei Kreuzschlitzschrauben dreht sich der Schraubendreher auch bei starkem Druck auf den Griff aus dem Kreuzschlitz heraus. Nach einigen erfolglosen Versuchen ist der Schlitz vermurkst, die Schraube ist praktisch unlösbar.

- Stabilen Schraubendreher ansetzen und mit kräftigem Hammerschlag auf das Griffende versuchen die Schraubverbindung zu lösen. Meistens bricht die mit dem Kopf fest korrodierte Schraube los. Sie lässt sich dann normal herausdrehen.
- Hilft der kräftige Hammerschlag nichts, muss ein Schlagschrauber her. Bei jedem Schlag auf dessen Griffoberseite wird der Schraubendrehereinsatz unter Druck ein wenig weitergedreht.

Blechschrauben ausbohren

Lässt sich in einem Schraubenkopf kein Werkzeug mehr ansetzen, hilft nur noch Ausbohren.

- Erst entfernt man mit einem passenden Bohrer den Schraubenkopf. Eventuell mit einem kleineren Bohrer vorbohren.
- Das Gewindeteil lässt sich jetzt entweder durchstoßen oder mit einer Zange von der Rückseite abnehmen.
- Andernfalls mit einem dünnen Bohrer das Gewindeteil ausbohren. Den Bohrerdurchmesser nicht zu groß wählen, sonst hält später nur eine dickere Blechschraube.

Stehbolzen lösen und festdrehen

- Anlagefläche für Schraubenschlüssel schaffen.
- Auf dem freien Gewindeteil zwei Muttern fest gegeneinander drehen (kontern).
- An den blockierten Muttern den Schraubenschlüssel ansetzen und den Bolzen lösen.

Abgerissene Schrauben ausbohren

Das Gegengewinde, in dem die abgerissene Schraube steckt, sollte möglichst wenig Schaden nehmen.

- Körnerschlag auf Schraubenrestmitte.
- Bis Schraubengröße M8 mit einem Kernlochbohrer arbeiten. Das ist der Durchmesser einer Schraube ohne Gewindeflanken.

Bild 18

Bild 18
Genaues Bohren ist erforderlich, um die Bauteile nicht zu beschädigen.

Bild 19

Bild 19
Gewindeschneiden mit Vorsicht und Bedacht.

Faustregel: Gewindedurchmesser multipliziert mit 0,8.

- Schrauben größer als M8 mit einem dünneren Bohrer vorbohren.
- Wenn sich die Metallreste nicht mit einer Reißnadel aus den Gewindegängen entfernen lassen, Gewinde nachschneiden.

Gewinde schneiden

Hat das Metall noch genug Substanz, kann ein größeres Gewinde eingeschnitten werden. Andernfalls muss eine Gewindebuchse eingesetzt werden.

Das Nach- oder Neuschneiden von Gewinden geht in drei Stufen vor sich. Die entsprechenden Gewindeschneider heißen Vorschneider (mit einem Ring am Schaft gekennzeichnet), Mittelschneider (zwei Ringe am Schaft) und Fertigschneider (drei Ringe oder ohne Kennzeichnung).

- Gewindeschneider nacheinander unter ständigem Ölen in das vorgebohrte Kernloch hinein- und wieder herausdrehen.
- Beim Hineindrehen ab und zu absetzen und ein Stück zurückdrehen. Sonst werden die Metallspäne zu lang und klemmen.

Bild 1
a Überhang vorne
b Achsabstand
c Überhang hinten
d Fahrzeughöhe

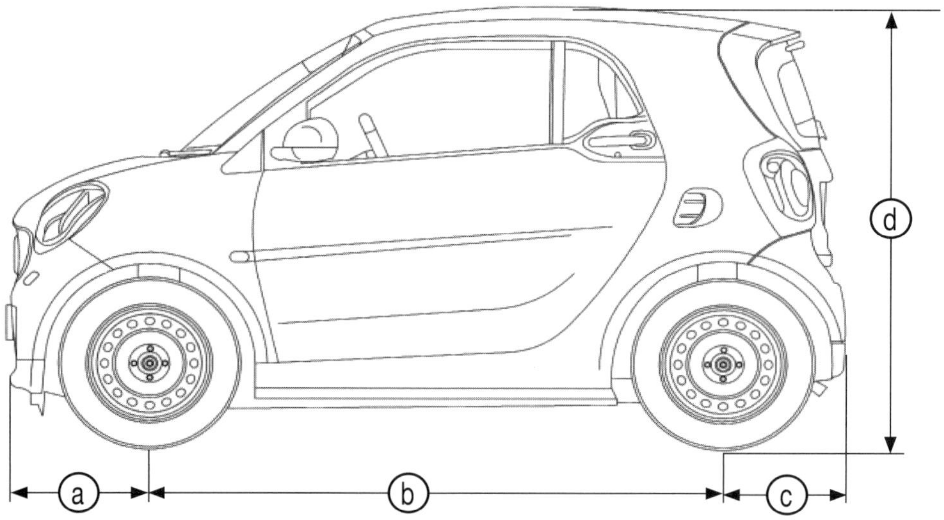

Bild 1

Bild 2
e Spurweite vorne
f Radstand vorne

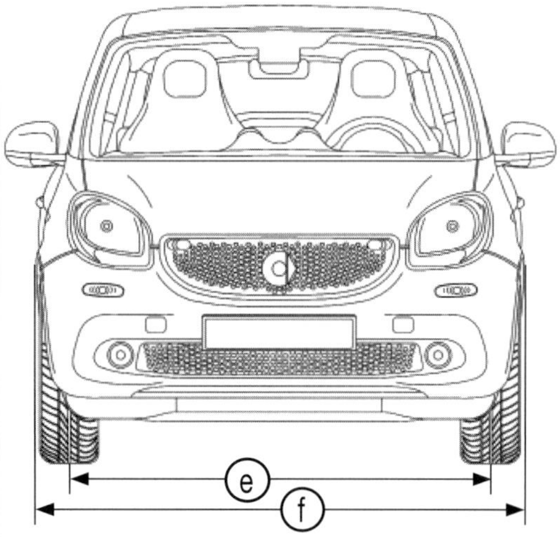

Bild 2

Bild 3
g Spurweite hinten

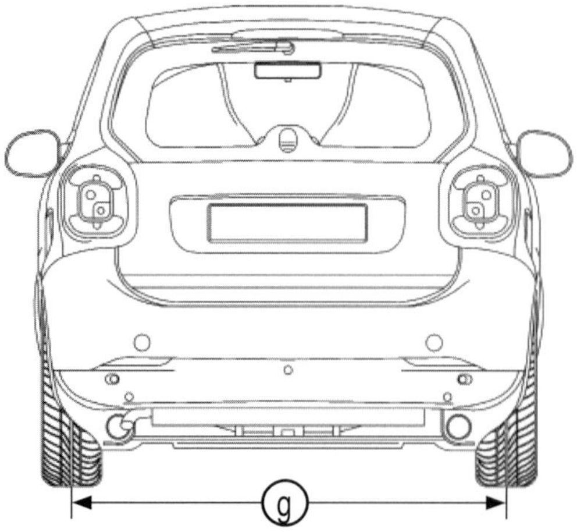

Bild 3

2 Modell

Modellvorstellung

Der Smart 453 ist ein Kleinwagen, der längst nicht nur als ein beliebiges Transport- oder Fortbewegungsmittel angesehen wird. Kein verblüffender Kofferraum oder ein komfortables Platzangebot, nicht mal herausragende Fahrwerte oder übermäßiger Komfort zeichneten schon das Urmodell des Smart aus. Die knuffige Optik des Smart und geringen Betriebskosten machten ihn zum Kultobjekt, das es bis heute kennzeichnet.

Nach den beiden Vorgängern 450 und 451 ist auch der 453 deutlich gewachsen. Die Basis der Antriebstechnik stammt aus dem durchaus erwachsenen und zuverlässigen Renault Baukastensystem. Natürlich bei Smart mit Motorkennung nach dem Mercedessystem versehen.

Schon zwischen dem 450er- und dem 451er-Modell lagen deutliche Zugewinne in den Abmessungen aber auch in der Verarbeitungsqualität. Der 453 folgt genau diesem Muster und ist neben dem deutlichen Zuwachs in Sachen Abmessungen auch in Sachen Assistenzsystemen in der Gegenwart angekommen. Klassische Mängel im Cabrio wie dem »brüllenden« Verdeck ab 140 km/h sind auch nur in dieser Modellreihe wirklich auffällig. Wir werden versuchen, auch diesen Mangel mit einfachen Mitteln zumindest etwas abzumildern.

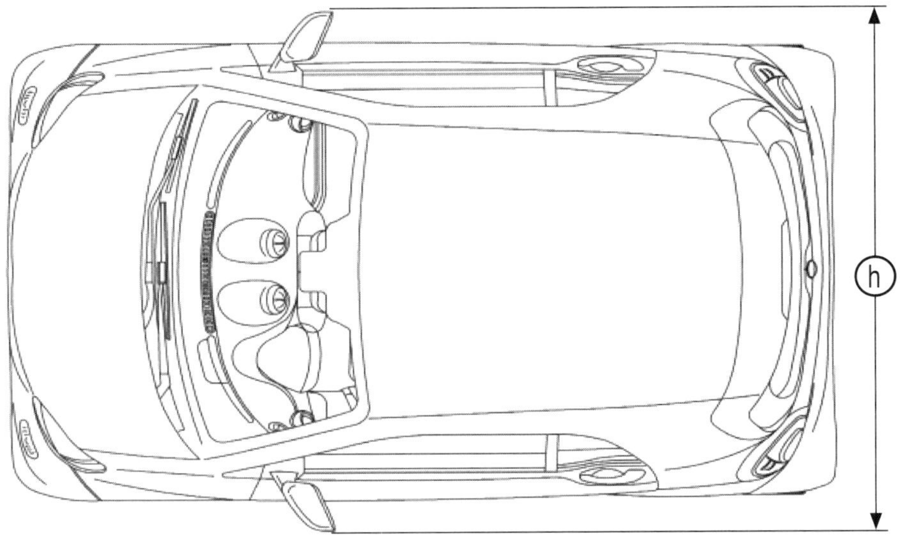

Bild 4

Bild 4
h Fahrzeugbreite im Bereich der Spiegel

Abmessungen

Kürzel	Bezeichnung	Abmessung
a	*Überhang vorne*	424 mm
b	*Achsabstand*	1873 mm
c	*Überhang hinten*	398 mm
d	*Fahrzeughöhe*	ca. 1555 mm
e	*Spurweite vorne*	1469 mm
f	*Radstand vorne*	1663 mm
g	*Spurweite hinten*	1430 mm
h	*Fahrzeugbreite im Bereich der Spiegel*	1888 mm

Assistenzsysteme

Fahrassistenzsysteme gehören heute zu fast jeder Ausstattungsliste der Fahrzeuge in diesen Baujahren. Auch im Smart 453 finden Sie Systeme, die in der ersten Modellreihe nicht denkbar waren. Je nach Ausstattung unterschiedliche Systeme und Funktionen, die aus Verknüpfungen der Systeme entstehen.

Das Start-Stopp-System

Eine weitere Besonderheit der technischen Ausrüstung ist das Start-Stopp-System. Die Start-Stopp-Funktion ist recht leicht vorstellbar. Über das Bordnetzsystem lässt sich natürlich auch die Nutzung des Fahrzeuges erkennen. Entsprechend wird bei aktiviertem System und einer Haltephase der Motor abgestellt. So wird zum einen Kraftstoff und zum anderen eine CO^2-Senkung realisiert. Bei diesen Fahrzeugvarianten ist ein verstärkter Starter verbaut.

Sicherheitssysteme

Airbagsystem:
Zur Serienausstattung des Smart 453 zählen je ein Full-Size-Airbag für Fahrer und Beifahrer sowie ein Seiten-Airbag auf der Fahrer- und Beifahrerseite. Die Airbags im Lenkrad und in der Instrumententafel werden ausgelöst, wenn ein Aufprall entsprechender Stärke von vorn erfolgt und die Kollisionskräfte innerhalb eines 60°-Winkels wirken. Die Seiten-Airbags werden durch den jeweiligen Crash-Sensor einzeln, je nach Aufprall von links oder rechts, ausgelöst. Die Sensoren zur Erfassung der Seitenaufprallbeschleunigung befinden sich links und rechts im Innenschweller im Bereich der B-Säulen. Das zentrale Steuergerät mit seinen Sensoren befindet sich mittig am Querträger unter der Instrumententafel.

Reifendruckkontrolle:
Im Smart 453 ist ein »passives« System verbaut, das nicht den Druck über Sensoren im Rad erfasst, sondern über die ABS-Sensoren den Radabrollumfang.

ISOFIX Kindersitzbefestigung:
Der Beifahrersitz kann als Sonderausstattung für die Verwendung von ISOFIX Kindersitzen vorbereitet werden. Es sind dann Halteösen angeschweißt, an denen Kindersitze einfach und crashsicher befestigt werden können. Dazu kann dann auch der Beifahrerairbag mit dem Fahrzeugschlüssel und einem Schlossschalter auf der Beifahrerseite deaktiviert werden. Die Abschaltung

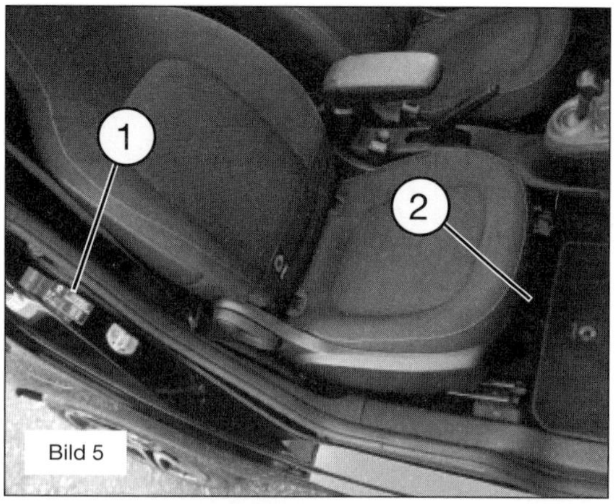

Bild 5
Einbaulage des Typenschildes und der Fahrgestellnummer:
1 Typenschild
2 Fahrgestellnummer (eingeschlagen)

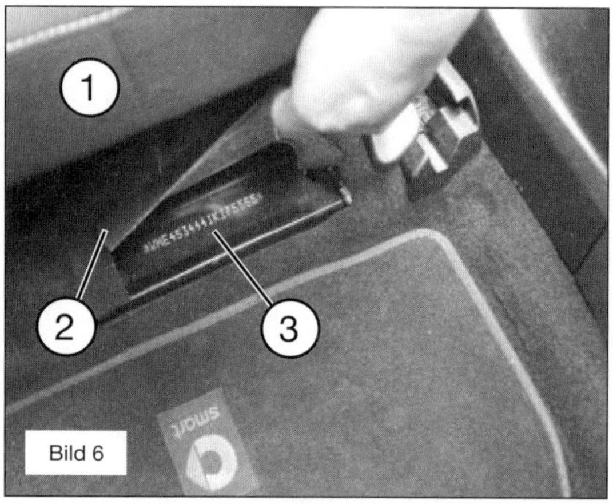

Bild 6
Fahrgestellnummer beim Smart 453:
1 Beifahrersitz
2 Teppich im Fußraum
3 Fahrgestellnummer (eingeschlagen)

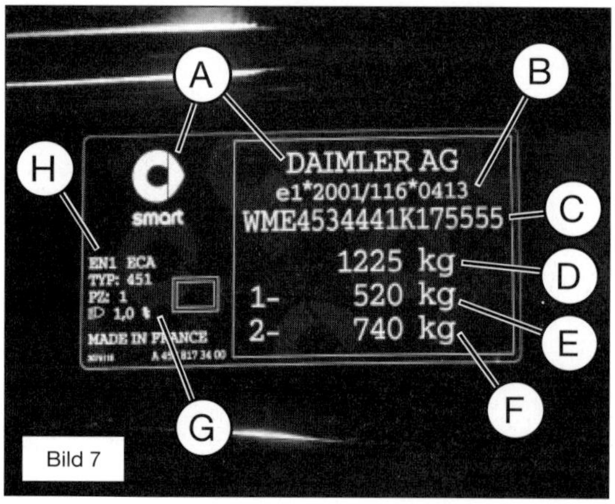

Bild 7
Typenschild im Beifahrereinstiegbereich:
A Hersteller
B EG-Zulassungsnummer
C Fahrgestellnummer
D Zulässiges Gesamtgewicht
E Achslast vorne
F Achslast hinten
G Abblendung Hauptscheinwerfer vorne
H Farbnummer

wird im Dachrahmen hinter der Innenbeleuchtung mit einer »Airbag Off Kontrollleuchte« quittiert.

Bremssysteme:
Auch das Bremssystem ist gegenüber der Vorgängerreihe weiterentwickelt worden. Das Bremssystem verfügt über EBD (Electronic Brake Force Distribution), die elektronische Bremskraftverteilung auf Vorder- und Hinterräder, ESP (Electronic Stability Program) ist die elektronische Kontrolle der Fahrzeugstabilität und ergänzend der Hill Holder (mit ESP), der das Bremsen und Anfahren auf geneigten Straßen ohne Hilfe der Handbremse erlaubt.
Der HBA (Hydraulic Brake Assistance) ist der elektrohydraulische Bremsassistent, der automatisch den Druck des Bremskreises während einer Notbremsung (mit ESP) erhöht.

Elektrische Servolenkung
Neben der mechanischen Lenkung, die es nur in der Basisversion gab, wird ein elektrisches Lenksystem verbaut. Das EPS (Electric-Power-Steering) übernimmt neben der Lenkkraftunterstützung auch die Anpassung der Lenkkräfte an die tatsächlichen Anforderungen und die Fahrgeschwindigkeit auch die aktive Lenkrückstellung. Es gibt keine hydraulischen Komponenten mehr.

Identifizierung

Fahrgestellnummer (2 im Bild 5)
Die Fahrzeug-Identifizierungsnummer (3 im Bild 6) befindet sich rechts im Fußraum vor dem Beifahrersitz (1) und auf der Beifahrerseite und auf dem Typenschild. Im Bild 7 ist sie mit dem Buchstaben (C) gekennzeichnet.

Aufschlüsselung der Fahrzeug-Identifizierungsnummer (FIN):

FIN	Bedeutung
WME	Herstellerzeichen
453	Baureihe
4	Karosserieform (3= Coupé, 4 = Cabriolet)
44	Motorcode
1	Lenkung (1 = Linkslenker, 2 = Rechtslenker)
K	Produktionsstätte
175555	Laufende Nummer

Das Typenschild (1 im Bild 5)
Das Fahrzeugtypenschild ist smarttypisch im Türeinstieg der Beifahrerseite aufgeklebt. Dort können Sie den Hersteller (A im Bild 7), die EG-Betriebserlaubnisnummer (B), die Fahrgestellnummer (C) sowie variable Angaben wie z. B. zulässiges Gesamtgewicht

(D), die Achslasten vorne (E) und hinten (F), aber auch die Scheinwerferabblendung (G) und den Lackcode (H) ablesen.

Die Farbnummer (Bild 7)
Die Plakette für den originalen Farbton (H im Bild 7) der Karosserie ist auf dem Typenschild im Türeinstieg der Beifahrerseite vermerkt (H). Um die Lackstiftbestellung zu erleichtern, notieren Sie das dreistellige Kürzel in Ihrem Serviceheft oder im Kapitel 17 am Ende dieses Bandes.

Die Motornummer (Bild 8)
Die Motornummer finden Sie als Einschlag oder Fräszahlen auf einer Fläche von hinten auf dem Motorblock. Sie ist von unten in Fahrtrichtung hinten über der Ölwanne einzusehen, meist aber schlecht lesbar. Notieren Sie sich diese Nummern und Zahlenfolge zur besseren zukünftigen Zugänglichkeit möglichst vorne in Ihrem Serviceheft oder im Kapitel 17 am Ende dieses Bandes.

Die Getriebekennnummer (Bild 9)
Die Getriebekennzeichnung kann an zwei unterschiedlichen Stellen erfolgen. Zum einen finden Sie die Kennnummer eingeschlagen im Bereich des Schwungrad-(Kupplungs-) Gehäuses. Zum anderen ist oft ein Aufkleber von unten vorne ersichtlich angebracht. Der Aufkleber ist oft kaum noch oder zumindest schlecht lesbar. Notieren Sie sich auch diese Nummern und Zahlenfolge in Ihrem Serviceheft.

Servicevorgaben

Für die meisten Smart dieser Modellreihe dürfte ein Serviceheft in Papierform der Vergangenheit angehören. Sicherlich ist so der Service für die Smart-Partner recht leicht nachzuvollziehen. Ohne den passenden Zugang ist der Servicestand aber leider nicht im Detail nachvollziehbar. Gerade dann, wenn Sie die Wartung in eigener Regie durchführen, kann es sinnvoll sein ein eigenes Wartungsheft zu führen oder unseren Wartungsplan als Vorlage zu kopieren.

Bild 8

Bild 8
Von hinten am Block sichtbar:
1 Motorkennung und Motornummer

Bild 9

Bild 9
Von unten an der Kupplungsglocke sichtbar.
1 Getriebekennung und Getriebenummer
(am Schaltgetriebe auf dem Gehäuse).

Bild 10

Bild 10
Serviceanzeige im Farbdisplay des Smart bei überschrittenem Wartungstermin.

Anzeige im Tachodisplay
Beim Smart 453 wird die Fälligkeit der Wartung über das Tachometerdisplay (Bild 10) angezeigt. Das Intervall ist abhängig vom Ablauf der Zeit (1 Jahr) bei angeklemmter Batterie oder einer Laufleistung von 20.000 km.

Service steht demnächst an:
Wenn Wartung oder Ölwechsel innerhalb der nächsten 1500 km oder 30 Tagen erforderlich sind, erscheint die Servicemeldung

Sichtprüfung Messen

Bild 11
Fahrgestellnummer beim Smart 453:
1 Beifahrersitz
2 Teppich im Fußraum
3 Fahrgestellnummer (eingeschlagen)

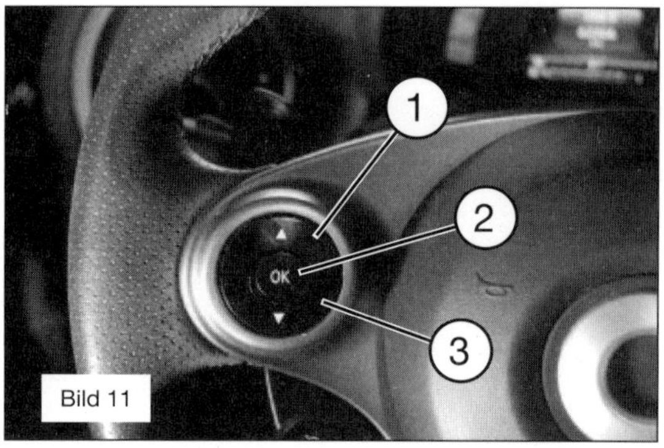

(1 im Bild 7) selbstständig für einige Sekunden beim Einschalten der Zündung.

Service ist überfällig:
Wird der Servicetermin über 1000 km oder 30 Tage überschritten, erscheint die Fälligkeit als Servicemeldung (Bild 10) selbstständig. Je nach Serviceart blinkt der Schraubenschlüssel im Display. Wenn die Laufleistung überschritten wurde, wird die überfällige Strecke in Kilometern als negative Zahl angezeigt. Bei Überschreiten des Zeitlimits werden die Anzahl der überfälligen Tage als negative Zahl angezeigt.

Servicestatus bei Fahrzeugen mit monochromem Display abfragen:
- Schalten Sie die Zündung ein.
- Drücken die Funktionstaste »Blättern« auf dem Lenkstockhebel rechts bis zum Menüpunkt »Meldungen und Service« im Display.
- Bestätigen Sie die Auswahl mit der »OK«-Taste auf dem rechten Lenkstockhebel.
- Notieren Sie, ob im Display ein oder zwei Schraubenschlüssel angezeigt werden sowie die angezeigte Fälligkeit.

Servicestatus bei Fahrzeugen mit Farbdisplay abfragen:
- Schalten Sie die Zündung ein.
- Wählen Sie über die Lenkradtasten (1 und 3 im Bild 11) den Menüpunkt »Meldungen und Service« im Display an. Mit den beiden Pfeiltasten können Sie sich aufwärts oder abwärts in den Menüpunkten bewegen.
- Bestätigen Sie die Auswahl mit der »OK« (2) -Taste auf dem Multifunktionslenkrad.
- Notieren Sie, ob im Display ein oder zwei Schraubenschlüssel angezeigt werden sowie die angezeigte Fälligkeit.
- Bestätigen Sie die Auswahl mit der »OK«-Taste auf dem Multifunktionslenkrad.

Notieren Sie, ob im Display ein oder zwei Schraubenschlüssel angezeigt werden sowie die angezeigte Fälligkeit.

Rücksetzen der Serviceanzeige

⚠ Grundsätzlich sollten Sie die Servicemeldungen nur dann zurücksetzen, wenn Sie die Servicearbeiten durchgeführt haben. Auch wenn Sie die Servicearbeiten in Eigenregie durchführen, sollten Sie die Arbeiten im Serviceplan eintragen und den Umfang dokumentieren, um nachvollziehen zu können, welche Arbeiten anliegen oder noch erledigt werden müssen.

Rücksetzen mit dem Diagnosetester:
☞ Die Servicerückstellung ist über einen Werkstatttester nicht vorgesehen.

Rücksetzen ohne Diagnosetester bei Fahrzeugen mit monochromem Display:
- Schalten Sie die Zündung ein.
- Fragen Sie den Servicestatus wie bereits beschrieben ab.
- Bleiben Sie in dem Menüpunkt »Meldungen und Service« im Display.
- Drücken Sie die »OK«-Taste so lange, bis die Serviceanzeige blinkt.
- Halten Sie die Taste für weitere 20 Sekunden gedrückt.

Nach der erfolgreichen Rückstellung wird die neue Laufzeit in Tage und Kilometern angezeigt.
- Schalten Sie die Zündung wieder aus.
- Kontrollieren Sie die erfolgte Rücksetzung wie bereits unter »Servicestatus abfragen« beschrieben.

Rücksetzen ohne Diagnosetester bei Fahrzeugen mit Farbdisplay:
- Schalten Sie die Zündung ein.
- Fragen Sie den Servicestatus wie bereits beschrieben ab.
- Bleiben Sie in dem Menüpunkt »Meldungen und Service« im Display.
- Drücken Sie die »OK«-Taste im Multifunktionslenkrad so lange, bis die Serviceanzeige blinkt.
- Halten Sie die Taste für weitere 20 Sekunden gedrückt.

Nach der erfolgreichen Rückstellung wird die neue Laufzeit in Tage und Kilometern angezeigt.

■ Schalten Sie die Zündung wieder aus.
■ Kontrollieren Sie die erfolgte Rücksetzung wie bereits unter »Servicestatus abfragen« beschrieben.

Wartung nach Plan

Smart schreibt Wartungsintervalle von 20.000 km vor. Fahrzeuge, die überwiegend auf Kurzstrecken oder im Anhängerbetrieb eingesetzt werden und solche, die besonderen Belastungen wie staubreicher Umgebung ausgesetzt sind, sollten die Wartungsintervalle auf 10.000 km verkürzt werden. Wir haben hier einen eigenen Wartungsplan erstellt, der (angelehnt an den originalen Wartungsplan) die Arbeitsschritte in einen Arbeitsablauf integriert.

Die drei Spalten im Wartungsplan beschreiben die erforderlichen Arbeiten.

Die folgenden Seiten können Sie durchaus auch als Kopiervorlage für die »Wartung in Eigenregie« nutzen. In der Spalte Bemerkung können Sie Auffälligkeiten oder auch die Haltbarkeit von Verbandskasten oder Reifenfüllset vermerken.

Regelmäßige Kontrollen
Hier beschreiben wir die Arbeitsschritte, die Sie zwischendrin z. B. beim Tanken oder bei der Fahrzeugreinigung kontrollieren sollten:

Arbeitsschritte	Bemerkung	OK / Defekt
Scheibenwaschwasser auffüllen. Scheibenwischer und Waschanlage prüfen.		
Wasserablauf im Wasserkasten prüfen. Blätter und Blütenreste		
Motorölstand und Kühlflüssigkeit prüfen eventuell nachfüllen.		
Kontrollleuchten, Standlicht, Abblend- und Fernlicht prüfen.		
Bremsleuchten, Blinker und Warnblinker sowie das Signalhorn (auch Lichthupe) prüfen.		
Bremsen und Bremsflüssigkeit prüfen, Handbremshebelweg prüfen und eventuelle Einstellung prüfen.		
Reifen (und, falls vorhanden, Reserverad): Zustand, Reifenlaufbild, Fülldruck und Profiltiefe prüfen. Wenn damit ausgestattet: Haltbarkeitsdatum des Reifenreparatur-Sets prüfen (Bild 16).		
Prüfen Sie, ob das Haltbarkeitsdatum des Verbandskastens überschritten ist (Bild 17).		

Ölservice (»Ö« in den nachfolgenden Tabellen) als kleine Inspektion
Wir empfehlen diese Wartungsschritte alle 15.000 km oder zumindest einmal im Jahr durchzuführen.

Wartung (»W« in den nachfolgenden Tabellen) als große Inspektion
Wir empfehlen diese Wartungsschritte alle 30.000 km oder zumindest alle zwei Jahre durchzuführen.

Zusatzarbeiten (»Z« in den nachfolgenden Tabellen) als Zusatzarbeiten
Für die Zusatzarbeiten finden Sie Anmerkungen im Beschreibungstext oder auch Fälligkeitshinweise. Diese Arbeiten fallen dann je nach Beschreibung zusätzlich an.

Bild 12

Bild 12
Fälligkeitsdatum für das Reifenfüllset.

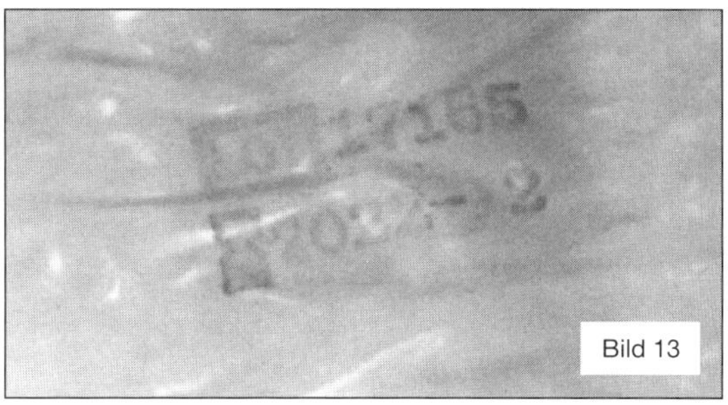

Bild 13

Bild 13
Fälligkeitsdatum für den Verbandskasten.

Sichtprüfung Messen

Umfang im Fahrzeuginnenraum

Hier beschreiben wir die Arbeiten, die im Fahrzeuginnenraum durchgeführt werden sollen (Ö = Ölservice 20.000 km, W = Wartung 40.000 km, Z = Zusatzarbeiten):

Ö	W	Z	Bezeichnung	Bemerkung	OK / Defekt
X	X		Elektrische Fensterheber, Heckscheibenheizung, Sitzheizung, Zigarettenanzünder und Spiegeleinstellung auf Funktion prüfen.		
X	X		Bedienelemente von Heizung, Lüftung und Klimaanlage auf Funktion prüfen.		
X	X		Scheibenwischer, Scheibenwaschanlage auf Funktion prüfen.		
X	X		Leuchten im Kombiinstrument und Innenbeleuchtung prüfen.		
X	X		Kombiinstrument: Serviceanzeige zurücksetzen.		
		X	Verbandskasten prüfen.	Verfallsdatum:	
		X	Reifendichtmittel prüfen.	Verfallsdatum:	
	X		Batterie: Flüssigkeitsstand prüfen, eventuell korrigieren.		
		X	Aktivkohle-Staubfilter Innenraum erneuern (je nach Verschmutzung).		
X	X		Fehlerspeicher auslesen.		
	X		Kupplungspedalweg prüfen/nachstellen.		
X	X		Wartungsintervall zurücksetzen ( ) Manuell / ( ) Tester.		

Umfang an der Fahrzeugaußenseite

In diesem Abschnitt geht es um die Karosserie und die Anbauteile außen (Ö = Ölservice 20.000 km, W = Wartung 40.000 km, Z = Zusatzarbeiten):

Ö	W	Z	Bezeichnung	Bemerkung	OK / Defekt
X	X		Außenbeleuchtung auf Funktion prüfen.		
	X		Scheinwerfereinstellung prüfen und einstellen.		
X	X		Karosserie im sichtbaren Bereich auf Lackschäden prüfen.		
X	X		Zustand der Türdichtungen prüfen.		
X	X		Frontscheibe auf Beschädigung prüfen.		
	X		Zentralverriegelung auf Funktion prüfen.		
	X		Scharniere und Türschlosser und Klappen schmieren.		
	X		Verdeck und Verdeckführungen prüfen/reinigen/schmieren.		

Umfang an der Fahrzeugunterseite

Arbeiten unter dem Fahrzeug sind in diesem Abschnitt als Schwerpunkt anzusehen (Ö = Ölservice 20.000 km, W = Wartung 40.000 km, Z = Zusatzarbeiten):

Ö	W	Z	Bezeichnung	Bemerkung	OK / Defekt
X	X		Reifen auf Beschädigung und Rissbildung prüfen.		
X	X		Alle sichtbaren Teile der Fahrzeugunterseite auf Beschädigungen und Undichtheit prüfen.		
X	X		Alle Anschlussleitungen und Anschlusskabel auf Beschädigungen und schadhafte Befestigung prüfen.		
X	X		Motor, Getriebe und Bauteile der Betriebshilfsstoffe auf Undichtheiten und schadhafte Befestigung prüfen.		
X	X		Alle sichtbaren Teile der Abgasanlage auf Beschädigungen, Undichtheiten und schadhafte Befestigung prüfen.		
X	X		Hitzeschutzbleche auf Beschädigungen, Befestigung und Korrosion prüfen.		
X	X		Gummilagerung der Hinterachse und der Stoßdämpfer hinten auf Verschleiß, Rissbildung oder Beschädigungen prüfen.		
X	X		Alle sichtbaren Teile von Motor und Getriebe auf Beschädigungen, Undichtheiten und schadhafte Befestigung prüfen.		
X	X		Antriebswellen auf Spiel und den Zustand der Manschetten überprüfen.		
X			Keilrippenriemen im sichtbaren Bereich auf Verschleiß prüfen (Benzinmotor).		
	X		Keilrippenriemen im sichtbaren Bereich auf Verschleiß prüfen (Dieselmotor).		
	X		Vorderachsgelenke auf Spiel prüfen, Manschetten prüfen.		
	X		Spur- und Lenkstangengelenke auf Spiel prüfen, Manschetten prüfen (1 x jährlich).		
			Kraftstofffilter erneuern nicht erforderlich (nicht vorgesehen).		
		X	Keilrippenriemen erneuern (Benzinmotor) alle 100.000 km.		
		X	Kühlmittel Hauptkreislauf erneuern (alle 60.000 km).	Siehe auch: »Umfang im Motorraum«	
		X	Dichtmanschetten, Radbremszylinder und Bremsnachsteller auf Beschädigung prüfen.		
X	X		Unterbodenverkleidung auf Beschädigungen, Befestigung und Korrosion prüfen.		

Umfang im Motorraum

Arbeiten, die speziell im Motorraum anfallen, werden hier vorgestellt (Ö = Ölservice 20.000 km, W = Wartung 40.000 km, Z = Zusatzarbeiten):

Ö	W	Z	Bezeichnung	Bemerkung	OK / Defekt
X	X		Motorkühlsystem: Kühlmittelstand und Frostschutzgehalt prüfen.	(Siehe Serviceklappe vorne)	
		X	Motorkühlsystem: Wechsel (alle 60.000 km.)		
X	X		Motor Öl- und Filterwechsel.		
		X	Getriebeölstand kontrollieren/wechseln (Kontrolle alle 60.000 km) (Wechsel bei 180.000 km)		
	X		Kraftstoffleitungen auf Dichtheit und Zustand prüfen.		
	X	X	Kraftstofffilter wechseln.		
		X	Luftfiltereinsatz erneuern alle 60.000 km.		
		X	Zündkerzen erneuern (Benzinmotor) alle 40.000 km.		
		X	Ventilspiel prüfen, alle 60.000 km (wenn erforderlich einstellen).		
X	X		Scheibenwaschanlage: Flüssigkeitsstand prüfen, richtigstellen.		
X	X		Bremsanlage: Bremsflüssigkeitsstand prüfen.		
X	X	X	Bremsflüssigkeit Nasssiedepunkt prüfen/erneuern (alle 2 Jahre).		

Umfang rund um das Thema Rad und Bremse

In diesem Abschnitt stellen wir Ihnen die Arbeiten vor, die für die Wartung an Rad und Bremse erforderlich sind (Ö = Ölservice 20.000 km, W = Wartung 40.000 km, Z = Zusatzarbeiten):

Ö	W	Z	Bezeichnung	Bemerkung	OK / Defekt
X	X		Bremsentest auf einem Prüfstand durchführen und Ergebnisse notieren.		
	X		Vorderachse: Bremsbelagstärke prüfen.		
	X		Vorderachse: Bremsscheiben auf Zustand prüfen.		
	X		Hinterachse: Bremsbelagstärke prüfen		
X	X		Reifendruck korrigieren und den korrigierten Reifendruck unter Bemerkungen vermerken.		
	X		Zustand von Bremsleitungen und Schläuchen prüfen.		
	X		Befestigungen von Bremsleitungen und Schläuchen prüfen.		

3 Werkzeug und Ausrüstung

Ob nun reines Hobby oder beruflich: Das Schrauben birgt gewisse Risiken. Vom kleinen Kratzer bis hin zum tödlichen Unfall ist schon alles vorgekommen. Ärgerlich ist es aber auch schon, wenn durch einen unpassenden Schraubenschlüssel eine Schraube so beschädigt wird, dass sie sich nur mit einem erheblichen Aufwand lösen lässt. Einige Arbeiten werden durch Spezialwerkzeug deutlich erleichtert. Sollten Sie bestimmte Tätigkeiten öfter durchführen, scheuen Sie sich nicht, die Preise für das Spezialwerkzeug anzufragen. Gelegentlich sind die Preise so günstig, dass es sich nicht mal lohnt, die Werkzeuge nachzubauen.

Standardausrüstung für mechanische Arbeiten

Sicherlich ist es immer besser, auf die Werkzeugsätze der Top-Markenhersteller zurückzugreifen. Als Basis allerdings sind auch schon günstigere Ausführungen recht bekannter Marken erhältlich. Gerade für die Arbeiten an modernen Fahrzeugen müssen neben den üblichen Sechskantnüssen auch Vielzahn- und Torxeinsätze zur Verfügung stehen (Bild 4). Eine günstige Alternative für unsere Zwecke bieten »Snap On«- oder »KS-Tool«-Werkzeugkoffer, die ein sehr komplettes Angebot liefern. Sind die Sätze im Angebot, kann man sein Werkzeugsortiment mit einem solchen Set leicht auch um 100 Euro erweitern.

Bild 1

Bild 1
Werkbank und Ablage.

Bild 2

Bild 2
Kistchen und Kästchen – das spart Zeit.

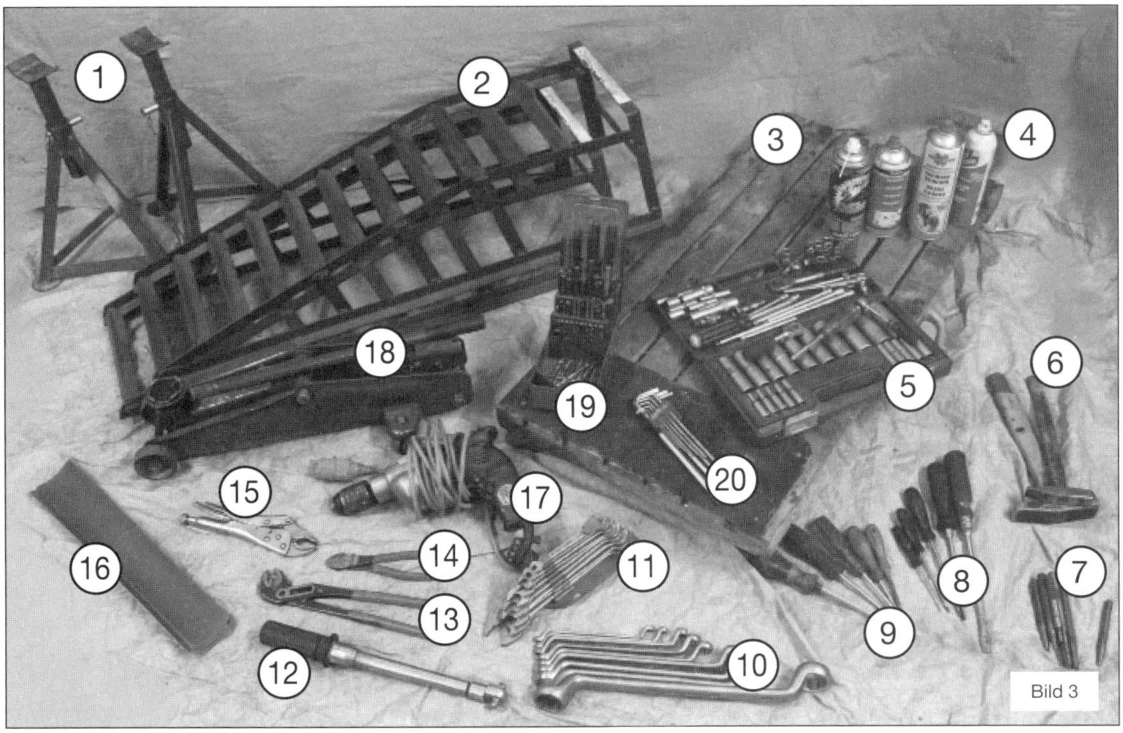

Bild 3

Bild 3
Standardwerkzeug in der Übersicht:
1 Unterstellböcke
2 Auffahrrampen
3 Rollbrett
4 Sprühfett, Rostlöser und Bremsenreiniger
5 Ratschenkasten-Werkzeugset
6 Schlosserhammer 500 g und Schlosserhammer 200 g
7 Durchschlagset und Körner
8 Schlitz-Schraubendreherset
9 Kreuz-Schraubendreherset
10 Ringschlüsselset
11 Gabelschlüsselset
12 Drehmomentschlüssel
13 Wasserpumpenzange
14 Seitenschneider
15 Grip- oder Schnappzange
16 Schleifpapier Korn 120
17 Handbohrmaschine
18 Hydraulischer Wagenheber
19 Bohrerset
20 Innensechskant/Torx/Vielzahnset

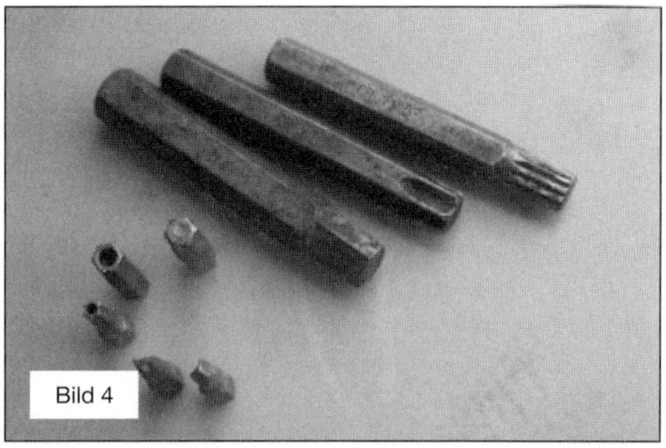

Bild 4
Innensechskant, Torx und Vielzahn bis öfter mal was Neues.

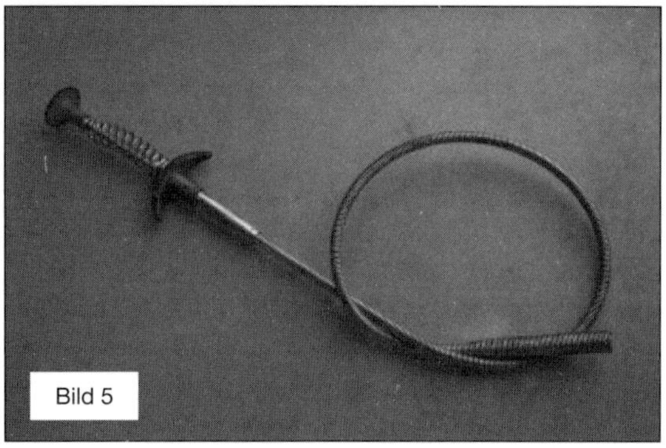

Bild 5
Greifer.

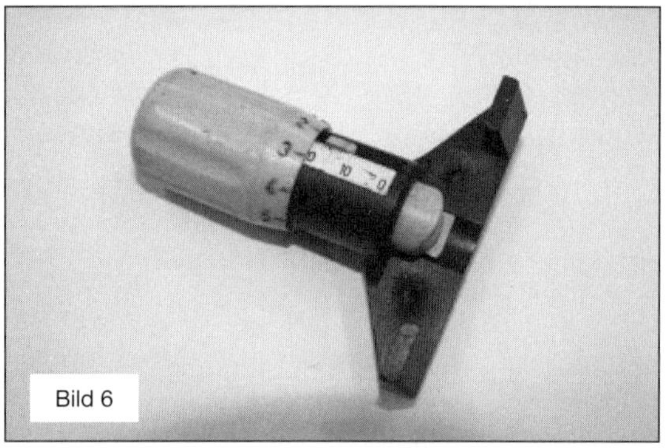

Bild 6
Zahnriemenvorspannungsprüfer.

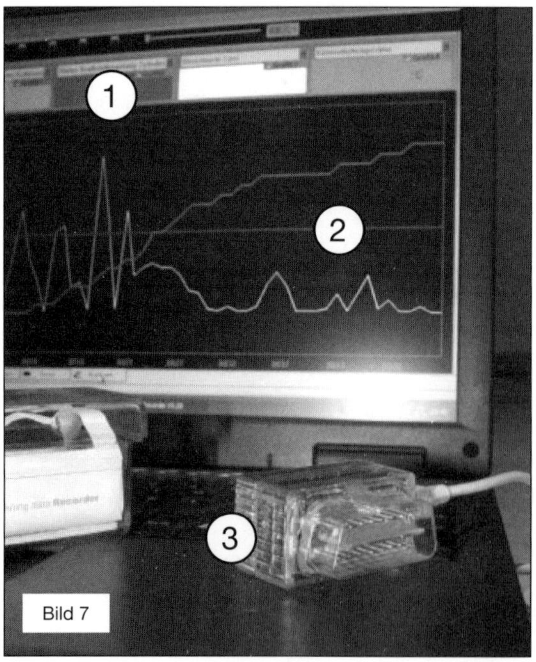

Bild 7
Aufzeichnen während der Fahrt: Alle OBD-Daten bis zu 24 Stunden erfassen:
1 Laptop
2 Kennlinien
3 Datenlogger

An Werkzeug lässt sich leider kein Geld einsparen. Zum einen ist die Lebenserwartung dieses Werkzeuges stark an den Anschaffungspreis gekoppelt und zum anderen ist es extrem wichtig, dass die Maßhaltigkeit genau stimmt.
Wenn es um die Demontage von einzelnen Bauteilen geht oder auch nur zur Ablage von ausgebauten Fahrzeugteilen, ist eine Werkbank sehr hilfreich (Bild 1). Ist sie stabil genug, kann sie bei der Demontage der Motorteile gute Dienste leisten. Bei der Demontage fallen regelmäßig einige Schrauben an. Um diese besser wieder zuordnen zu können und sie sicher und sauber zu lagern, empfiehlt es sich, für die einzelnen Baugruppen jeweils eine, am besten verschließbare Kiste zu verwenden (Bild 2).

Spezialwerkzeuge
Ein hilfreicher Spezialist für enge Stellen ist ein sogenannter Greifer oder auch ein »Magnet am Stiel« (Bild 5). Der Motorraum ist gerade bei heutigen Fahrzeugen recht zugebaut. Fällt eine Schraube oder Klammer hinunter, muss diese natürlich wieder herausgesammelt werden. Oft genug wird es für die Finger zu eng. Der Versuch, mit einem Schraubendreher das Entfallene in erreichbare Nähe zu bekommen, endet meist mit einer noch verzwickteren Lage. Der Greifer oder auch ein Magnet kann helfen, die entflohenen Teile ohne fingerbrecherische Aktionen wieder einzufangen.

Zahnriemenvorspannungsprüfer (Bild 6)
Bei allen Motorvarianten ohne automatischen Zahnriemenspanner muss dieser entsprechend den Angaben des Herstellers gespannt werden. Ist er zu lose, können genau wie bei zu fester Spannung Schäden an Riemen oder den Umlenkungen entstehen.

Standardausrüstung für Arbeiten an der elektrischen Anlage

Diagnose-Tools und Auslesegeräte
Unabdingbar ist heutzutage die in jedem Steuergerät eingebauten Fehlerspeicher auszulesen. Es geht schon lange nicht mehr

darum, die großen Fehler abzulegen, sondern eben auch kleine Funktionsstörungen, die vom Steuergerät erkannt werden, für eine Fehlerabfrage bei der Inspektion oder bei der Reparatur zu sichern. Es gibt heute schon Auslesegeräte für die OBD (On Board Diagnose) unter 100 Euro, die zumindest das Auslesen nach Codenummer ermöglichen. Wir verwenden in diesem Buch den »Autoaid« (Autoaid GmbH, Berlin), um die Auslese, einige Bauteilprüfungen und Einstellungen im Bordnetz durchzuführen. Dieses PC-basierte Diagnosesystem liegt mit seinen 299 Euro ungefähr beim Preis eines Profiratschenkastens. Zusätzlich wird lediglich ein Notebook mit Windows-Betriebssystem oder ein ausgedienter Desktop-PC benötigt. Regelmäßige, kostenlose Software-Updates halten Sie stets auf dem neuesten Stand (Bild 9).
Die Auslesegeräte werden zunehmend vielfältiger und es ergeben sich neue Möglichkeiten. Der »C-Recorder« ermöglicht eine Langzeitüberwachung der Bordelektronik bis zu 24 h Fahrzeit (Nr. 3 in Bild 7). Das ist eine sehr hilfreiche Variante für die Fehlersuche, gerade bei kaum zu ortenden sporadisch auftretenden Fehlern.

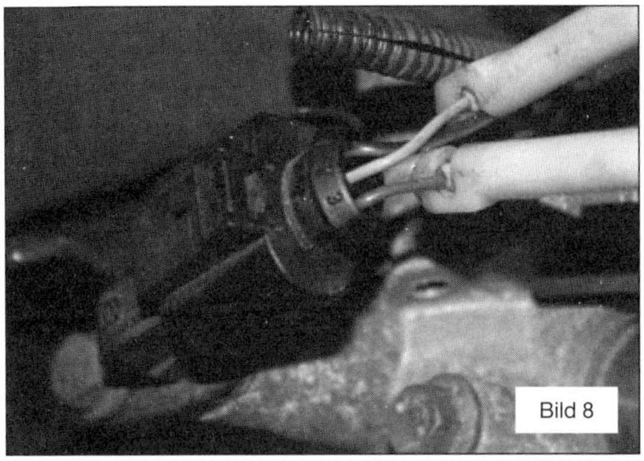

Bild 8

Bild 8
Nadelkontaktierer im Einsatz.

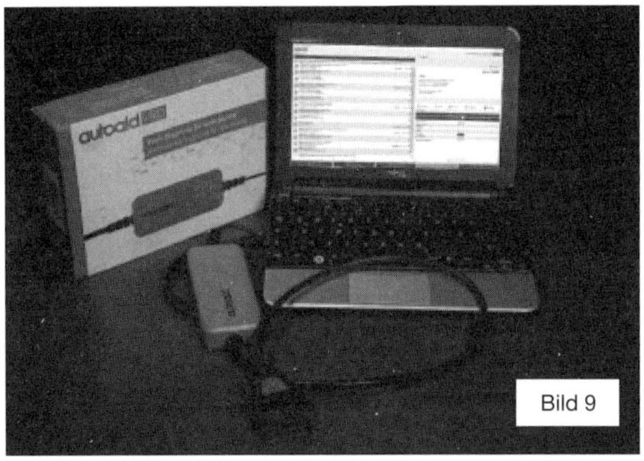

Bild 9

Bild 9
Freier Tester:
autoaid STARTER, PRO oder EXPERT als Diagnoseset mit Dongel und Software.

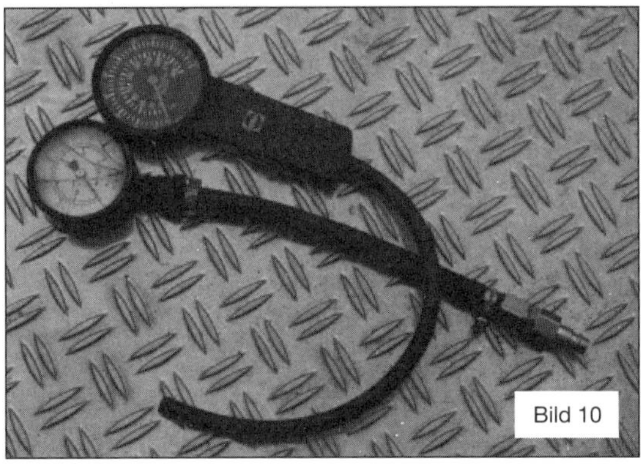

Bild 10

Bild 10
Kraftstoffdruckmanometer. Die Alten sind die besten: Sind die Innereien aus Blech, lassen sich damit nicht nur Luft-, sondern auch der Öl- und der Kraftstoffdruck messen. Anschlüsse und Gewindestücke gibts oft schon beim örtlichen Hydraulik-Händler oder im Werkzeugladen.

Sinnvolle Anschaffung für die Messtechnik

Messspitzen

Riesige Probleme bereitet es, eine Messung an einem angeschlossenen Kabel am Bauteil in Funktion zu realisieren. Zumal ja weder die Isolierung noch das Kabel selbst oder der Stecker beschädigt werden sollen. Die Firma Rose Messtechnik in Limburg-Offheim stellt einen Nadelkontaktierer (Bild 8) her, der genau diese Anforderungen erfüllt (www.rose-netztechnik.de). Das Anstichloch im Kabel ist so klein, dass es keine relevanten Löcher in der Isolierung hinterlässt.

Messbechersatz »kraftstofffest«

Für die Messungen an der Benzinpumpe oder auch nur mal, um den Kraftstoff aufzufangen, werden Behältnisse mit Volumenangaben benötigt. Mit etwas Geduld finden sich in der Haushaltsabteilung des Supermarktes recht günstig verwendbare Messbecher oder Schüsseln. Auch ausrangierte Messuhren eignen sich durchaus für die Prüfung des Kraftstoff oder Öldruckes.

Zum Selbermachen

Natürlich sind Messwerkzeuge in der Regel teuer. Es sei denn, man zeigt etwas Kreativität und Bastlerspürsinn. Die Profigeräte sind sicherlich deutlich professioneller, der Eigenbau aber ist genauso einsatzfähig und kostet oft nur wenige Euro. Messkabelsätze lassen sich aus passenden Anschlüssen vom Schrottplatz leicht und funktionell selbst herstellen (Bilder 11 bis 13). Neben normalen Labormesskabeln werden unterschiedliche Anschlüsse, Stecker und Y-Kabel benötigt, um Bauteile und Funktionen rund um die Motorsteuerung zu prüfen. Im Laufe der Berufsjahre sammeln sich schnell die unterschiedlichen Messadapter an.

Arbeiten an der Karosserie

Die Standardausrüstung für Arbeiten an der Karosserie haben wir im Bild 14 als Übersicht zusammengestellt. Mit der Ausrüstung lassen sich auch Korrosionsschäden und Kampfspuren, die im Alltagseinsatz entstehen, beseitigen. Korrosionsschutz und Ausbesserung des Unterbodens gehören schließlich auch zu den Wartungsarbeiten. Zumindest zu den erweiterten Arbeiten rund um die Wartung.

Bild 11

Bild 11
Freier Tester:
FI-Com als Diagnoseset mit Dongel und Software.

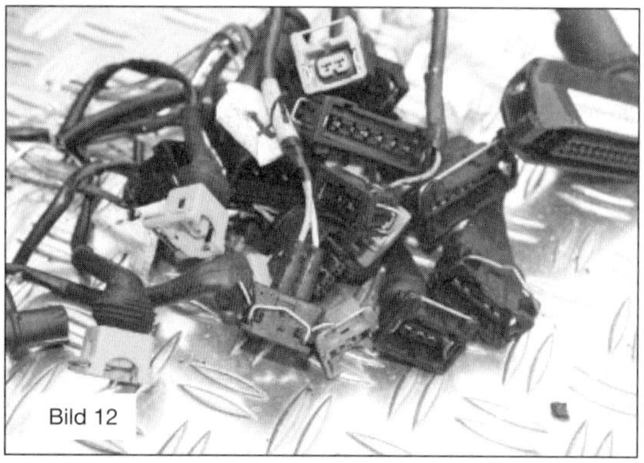

Bild 12

Bild 12
Die Kabel und Stecker ermöglichen den Test auch außerhalb des Fahrzeuges.

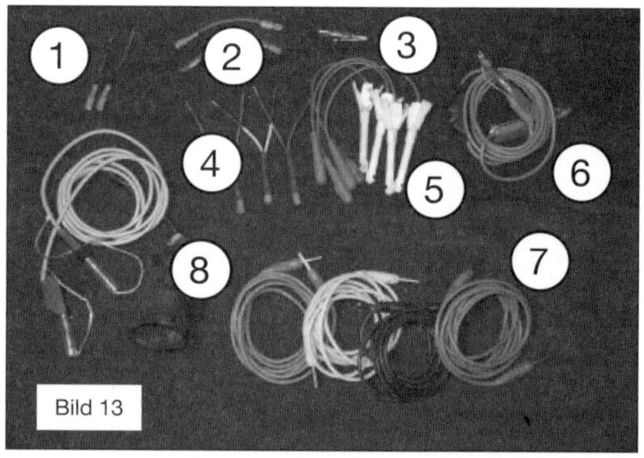

Bild 13

Bild 13
Messkabelsatz:
1 Messspitzen
2 Flachstecker auf Rundstecker für Laborkabel
3 Krokodilklemme
4 Y-Stecker
5 Nadelkontaktierer
6 Anschlusskabel mit Sicherung
7 Laboranschlusskabel
8 Anschlusskabel mit Schalter

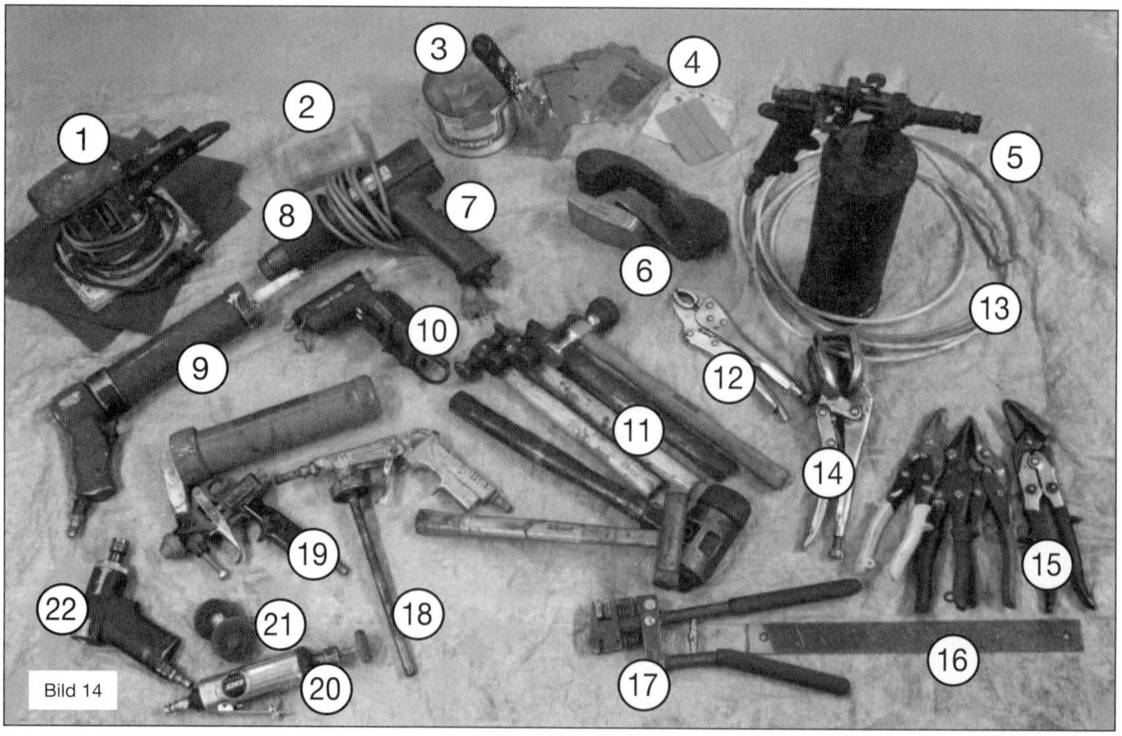

Bild 14

Bild 14
Standard-Ausrüstung für Arbeiten an der Karosserie
1 Schwingschleifer
2 Schleifklotz
3 Spachtelmasse
4 Japanspachtelset,
5 Hohlraumpistole
6 Ausbeuleisen
7 Heißluftföhn
8 Schleifpapier
9 Kartuschen-Pistole
10 Heißklebepistole
11 Hammerset
12 Gripzange flach
13 Hohlraumversiegelungssonden
14 Gripzange abgesetzt und breit
15 Scherenset für gerade und kurvige Schnitte
16 Karosseriefeile
17 Absetzzange
18 Unterbodenschutzpistole
19 Nahtabdichtungs-Spritzpistole
20 Luftschleifer gerade
21 Bristol Look-Kunststoffschleifpads
22 Luftschleifer winklig

4 Motoren

In diesem Kapitel werden wir uns mit dem Otto (Benzin-Motor) des Smart 453 beschäftigen. Aufgrund der geringen Verbreitung werden wir nicht speziell auf die Brabus-Varianten eingehen. Wie in allen Bänden dieser Buchreihe werden wir die gängigsten Arbeiten am Motor und an der Motorsteuerung vorstellen. Messwerte und Drehmomente finden Sie in den Kapiteln 16 » Technische Daten« und 17 »Anzugsdrehmomente«.

Die Motormerkmale-Technische Daten

Im Smart 453 wurden ausschließlich Dreizylinder Ottomotoren verbaut. Vergleichen wir die unterschiedlichen Motoren zunächst anhand der technischen Angaben.

0,9-l-Turbo-Benzinmotor

Der kleine Motor mit der Smart/Mercedes-Bezeichnung M 281.910 ist aus Sicht der Leistungsangaben die stärkste Motorvariante in diesem Modell. Seitens Brabus gab es weitere Motorvarianten für den kleinen Turbomotor bis zu 92 kW (125 PS). Die Brabus-Varianten sind recht selten und deshalb werden wir sie in diesem Band nicht berücksichtigen.

1,0-l-Benzinmotoren

Die großen Motoren mit der Smart/Mercedes-Bezeichnung M281E10 und M281.920 sind trotz des etwas größeren Hubraums aus Sicht der Leistung die schwächeren Motorvarianten in dieser Smart-Modellreihe. Diese Motoren wurden nicht mit Turboladern ausgerüstet.

Motor und Leistung	**0,9-l/90 PS**	**1,0-l/61 PS**	**1,0-l/71 PS**
Kraftstoff (Qualität)		Benzin (95 ROZ)	
Hubraum	898 cm³	999 cm³	
Motorkennbuchstaben	281.910	281.920	281.920
Zylinderzahl		3	
Ventile pro Zylinder		4	
Leistung kW bei 1/min	66/5500	45/6000	52/6000
Drehmoment Nm bei 1/min	135/2500	91/2850	91/2850
Bohrung Ø mm		72,2	
Hub mm	73,1	72,2	
Material Zylinderkopf/Motorblock		Aluminium-Legierung/Grauguss	
Anzahl der Nockenwellen		2	
Lage der Nockenwellen		oben	
Antrieb der Nockenwellen		Steuerkette	
Massenausgleichswelle	1		
Anzahl der Kurbelwellenlager	3		
Gemischaufbereitung		MFI-d	
Aufladung/Typ/Druck	Bypasslader	keine	
Zündanlage		Einzelspule (MAP-DI)	
Abgasreinigung		3-Wegekat/2 Sonden (Euro 6)	

Bild 1
0,9-l-Benziner von oben.

Bild 2
0,9-l-Benziner von unten.

Arbeiten am Motor

Maßnahmen für Sicherheit, einwandfreie Funktion und Sauberkeit

⚠ Bei Arbeiten am Motor, an der Kraftstoffversorgung (Kapitel 7) und an der Einspritzanlage sind bestimmte Maßnahmen zu treffen und Hinweise zu befolgen, die zur Sicherheit bei der Arbeit dienen, eine einwandfreie Funktion aller Systeme gewährleisten sollen und Fehlfunktion oder Schäden durch Verunreinigung vermeiden helfen. Wir stellen sie hier als grundlegend für alle folgenden Arbeiten voran.

Sicherheit

■ Bei allen Montagearbeiten am Kraftstoffsystem Schutzbrille und Schutzhandschuhe tragen. Hautkontakt mit Kraftstoff vermeiden.

■ Der Kraftstoff bzw. die Kraftstoffleitungen im Kraftstoffsystem können sehr heiß werden (Verbrühungsgefahr). Außerdem steht das Kraftstoffsystem unter Druck. Vor dem Öffnen des Systems deshalb Putzlappen um die Verbindungsstelle legen und durch vorsichtiges Lösen der Verbindung Druck abbauen.

■ Aus Sicherheitsgründen muss vor dem Öffnen des Kraftstoffsystems die Sicherung für die Kraftstoffpumpe aus dem Sicherungshalter entfernt werden, da die Pumpe durch den Türkontaktschalter der Fahrertür aktiviert werden kann.

■ Kraftstoffleitungen sind mit Schnellverschlüssen gesichert. Kraftstoffschläuche dürfen nur mit Federbandschellen gesichert werden. Die Verwendung von Klemm- oder Schraubschellen ist nicht zulässig.

■ Beim Aus- und Einbau des Gebers für Kraftstoffvorratsanzeige oder der Kraftstoffpumpe (Kraftstofffördereinheit) aus gefüllten oder teilweise gefüllten Kraftstoffbehältern muss bereits vor Beginn der Arbeiten in die Nähe der Montageöffnung des Kraftstoffbehälters der Schlauch einer eingeschalteten Abgas-Absauganlage zum Absaugen der frei werdenden Kraftstoffgase gelegt werden.

■ Bei Diesel Motoren ist die Einspritzanlage in einen Hochdruckbereich (maximal bis 2000 bar) und in einen Niederdruckbereich (ca. 6 bar) aufgeteilt. Vor dem Öffnen des Hochdruckbereichs, z. B. beim Ausbau der Hochdruckpumpe, des Kraftstoffverteilers, der Einspritzventile, der Kraftstoffrohre oder des Kraftstoffdruckgebers, muss der Kraftstoffdruck im Hochdruckbereich definiert auf einen Restdruck von ca. 6 bar abgebaut werden. Dazu ist ein Werkstatt-Diagnosesystem nötig. Bei Einsatz des Werkstatttesters wird eine »Geführte Funktion: Kraftstoffhochdruck abbauen« nach Testeranweisungen ausgeführt. Grundsätzlich muss die Zündung ausgeschaltet werden und ein sauberer Putzlappen um die Verbindungsstelle gelegt werden. Dann wird die Verbindungsstelle vorsichtig geöffnet und der Druck abgelassen. Der ausfließende Kraftstoff muss aufgefangen werden. Abschließend sollte der Fehlerspeicher abgefragt, alle Einträge gelöscht und ein Readinesscode erzeugt werden.

Bild 1

Bild 2

Funktionssicherheit

■ Bei allen Montagearbeiten, insbesondere aufgrund der engen Bauverhältnisse im Motorraum, Leitungen aller Art z. B. für Kraftstoff, Kühl- und Kältemittel, Unterdruck und elektrische Leitungen so verlegen, dass die ursprüngliche Leitungsführung wieder hergestellt wird.

- Alle Kabelbinder, die beim Ausbau gelöst oder aufgeschnitten werden, sind beim Einbau an der gleichen Stelle wieder zu befestigen.
- Um Beschädigungen an den Leitungen zu vermeiden, auf ausreichenden Freigang zu allen beweglichen oder heißen Bauteilen achten.

Sauberkeit (5 Regeln)

- Verbindungsstellen und deren Umgebung vor dem Lösen gründlich reinigen.
- Ausgebaute Teile auf einer sauberen Unterlage ablegen und abdecken. Keine fasernden Lappen benutzen.
- Geöffnete Bauteile sorgfältig abdecken bzw. verschließen, wenn die Reparatur nicht umgehend ausgeführt wird.
- Nur saubere Teile einbauen: Ersatzteile erst unmittelbar vor dem Einbau aus der Verpackung nehmen. Keine Teile verwenden, die unverpackt (z. B. im Regal oder in Werkzeugkästen) aufgehoben wurden.
- Bei geöffneter Kraftstoff- und Einspritzanlage möglichst nicht mit Druckluft arbeiten und das Fahrzeug nach Möglichkeit nicht bewegen.

Diagnosetester einsetzen

An diesem Kapitel lässt es sich leicht erkennen, dass viele Funktionen über die Elektronik virtuell realisiert worden sind.
Die Anschaffung eines Testers für die Diagnose ist zwingend erforderlich. Nicht einmal der Anbau der Anhängerkupplung oder das Einstellen des Lichtes ist mehr möglich, wenn man eine fachgerechte Arbeit abliefern möchte.
Es geht nicht mehr darum, einen Fehlerspeicher zu löschen, um dann mal »rumzuraten«, was es denn gewesen sein könnte. Es wäre das Gleiche, wenn Sie die Seiten dieses Buches ungelesen ausreißen und dann raten, was denn dringestanden haben könnte. Die Diagnose über die Fehlerspeicher vereinfacht die Arbeit am Fahrzeug um einiges. Man muss lediglich lernen, mit diesem »Werkzeug« zu arbeiten. Ohne Tester bleibt nur der Weg zum Händler, um den Fehlerstatus zu erfassen oder Einstellungen zu machen.

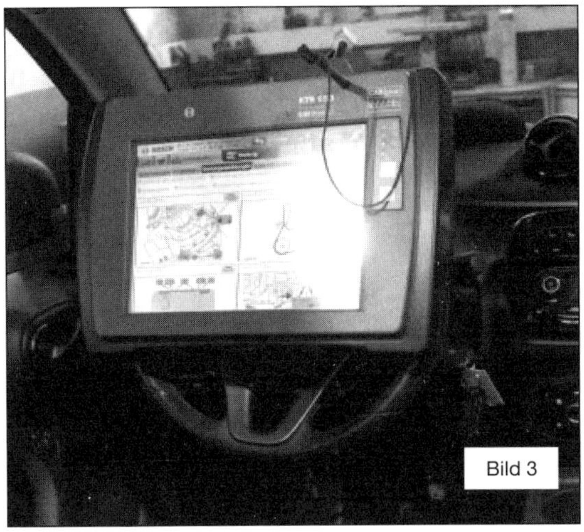

Bild 3
Bosch-Tester mit integriertem Messsystem und herstellerbezogenen Messergebnissen, Schaltplänen und Diagnosewegen.

Werks-Werkstatt-Tester

Ein großer Teil der Reparaturarbeiten schließt die Diagnose von Fehlern ein. Diese wird durch die elektronischen Werkstatthandbücher im Zusammenspiel mit den Diagnosegeräten unterstützt. In der Fachwerkstatt hat der Mechatroniker direkten Zugriff auf aktuelle Werkstattliteratur sowie die Unterstützung vom Hersteller über Telediagnose. Bei der Diagnose werden alle Kunden- und Fahrzeugdaten an die angeschlossenen Geräte weitergeleitet und sind automatisch an jedem Arbeitsplatz abrufbar. Während einer Reparatur können technische Problemlösungen nachgeschlagen oder beim Hersteller tagesaktuelle Zusatzinformationen abgerufen werden. Diese Anbindung an das Netzwerk ermöglicht Software-Updates von Steuergeräten, Geheimnis- und Komponentenschutz, Softwareversionsmanagement, Übertragung von Diagnoseprotokollen, die besagte Telediagnose, die softwaregestützte Durchführung von Aktionen und viele weitere Funktionen.

Möglich werden durch diese Systemkomponenten:

- Datenaustausch zwischen kaufmännischem Bereich und Werkstatt;
- Datenaustausch über Werkstattauslastung und Terminvereinbarung;
- Austausch von Kunden-, Fahrzeug- und Termindaten;

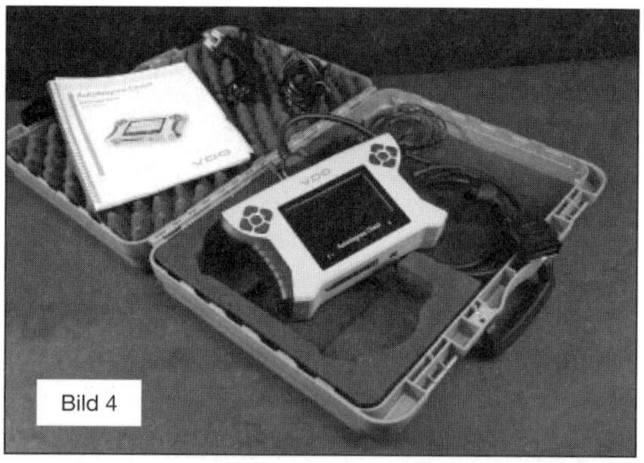

Bild 4

Bild 4
VDO-Diagnosetester: kleines Handgerät ohne Messfunktionen.

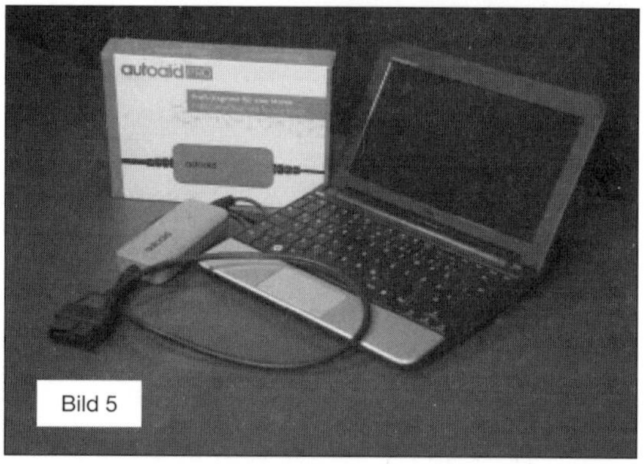

Bild 5

Bild 5
Autoaid: Dongel mit OBD-Zugang und Software auf Laptop oder PC.

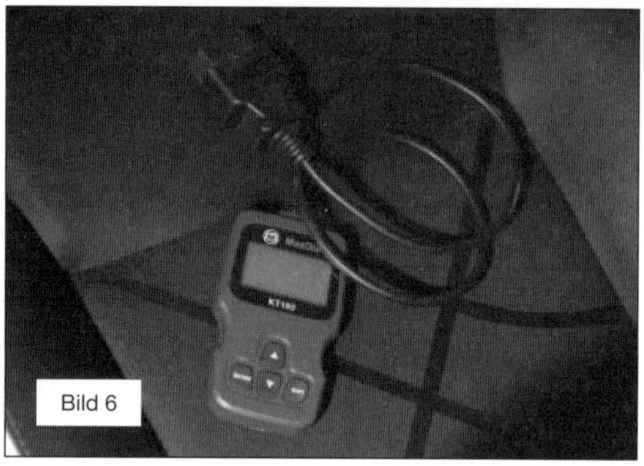

Bild 6

Bild 6
OBD-Handtester zum Lesen und Löschen.

- Rückfluss von Daten über bereits ausgeführte Reparaturen von der Werkstatt auf den Fortschrittsmonitor, sodass der Serviceberater gegebenenfalls in den laufenden Prozess eingreifen kann;
- Datenrückfluss von der Werkstatt für Qualitätskontrolle und Rechnungserstellung;
- Bereitstellung von Daten über benötigte Arbeitszeiten, Arbeitspositionen und Ersatzteile;
- Einbeziehung des Teiledienstes ab Terminvorbereitung in den Service-Prozess.

Testgerät für Mehrmarkenwerkstätten

Gerade für Mehrmarkenwerkstätten und auch freie Werkstätten ergibt sich durch die Vielzahl der unterschiedlichen Fahrzeugmarken das Problem, den Zugang zu den einzelnen Fahrzeugen mit möglichst wenigen Testern zu realisieren. Schließlich müssen die Tester nicht nur angeschafft, sondern auch auf dem neuesten Stand gehalten werden.

Neben den Großen der Branche wie Bosch und Gutmann sind auch günstigere Tester wie der »VDO Autodiagnose Check« auf dem Markt. Gerade bei kleineren Herstellern wie Smart ist es schwierig, die Diagnosetiefe eines Massenherstellers wie VW zu erreichen. Die Vertriebskonzepte und natürlich auch die Marktdurchdringung machen es deutlich leichter, ein Testgerät für einen Massenhersteller auszuarbeiten. Bemerkbar wird das dann, wenn einzelne Komponenten des Systems um-, hinzu- oder ausprogrammiert werden sollen. Der Schwerpunkt für diese Testerkategorie liegt in typischen Servicearbeiten und der Diagnose rund um den Antrieb. Gerade hier sind Geräte wie der handliche VDO nicht schlagbar.

Geeignete Diagnosewerkzeuge für den Schrauber

Natürlich wählen wir wie auch beim Werkzeug nicht die billigste Variante aus, sondern empfehlen Ihnen die Anschaffung eines Systems, das im Laufe der nächsten Jahre noch einiges an Potenzial in deutscher Sprache liefern wird.

Beispiel Laptoplösung »Autoaid«

Der Fahrzeughersteller Smart ist nur bei wenigen Testerherstellern für die Diagnose außerhalb des genormten Bereichs der OBD im Fokus. Das verkleinert die Auswahl an Testern erheblich. Die Berliner Firma Autoaid liefert ab etwa 100 Euro ein Diagnosetool, das auch im Smart eine schon herausragende Diagnosetiefe liefert. Gerade diejenigen unter den Lesern, die dem Thema »Diagnose« kritisch gegenüberstehen, werden zumeist nach wenigen Versuchen erkennen, wie einfach der Umgang mit Laptop und Fahrzeug wird. Eine typische Situation im Umgang mit den Fahrzeugen dieser Generation liegt in der schon recht umfangreichen Steuerung und Regelungstechnik. Abgestimmt und eingestellt wird oft nur noch auf der virtuellen Ebene.

Handgeräte zum Lesen und Löschen
OBD2 ist das Zauberwort, welches den Zugang zumindest zu den Motorsteuergeräten ermöglicht. Die Normung der Diagnose ermöglicht zumindest in diesem Bereich den Zugang zu allen aktuellen Fahrzeugen. Um den Fehlerspeicher auszulesen oder auch Prüffunktionen der Eigendiagnose ausführen zu können, reicht meist schon ein Diagnosetool, welche durchaus schon um 50 Euro in diversen Onlineversteigerungen angeboten werden. Oft noch günstiger sind die kleinen Handgeräte schon im Baumarkt um die Ecke erhältlich. Wichtig ist, dass die entsprechende Software und zumindest eine Beschreibung auf Deutsch mitgeliefert wird.

Fehlerspeicher abfragen
Schwierig? Kann ich nicht? Ach was! Wer es schafft, E-Mails abzurufen, ohne den Computer zu zerstören kann, auch diese Arbeiten leicht erlernen. Wir zeigen Ihnen an einigen Beispielen, wie Aufgaben dieser Art angegangen werden können und möchten Sie animieren, sich zusammen mit Fachforen auch mit der Thematik Tester und Diagnose genauer auseinanderzusetzen. Die Vorgehensweise unterscheidet sich zwischen den einzelnen Testgeräten kaum. Auch dann, wenn Sie ein Handgerät benutzen, werden Sie über die Menüführung eine ähnliche Beschreibung wie die Folgende erhalten. Wir werden diese Beschreibung am »Autoaid PRO« vorstellen.

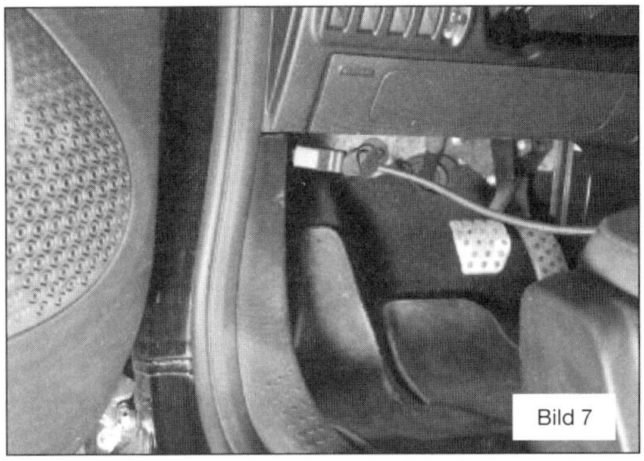

Bild 7

Bild 7
Diagnosedose im Fahrerfußraum links.

■ Wir gehen davon aus, dass Sie den Diagnosetester ordnungsgemäß nach Handbuch installiert haben.
■ Schließen Sie den Diagnosetester an die OBD-Dose im Fahrerfußraum an.

Tipp: Die Diagnosedose finden Sie unter der Verkleidung links im Kniebereich der Armaturentafel (Bild 7). Der Anschluss ist sofort erkennbar. Stecken Sie den OBD-Stecker in die Diagnosedose und den Anschluss in die entsprechende Anschlussdose Ihres Testers.

■ Starten Sie die entsprechende Diagnosesoftware auf Ihrem Laptop oder dem Tester (Bild 8).
■ Schalten Sie die Zündung ein.
■ Starten Sie die Testersoftware. Autoaid hat auf einen klassischen Startbildschirm verzichtet und führt sie direkt in den Diagnosemodus zur Fahrzeugauswahl.
■ Klicken Sie mit einem Klick auf die Taste »neues Fahrzeug anlegen (1 im Bild 8)«. Die

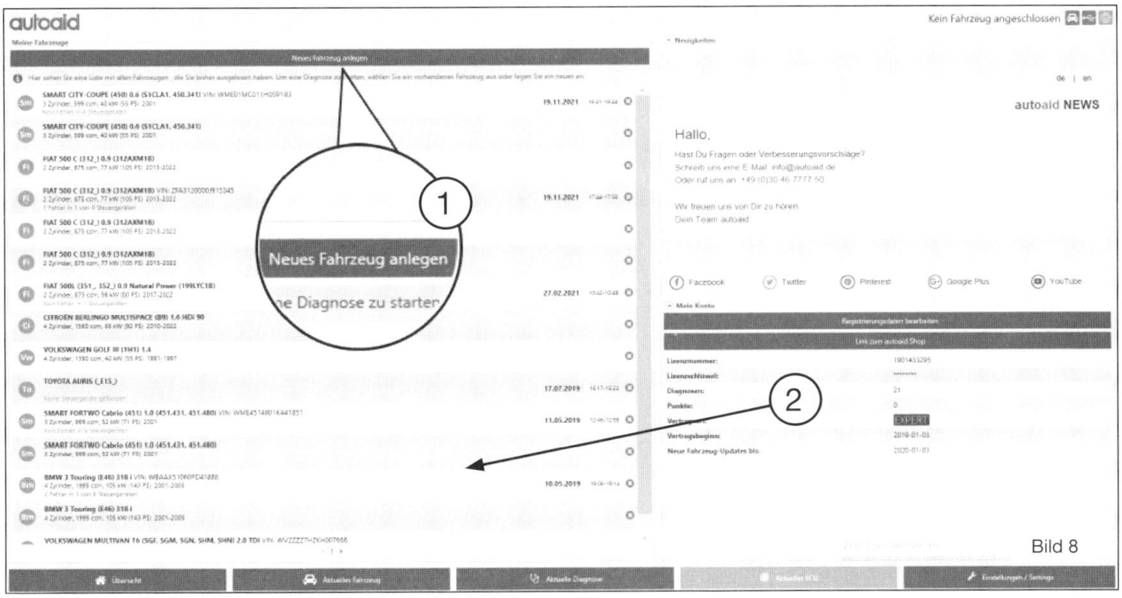

Bild 8

Bild 8
Startmaske des Diagnosetesters:
1 Funktionstaste zum Anlegen eines neuen Fahrzeuges
2 Liste der Fahrzeuge, die bereits angelegt wurden

Bild 9
Anwahl des Fahrzeugherstellers:
1 Smart in der umfangreichen Herstellerliste

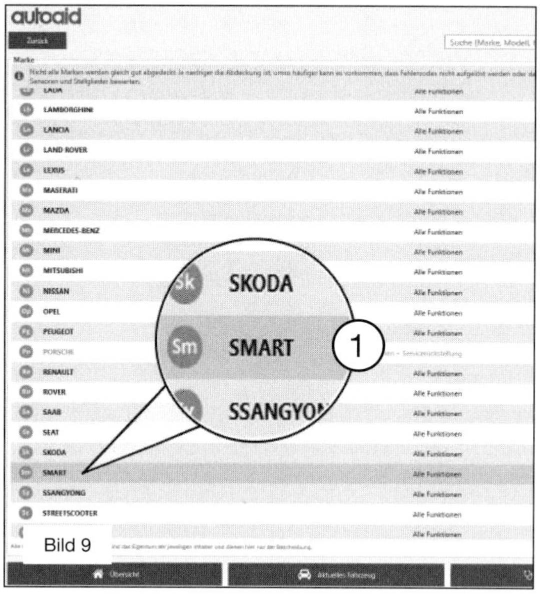

Bild 9

Bild 10
Anwahl des Fahrzeugtyps des Herstellers Smart:
1 Anwahl unseres Cabrio

Bild 11
Anwahl der Motorisierung:
1 Anwahl für unser Fahrzeug 0,9-l mit 66 kW

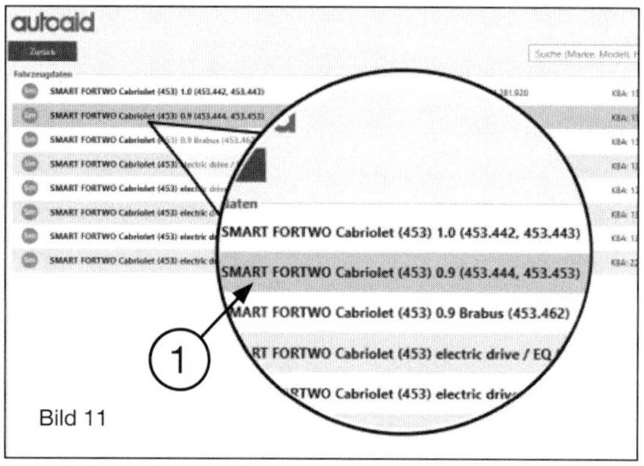

Bild 11

Diagnosesoftware wird nun gestartet und die Bildschirmmaske wechselt zur Auswahl des Fahrzeugherstellers.

■ Wählen Sie den Hersteller »Smart« (Bild 9) mit einem Klick an. Die Bildschirmmaske wechselt nun zur Auswahl des Fahrzeugmodells.

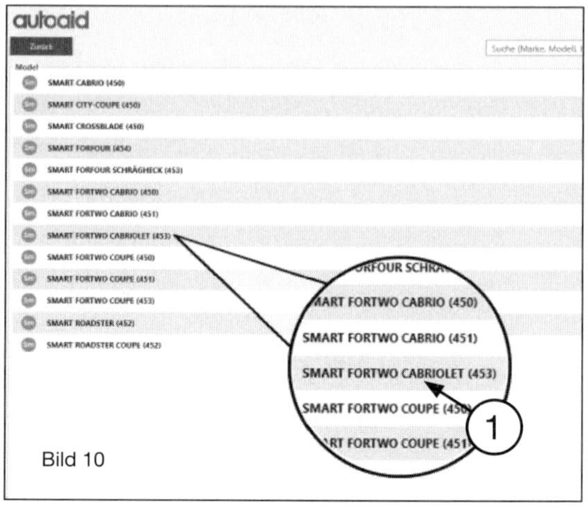

Bild 10

■ Wählen Sie das Modell ihres Smarts (Bild 10) an. Die Bildschirmmaske wechselt nun zur Auswahl der Motorvariante.

■ Wählen Sie die Motorisierung (1 im Bild 11) Ihres Smart mit einem Klick aus.

Der Tester fragt nun alle Steuergeräte ab und stellt den Fehlerstatus (1 im Bild 12) in einer Übersicht dar.

■ Wählen Sie das Motorsteuergerät (2) Ihres Smart mit einem Klick an.

Soweit Fehler vorliegen, können Sie hier die Details (3 im Bild 13), Informationen zum Fahrzeug (1) einsehen oder über die Funktionstasten (2) Funktionen und Sensoren prüfen und auch einen abgearbeiteten Fehler löschen.

Hier stellt sich dann auch ein Unterschied in der Diagnosetiefe der einzelnen Tester heraus. Bei einfachen Testern beschränkt man sich auf die Möglichkeiten, den Fehlerspeicher zu lesen und zu löschen. Je mehr Funktionen sich hinter

Bild 12
Praktische Übersicht vorliegender Fehler aller verbauten Steuergeräte:
1 Statusübersicht der Steuergeräte
2 Anwahl Motorsteuergerät (mit Doppelklick)
3 Anwahl für Wartungsarbeiten und Ähnlichem

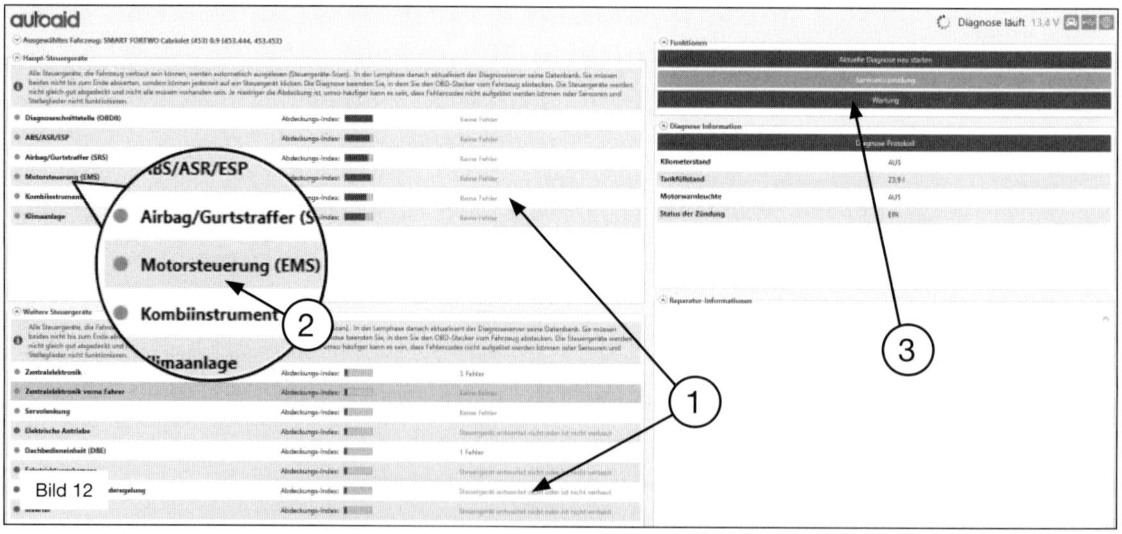

Bild 12

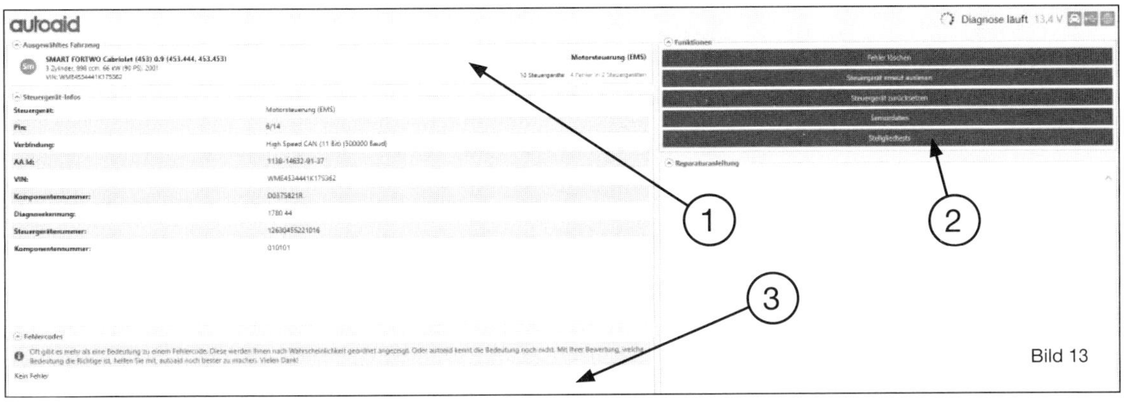

Bild 13

Bild 13
Übersicht für das Motorsteuergerät im Detail:
1 Informationsfeld
2 Funktionstasten
3 Detailinformationen, wenn Fehler im Steuergerät abgelegt sind

dem einzelnen Steuergerät verbergen, umso aufwendiger ist die Software des Diagnosesystems.

Fehlerspeichereinträge drucken

Wenn Sie die Fehlereinträge speichern oder ausdrucken wollen, wählen Sie die entsprechende Funktion über die Funktionstasten Ihres Computers aus.

Fehlerspeichereinträge löschen

Sind Fehler im Fehlerspeicher abgelegt, die bekannt sind und lediglich noch nicht gelöscht wurden, können Sie nun wie im Folgenden beschrieben vorgehen.

- Klicken Sie die Funktionstaste »Fehler löschen« (2 im Bild 13) an.
- Lassen Sie das Fahrzeug einige Minuten laufen.
- Klicken Sie die Funktionstaste »Fehlerspeicher erneut lesen« (2) an und kontrollieren Sie, ob der Fehler nicht erneut vorliegt.

Derselbe Vorgang kann auf dem Handgerät nachvollzogen werden. Lediglich die Anwahl ist deutlich geringer. Für einen Ausdruck muss eigentlich jedes mobile Gerät an einen Computer oder Laptop angeschlossen werden.
Die Anwahl der Funktionen erfolgt meist über die Pfeiltasten. »Enter« betätigt die getroffene Anwahl und »ESC« erlaubt den Rückzug aus der angewählten Maske.

Reine OBD2-Geräte ermöglichen in der Regel nur den Zugang zur Motorelektronik. Die Belegung und die Steuergerätesprache ist nur für den OBD2-Bereich verbindlich auf die abgasrelevanten Bauteile und die Motorelektronik geregelt.

Motor- und Unterbodenabdeckung aus- und einbauen

Typisch für Smart ist eine durchgehende Unterbodenverkleidung von der Frontverkleidung bis zur Hinterachse. Der Motor selbst ist von unten bedingt zugänglich. Zumindest für die Wartung an Motor und Getriebe muss keine Verkleidung demontiert werden.

Motorabdeckung oben

- Öffnen Sie die Kofferraumklappe und beim Cabrio das Heckverdeck.
- Heben Sie die Kofferraumbodenverkleidung an und sichern Sie sie gegen Zurückklappen.
- Drehen Sie die Schrauben (1 im Bild 14) heraus.

Die Schrauben sollten lediglich handfest angezogen werden. Zum Lösen kann ein Torxschlüssel (T45) verwendet werden.

- Nehmen Sie die Abdeckung heraus.
- Legen Sie die Abdeckung außerhalb des Autos sicher ab.

Die Montage erfolgt sinngemäß in umgekehrter Reihenfolge.

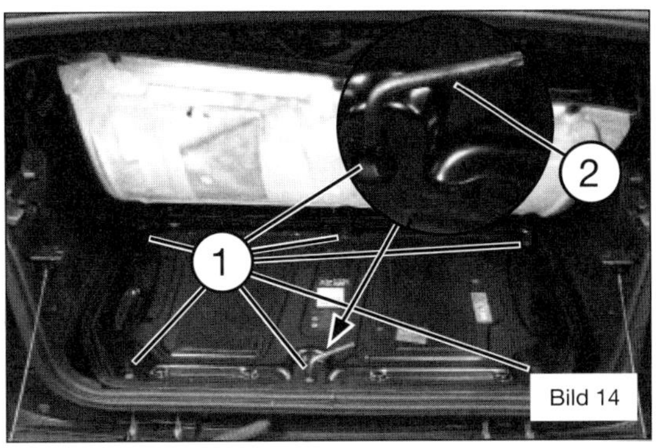

Bild 14

Bild 14
Motorabdeckung oben:
1 Schrauben
2 Torxschlüssel (T45)

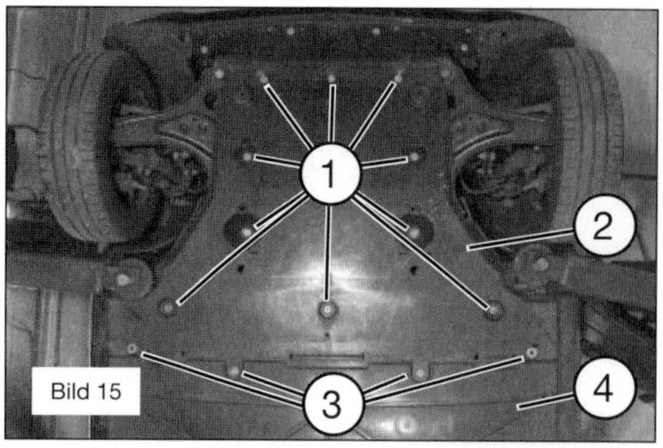

Bild 15

Bild 15 Unterbodenabdeckung vorne:
1 Schrauben
2 Verkleidung vorne
3 Schrauben
4 Verkleidung hinten

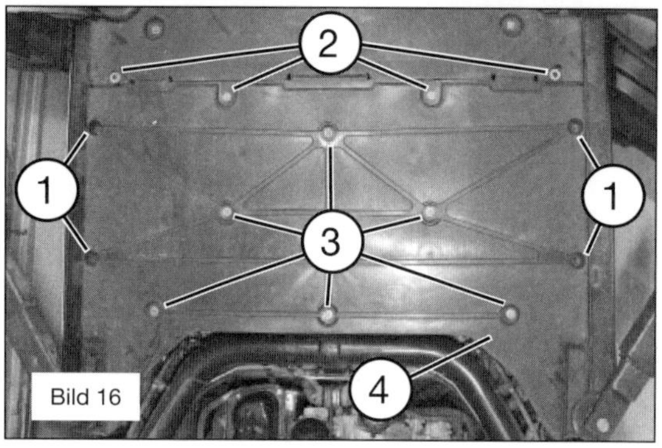

Bild 16

Bild 16 Unterbodenabdeckung Mitte:
1 Blechmuttern
2 Schrauben
3 Schrauben
4 Verkleidung mitte

Prüfen Sie den Zustand der Verschraubungen, des Deckels und der Dichtung. Der Deckel muss den Motorraum gasdicht vom Innenraum abtrennen.

■ Drehen Sie zuerst die vorderste Schraube in der Mitte an. Das ist die einzige Schraube mit kleinerer Bohrung.

Unterbodenabdeckung Mitte

■ Heben Sie das Fahrzeug am besten mit einer Hebebühne an.

⚠ Fahrzeug zwischen den Hebebühnensäulen ausrichten und die vier Aufnahmeteller an den vom Fahrzeughersteller vorgeschriebenen Hebebühnenaufnahmepunkten platzieren.

Bei einer Hebebühne, die das Fahrzeug am Schweller aufnimmt, achten Sie genau darauf, dass die Aufnahmepunkte der Bühne genau an den vorgesehenen Stellen am Schweller platziert werden. Andernfalls kann die Unterbodenabdeckung beschädigt werden oder sie lässt sich nicht herausnehmen.

■ Drehen Sie die Blechmuttern (1 im Bild 16) heraus.
■ Drehen Sie die Schrauben (2) heraus.
■ Drehen Sie die Schrauben (3) heraus.
■ Ziehen Sie die Verkleidung Mitte (4) von den Hebebühnenaufnahmepunkten herunter.
■ Klappen Sie die Verkleidung hinten herunter und nehmen Sie sie aus den Haltelaschen der vorderen Verkleidung heraus.
■ Nehmen Sie die Verkleidung ab.
■ Legen Sie die Abdeckung außerhalb des Autos sicher ab.

Die Montage erfolgt sinngemäß in umgekehrter Reihenfolge.

■ Prüfen Sie den Zustand der Verschraubungen und der Unterbodenverkleidungen.

Unterbodenabdeckung vorne

■ Heben Sie das Fahrzeug am besten mit einer Hebebühne an.

⚠ Fahrzeug zwischen den Hebebühnensäulen ausrichten und die vier Aufnahmeteller an den vom Fahrzeughersteller vorgeschriebenen Hebebühnenaufnahmepunkten platzieren.

■ Bauen Sie die mittlere Verkleidung (4) wie bereits beschrieben ab.
■ Drehen Sie die Schrauben (3 im Bild 15) heraus.
■ Drehen Sie die Schrauben (1) heraus.
■ Nehmen Sie die vordere Verkleidung (2) ab.
■ Legen Sie die Abdeckung außerhalb des Autos sicher ab.

Die Montage erfolgt sinngemäß in umgekehrter Reihenfolge.

■ Prüfen Sie den Zustand der Verschraubungen und der Unterbodenverkleidungen.

Prüfung auf Undichtigkeiten und Beschädigung

Die Sichtprüfung ist von oben und von unten vorzunehmen, weshalb die Geräuschdämpfung abzubauen ist.

Sichtprüfung wie folgt durchführen:

■ Motor und Bauteile im Motorraum auf Undichtigkeiten und Beschädigungen prüfen.
■ Leitungen, Schläuche und Anschlüsse des Kraftstoffsystems, des Kühl- und Heizsystems, des Ölkreislaufs, der Klimaanlage, der Ansauganlage und der Bremsanlage auf

Undichtigkeiten, Scheuerstellen, Porosität und Brüchigkeit prüfen.
■ Alle festgestellten Mängel durch Reparatur beseitigen.
■ Bei nicht verbrauchsbedingtem Flüssigkeitsverlust muss die Ursache ermittelt und beseitigt werden.

Keilrippenriemen prüfen

Der Keilrippenriemen oder auch Flachriemen ist für den Antrieb vieler Nebenaggregate wie der Klimaanlage zuständig. Aber auch Generator und Wasserpumpe werden durch ihn angetrieben. Die unterschiedlichen Einbaulagen des Keilrippenriemens Ihres Smarts stellen wir Ihnen auch für die Montagearbeiten am Generator-Aus- und Einbau an diese Stelle vor. In diesem Kapitel werden wir uns neben der Einbaulage auch mit den unterschiedlichen Spannvorrichtungen befassen und den Umgang mit ihnen darstellen.

Zustand prüfen

Kontrollieren Sie den Keil- und Keilrippenriemen nach folgenden Gesichtspunkten an mehreren Stellen:
■ Unterbaurisse (Anrisse, Kernbrüche, Querschnittsbrüche),
■ Lagentrennung (Deckschicht, Zugstränge),
■ Ausbruch am Unterbau,
■ Ausfransen der Zugstränge,
■ Flankenverschleiß (Materialabtrag, Ausfransungen, Flankenverhärtung, Oberflächenrisse),
■ Öl und Fettspuren.

Spannung für Keilrippenriemen prüfen (mit automatischer Spannvorrichtung)
■ Drücken Sie den Keilrippenriemen in einem Bereich, wo er frei hängt (siehe auch Bild 17) mit einem kräftigen Daumendruck nach unten.

Die Spannrollen müssen nun ruckfrei und ohne zu hakeln nachgeben. Wenn Sie den Druck wegnehmen, muss sich die Spannrolle ohne Verzögerung und ruckfrei zurückbewegen und den Antriebsriemen wieder spannen.

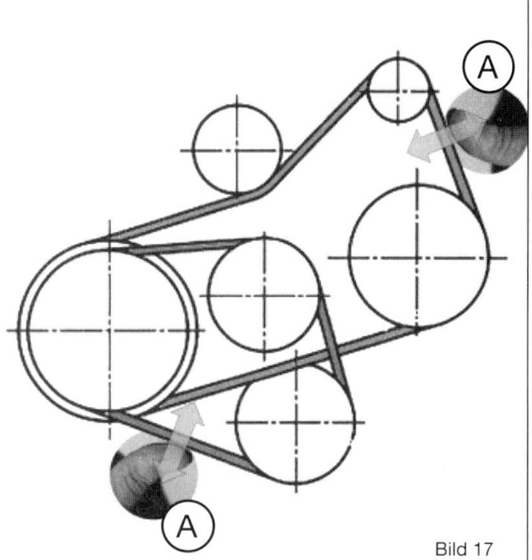

Bild 17

Bild 17
Riemenspannung prüfen: Grundsätzlich an Stellen, an denen der Riemen frei hängt (A).

Bild 18

Bild 18
Kontrolle der Spannung des Keilrippenriemens.

■ Verdrehen Sie den Keilrippenriemen in einem Bereich, wo er frei hängt (siehe auch Bild 18).
■ Der Antriebsriemen muss sich etwa 90° leicht verdrehen lassen. So ist die optimale Vorspannung erreicht.

Keilrippenriemen aus- und einbauen

Riementrieb mit und ohne Klimaanlage und Spannrolle (Bilder 19 und 20)

Soll der gebrauchte Keilrippenriemen wieder verwendet werden, muss die Laufrichtung auf dem Keilrippenriemen markiert werden.

■ Fahrzeug mit der Hebebühne anheben.

Fahrzeug zwischen den Hebebühnensäulen ausrichten und die vier Aufnahmeteller an den vom Fahrzeughersteller

Sichtprüfung Messen

Bild 19
Keilrippenriemen ohne Klimaanlage:
1 Spannrolle
2 Umlenkrolle
3 Keilrippenriemen
G Generator
R Kurbelwellenriemenscheibe
W Wasserpumpe

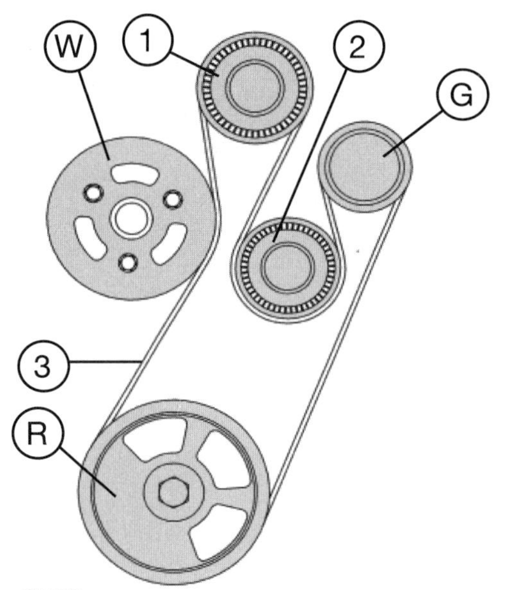

Bild 19

Bild 20
Keilrippenriemen mit Klimaanlage:
1 Spannrolle
2 Umlenkrolle
3 Keilrippenriemen
4 Klimakompressor
G Generator
R Kurbelwellenriemenscheibe
W Wasserpumpe

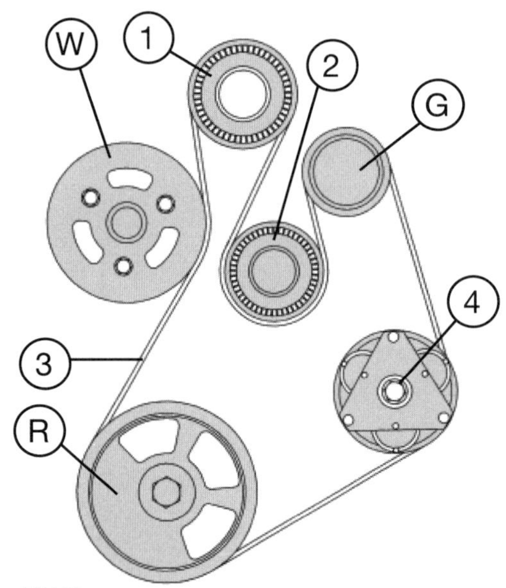

Bild 20

vorgeschriebenen Hebebühnenaufnahmepunkten platzieren.

- Demontieren Sie das rechte Vorderrad.
- Bauen Sie den Innenradkasten vorne rechts aus.
- Bauen Sie, wie bereits beschrieben, die Motorabdeckung oben ab.
- Stecken Sie eine Zwölfkantnuss SW13 auf den Zwölfkant (4, im Bild 21 und 22) auf.
- Verdrehen Sie den Spanner im Uhrzeigersinn, um den Keilrippenriemen zu entspannen.
- Nehmen Sie den Keilrippenriemen ab.

Schraubertipp: Einbaulage des Keilrippenriemens

- Achten Sie vor dem Einbau des Keilrippenriemens darauf, dass alle Aggregate (Generator, Klimakompressor) festmontiert sind.
- Beim Einbauen des Keilrippenriemens achten Sie bitte auf die Laufrichtung und auf einen korrekten Sitz des Riemens in den Riemenscheiben.
- Nach fertiggestellter Arbeit grundsätzlich Motor starten und Riemenlauf kontrollieren.

Unterschiede bei Fahrzeugen mit Start-Stopp-Automatik

Es gibt für die Montagearbeiten am Generator keinen Unterschied für Fahrzeuge mit Start-Stopp-Funktion oder Fahrzeugen ohne dieses Ausstattungsmerkmal. Das Anlassen erfolgt über den normalen Starter. Es wurde lediglich ein Generator mit höherer Leistung verbaut.

Demontage des automatischen Riemenspanners

Austausch von Spanner und Umlenkrolle

Die Umlenkrolle (2 im Bild 19 oder 20) sowie der automatische Riemenspanner sind einzeln erhältlich.

Spanner und/oder Umlenkrolle sollten dann gewechselt werden, wenn Sie folgende Merkmale feststellen können:

- Laufspuren oder Schäden sind auf der Rolle erkennbar.
- Das Lager macht hörbare Geräusche.
- Das Lager oder die Rolle weist seitliches Spiel auf.

Demontage des Riemenspanners mit Spannrolle

- Bauen Sie wie bereits beschrieben die Motorabdeckung oben ab.
- Stecken Sie eine Zwölfkantnuss SW13 auf den Zwölfkant (4, im Bild 21 und 22) auf.
- Verdrehen Sie den Spanner im Uhrzeigersinn, um den Keilrippenriemen zu entspannen.

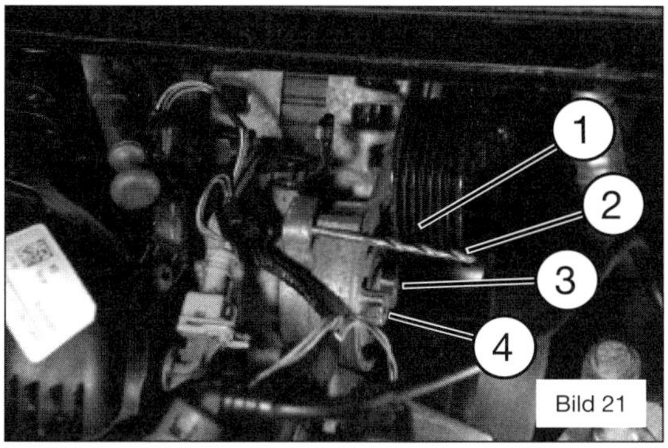

Bild 21

- Nehmen Sie den Keilrippenriemen ab.
- Drehen Sie die Schraube (3) heraus.
- Nehmen Sie den Riemenspanner mit Spannrolle ab.

Arbeiten am Steuerkettenantrieb

Vorbereitungen am Fahrzeug

- Lesen Sie den Fehlerspeicher aus und sichern Sie die Ergebnisse.
- Fahrzeug mit der Hebebühne anheben.

⚠ Fahrzeug zwischen den Hebebühnensäulen ausrichten und die vier Aufnahmeteller an den vom Fahrzeughersteller vorgeschriebenen Hebebühnenaufnahmepunkten platzieren.

- Lassen Sie das Motoröl ab.
- Bauen Sie den Motor zusammen mit dem Getriebe aus. Diesen Arbeitsschritt werden wir am Ende dieses Kapitels genauer beschreiben.

Steuerkastendeckel demontieren

- Demontieren Sie den Ventildeckel.
- Bauen Sie den Keilrippenriemen wie bereits beschrieben ab.
- Reinigen Sie das Umfeld um den Steuerkastendeckel gründlich.
- Drehen Sie die Zentralschraube der Riemenscheibe (B im Bild 23) heraus.
- Ziehen Sie die Riemenscheibe (C) von der Kurbelwelle ab.
- Drehen Sie die Schrauben in der Reihenfolge (14-1) heraus.

Nehmen Sie den Steuerkastendeckel ab.

Die Montage erfolgt sinngemäß im umgekehrter Reihenfolge.

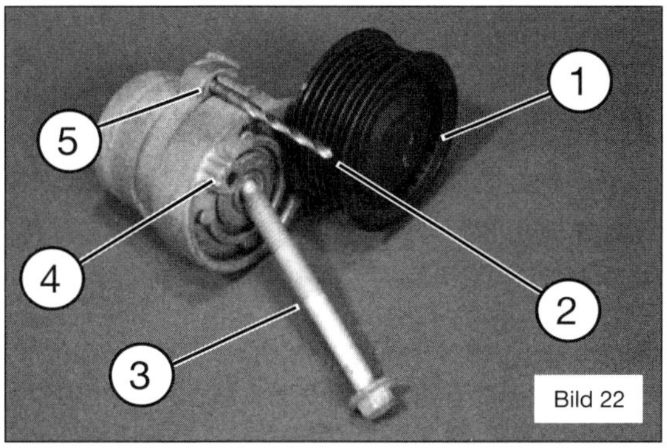

Bild 22

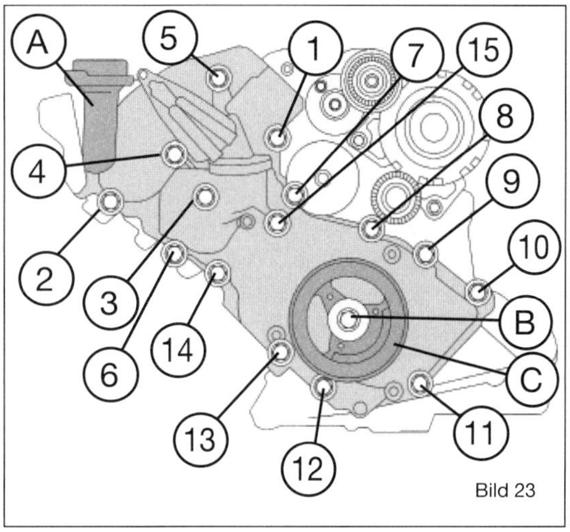

Bild 23

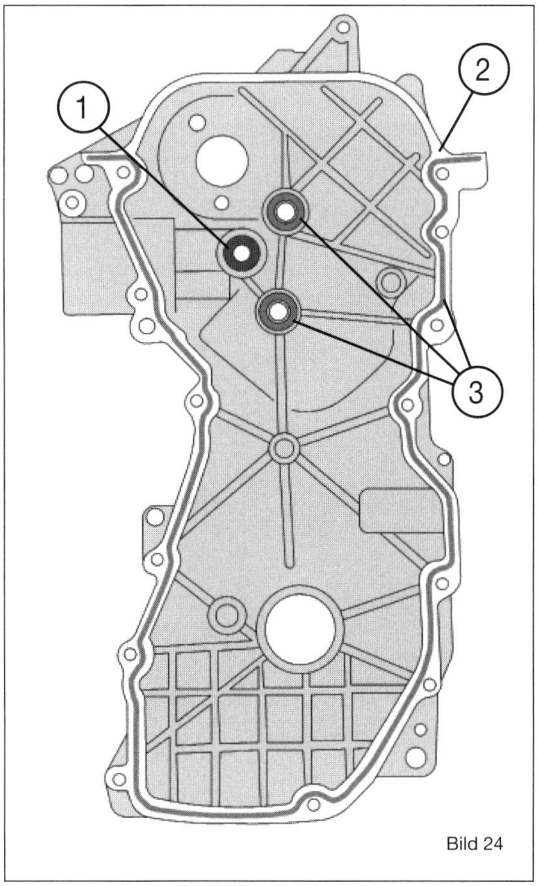

Bild 24

Bild 21
Einbauposition des Keilrippenriemenspanners:
1 Automatischer Spanner
2 Bohrer (4 mm)
3 Schraube
4 Verdrehhilfe (12 Kant)

Bild 22
Keilrippenriemenspanner ausgebaut:
1 Automatischer Spanner
2 Bohrer (4 mm)
3 Schraube
4 Verdrehhilfe (12 Kant)
5 Bohrung im Spannergehäuse

Bild 23
Steuergehäusedeckel:
A Öleinfüllstutzen
B Schraube Riemenscheibe
C Riemenscheibe
1-15 Anzugsreihenfolge der Befestigungsschrauben
Anzugsdrehmomente:
7, 9, 12, 14 = 8 Nm
1 - 6 = 55 Nm
7 - 14 = 25 Nm
15 = 10 Nm

Bild 24
Dichtflächen am Steuergehäusedeckel:
1 O-Ring
2 Dichtfläche Steuergehäusedeckel
3 Silikonnaht (etwa 3 mm breit)

Sichtprüfung Messen

■ Reinigen Sie die Dichtflächen (2 im Bild 24) und am Motorblock gründlich.
■ Tragen Sie auf die Bereiche (3) eine etwa 3 mm breite Dichtnaht auf.
■ Erneuen Sie den Wellendichtring im Steuerkastendeckel auf der Kurbelwelle.
■ Montieren Sie den Steuerkastendeckel wieder.
■ Montieren Sie die Schrauben (1-15) handfest.
■ Ziehen Sie die Schrauben in der Reihenfolge (1-15) an.

⚠ Beachten Sie die unterschiedlichen Drehmomente:

Schraube (Bild 23)	Drehmoment
7, 9, 12, 14	8 Nm
1 - 6	55 Nm
7 - 14	25 Nm
15	10 Nm

Bild 25
Steuerkette mit Markierungen:
1 Farbige Kettenglieder
2 Ausfräsung halbrund auf dem Einlassnockenwellenrad (Versteller)
3 Führungsschiene
4 Kurbelwellen Zahnrad
5 Schrauben
6 Kettenspanner
7 Spannschiene
8 Markierung

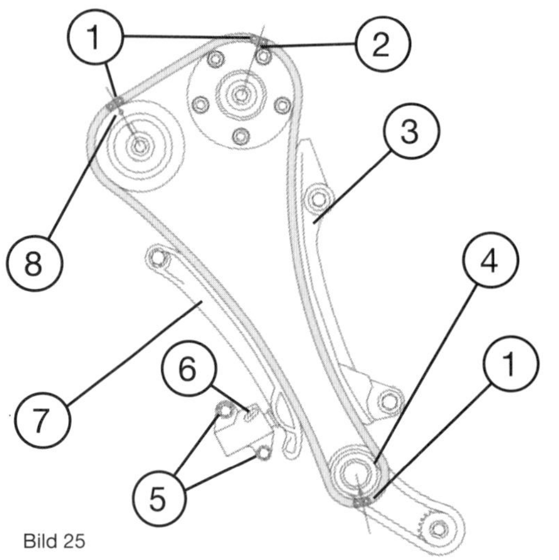

Bild 25

Bild 26
Steuerkettenspanner:
1 Sperrklinke
2 Sicherungsstift
3 Steuerkettenspanner (Gehäuse)
4 Rastenklinke
5 Arbeitskolben

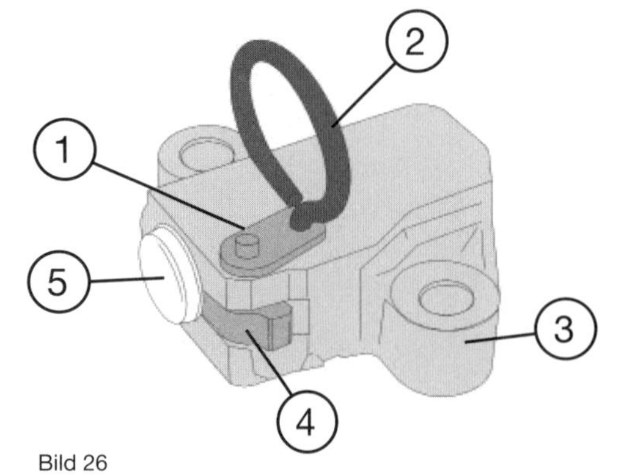

Bild 26

■ Kontrollieren Sie den Ölstand im Getriebe und Motor.

Einbaulage der Steuerkette um Markierungen auf den Steuerkettenrädern

☞ Die Einbaulage dient nur zur Orientierung. Sie ist nicht geeignet, um die Steuerzeit neu einzustellen. Sobald die Nockenwellenräder gelöst wurden oder die Steuerzeiten unklar sind, muss eine Grundeinstellung der Steuerzeiten erfolgen.
■ Demontieren Sie den Steuerkastendeckel wie bereits beschrieben.
■ Verdrehen Sie den Motor so, wie im Bild 25 dargestellt.

☞ Die farbigen Steuerkettenglieder (1) liegen dann über den Markierungen der Steuerkettenräder. Der Motor steht in dieser Position im Zünd-OT. Auf die genaue Einstellung der Steuerzeiten werden wir noch eingehen.

Wechsel des Steuerkettenspanners

Für den Wechsel des Steuerkettenspanners müssen die Steuerzeiten nicht unbedingt geprüft werden. Achten Sie auf die Einbaulage der farbigen Steuerkettenglieder.
■ Demontieren Sie den Steuerkastendeckel wie bereits beschrieben.
■ Verdrehen Sie den Motor in die Position, so wie im Bild 25 dargestellt.
■ Drehen Sie die beiden Schrauben (5) heraus und nehmen Sie den Steuerkettenspanner (6) ab.

Die Montage erfolgt sinngemäß im umgekehrter Reihenfolge.
■ Drücken Sie die Rastenklinke (4 im Bild 26) leicht ein und schieben Sie den Arbeitskolben (5) ganz hinein.
■ Sichern Sie den Kettenspanner mit einem Sicherungsstift oder einem passenden Bohrer.

☞ Bei neuen Kettenspannern wird der Sicherungsstift mitgeliefert oder ist sogar meist montiert.
■ Montieren Sie den Kettenspanner mit den beiden Schrauben (5 im Bild 25) wieder.
■ Drücken Sie leicht gegen die Spannschie-

ne und ziehen Sie den Sicherungsstift (2 im Bild 26) heraus. Der Kettenspanner spannt nun selbstständig vor.
■ Kontrollieren Sie den Sitz der Steuerkette auf den Kettenrädern sowie auf der Führungs- und der Spannschiene.

Prüfen der Steuerzeiten

■ Demontieren Sie den Ventildeckel.
■ Drehen Sie die Zündkerzen heraus. Bauen Sie die Verkleidung vor der Riemenscheibe ab.
■ Demontieren Sie den Ölenfüllstutzen.
■ Verdrehen Sie den Motor so, dass die Nocken des 1. Zylinders in der im Bild 29 gezeigten Position stehen.
■ Montieren Sie eine Messuhr mit entsprechenden Adaptern so, dass Sie die Messspitze mit 2 mm Vorspannung auf dem Kolbenboden aufsetzen können.
■ Verdrehen Sie die Kurbelwelle vorsichtig im Uhrzeigersinn so weit, dass Sie die höchste Stellung des ersten Zylinders ermessen können. Der erste Zylinder steht nun genau auf OT.
■ Montieren Sie die beiden Haltestücke (3 und 7) etwa in der Mitte des Zylinderkopfes über den Flachstellen der Nockenwellen.
■ Schieben Sie die beiden Halter (4 und 6) auf die Flachstellen der Nockenwelle.

Tipp: Lassen sich die beiden oder einer der beiden Halter nicht einschieben, sollten Sie die Steuerzeiten neu einstellen und eventuell Steuerkette und Steuerkettenspanner erneuern.

Einstellen der Steuerzeiten

Tipp: Ein klassisches Einstellen der Steuerzeiten mit Absteckpunkten und Losrädern auf den Nockenwellen ist bei diesen Motoren nicht vorgesehen. Wird eine Abweichung beim »Prüfen der Steuerzeiten« festgestellt, die das Zurückdrehen der Kurbelwelle um mehrere Millimeter im Umfang der Riemenscheibe erforderlich macht, sollten die Kettenführungen (Führungsschiene und Spannschiene) sowie die Steuerkette zusammen mit dem Steuerkettenspanner erneuert werden.

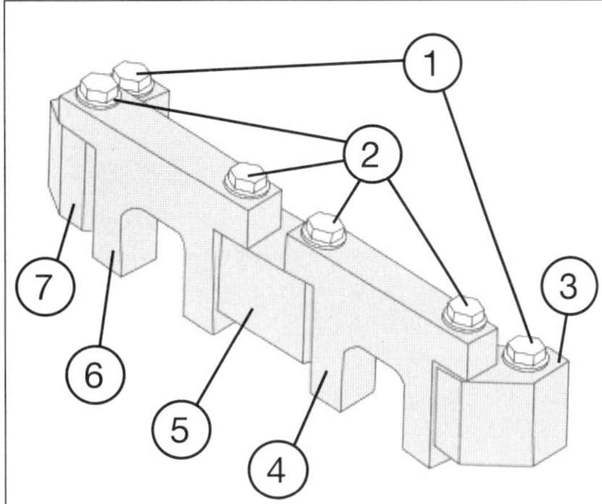

Bild 27

Bild 27
Absteck- und Haltewerkzeug für die Nockenwellen: Mercedes (Smart) 281 589 01 40 00
1 Schrauben
2 Schrauben
3 Haltestück Auslassseite
4 Halter Auslassnockenwelle
5 Zwischenstück
6 Halter Einlassnockenwelle
7 Haltestück Einlassseite

Bild 28

Bild 28
Überhitztes Auslassventil:
1 Auslassventil verbrannt
2 Zylinderkopf

Ventilspiel

Tipp: Eine weitere Besonderheit bei dieser Motorgeneration ist, dass keine hydraulischen Stößel verbaut worden sind. Der Motor ist auf der Ein- und Auslassseite mit Tassenstößeln ausgerüstet. Diese sind in unterschiedlichen Höhen erhältlich.

Achtung: Fällt das Ventilspiel zu klein aus, kann es sein, dass das Ventil im erwärmten Zustand nicht mehr schließt und keine Wärme mehr an den Zylinderkopf abgeben kann. Das kann gerade bei Auslassventilen zu gravierenden Schäden führen (Bild 28).

Ventilspiel prüfen
■ Demontieren Sie den Ventildeckel. Diesen Arbeitsschritt werden wir etwas später im Rahmen der Arbeiten um den Zylinderkopf darstellen.
■ Verdrehen Sie den Motor am Riemenscheibenrad so weit, dass die Nocken des zu prüfenden Zylinders wie im Bild 29 gezeigt zueinanderstehen und nach oben

Bild 29
Schnittansicht zur Nockenstellung beim Prüfen des Ventilspiels:
1 Nockenstellung zueinander
2 Nockenwellen
3 Tassenstößel

Bild 30
Prüfen des Ventilspiels:
1 Nockenwelle
2 Fühlerlehre
3 Tassenstößel

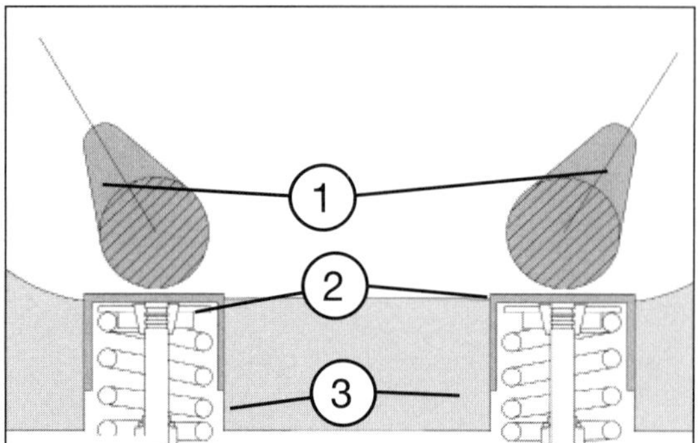

Bild 29

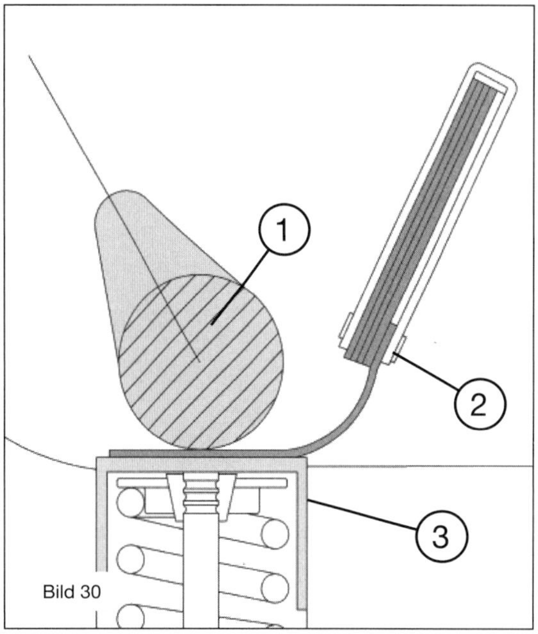

Bild 30

zeigen.

■ Prüfen Sie mit einer Fühlerlehre (2 im Bild 30) das Spiel zwischen Stößeltasse und Nockenwelle.

Die Fühlerlehre muss sich »saugend«, also mit fühlbarem Widerstand in dem Zwischenraum zwischen Nockenwelle und Tassenstößel bewegen lassen.

■ Notieren Sie sich das Ventilspiel für alle vier Ventile.

■ Drehen Sie den Motor 240° an der Riemenscheibe der Kurbelwelle weiter, bis der nächste Zylinder in der im Bild 29 gezeigten Stellung steht.

■ Erfassen Sie das Ventilspiel für diesen Zylinder und verdrehen Sie den Motor erneut, um das Ventilspiel für den letzten Zylinder prüfen zu können.

■ Tragen Sie die Messwerte für alle Ventile in die Tabelle unten ein oder verwenden Sie eine eigene Tabelle in dieser Form.

Notiztabelle für das Ventilspiel

Ventilspiel Einlass 1. Zylinder	
Ventilspiel Einlass 1. Zylinder	
Ventilspiel Auslass 1. Zylinder	
Ventilspiel Auslass 1. Zylinder	
Ventilspiel Einlass 2. Zylinder	
Ventilspiel Einlass 2. Zylinder	
Ventilspiel Auslass 2. Zylinder	
Ventilspiel Auslass 2. Zylinder	
Ventilspiel Einlass 3. Zylinder	
Ventilspiel Einlass 3. Zylinder	
Ventilspiel Auslass 3. Zylinder	
Ventilspiel Auslass 3. Zylinder	

Unterschiedliche Tassenstößel

Wenn das Ventilspiel korrigiert werden muss, ist es erforderlich, die Stößeltasse zu ersetzen.

Bodendicke	Teilenummer
2,96	A200 054 00 00
3,10	A200 054 01 00
3,12	A200 054 02 00
3,14	A200 054 03 00
3,16	A200 054 14 00
3,18	A200 054 15 00
3,20	A200 054 16 00
3,22	A200 054 17 00
3,24	A200 054 18 00
3,26	A200 054 19 00
3,28	A200 054 20 00
3,30	A200 054 21 00
3,32	A200 054 22 00
3,34	A200 054 23 00
3,36	A200 054 04 00
3,38	A200 054 05 00
3,40	A200 054 06 00
3,42	A200 054 07 00
3,44	A200 054 08 00
3,46	A200 054 09 00
3,48	A200 054 10 00
3,50	A200 054 11 00
3,52	A200 054 24 00
3,54	A200 054 12 00
3,56	A200 054 13 00

Ventilspiel einstellen
Um das Ventilspiel einzustellen, müssen der Motor ausgebaut und der Steuerkastendeckel demontiert werden. Diese Arbeiten sind im normalen Wartungsumfang nicht enthalten. Auch werden keine Intervalle für die Kontrolle vorgegeben. Sinnvoll ist es aber die Kontrolle bei Arbeiten durchzuführen, bei denen der Motor ausgebaut wird oder worden ist. Wird ein fehlerhaftes Ventilspiel festgestellt, wird der Ausbau des Motors zwingend erforderlich.

Ventil	Ventilspiel
Einlass	0,25 - 0,35 mm
Auslass	0,46 - 0,54 mm

■ Vergleichen Sie die Messwerte des Ventilspiels mit den Sollwerten.
■ Führen Sie die Messungen für alle Ventile durch. Die Korrektur erfolgt für alle Ventile aller Zylinder gleichzeitig.

Wenn das Ventilspiel stimmt:
■ Liegt das Ventilspiel im Rahmen der Sollwerte, besteht kein Handlungsbedarf für dieses Ventil.

Wenn das Ventilspiel korrigiert werden muss:
■ Bauen Sie den Motor aus.
■ Demontieren Sie den Steuerkastendeckel wie bereits auf der Seite 35 beschrieben.
■ Demontieren Sie die Steuerkette.
■ Demontieren Sie die Nockenwellen.
■ Nehmen Sie die Stößeltasse mit dem falschen Messwert heraus.
■ Messen Sie die tatsächliche Bodendicke (3 im Bild 31).
■ Berechnen Sie die neue Bodendicke für alle Ventilpositionen, die nicht im Rahmen der Sollwerte liegen.

Beispiel:

EV Istwert	0,20 mm
EV Sollwert	0,25 - 0,35 mm
Bodendicke (alt)	3,30 mm

Es muss eine Tasse verwendet werden, die zwischen 0,05 mm und 0,15 mm kleiner ist.

Bodendicke (gewählt)	**3,20 mm**
Istwert (neu)	0,30 mm

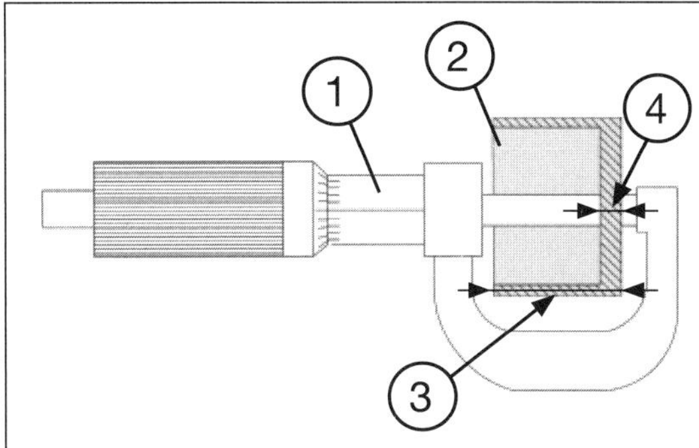

Bild 31

Bild 31
Messen des Tassenstößels:
1 Bügelmessschraube
2 Tassenstößel (Schnitt)
3 Bodendicke
4 Tassenhöhe

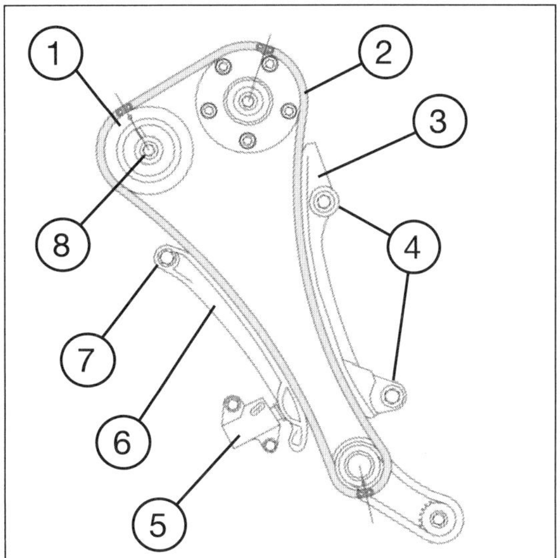

Bild 32

Bild 32
Demontage der Steuerkette:
1 Nockenwellenrad Auslassnockenwelle
2 Steuerkette
3 Führungsschiene
4 Schrauben
5 Steuerkettenspanner
6 Spannschiene
7 Schraube
8 Zentralschraube Nockenwellenrad Auslassnockenwelle

■ Hier wird die Tasse mit der Bestellnummer A200 054 16 00 verwendet.
Grundsätzlich können alle Tassen verwendet werden, die leichtgängig, unbeschädigt und ohne Verschleißspuren sind. So können auch Tassen aus anderen Einbaupositionen wiederverwendet werden.
Beschädigte oder schwergängige Tassen müssen ersetzt werden.

Wechsel der Steuerkette

■ Bauen Sie den Motor aus.
■ Demontieren Sie den Steuerkastendeckel wie bereits auf der Seite 35 beschrieben.
■ Demontieren Sie die Zündkerzen.
■ Verdrehen Sie den Motor in die Position wie im Bild 25 dargestellt.
■ Demontieren Sie den Kettenspanner wie auf Seite 36 bereits beschrieben.
■ Drehen Sie die Schraube (7 im Bild 32)

heraus und nehmen die Spannschiene ab.
■ Drehen Sie die Schrauben (4) heraus und nehmen Sie die Führungsschiene (3) ab.
■ Lösen Sie die Zentralschraube des Auslassnockenwellenrades (8) und nehmen Sie das Nockenwellenrad zusammen mit der Steuerkette ab.
■ Nehmen Sie die Steuerkette vom Nockenwellenversteller auf der Einlassnockenwelle und auf dem Kurbelwellenrad ab.

Die Montage erfolgt sinngemäß in umgekehrter Reihenfolge.
■ Beachten Sie die Einbaulage der Steuerkette und stellen Sie, wie beschrieben, die Steuerzeiten ein.

Nockenwellenrad auf der Auslassnockenwelle

■ Bauen Sie den Motor aus.
■ Demontieren Sie den Ventildeckel.
■ Demontieren Sie den Steuerkastendeckel wie bereits auf der Seite 35 beschrieben.
■ Demontieren Sie die Zündkerzen.
■ Verdrehen Sie den Motor in die Position wie im Bild 25 dargestellt.
■ Demontieren Sie den Steuerkettenspanner wie bereits beschrieben.

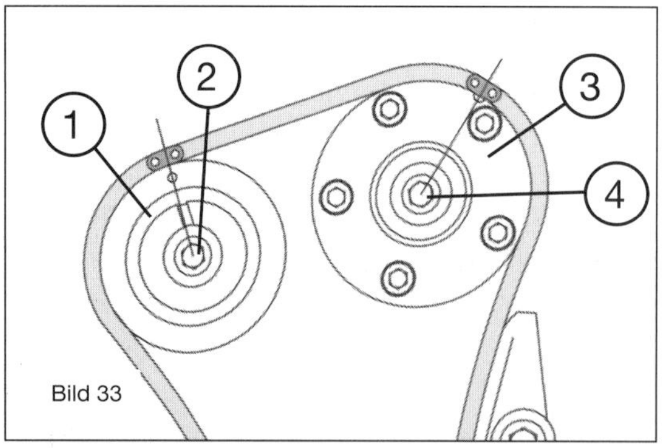

Bild 33
Nockenwelleräder am Zylinderkopf:
1 Steuerkettenrad Auslassnockenwelle
2 Zentralschraube
3 Nockenwellenversteller Einlassnockenwelle
4 Zentralschraube

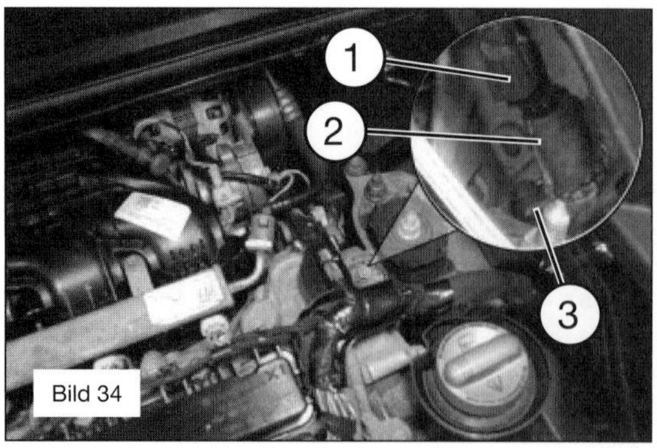

Bild 34
Steuerventil für die Nockenwellenverstellung:
1 Steckkontakt
2 Steuerventil
3 Schraube

■ Lösen Sie die Zentralschraube des Auslassnockenwellenrades (2 im Bild 33). Halten Sie dazu die Nockenwelle mit den Absteck- und Haltewerkzeug (Bild 27) oder einem geeigneten Schlüssel gegen.
■ Nehmen Sie das Steuerkettenrad (1 im Bild 33) von der Auslassnockenwelle (1) ab.
■ Nehmen Sie das Steuerkettenrad (1) aus der Steuerkette heraus.

Der Einbau erfolgt sinngemäß in umgekehrter Reihenfolge.
■ Beachten Sie die Einbaulage der Steuerkette und die Steuerzeiten.

Nockenwellenversteller auf der Einlassnockenwelle

■ Bauen Sie das Auslassnockenwellenrad wie bereits beschrieben ab.
■ Nehmen Sie die Steuerkette vom Nockenwellenversteller (3 im Bild 33) ab.
■ Lösen Sie die Zentralschraube des Einlassnockenwellenrades (4 im Bild 33).
■ Halten Sie dazu die Nockenwelle mit den Absteck- und Haltewerkzeug (Bild 27) oder einem geeigneten Schlüssel gegen.
■ Nehmen Sie den Nockenwellenversteller von der Einlassnockenwelle ab.

Der Einbau erfolgt sinngemäß in umgekehrter Reihenfolge.
■ Beachten Sie die Einbaulage der Steuerkette und die Steuerzeiten.

Steuerventil Nockenwellenversteller Einlassnockenwelle

■ Schalten Sie die Zündung aus und ziehen Sie den Schlüssel ab.
■ Demontieren Sie die Abdeckung über dem Motor.
■ Ziehen Sie den Steckkontakt am Magnetventil (1 im Bild 34) ab.
■ Drehen Sie die Schraube (3) am Magnetventil heraus.
■ Ziehen Sie das Magnetventil (2) gerade aus dem Gehäuse heraus.

Der Einbau erfolgt sinngemäß in umgekehrter Reihenfolge.

- Erneuern Sie den Dichtring am Ventil.
- Lesen Sie den Fehlerspeicher aus.

Nockenwellensensor aus- und einbauen

- Schalten Sie die Zündung aus und ziehen Sie den Schlüssel ab.
- Demontieren Sie die Abdeckung über dem Motor.
- Betätigen Sie die Steckerraste und ziehen Sie den Steckkontakt am Nockenwellensensor (1 im Bild 35) ab.
- Drehen Sie die Schraube (3) am Nockenwellensensor heraus.
- Ziehen Sie den Nockenwellensensor (2) gerade aus dem Ventildeckel heraus.

Der Einbau erfolgt sinngemäß in umgekehrter Reihenfolge.

- Erneuern Sie den Dichtring am Nockenwellensensor.
- Lesen Sie den Fehlerspeicher aus.

Ventildeckel demontieren

Tipp: Der Ventildeckel besteht aus zwei Teilen. Das Entlüftungsgehäuse für die Motorentlüftung ist auf dem Ventildeckel verbaut.

- Demontieren Sie die Abdeckung über dem Motor.
- Bauen Sie den Luftansaugschlauch zum Luftfilter (1 im Bild 36) aus.
- Drücken Sie den Rastenring (5) und ziehen Sie den Entlüftungsschlauch (2) vom Entlüftungsgehäuse (3) ab.
- Legen Sie den Entlüftungsschlauch aus dem Arbeitsbereich heraus.
- Drehen Sie die Schrauben (4) heraus.
- Nehmen Sie das Entlüftungsgehäuse (3) nach oben ab.
- Betätigen Sie die Steckerraste und ziehen Sie die Steckkontakte (1 im Bild 37) der Zündspulen ab.
- Drehen Sie die Schrauben (2) der Zündspulen heraus.
- Ziehen Sie die Zündspulen (3) gerade nach oben heraus.
- Ziehen Sie die verbleibenden Steckkontakte ab und legen Sie den Kabelsatz frei.

Bild 35

Bild 35
Nockenwellensensor im Ventildeckel:
1 Steckkontakt
2 Nockenwellensensor
3 Schraube

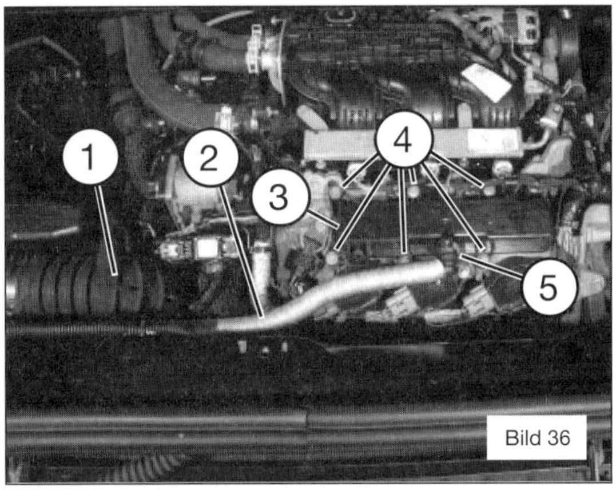

Bild 36

Bild 36
Motorraum von oben:
1 Ansaugschlauch
2 Entlüftungsschlauch
3 Entlüftungsgehäuse
4 Schrauben
5 Rastenring

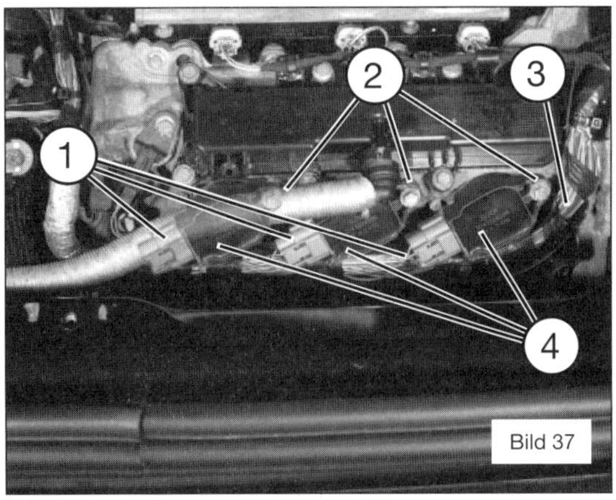

Bild 37

Bild 37
Zündspulen im Motorraum:
1 Steckkontakte
2 Schrauben
3 Kabelsatz
4 Zündspulen

Motortyp 281.910 (Turbomotor)

- Bauen Sie den Katalysator aus.

Motortyp 281.920 (Saugermotor)

- Bauen Sie das Wärmeschutzblech vom Katalysator ab.
- Bauen Sie den Halter rechts vorne ab.

Weiter für beide Motorvarianten

- Bauen Sie den Halter links vorne ab.
- Drehen Sie die Schrauben des Ventildeckels in der Reihenfolge (12-1 im Bild 38) heraus.

Sichtprüfung Messen

Bild 38
Anzugsreihenfolge der Schrauben am Ventildeckel:
1-11 Anzugsreihenfolge
11-1 Lösereihenfolge

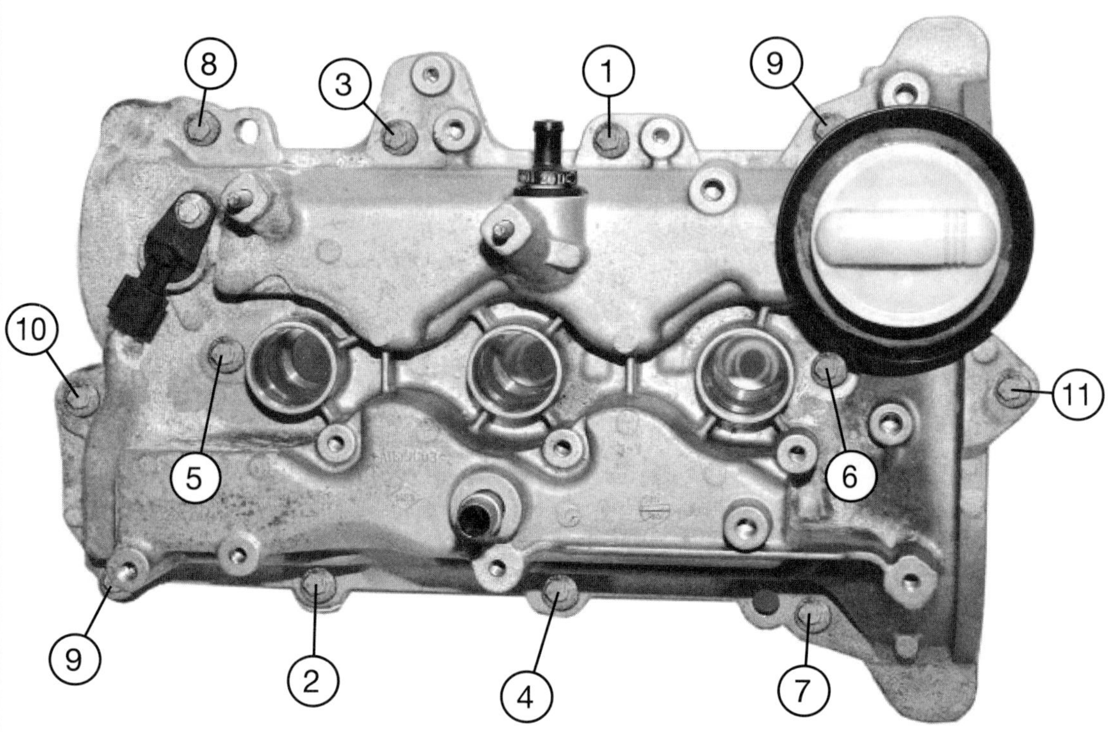

Bild 38

■ Nehmen Sie den Ventildeckel nach oben ab.

Der Einbau erfolgt sinngemäß in umgekehrter Reihenfolge.
■ Entfernen Sie mögliche Rückstände der Dichtmasse im Übergang zwischen Ventildeckel und Steuergehäusedeckel.
⚠ Achten Sie darauf, dass nichts in das Motorgehäuse hineinfällt.
■ Tragen Sie im Bereich der Stoßkante zwischen Ventildeckel und Steuergehäusedeckel wieder Dichtmasse auf.
■ Ziehen Sie die Schrauben wie im Bild 38 dargestellt in der Reihenfolge (1-11) mit 10 Nm wieder an.

Bild 39
Dichtmassenauftrag bei der Montage des Ventildeckels:
1 Ebene auf dem Zylinderkopf
2 Position für eine 3-mm-Dichtnaht im Übergang

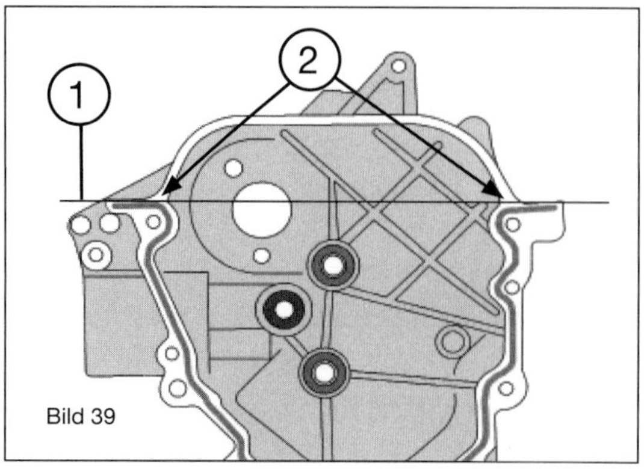

Bild 39

Demontage der Nockenwellen

■ Lesen Sie den Fehlerspeicher aus und sichern Sie die möglichen Einträge.
■ Schalten Sie die Zündung aus und ziehen Sie den Zündschlüssel ab.
■ Klemmen Sie die Batterie ab.
■ Fahrzeug mit der Hebebühne anheben.
⚠ Fahrzeug zwischen den Hebebühnensäulen ausrichten und die vier Aufnahmeteller an den vom Fahrzeughersteller vorgeschriebenen Hebebühnenaufnahmepunkten platzieren.
■ Bauen Sie den Motor wie beschrieben aus.
■ Demontieren Sie die Steuerkette wie bereits beschrieben.
■ Demontieren Sie den Nockenwellenversteller wie bereits beschrieben.

Motortyp 281.920 (Saugermotor):
■ Demontieren Sie den Drosselklappenansteller.
■ Drehen Sie die zwei Schrauben für das Verschlussblech auf der linken Motorseite (in Fahrtrichtung) heraus.

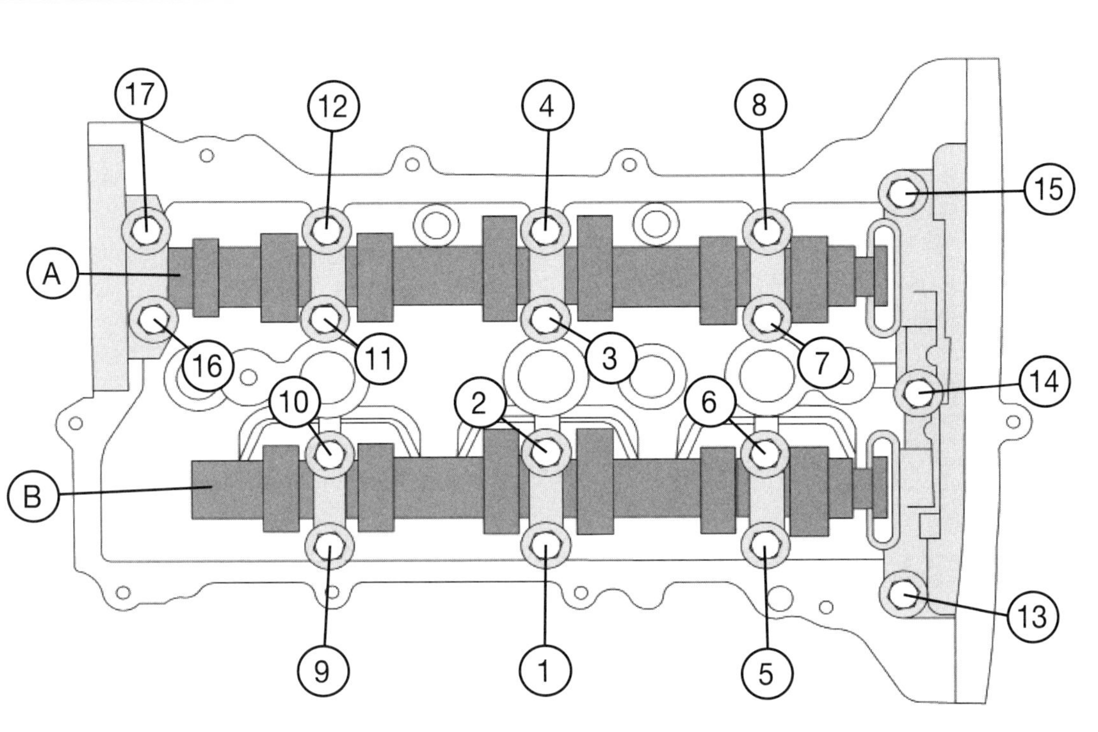

Bild 40

Bild 40
Verschraubung der Nockenwellenlager.
1-17 Anzugsreihenfolge
17-1 Lösereihenfolge
A Einlassnockenwelle
B Auslassnockenwelle

Motortyp 281.910 (Turbomotor):

■ Bauen Sie das Ladeluftrohr aus.

■ Drehen Sie die drei Schrauben für das Verschlussblech auf der linken Motorseite (in Fahrtrichtung) heraus.

Weiter für beide Motorvarianten:

■ Nehmen Sie das Verschlussblech auf der linken Motorseite (in Fahrtrichtung) ab.

■ Reinigen Sie den Zylinderkopf und das Verschlussblech im Bereich der Dichtfläche gründlich und entfernen Sie die Silikonreste.

■ Drehen Sie die Schrauben der Nockenwellenlagerböcke (1-17 im Bild 40) in mehreren Stufen gleichmäßig heraus.

So wird die Federspannung der noch betätigten Ventile gleichmäßig verteilt.

Die Montage erfolgt sinngemäß in umgekehrter Reihenfolge.

■ Reinigen Sie die Dichtflächen gründlich.

Prüfen Sie den Zustand der Nockenwelle und der Lagerung gründlich.

■ Tragen Sie etwas Öl auf die Lagerstellen der Nockenwelle vor der Montage auf.

■ Achten Sie auf gleichmäßigen Anzug (in mehreren Stufen, um die Nockenwelle gerade herunterzudrücken) der Schrauben der Nockenwellenlager.

■ Ziehen Sie die Schrauben mit 10 Nm an.

Prüfungen an der Nockenwelle

Vor der Montage und nach der Reinigung sollten Sie die Nockenwellen, die Lager und das Spiel der Lager prüfen.

Axialspiel der Nockenwelle:

■ Bauen Sie wie im Bild 41 gezeigt eine

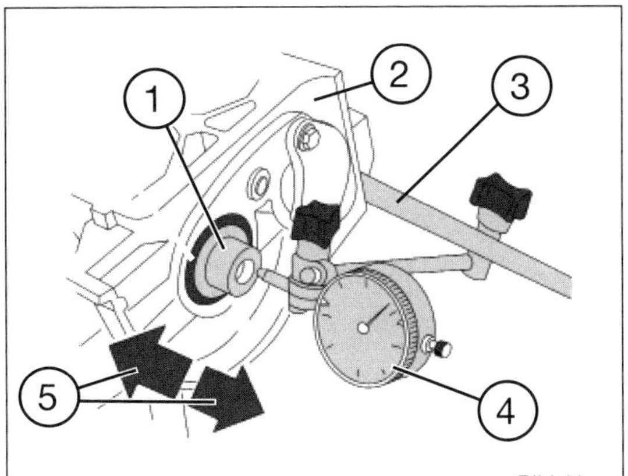

Bild 41

Bild 41
Axialspielmessung an der Nockenwelle:
1 Nockenwelle
2 Zylinderkopf
3 Messuhrhalter
4 Messuhr
5 Spielprüfung

Sichtprüfung Messen

Messuhr und einen Messuhrhalter auf.
■ Legen Sie die Nockenwelle in die Lagerstellen ein.
■ Drehen Sie die Schrauben der Nockenwellenlagerböcke (1-17 im Bild 40) in mehreren Stufen gleichmäßig heraus.

So wird die Federspannung der noch betätigten Ventile gleichmäßig verteilt.

■ Richten Sie die Messuhr mit etwa 2 mm Vorspannung ein und stellen Sie die Außenskala auf null.
■ Verschieben Sie die Nockenwelle in Achsenrichtung.
■ Erfassen Sie das Spiel der Nockenwelle in Achsenrichtung. Ein Axialspiel bis 0,10 mm ist zulässig.

Optische Kontrolle der Lagerstellen
■ Kontrollieren Sie alle Lagerstellen der Nockenwelle im Zylinderkopf und auch an der Nockenwelle auf Schäden wie Klemmspuren und Grate.
■ Liegen Beschädigungen vor, müssen die entsprechenden Bauteile ersetzt werden.

Kontrolle der Tassenstößel und der Nockenflanken
■ Ziehen Sie jede Stößeltasse aus ihrer Bohrung im Zylinderkopf heraus und prüfen Sie die Leichtgängigkeit im Zylinderkopf und auf mögliche Klemm- oder Fressspuren.
■ Achten Sie auf der Stößelfläche auf mögliche Schäden oder Verschleißspuren.

⚠ Die Tassenstößel müssen grundsätzlich in der alten Position verbaut werden.

■ Kontrollieren Sie die Nockenflanken auf Verschleißspuren oder Grate.
■ Liegen Beschädigungen vor, müssen die entsprechenden Bauteile ersetzt werden.

Kontrolle des Ventilspiels
Die Kontrolle des Ventilspiels ist am ausgebauten Zylinderkopf am günstigsten durchzuführen. Grundsätzlich sollten Sie diese Arbeit im Rahmen der Arbeiten am Zylinderkopf oder der Arbeiten an der Nockenwelle durchführen.

Demontage des Zylinderkopfes

Vorbereitung für alle Motoren
■ Lesen Sie den Fehlerspeicher aus und sichern Sie die möglichen Einträge.
■ Schalten Sie die Zündung aus und ziehen Sie den Zündschlüssel ab.
■ Klemmen Sie die Batterie ab.
■ Fahrzeug mit der Hebebühne anheben.

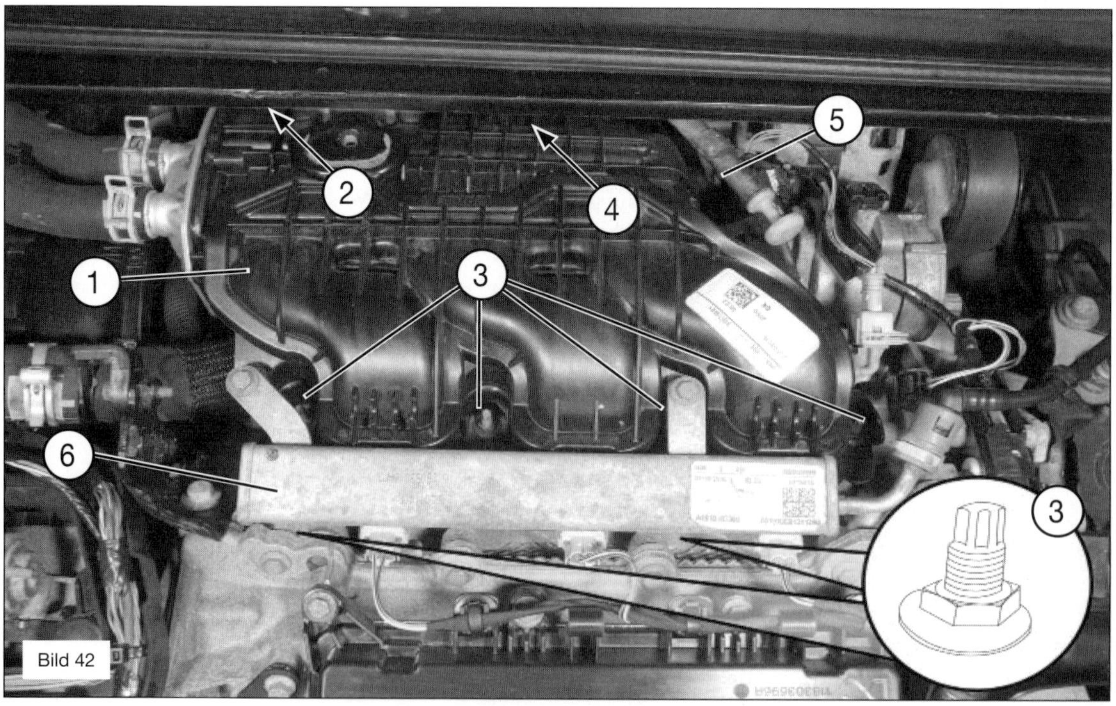

Bild 42
Ansaugkrümmer in der Einbaulage:
1 Ansaugrohr (Ansaugkrümmer)
2 Verschraubung am Turbolader
3 Muttern am Zylinderkopf
4 Verschraubung vorne
5 Verschraubung Ölstabführungsrohr
6 Sammelrohr

Fahrzeug zwischen den Hebebühnensäulen ausrichten und die vier Aufnahmeteller an den vom Fahrzeughersteller vorgeschriebenen Hebebühnenaufnahmepunkten platzieren.

■ Bauen Sie den Motor wie beschrieben aus.

■ Demontieren Sie die Steuerkette wie bereits beschrieben.

Motortyp 281.910 (Turbomotor)

■ Bauen Sie das Ladeluftrohr aus.

■ Klemmen Sie die Kraftstoffleitungen und die elektrischen Anschlüsse ab und demontieren Sie das Kraftstoffverteilerrohr.

■ Ziehen Sie den Ölstab heraus und demontieren Sie das Führungsrohr des Ölstabes.

■ Klemmen Sie die Steckkontakte am Ansaugtemperaturfühler, am Ladedrucksensor und am Drosselklappenmodul ab.

■ Demontieren Sie die Schrauben des Ladeluftrohrs am Turbolader (2 im Bild 42).

■ Drehen Sie die Schraube am Halter vorne rechts (4) heraus.

■ Demontieren Sie die Schrauben (3) des Ansaugrohrs am Zylinderkopf.

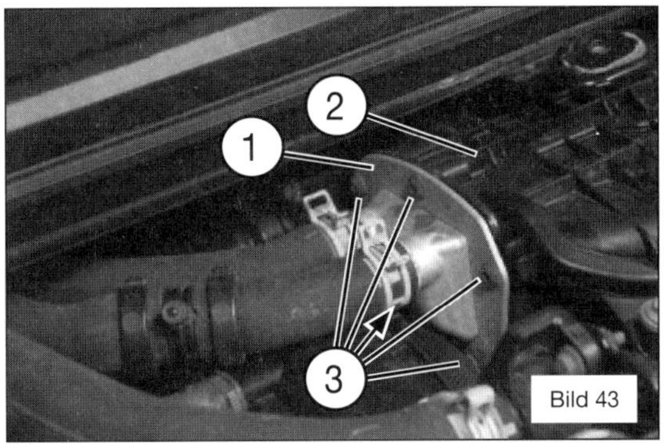

Bild 43

Bild 43
Schrauben am Ladeluftkühler im Ansaugrohr beim Turbomotor:
1 Ladeluftkühler
2 Ansaugrohr
3 Schrauben

■ Drehen Sie die Schrauben (3 im Bild 43) am Ladeluftkühler (1) heraus und ziehen Sie den Ladeluftkühler (1) aus dem Ansaugrohr (2) heraus.

■ Legen Sie den Ladeluftkühler (1) aus dem Arbeitsbereich heraus.

■ Nehmen Sie das Ansaugrohr vorsichtig ab.

■ Drücken Sie den Kühlmittelschlauch zum Anschlussgehäuse am Zylinderkopf mit einer Schlauchklemme zu und bauen Sie ihn ab.

■ Demontieren Sie die Halteschraube des Kühlschlauches links vorne am Motor.

Fangen Sie austretendes Restkühlmittel mit Lappen auf.

■ Demontieren Sie die Wärmeschutzbleche über dem Katalysator.

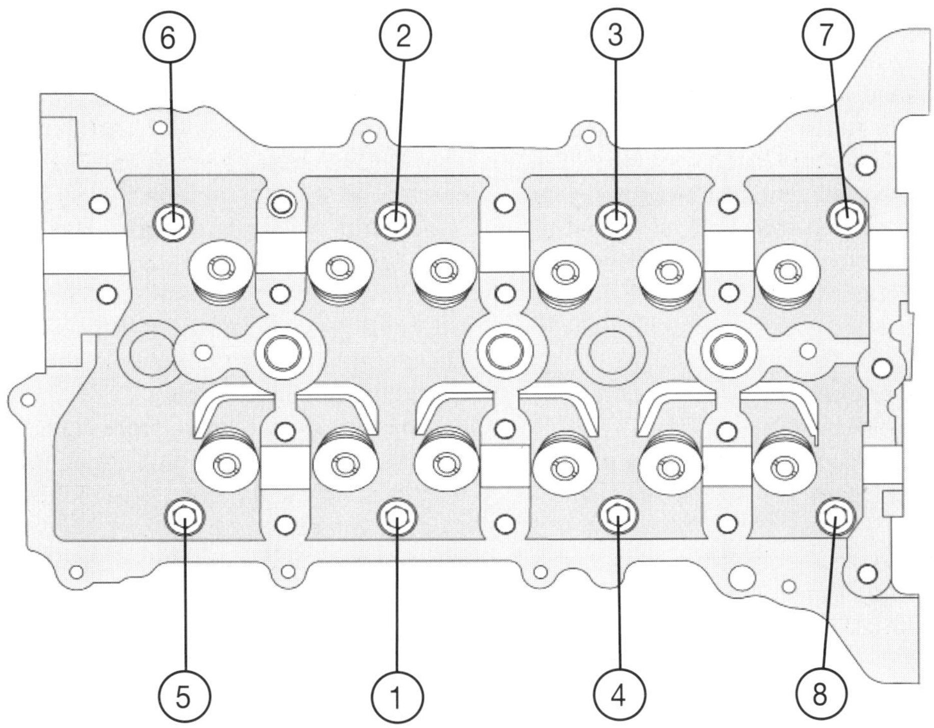

Bild 44

Bild 44
Schrauben im Zylinderkopf:
1-8 Anzugsreihenfolge
8-1 Lösereihenfolge

Sichtprüfung Messen

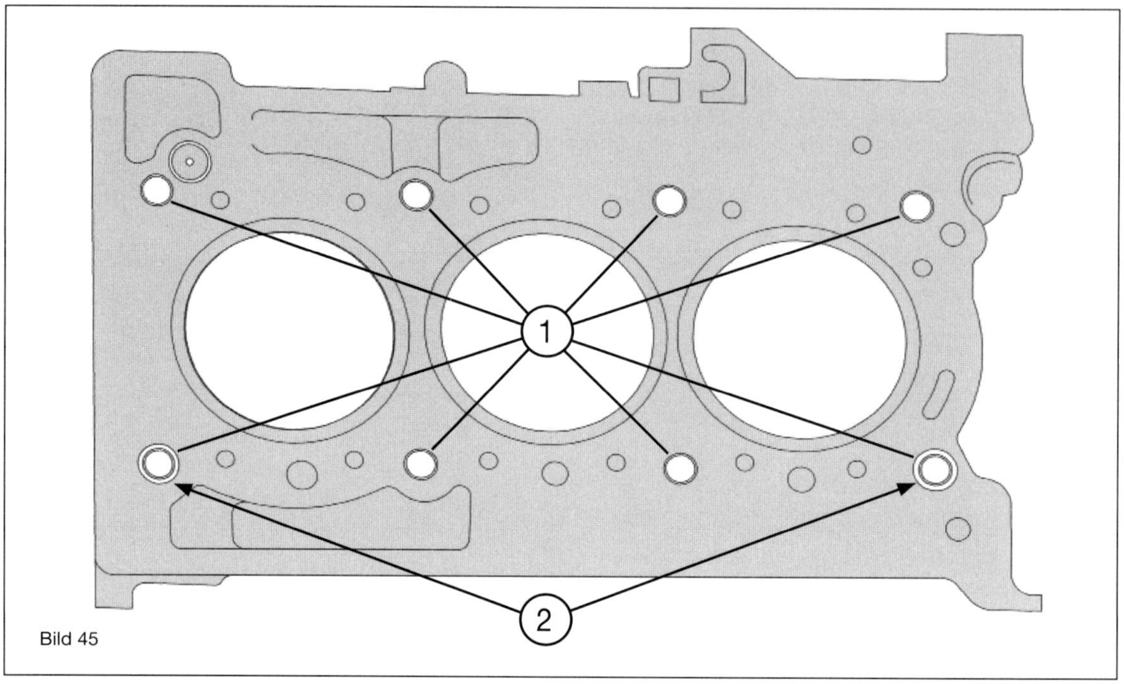

Bild 45
Passhülsen im Motorblock:
1 Gewinde Zylinderkopfschrauben
2 Passhülse im Block

■ Drehen Sie die beiden Schrauben an der Ölrücklaufleitung des Turboladers ab.
■ Bauen Sie die Ölrücklaufleitung am Kurbelgehäuse ab.
■ Demontieren Sie den automatischen Riemenspanner wie auf Seite 34 beschrieben.
■ Drehen Sie die obere Schraube am Generatorträger heraus.
■ Kontrollieren Sie, ob alle Steckverbindungen, Halterungen und Anschlüsse am Zylinderkopf gelöst wurden.
■ Drehen Sie die Zylinderkopfschrauben in Lösereihenfolge wie im Bild 44 gezeigt los.
■ Nehmen Sie zusammen mit einem Helfer den Zylinderkopf vom Motorblock ab.
■ Nehmen Sie die Zylinderkopfdichtung ab.
■ Ziehen Sie die Passhülsen (2 im Bild 45) aus dem Motorblock oder am Zylinderkopf heraus, je nachdem, wo diese stecken geblieben sind.

Die Montage erfolgt sinngemäß in umgekehrter Reihenfolge.
■ Reinigen Sie die Gewindebohrungen gründlich und blasen Sie sie mit Druckluft trocken.
■ Reinigen Sie die Dichtflächen gründlich.
■ Setzen Sie die Passhülsen (2 im Bild 43) wieder im Motorblock ein.
■ Legen Sie die neue Zylinderkopfdichtung auf.

☞ Die Bezeichnung »TOP« muss nach oben zeigen.

Motortyp 281.920 (Saugmotor)
■ Klemmen Sie die Kraftstoffleitungen und die elektrischen Anschlüsse ab und demontieren Sie das Kraftstoffverteilerrohr.
■ Ziehen Sie den Ölstab heraus und demontieren Sie das Führungsrohr des Ölstabes.
■ Klemmen Sie die Steckkontakte am Ansaugtemperaturfühler und am Drosselklappenmodul ab.
■ Klemmen Sie den Entlüftungsschlauch vom Saugrohr und legen Sie ihn aus dem Arbeitsbereich heraus.
■ Demontieren Sie die Kühlmittelschläuche vom Zylinderkopf ab und legen Sie sie aus dem Arbeitsbereich heraus.

☞ Fangen Sie austretendes Restkühlmittel mit Lappen auf.

■ Soweit verbaut, demontieren Sie den Entlüftungsschlauch zum Getriebe.
■ Demontieren Sie die Schrauben des Ansaugrohrs am Zylinderkopf.
■ Nehmen Sie das Ansaugrohr vorsichtig ab.
■ Lösen Sie die Verschraubungen des Halters am Zylinderkopf vorne rechts und drücken ihn etwas zur Seite.
■ Demontieren Sie die Halteschraube des Kühlschlauches links vorne am Motor.
■ Demontieren Sie den automatischen Riemenspanner wie auf Seite 34 beschrieben.
■ Drehen Sie die obere Schraube am Generatorträger heraus.
■ Drehen Sie die Zylinderkopfschrauben in

Lösereihenfolge wie im Bild 44 gezeigt los.

■ Nehmen Sie zusammen mit einem Helfer den Zylinderkopf vom Motorblock ab.

■ Nehmen Sie die Zylinderkopfdichtung ab.

■ Ziehen Sie die Passhülsen (2 im Bild 45) aus dem Motorblock oder am Zylinderkopf heraus, je nachdem, wo diese stecken geblieben sind.

Die Montage erfolgt sinngemäß in umgekehrter Reihenfolge.

■ Reinigen Sie die Gewindebohrungen gründlich und blasen Sie sie mit Druckluft trocken.

■ Reinigen Sie die Dichtflächen gründlich.

■ Setzen Sie die Passhülsen (2 im Bild 45) wieder im Motorblock ein.

Kompressionsdruck prüfen

Die Prüfwerte des Kompressionsdrucks in den einzelnen Zylindern zeigen an, ob der Motor sich noch in einem guten mechanischen Zustand befindet oder ob er für einen Austausch reif ist, zumindest aber komplett überholt werden muss.

Zur Prüfung werden ein Kompressionsdruck-Prüfgerät, ein Zündkerzenschlüssel sowie ein Drehmomentschlüssel 5 bis 50 Nm benötigt.

Die Motoröltemperatur muss mindestens 30 °C und die Batteriespannung mindestens 11,5 V betragen.

Vorbereitung und Druckprüfung

■ Motorabdeckungen oben oder den Luftfilterkasten ausbauen, um den Zugang zu den Zündspulen und den Zündkerzen zu ermöglichen.

■ Die Steckkontakte aller Zündspulen abziehen und die Zündspulen ausbauen.

■ Alle Zündkerzen ausbauen.

■ Das Gaspedal durch eine zweite Person bis Anschlag durchtreten lassen.

■ Den Kompressionsdruck mit Kompressionsdruck-Prüfgerät prüfen. Die Handhabung des Prüfgerätes ist in der jeweiligen Bedienungsanleitung beschrieben.

■ Den Anlasser so lange betätigen, bis kein Druckanstieg mehr vom Prüfgerät angezeigt wird. Der Höchstdruck sollte spätestens nach 12 bis 15 Umdrehungen erreicht sein.

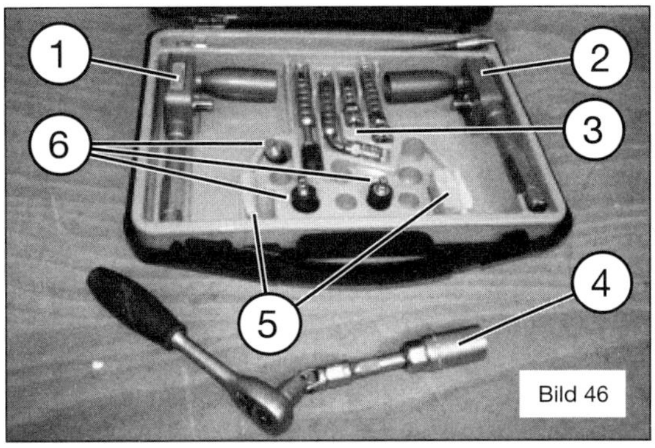

Bild 46

Bild 46 Kompressionsdruckschreiber:
1 Schreiber für Dieselmotoren
2 Schreiber für Ottomotoren
3 Verlängerungen
4 Knarre mit Kerzenschlüssel
5 Schreiberkarten für Otto- und Dieselmotoren
6 Dichtkonus für das Andrücken auf die Kerzenbohrungen im Zylinderkopf

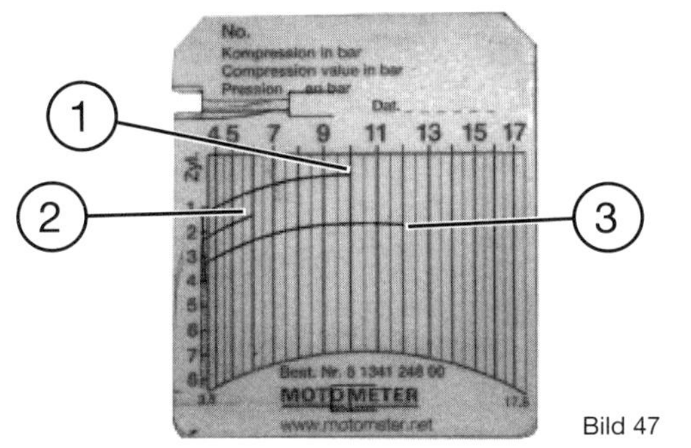

Bild 47

Bild 47 Auswertung des Schreiberkärtchens: Der gemessene Druck sollte bei etwa 12-14 bar liegen und zwischen den einzelnen Zylindern höchstens 1,5 bar abweichen.
1 abgelesener Druck 10 bar
2 abgelesener Druck 6 bar
3 abgelesener Druck 12 bar

Auswertung

■ Werten Sie die Schreiberkarte oder die Messergebnisse aus:

Der Druck sollte zwischen 12 und 14 bar liegen.

Der Druckunterschied zwischen einzelnen Zylindern (höchster und niedrigster) darf höchstens 1,5 bar betragen.

■ Fallen die Messergebnisse deutlich anders aus, sollte mittels Druckverlustprüfung die Undichtigkeit des Brennraums genauer lokalisiert oder der Motor für eine genauere Diagnose zerlegt werden.

Rückbau und in Betrieb setzen

■ Zündkerzen mit dem Zündkerzenschlüssel einschrauben und mit dem richtigen Drehmoment festziehen.

■ Der weitere Zusammenbau erfolgt sinngemäß in entgegengesetzter Reihenfolge zum Ausbau.

■ Fehlerspeicher abfragen und ggf. vorhandene Fehler beheben, danach Fehlerspeicher löschen.

Druckverlusttest

Oft schon vergessen, war er schon vor einigen Jahrzehnten bekannt. Da der Tester

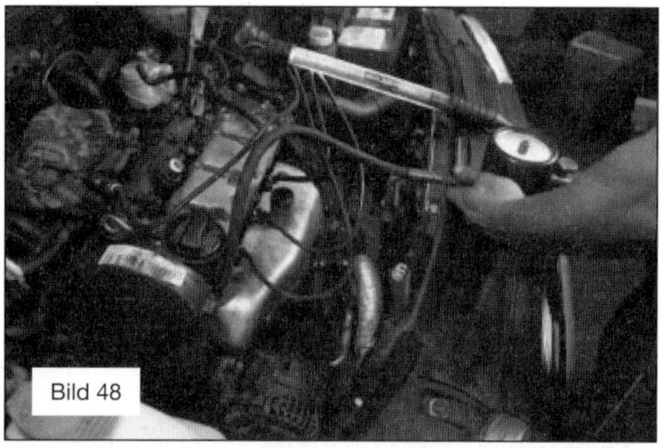

Bild 48
Druckverlusttest am Motor: Verlustwert und Verlustort werden festgestellt.

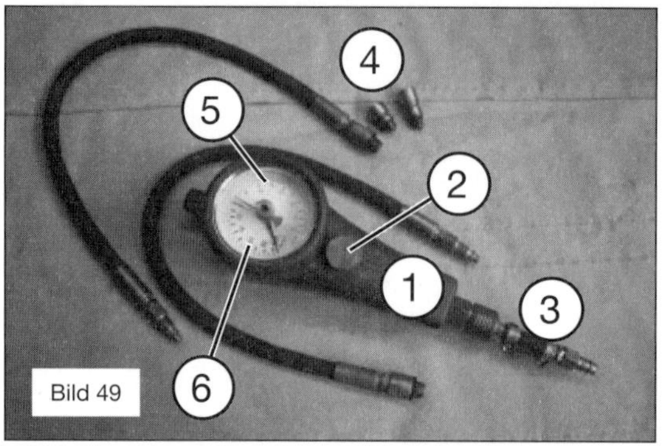

Bild 49
Meist recht günstig zu ersteigern: der Druckverlustprüfer:
1 Gehäuse
2 Einstellrad für Druckangleich
3 Anschlussschlauch Druckluftnetz
4 Prüfanschluss
5 Messuhr Kompressionsdruck
6 Messuhr Kompressionsdruck

Bild 50
Der OT-Finder: Auf dem Weg nach OT verdrängt der Kolben Luft und schiebt den Anzeigekolben im Gerät nach oben. Fällt er schlagartig ab, wurde der OT-Punkt überschritten.

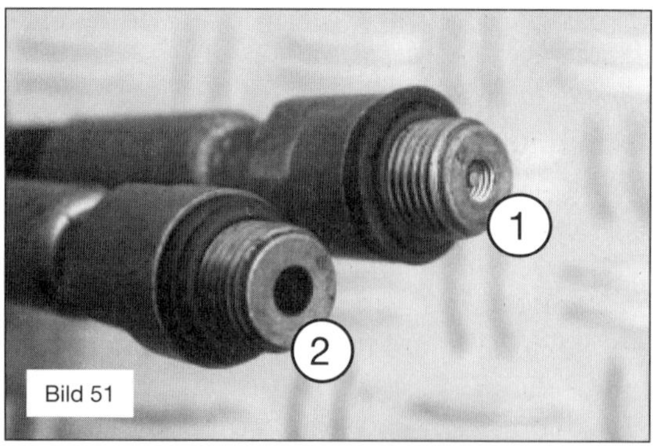

Bild 51
Nicht verwechseln: Mit Ventil (1) ist er für den Kompressionstest gerüstet, ohne Ventil (2) für den Druckverlusttest.

in den meisten Werkstätten nicht mehr oder kaum noch zum Einsatz kommt, lässt sich ab und an ein solches Gerät auch von Bosch schon mal günstig erstehen. 25 bis 150 Euro werden es dann meist. Auch mit diesem Gerät wird die Dichtheit des Zylinders bewertet. Nur, dass nicht der Motor den Druck aufbringt, sondern der Motor mit Luftdruck aus dem Tester beaufschlagt wird. Undichtheiten können nun zum einen zahlenmäßig erfasst und zum anderen »erhört« werden. Die Diagnose fällt deshalb deutlich präziser aus als das Ergebnis des Kompressionstests.

Vorbereitung

- Bauen Sie alle Zündkerzen aus.
- Schalten Sie die Zündung aus.
- Prüfen Sie, ob der Zahnriemen in Ordnung ist.
- Schließen Sie den Druckverlustprüfer an die Druckluftversorgung Ihrer Werkstatt an.
- Stimmen Sie den Druckschreiber auf den Kompressordruck Ihrer Werkstatt ab.
- Wählen Sie den passenden Gewindeadapter und den Anschlussschlauch für den Druckverlusttest aus.
- Stellen Sie Radio und andere Lärmquellen ab.
- Verdrehen Sie den Motor so weit, bis er am Ende des Verdichtungstaktes oder am Anfang des Arbeitstaktes steht.
- Ertasten Sie vorsichtig den Kolbenboden mit einem Schraubendreher und verdrehen Sie den Motor bis zu Zünd-OT.
- Blockieren Sie den Motor (Gang einlegen, Handbremse anziehen). Sollten Sie den Motor mit einem passenden Schlüssel auf der Kurbelwelle festhalten wollen, achten Sie darauf, dass sich der Motor verdrehen kann, sobald der Prüfdruck des Testers auf dem Kolben lastet. Er erzeugt ein nicht unbedeutendes Drehmoment, das Sie eventuell nicht von Hand halten können.

⚠ Es besteht Verletzungsgefahr durch Abrutschen oder Klemmen!

Messung/Prüfung

- Führen Sie den Anschlussschlauch des Druckverlusttesters zuerst in das rechte Kerzenloch ein (Bild 48).
- Kuppeln Sie den Messschlauch an das Messgerät an.
- Werten Sie jeden Zylinder einzeln wie unten beschrieben aus.
- Wiederholen Sie diesen Vorgang nun für alle Zylinder des Motors, Auswertung (Bilder 52 und 53).

Bild 52

Bild 53

Bild 52
Druckverlust problematisch.

Bild 53
Druckverlust in Ordnung.

Beschreibung	Toleranz	Ursache
Druckverlust zu groß: Zischgeräusch am Ansaugtrakt feststellbar, keine Zischgeräusche am Auspuff feststellbar.	Bis 15% sind zulässig.	Einlassventil nicht sauber geschlossen, Einlassventil undicht, Einlassventil beschädigt; Steuerzeiten stimmen nicht, Motor steht nicht im Zünd-OT (Arbeitstakt).
Druckverlust zu groß: Zischgeräusche am Auspuff feststellbar, keine Zischgeräusche am Ansaugtrakt feststellbar.	Bis 15% sind zulässig.	Auslassventil nicht sauber geschlossen, Auslassventil undicht, Auslassventil beschädigt, Steuerzeiten stimmen nicht, Motor steht nicht im Zünd-OT (Arbeitstakt).
Druckverlust zu groß: Zischgeräusche am Auspuff feststellbar, Zischgeräusche am Ansaugtrakt feststellbar.	Bis 15% sind zulässig.	Beide Ventile nicht sauber geschlossen, beide Ventile undicht, beide Ventile beschädigt; Steuerzeiten stimmen nicht, Motor steht nicht im Zünd-OT (Arbeitstakt).
Druckverlust zu groß: keine Zischgeräusche am Auspuff feststellbar, keine Zischgeräusche am Ansaugtrakt feststellbar.	Bis 15% sind zulässig.	Druckverlust über Kolben und Zylinder, Kolben und/oder Kolbenringe verschlissen oder defekt, Zylinderkopfdichtung defekt (während der Prüfung »blubbert« der Ausgleichsbehälter).

- Notieren Sie den angezeigten Druckverlust für jeden Zylinder einzeln.

Ein Druckverlust beim 4-Takt-Hubkolbenmotor ist bis zu 15% zulässig. Über 15% muss die Ursache gesucht werden.

- Drehen Sie den Öldeckel ab und achten Sie auf Zischgeräusche aus dem Motorblock.
- Legen Sie den Kopf auf den Luftfilter oder besser noch, entfernen Sie den Luftfilter und hören Sie, ob Zischgeräusche aus dem Ansaugtrakt wahrnehmbar sind.
- Kontrollieren Sie auch am Auspuff, ob hier ein Luftstrom oder ein Zischgeräusch hörbar ist.

Verschleißmessung am Motor

Zugegeben, in der heutigen Zeit werden diese Arbeiten nur noch selten durchgeführt. Es ist aber nicht so, dass man die Verschleißmessung am Motor nicht mehr benötigen würde. Vielmehr wird sie oft aus Zeitgründen nicht mehr durchgeführt.
Im privaten Bereich legen wir nun aber eher Wert auf eine kostengünstige Reparatur und möchten gerne den Zustand unseres Gefährtes sicher dokumentieren. Sollten Sie den Motor einmal so weit zerlegt haben oder sind auf der Suche nach erhöhtem Ölverbrauch des Motors, können Sie, nachdem

Bild 54
Messebenen und Messrichtungen am Zylinder.

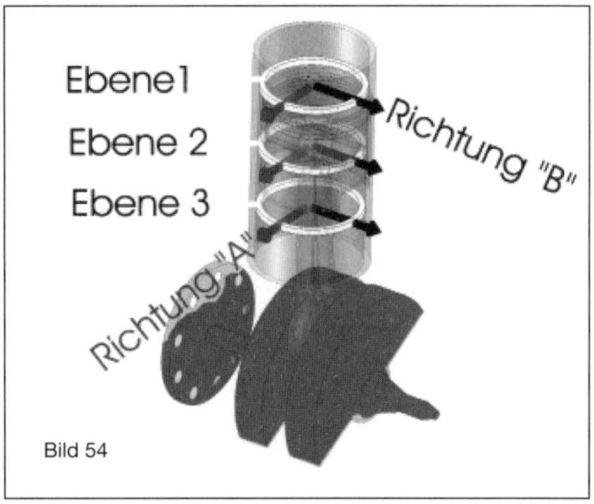

Bild 54

Bild 55
Messung des Kolbendurchmessers.

Bild 55

Zylinderkopf und Kolben demontiert wurden, den Motorblock ausmessen. Oftmals ist der Kolbenausbau auch am eingebauten Motor realisierbar. Schließlich müssen wir lediglich die Ölwanne abnehmen können, um die Pleuellager abschrauben zu können. Ob und wie weit die Laufleistung oder auch ungünstige Betriebszustände dem Motor zugesetzt haben, muss mit einigen einzelnen Messungen kontrolliert werden. Für die Messungen werden ein Innenmessgerät mit Innentaster, eine Messuhr, ein Messschieber, eine Fühlerlehre sowie eine Bügelmessschraube benötigt. Die Messung beschreibt den Zustand von Zylinder und Kolben. Das Zusammenspiel dieser Bauteile wird durch die Auswertung der Messergebnisse bewertet.

Messungen am Zylinder

Vorbereitung der Messungen

- Demontieren Sie den Zylinderkopf.
- Reinigen Sie Zylinderlaufbahn und Kolben gründlich.
- Messen Sie mit Hilfe des Messschiebers den Zylinderdurchmesser. Legen Sie anhand dieses Maßes fest, welche Adaptionsstücke in das Innenmessgerät eingebaut werden müssen.
- Montieren Sie das ausgewählte Adaptionsstück am Innenmessgerät.
- Führen Sie die Messuhr in die Aufnahme ein. Festgezogen wird sie aber erst, nachdem die Voreinstellung durchgeführt wurde.
- Richten Sie die Messuhr gerade in der Zylinderlaufbahn aus und stellen sie mit einer Vorspannung von 2 mm fest.
- Richten Sie das Grundmaß (entweder das mit dem Messschieber ermittelte und gerundete oder ein vom Hersteller Angegebenes) mit der Bügelmessschraube aus.
- Führen Sie die Feinjustierung des Innenmessgerätes durch.

Messungen

- Als Nächstes wird nun das Innenmessgerät in den zu messenden Zylinder eingeführt. Die Messung der Zylinderbuchse soll den Verschleiß genau darstellen.

Da der Verschleiß im Zylinder in der Regel durch die unterschiedlichen Belastungszustände ungleichmäßig ausfällt, werden die Zylinder in zwei Richtungen und drei Ebenen beurteilt. Die Messrichtung wird in die Richtung »A« und »B« aufgeteilt, wobei »B« dann die Messung in Achsenrichtung der Kurbelwelle und »A« die Messung in Drehrichtung der Kurbelwelle darstellt. Die Messhöhe nennt sich recht einfach »1«, »2« oder »3«. So wird ein sehr genaues Bild des Zylinderverschleißes dargestellt.

- Zuerst einmal sollten alle Messungen in der Richtung »A« gemacht und in das Auswertungsblatt eingetragen werden.

Erst dann werden die Messungen in der Richtung »B« durchgeführt und eingetragen. Das erspart das mehrmalige Einsetzen des Innenmessgerätes in den Zylinder.

- Führen Sie die Messung in Richtung »A« durch und tragen Sie diese ins Auswerteblatt ein.
- Führen Sie die Messungen in der Richtung »B« durch und tragen Sie diese in das Auswerteblatt ein.
- Werte, die über das Grundmaß gehen, werden als »+«-Wert eingetragen.

Werte, die das Grundmaß unterschreiten, werden in der Tabelle als »-«-Wert geführt. Diese Praxis spart viel Rechnerei und somit auch mögliche Fehlerquellen ein.

Messungen am Kolben
Nachdem die Messungen festgehalten wurden, werden nun die Kolben gemessen. Die Bügelmessschraube ist nun noch auf das Grundmaß des Zylinders eingestellt.

- Sie muss nun etwas geöffnet werden. Die Messungen werden grundsätzlich 90° versetzt zur Kolbenbolzenachse durchgeführt.
- Die Messung erfolgt nach Herstellerangaben am Kolbenhemd. Bei den meisten Herstellern liegt diese Messhöhe bei ca. 1,5 cm vom Hemdende, also vom unteren Ende des Kolbens.
- Auch hier werden die Messergebnisse im Messprotokoll unter dem Begriff Kolbendurchmesser notiert.

Kolben und Ölabstreifringe

Neben dem Verschleiß am Kolbenhemd können auch die Kolbenringe beziehungsweise die Ölabstreifringe sowie die Ringnuten im Kolben verschleißen. Durch die Bewertung der Kolbenringe mit Stoß- und Höhenspiel kann hier eine ausreichend genaue Aussage über den Zustand der Bauteile getroffen werden.

Höhenspiel prüfen

Der Kolbenring dichtet den Kolben zum Zylinder ab. Er schleift bei jeder Kolbenbewegung an der Zylinderwand entlang. Zwar wird er durch das Motoröl geschmiert, Verschleiß entsteht dennoch. Der Verschleiß der Kolbenringe muss also auch beachtet und vermessen werden.

- Nun wird der Kolbenring in die Ringnut eingelegt.
- Mit Hilfe der Fühlerlehre wird nun geprüft, wie groß das Spiel des Kolbenrings nach oben und unten ist.
- Die Messwerte werden natürlich auch im Auswertebogen festgehalten.

Stoßspiel prüfen
Mit dieser Prüfung wird der Verschleiß des Kolbenringes selbst geprüft.

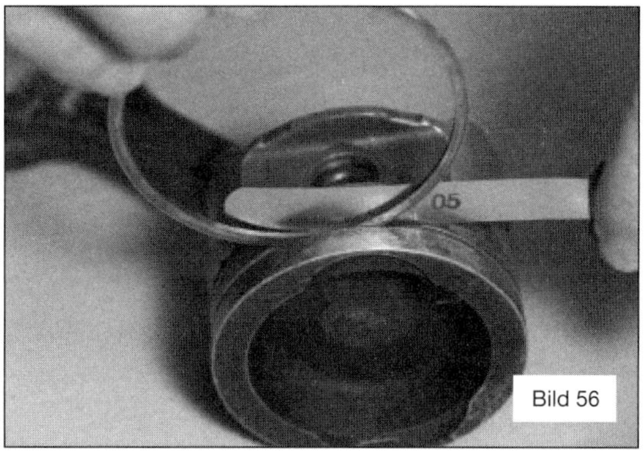

Bild 56
Höhenspielmessung am in die Ringnut eingelegten Kolbenring.

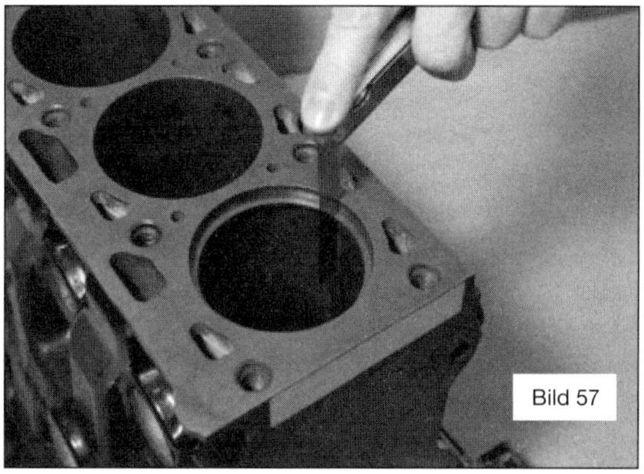

Bild 57
Stoßspielmessung am im Zylinder gerade eingelegten Kolbenring.

- Zuerst einmal muss der Kolbenring genau gerade in den Zylinder eingesetzt werden.
- Liegt der Kolbenring wie gezeigt im Zylinder, wird nun wiederum mit der Fühlerlehre das Spaltmaß zwischen den beiden Kolbenringenden gemessen.
- Auch hier muss ein Maß aus den Herstellerunterlagen herausgesucht werden. Über den Daumen darf dieses Maß nicht größer als 1 mm ausfallen.

Auswertung Zylinder und Kolben

Die Messung ist der eine Teil, die Auswertung der Ergebnisse ist aber mindestens genauso wichtig.

Nachdem nun die Ergebnisse aus den Messungen des Zylinders und der Kolben vorliegen, können wir schon eine Aussage über die Verwendbarkeit von Zylinder und Kolben treffen.

Die Ovalität
Ovalität ist die Verformung des Zylinders. Sie kann zum einen durch die Einwirkung von Temperatur und zum anderen durch den Verschleiß entstehen. Sie wird als die größte Ovalität angegeben und vergleicht die Ovalität der einzelnen Messebene eines Zylinders.

Das Laufspiel

Es beschreibt, wie viel Platz zwischen Kolben und Zylinder ist. Auch hier müssen wieder die Herstellerangaben zurate gezogen werden. Als Daumenwert kann von einem Laufspiel von 0,04 mm bis zu 0,09 mm ausgegangen werden.

■ Das Laufspiel errechnet sich, wenn man den Kolbendurchmesser vom größten und dem kleinsten Zylinderdurchmesser abzieht.

Lagerspiel an Kurbelwelle und Pleuel mit Plastigage messen

Im Gegensatz zu den Messungen mit dem Innenmessgerät ist die Messung mit Plastigage ungenauer, aber dafür sehr schnell durchzuführen.

Liegen keine besonderen Verschleißspuren oder eigenartig anmutende Lagertragbilder vor, ist diese Messmethode durchaus legitim.

Für die Messung werden die Lager komplett montiert (oder bleiben es). Um gut an die Lagerdeckel heranzukommen, empfiehlt es sich, die Kolben in eine Stellung zu bringen, an der die Lagerdeckel bequem de- und montiert werden können.

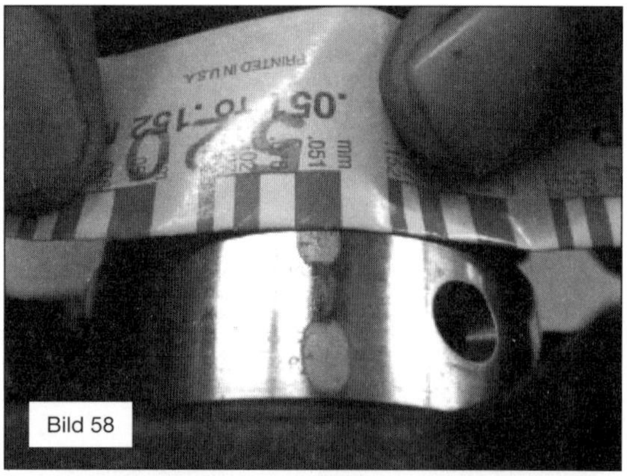

Bild 58

Bild 58
Lagerspielprüfung mit Plastigage.

Bild 59

Bild 59
Eingelaufene Nockenwelle.

■ Demontieren Sie die Lagerdeckel und reinigen Sie die Lagerstelle mit einem fusselfreien Lappen.

■ Legen Sie einen Messfaden ein und montieren Sie das Lager wieder.

■ Ziehen Sie das Lager auf das Solldrehmoment an. Der Messfaden wird nun »platt gedrückt«.

■ Nach dem Entfernen des Lagerdeckels lässt sich anhand der Breite des Messfadens mit der mitgelieferten Tabelle das Lagerspiel ermitteln.

Beurteilen von Planflächen

Für diese Prüfung ist ein Präzisionslineal erforderlich. Das Haarlineal wird auf dem Zylinderkopf aufgelegt und gegen das Licht gehalten. Diese Prüfung über Kreuz und an mehreren Stellen am Zylinderkopf durchgeführt, lässt so die gesamte Fläche des Zylinderkopfes auf Ebenheit prüfen.

Prüfungen an der Nockenwelle

Auch die Nockenwelle unterliegt dem Verschleiß, oftmals finden sich bereits durch genaues Betrachten Mängel, die natürlich auch entsprechend bewertet werden müssen.

Laufspuren an der Nockenwelle

Kleine Laufspuren dürfen gerade in Anbetracht des Alters des Motors als normal bezeichnet werden. Tiefe Rillen und Ausbuchtungen müssen eine Ursache haben. Gratartige scharfkantige Ausformungen an den Lagerstellen sind ein deutliches Zeichen für Verschleiß. In diesen Fällen muss das Lagerspiel geprüft werden.

Verschleiß an der Nockenwelle

Wenn sich die Nocken abnutzen, bedeutet das immer eine geringere Ventilöffnung und somit Leistungsverlust des Motors. Da auch die Oberflächenqualität in diesen Fällen stark leidet, werden die Ventilbetätigungen, also die Kipp- oder Schlepphebel mit beeinträchtigt. Die Lagerstellen für diese Bauteile sollten dann sehr gründlich untersucht werden. Lässt man durch Laufspuren beschädigte Teile weiterhin in Betrieb, kann es sein, dass der Schaden sich auf der beispielsweise erneuerten Nockenwelle wieder einstellt. Auch die Ursache für den Schaden muss festgestellt werden. Ist die Ölpumpe noch in Ordnung? Betrachten wir einmal einige einfache Messungen, die an der Nockenwelle durchgeführt werden sollen:

Schlagprüfung an der Nockenwelle

- Entweder wird die Nockenwelle wird zwischen die Spitzen der Drehbank eingespannt oder auf Auflager gelegt.
- Man richtet nun eine Messuhr mit Halter auf die einzelnen Lager aus und dreht die Nockenwelle.
- Der Höhenunterschied wird auf der Messuhr schnell deutlich. Die maximalen Toleranzen müssen den Herstellerunterlagen entnommen werden.

Als Daumenrichtwert kann ein Schlag bis zu 0,01 mm angenommen werden. Nockenwellen mit einer größeren Abweichung sollten ersetzt werden.

Nockenhubmessung

Mit dem gleichen Messaufbau wie bei der Schlagprüfung kann auch der Hub der Nocke festgestellt werden.

Gemessen wird der Unterschied zwischen der tiefsten Stelle und der höchsten Stelle eines Nockens. Auch diese Maße werden von jedem Motorenhersteller angegeben und sind nicht ohne Weiteres übertragbar.

Sollte ein relevanter Verschleiß vorliegen, ist er in der Regel auch schon am Verschleißbild gut zu erkennen. Sinnvoll ist es allerdings, die Nocken der einzelnen Zylinder untereinander auszumessen und zu vergleichen. Die Ursache für einen deutlichen Unterschied kann schon mangelhafte Schmierung für den Ventiltrieb dieses Zylinders sein.

Lagerspielmessung der Nockenwelle

Will man das Lagerspiel lediglich kontrollieren und hat keinen besonderen Befund, reicht es aus, die Lager mit Plastigage auszumessen.

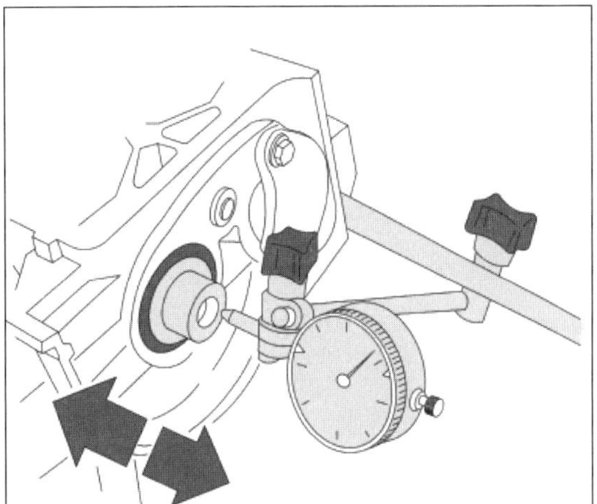

Bild 60

Bild 60
Messaufbau zur Axialspielmessung an der Nockenwelle.

Die Vorgehensweise wurde bereits an den Kurbelwellen- und Pleuellagern vorgestellt (Bild 77).

Soll das Lagerspiel genau in Augenschein genommen werden, müssen das gute alte Innenmessgerät und eine entsprechende Bügelmessschraube zum Einsatz kommen. Auch diese Vorgehensweise wurde bereits vorgestellt und muss lediglich auf den kleineren Durchmesser der Nockenwelle abgestimmt werden.

Axialspielmessung an der Nockenwelle

Das Axialspiel ist das seitliche Spiel der Nockenwelle. Auch diese Richtung ist Beschränkungen unterlegen. Selbstverständlich müssen auch hier die Werte der Motorenhersteller herangezogen werden.

Im Grundsatz kann aber davon ausgegangen werden, dass ein Axialspiel von 0,15 mm noch in Ordnung ist. Am einfachsten lässt sich das Axialspiel ausmessen, wenn Ventile und/oder Ventiltrieb nicht eingebaut sind. So entfällt die Reibung zwischen den betätigten Ventilhebeln und der Nockenwelle.
Als Messmittel kommt auch hier wieder die Messuhr mit Messuhrträger zum Einsatz. Sie sollte dann entweder mit dem Magnetfuß befestigt oder an einer geeigneten Stelle verschraubt werden. Eine gebrochene Nockenwelle ist immer ein Zeichen großer mechanischer Kräfte. Oftmals bedeutet das, dass Ventile und eventuell auch die Stößelstangen beschädigt wurden. Diese Teile müssen dann in jedem Fall genauer unter die Lupe genommen werden.

Bild 61
Abmessungen am Ventil:
a Tellerdurchmesser
b Schaftdurchmesser
c Ventillänge
d Sitzbreite
α Sitzwinkel

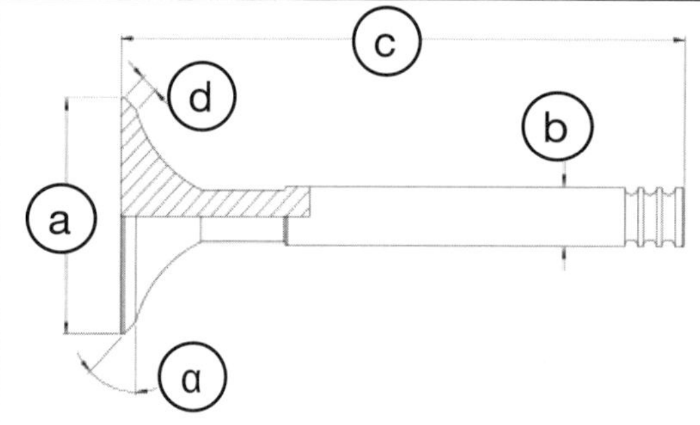

Bild 61

Bild 62
Abmessungen am Ventilsitz:
a Ventiltellerdurchmesser
b maximales Nachbearbeitungsmaß
c Sitzbreite
α Sitzwinkel
Y Korrekturwinkel innen

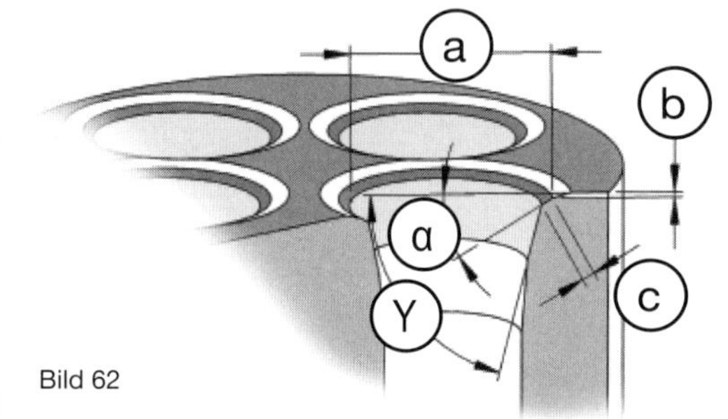

Bild 62

Ventil und Führung beurteilen

Ventil ausmessen

Natürlich gibt es auch Abmessungen am Ventil. Die Tellerbreite und die Ventilsitzbreite gehören auch zu den Abmessungen, die bei der Beurteilung eines Ventils sehr wichtig sind. Daran entscheidet sich, inwieweit ein Ventil wieder eingesetzt, überarbeitet oder erneuert werden muss. In den meisten Fällen ist aber die Überarbeitung nicht zulässig und auf das Einläppen oder Einschleifen beschränkt.

Ventilschlag ausmessen

Um den Ventilschlag beurteilen zu können, muss das Ventil spielfrei gelagert werden. Das geht schon recht gut auf einem Messprisma. Besser jedoch ist die Aufnahme in einer Ventilprüfvorrichtung. Beurteilt werden der Ventilschlag am Ventilteller und in der Mitte des Schaftes.

Ventilführung ausmessen

Auch diese Messung ist mit Hilfe einer Messuhr recht einfach zu bewerkstelligen. Das Ventil wird ohne Ventilfedern, Klemmstücken und Ventilschaftdichtung eingeführt. Nun wird das Kippen des Ventils mit einer Messuhr erfasst. Auch hier gelten durchaus unterschiedliche Werte, die von den jeweiligen Motorenherstellern vorgegeben werden. Auch muss darauf geachtet werden, dass die Messlänge (also das Maß, um das das Ventil aus dem Kopf herausragt) eingehalten wird.

Antriebseinheit absenken

Die Montagearbeiten verlaufen für die unterschiedlichen Motorvarianten grundsätzlich sehr ähnlich. Wir stellen Ihnen an dieser Stelle eine allgemeingültige Beschreibung zur Verfügung. Bei allen Montagearbeiten, insbesondere im Motorraum aufgrund der engen Bauverhältnisse, beachten Sie bitte Folgendes:

- Leitungen aller Art und elektrische Leitungen so verlegen, dass die ursprüngliche Leitungsführung wiederhergestellt wird.
- Auf ausreichenden Freigang zu allen beweglichen oder heißen Bauteilen achten.

Fragen Sie vor dem Ausbau die Ereignisspeicher aller Steuergeräte ab.

Vorbereitungen am Fahrzeug

- Stellen Sie das Fahrzeug auf einer Hebebühne ab.
- Klemmen Sie das Masseband an der Batterie bei ausgeschalteter Zündung ab.

Prüfen Sie deshalb bitte, ob ein codiertes Radio eingebaut ist. Gegebenenfalls ist dann vorher die Anti-Diebstahl-Codierung zu erfragen.

- Bauen Sie die Motorabdeckung oben ab.

Absenken oder Ausbauen

Im Gegensatz zu den Vorgängermodellen ist die Antriebseinheit nicht auf einem Hilfsrahmen verbaut. Der Zugang zum Motor ist durch die kleine Lücke (Motorabdeckung oben) deutlich eingeschränkt. Bei vielen Fällen bei Arbeiten rund um die Motormechanik wird der Ausbau des Motors empfohlen. Für einige Arbeiten kann es durchaus ausreichend sein, den Motor zumindest abzusenken. Das erspart dann einige Vorarbeiten. Nach Hersteller ist ein Spezialwerkzeugsatz erforderlich, dass zum einen den Ausbau des Motorlagers erforderlich macht und zusätzlich die Gewindebolzen am Motor verlängert.

Absenken der Antriebseinheit

Der Motor und das Getriebe werden über einen Hubtisch oder einen Hochhubwagen abgesenkt. Natürlich geht das auch Stück für Stück mit einem Wagenheber. Bei Smart werden die Gummilagerböcke demontiert und das Spezialwerkzeug »453 589 00 62 00« (Bild 63) verbaut, um den Motor tiefer angehängt zu montieren. Ärgerlicherweise ist das Werkzeug nicht im Zubehör verfügbar. Wir haben uns entschieden, uns mit einem Eigenbau weiterzuhelfen (Bild 64).
So lässt sich die Höhe der Abhängung frei bestimmen und die Antriebseinheit lässt etwas mehr Bewegung zu. Die Verwendung der Kette erlaubt zudem die Pendelstütze am Getriebe eingebaut zu lassen. Das erspart den Ausbau von Zügen und Verkabelungen.

- Bereiten Sie das entsprechende Werkzeug zum Aufhängen der Motor- und Antriebseinheit (Bild 63 oder 64 vor).
- Führen Sie die bereits beschriebenen Vorarbeiten durch.

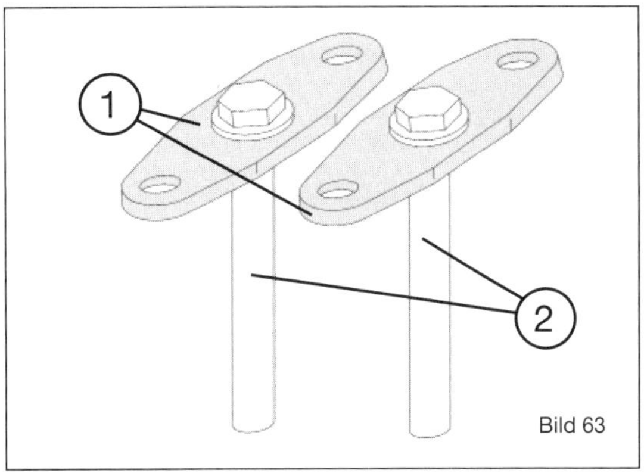

Bild 63
Spezialwerkzeug zum Abhängen der Antriebseinheit (453 589 00 62 00)
1 Ersatzplatten für die Motorlager
2 Bolzen mit Innengewinde zum Aufschrauben auf die Zentralbolzen am Motorhalter

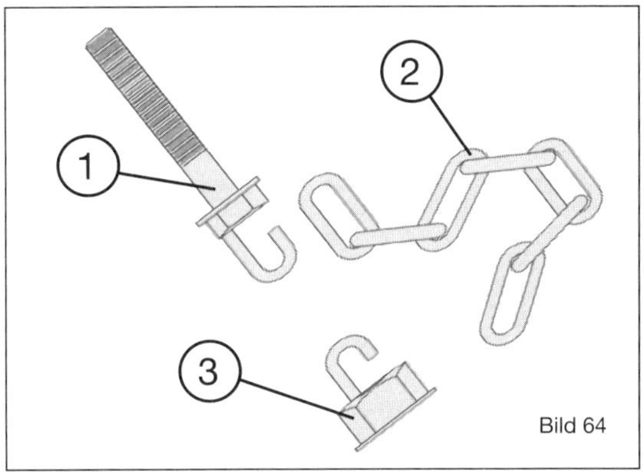

Bild 64
Spezialwerkzeug zum Abhängen der Antriebseinheit im Eigenbau (es werden zwei gebaucht):
1 Schraube (M12x70x1,5) mit angeschweißtem Haken
2 Kette (4 x 25)
3 Mutter mit angeschweißtem Haken

Absenken mit einem Wagenheber

Mit einem Palettenhubwagen oder zwei hydraulischen Wagenhebern können Sie die Absenkung für beide Motorlager auch gleichzeitig durchführen.

Pendelstütze bleibt eingebaut

- Lösen Sie die Verschraubungen (4 im Bild 65) der Pendelstütze (2), bauen Sie die Schrauben aber nicht aus.
- Bauen Sie die vier Schrauben (2 im Bild 66) des Achsträgers (1) aus. Sie können so etwas mehr Bewegungsspielraum für die Montage und der Achswellen erreichen.
- Hängen Sie das Auspuffgummi (4) aus.
- Unterbauen Sie den Motor am Rand der Ölwanne mit einem Wagenheber.
- Legen Sie zum Schutz einen Gummiblock oder ein Holzbrett zwischen Wagenheber und Ölwanne.
- Drehen Sie von oben die Zentralmutter

Bild 65
Motorlagerung von unten:
1 Zentralschraube getriebeseitig
2 Strebe
3 Pendelstütze
4 Verschraubungen
5 Zentralschraube motorseitig

Bild 66
Führung der Hinterachse:
1 Achsträger hinten
2 Schrauben
3 Querlenker unten
4 Auspuffgummi

Bild 66

Bild 67
Halterung und Masseanschluss am Rahmen:
1 Verschraubung der Halterung am Rahmen
2 Verschraubung des Massebandes am Getriebe

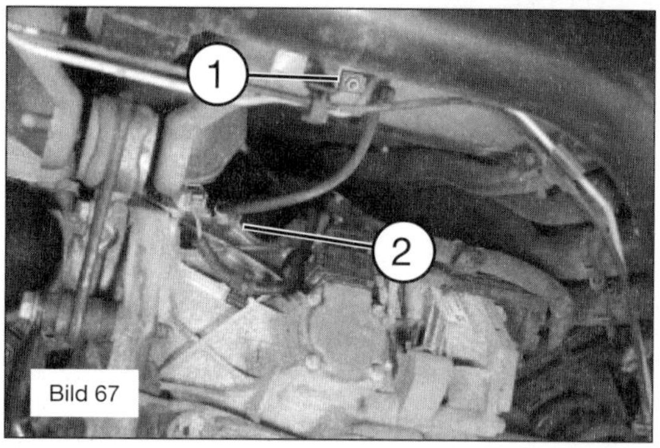

Bild 67

Bild 68
Halterung der Kühlmittelleitungen:
1 Halterung
2 Verschraubung
3 Kühlmittelschläuche

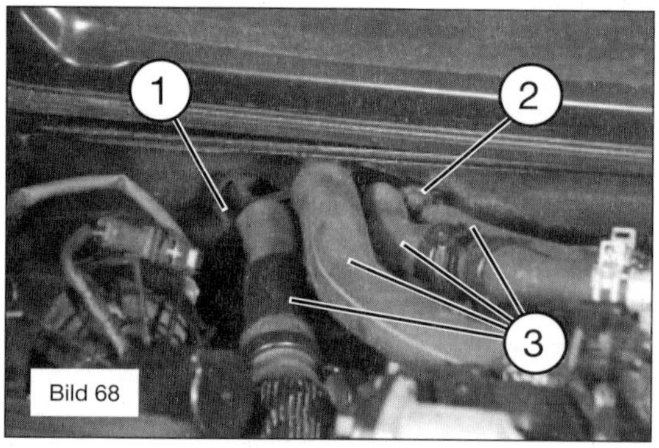

Bild 68

des Motorlagers (5 im Bild 65) ab.
■ Lassen Sie den Motor auf der Seite so weit ab, dass Sie die Schraube mit Haken (1 im Bild 64) in dem Motorlager verschrauben können.
■ Drehen Sie die Mutter mit Haken (3) auf den Bolzen des Motorhalters auf.
■ Hängen Sie die Kette so kurz wie möglich in die beiden Haken ein.
■ Lassen Sie den Motor ab.
■ Unterbauen Sie das Getriebe im Bereich des Differnzialgehäuses mit einem Wagenheber.
■ Legen Sie zum Schutz einen Gummiblock oder ein Holzbrett zwischen Wagenheber und Getriebe.
■ Drehen Sie von oben die Zentralmutter des Motorlagers (1) ab.
■ Lassen Sie den Motor auf der Seite so weit ab, dass Sie die Schraube mit Haken (1 im Bild 64) in dem Motorlager verschrauben können.
■ Drehen Sie die Mutter mit Haken (3) auf den Bolzen des Motorhalters auf.
■ Hängen Sie die Kette so kurz wie möglich in die beiden Haken ein.
■ Lassen Sie den Motor ab. Der Motor kann bei Verwendung der Ketten in mehreren Stufen je nach Bedarf abgehängt werden.

⚠ Achten Sie auf Schläuche, Züge und Kabel zwischen Fahrgestell und Antriebseinheit. Sie dürfen nicht überdehnt werden.

Pendelstütze ausgebaut

☞ Da hier der Abstand zwischen Antriebseinheit und Aufbau sich stark verändert, sind zusätzliche Arbeiten erforderlich.

■ Lösen Sie die Halterung mit der Masseleitung (1 im Bild 67) am Rahmen auf der linken Seite.
■ Clipsen Sie die Kühlmittelleitungen (3 im Bild 68) am Fahrgestell zum Übergang zum Motor aus.

Bei Fahrzeugen mit Schaltgetriebe:
■ Clipsen Sie die Hydraulikleitung zum Kupplungsnehmerzylinder am Rahmen aus.

Die Leitung muss nicht abgeklemmt werden.
■ Bauen Sie die Schaltzüge vom Getriebe ab.

Bei Fahrzeugen mit automatischem Getriebe
■ Hebeln Sie das Kugelgelenk (4 im Bild 69) des Wahlhebelzuges vom Getriebehebel ab.
■ Schieben Sie die Hülse (1) zurück und bauen Sie die Führungshülse (3) vom Getriebehalter (2) ab.

Weiter für alle Modelle:
■ Ziehen Sie die beiden Unterdruckleitungen zum Motor (2 im Bild 70) aus den Halterungen am Aufbau ab.
■ Lösen Sie den Halter der Plusleitung am Getriebe (2 im Bild 71).
■ Clipsen Sie die Kraftstoffleitungen aus den Haltern am Aufbau ab.
■ Schneiden Sie die Kabelbinder des Motorleitungsstrangs im Übergang zwischen Motor und Aufbau durch.
■ Nehmen Sie das Tankentlüftungsventil von der Spritzwand ab.
■ Clipsen Sie die Leitung des Tankentlüftungsventils am Luftfilter ab.
■ Lösen Sie die Verschraubungen (4 im Bild 65) der Pendelstütze (2), bauen Sie die Schrauben aber nicht aus.
■ Bauen Sie die vier Schrauben (2 im Bild 66) des Achsträgers (1) aus. Sie können so etwas mehr Bewegungsspielraum für die Achswellen erreichen.
■ Hängen Sie das Auspuffgummi (4) aus.
■ Unterbauen Sie den Motor am Rand der Ölwanne mit einem Wagenheber.
■ Legen Sie zum Schutz einen Gummiblock oder ein Holzbrett zwischen Wagenheber und Ölwanne.
■ Drehen Sie von oben die Zentralmutter des Motorlagers (5 im Bild 65) ab.
■ Lassen Sie den Motor auf der Seite so weit ab, dass Sie die Schraube mit Haken (1 im Bild 64) in dem Motorlager verschrauben können.
■ Drehen Sie die Mutter mit Haken (3) auf den Bolzen des Motorhalters auf.
■ Hängen Sie die Kette so kurz wie möglich in die beiden Haken ein.
■ Lassen Sie den Motor ab.
■ Unterbauen Sie das Getriebe im Bereich des Differnzialgehäuses mit einem Wagenheber.

Bild 69
Wahlhebelzug:
1 Hülse
2 Halter am Getriebe
3 Führungshülse
4 Kugelgelenk
5 Montagehebel

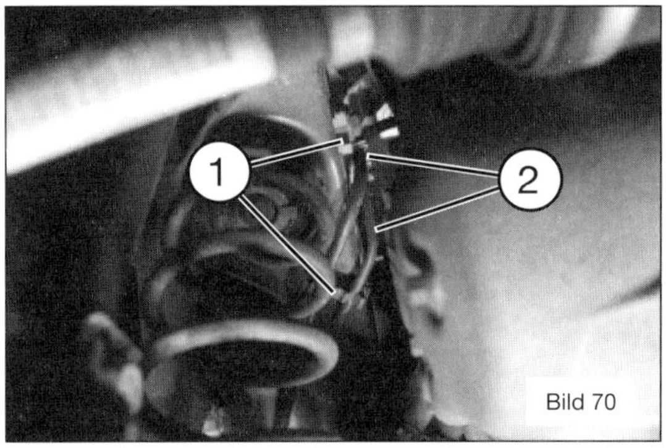

Bild 70
Unterdruckleitungen am Rahmen links:
1 Halterung
2 Unterdruckleitungen

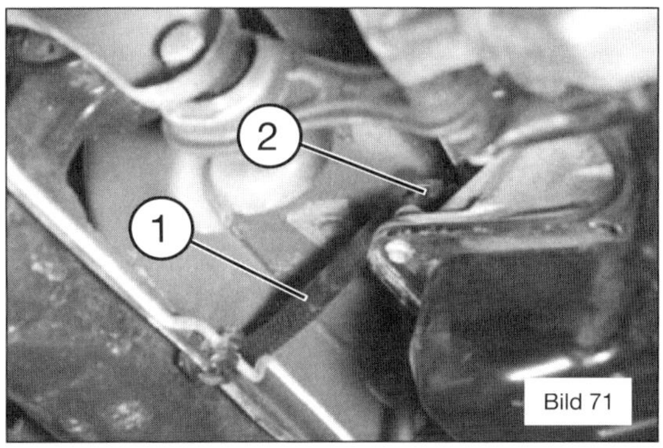

Bild 71
Plusleitung am Getriebe:
1 Plusleitung zwischen Batterie (vorne) und Starter (Anlasser)
2 Halter mit Kabelbinder

■ Legen Sie zum Schutz einen Gummiblock oder ein Holzbrett zwischen Wagenheber und Getriebe.
■ Drehen Sie von oben die Zentralmutter des Motorlagers (1 im Bild 65) ab.
■ Lassen Sie den Motor auf der Seite so weit ab, dass Sie die Schraube mit Haken (1 im Bild 64) im Motorlager verschrauben können.
■ Drehen Sie die Mutter mit Haken (3) auf den Bolzen des Motorhalters auf.
■ Hängen Sie die Kette so kurz wie möglich in die beiden Haken ein.
■ Lassen Sie den Motor ab.

Der Motor kann bei Verwendung der Ketten in mehreren Stufen je nach Bedarf abgehängt werden.

Achten Sie auf Schläuche, Züge und Kabel zwischen Fahrgestell und

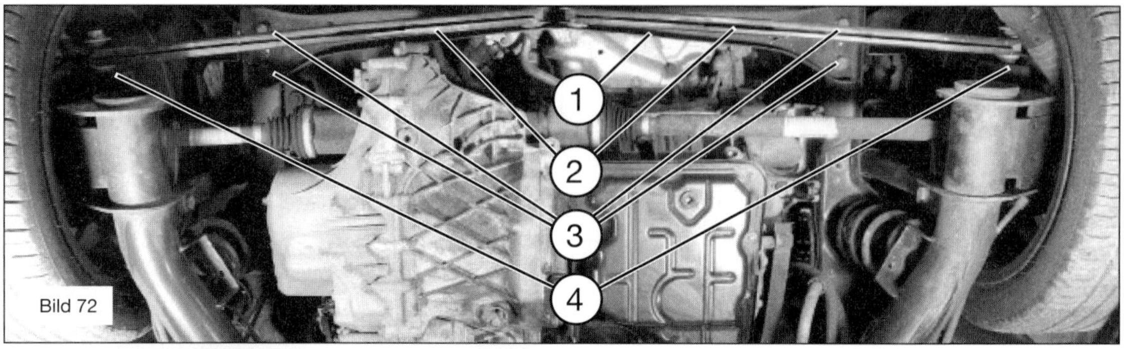

Bild 72

Bild 72
Befestigung des Achsträgers und der Achsführung:
1 Hinterer Achsträger
2 Zugstreben rechts und links
3 Schrauben Achsträger
4 Schrauben Zugstreben

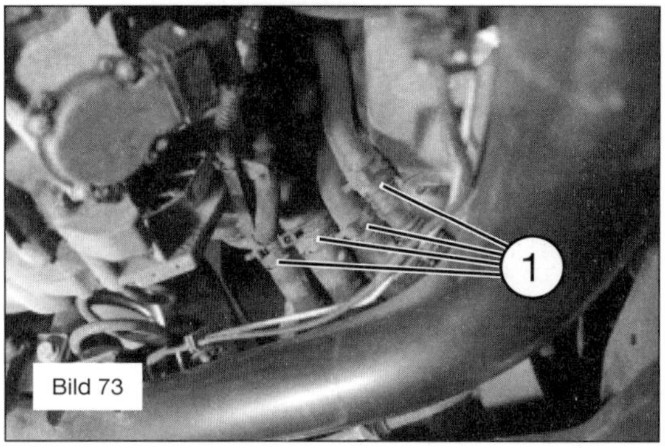

Bild 73

Bild 73
Kühlmittelschläuche zwischen Aufbau und Antriebseinheit links:
1 Kühlmittelschläuche an der Verbindungsstelle

Antriebseinheit. Sie dürfen nicht überdehnt werden.

■ Bauen Sie die Verschraubungen (4 im Bild 65) der Pendelstütze (2) aus.

Antriebseinheit ausbauen

Die Montagearbeiten verlaufen für die unterschiedlichen Motorvarianten grundsätzlich sehr ähnlich. Wir stellen Ihnen an dieser Stelle eine allgemeingültige Beschreibung zur Verfügung.

■ Lesen Sie die Fehlerspeicher aus und sichern Sie die Einträge.

■ Kontrollieren Sie, ob ein Radiocode vorliegt.

■ Bei Fahrzeugen mit automatischem Getriebe den Schalthebel in Neutralstellung bringen.

■ Klemmen Sie die Batterie ab.

■ Lösen Sie die Schrauben (4 im Bild 72).

■ Drehen Sie die Schrauben (3) heraus.

■ Drehen Sie die Schrauben (4) heraus und demontieren Sie den hinteren Achsträger (1).

■ Demontieren Sie die Auspuffschelle am Katalysator oder Turbolader (3 im Bild 74).

■ Hängen Sie den Auspuff (2) aus den Haltegummis (1 und 5) am Rahmen aus und nehmen Sie den Auspuff komplett ab.

■ Demontieren Sie die »Unterbodenverkleidung Mitte«, wie auf Seite 32 beschrieben.

■ Demontieren Sie die Kühlmittelschläuche (1 im Bild 73) und lassen Sie das Kühlmittel ablaufen.

■ Lassen Sie das Getriebeöl ablaufen und bauen Sie die Antriebswellen aus. Diese Arbeiten beschreiben wir im Kapitel 10.

■ Senken Sie die Antriebseinheit wie auf Seite 56 »Pendelstütze ausgebaut« beschrieben ab.

Fahrzeuge mit Klimaanlage:

■ Bauen Sie den Keilrippenriemen aus.

■ Klemmen Sie die Plusleitung am Starter (Anlasser) ab und legen Sie das Anschlusskabel aus dem Arbeitsbereich heraus.

■ Demontieren Sie den Klimakompressor am Halter und befestigen Sie ihn mit den angeschlossenen Leitungen an der Karosserie.

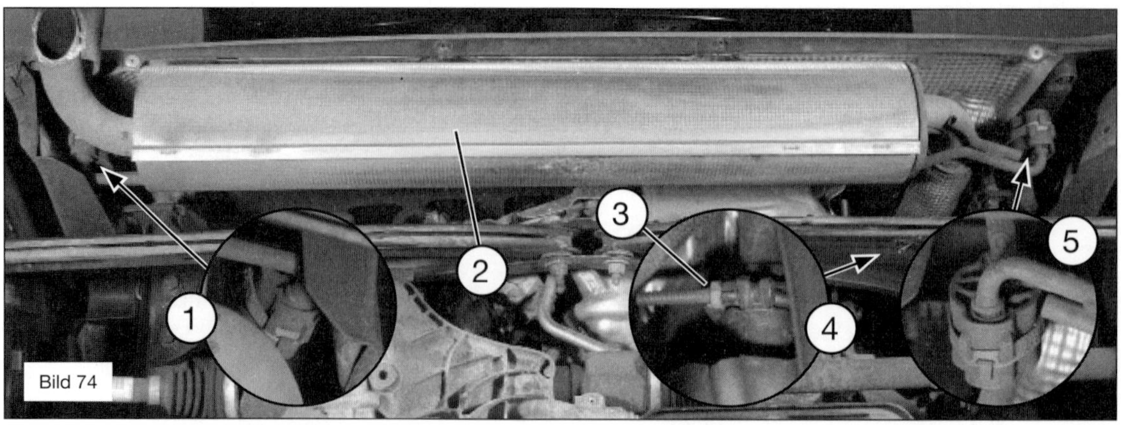

Bild 74

Bild 74
Auspuffanlage von unten:
1 Auspuffgummi links
2 Auspuff
3 Mutter und Schraube
4 Schelle am Turbolader oder Katalysator
5 Auspuffgummi rechts

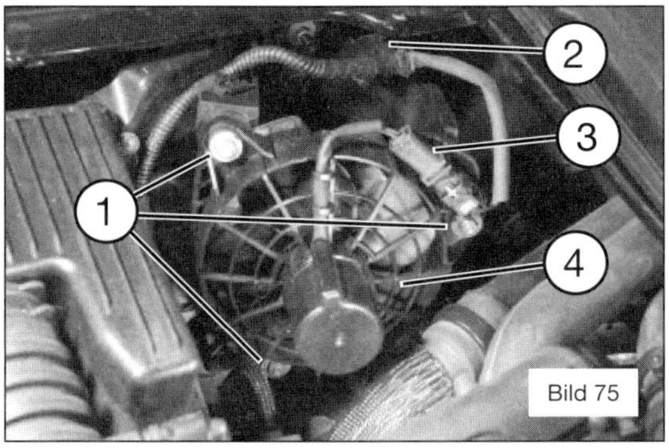

Bild 75
Lüftermotor im Motorraum links:
1 Muttern
2 Kabelhalter
3 Steckkontakt
4 Lüftermotor

⚠ Ist es bei Reparaturen am Fahrzeug notwendig, den Kältemittelkreislauf zu entleeren, so ist das Fahrzeug einer Service-Stützpunktwerkstatt zu übergeben. Nur Klimaanlagen-Service-Stützpunktwerkstätten verfügen über geeignete Service-Stationen und geschultes Personal, um das Kältemittel fachgerecht abzusaugen.

Fahrzeuge mit Turbomotor:

■ Ziehen Sie den Steckkontakt (3 im Bild 75) ab.

■ Drehen Sie die Muttern (1) heraus und bauen Sie den Lüftermotor (4) im Motorraum aus.

Fahrzeuge mit Schaltgetriebe:

■ Trennen Sie die Druckleitung zum Kupplungsnehmerzylinder.

■ Hebeln Sie die Köpfe der Schaltzüge vom Hebelwerk am Getriebe (5 im Bild 69) ab.

■ Demontieren Sie die Schaltzüge am Getriebe und legen Sie sie aus dem Arbeitsbereich heraus.

Fahrzeuge mit Automatikgetriebe:

■ Clipsen Sie den Kugelkopf des Wahlhebelzug (5 im Bild 69) vom Getriebe ab.

■ Ziehen Sie die Hülse (1 im Bild 76) zurück und heben Sie die Führungshülse vom Getriebehalter herunter.

■ Demontieren Sie den Wahlhebelzug am Getriebe und legen Sie ihn aus dem Arbeitsbereich heraus.

Weiter für alle Fahrzeuge:

■ Betätigen Sie die Raste und ziehen Sie den Schnellverschluss (2 im Bild 77) und die Kraftstoffleitung vom Kraftstoffverteilerrohr ab.

■ Klemmen Sie die Anschlüsse am Regenerierventil (3 im Bild 78) ab und legen Sie sie aus dem Arbeitsbereich heraus.

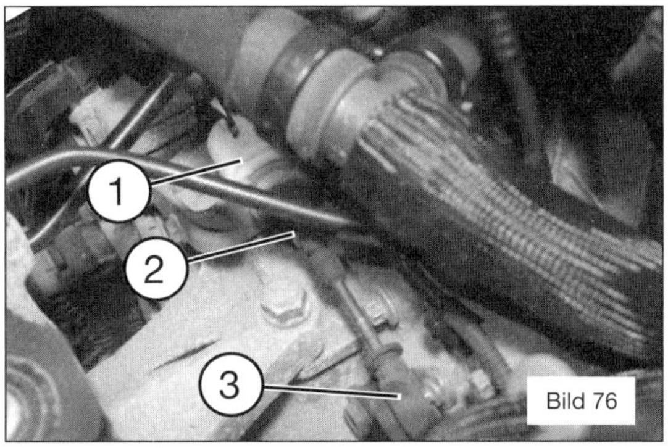

Bild 76
Wahlhebelzug am Getriebe:
1 Hülse
2 Zugführung
3 Kugelgelenk

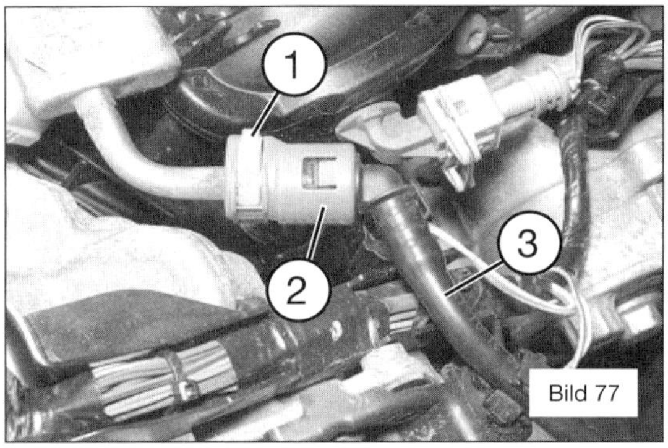

Bild 77
Anschluss Kraftstoffleitung:
1 Raste
2 Schnellverschluss
3 Kraftstoffleitung

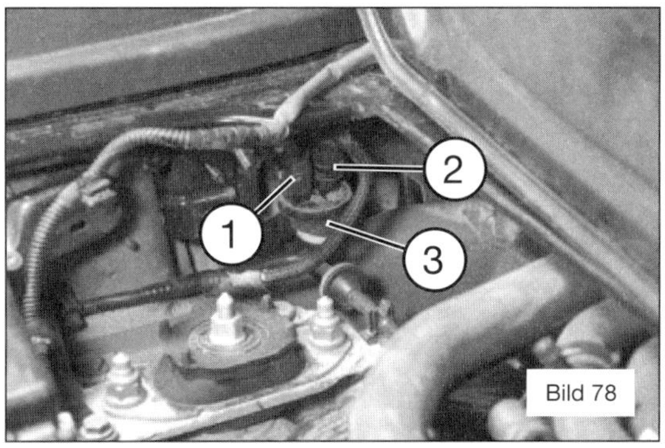

Bild 78
Anschluss am Regenerierventil:
1 Elektrischer Anschluss
2 Unterdruckanschluss
3 Magnetventil

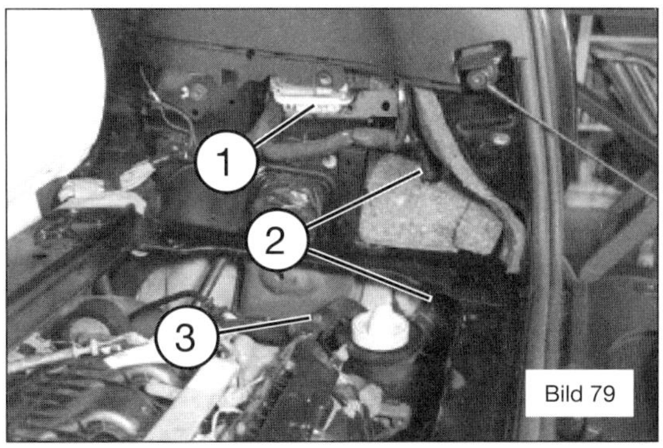

Bild 79
Einbauort Motorsteuergerät im Kofferraum:
1 Motorsteuergerät
2 Kabelbaum Motor
3 Kabelbinder

■ Demontieren Sie die Unterdruckanschlüsse am Saugrohr oder Ladeluftrohr.

■ Legen Sie das Motorsteuergerät frei.

■ Ziehen Sie die Anschlüsse am Motorsteuergerät ab.

■ Lösen Sie den Kabelbinder (3 im Bild 79) am Motorkabelbaum.

Sichtprüfung

Messen

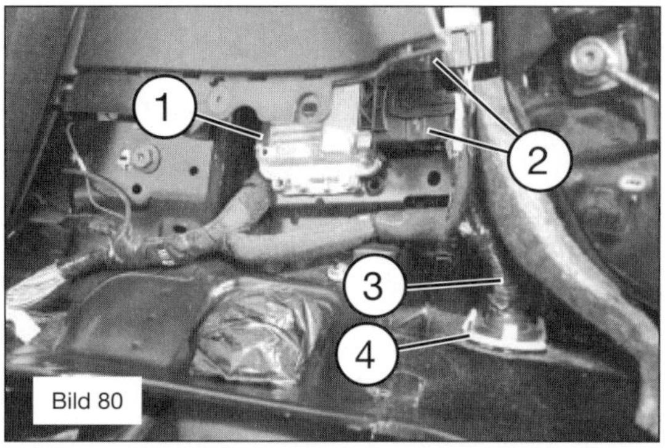

Bild 80

Bild 80
Anschlusskabel Motorsteuergerät:
1 Motorsteuergerät
2 Anschlussstecker
3 Motorkabelbaum
4 Karosserieabdichtung

Bild 81

Bild 81
Getriebeheber als Montagehilfe zum Absenken oder zum Abstützen.

Bild 82

Bild 82
Stabiler Montagetisch als Montagehilfe zur Aufnahme von Motor und Getriebe.

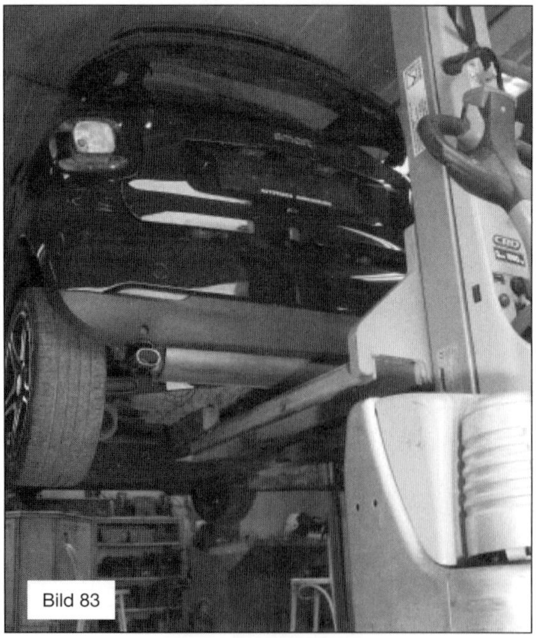

Bild 83

Bild 83
Hochhubwagen als Montagehilfe zur Aufnahme von Motor und Getriebe.

■ Lösen Sie den Motorkabelbaum (3 im Bild 79) und führen Sie ihn aus der Karosserie heraus in den Motorraum und legen Sie ihn auf dem Motor ab.

■ Unterbauen Sie die Antriebseinheit auf einem Hubtisch oder senken Sie das Fahrzeug auf der Hebebühne so weit ab, dass Sie die Antriebseinheit auf einer fahrbaren Werkbank (Bild 82) absetzen können.

■ Demontieren Sie die Werkzeuge zum Abhängen des Motors an den Motorlagern rechts und links. Auch die Gegenstücke, die an den Motorhaltern der Antriebseinheit verschraubt wurden, können ausgebaut werden.

Arbeiten mit einem Hubtisch:

■ Lassen Sie den Hubtisch mit der Antriebseinheit langsam ab.

Achten Sie darauf, dass alle Anschlusskabel, Schläuche und Leitungen gelöst worden sind und der Motor nirgendwo festhängt.

Beim Bewegen des Motors darauf achten, dass keine Schäden an Karosserieteilen oder an mechanischen Teilen entstehen.

Arbeiten auf einer Hebebühne:

■ Heben Sie das Fahrzeug Stück für Stück vorsichtig an.

Achten Sie darauf, dass alle Anschlusskabel, Schläuche und Leitungen gelöst worden sind und der Motor nirgendwo festhängt.

■ Führen Sie mit einer zweiten Person den Motor zusammen mit dem Montagetisch.

Beim Bewegen des Motors darauf achten, dass keine Schäden an Karosserieteilen oder an mechanischen Teilen entstehen.

Der Einbau erfolgt sinngemäß in entgegengesetzter Reihenfolge zum Ausbau.

■ Verlegen Sie Kabel und Schläuche ausschließlich in der Position, in der sie im Serienstand verbaut wurden.

■ Verwenden Sie nur Befestigungsmittel, die dem Serienstand entsprechen.

■ Erneuern Sie die abgelassenen Flüssigkeiten grundsätzlich.

■ Fehlerspeicher abfragen und ggf. vorhandene Fehler beheben, danach Fehlerspeicher löschen.

5 Motorschmierung

Alle Stellen im Motor, an denen Metalle aufeinander gleiten, müssen ständig mit Öl versorgt werden: Kolben, Zylinderlaufbahnen, die Lager von Kurbelwelle und Nockenwelle. Kein Triebwerk des Smart Fortwo hielte mehr als einige wenige Minuten ohne passende Schmierung durch. Damit das Öl seine Aufgabe erfüllen kann, strömt es im Motorblock durch ein System von Leitungen und feinen Bohrungen an die richtige Adresse. Eine wichtige Rolle in diesem Kreislauf spielt die Ölpumpe. Sie holt über das Ölsaugrohr das Motoröl aus der Ölwanne und drückt es in die Leitungen. Zuvor muss die Flüssigkeit den im Hauptstrom des Schmiersystems sitzenden Ölfilter passieren. Dort werden Verunreinigungen wie Ruß, Metallabrieb und Staub herausgefiltert. Ein Überdruckventil an der Pumpe öffnet bei zu hohem Druck, sodass ein Teil des Öls in die Ölwanne zurückfließen kann. Der Motor verbraucht Öl, weil es teilweise in den Verbrennungsraum gelangt und dort verbrennt. Ein undichter Motor, defekte Ventilschaftabdichtungen, auch falsch eingebaute Kolbenringe oder zu viel Spiel zwischen Ventilführung und Ventilschaft treiben den Verbrauch in die Höhe. Wenn der Motor technisch in Ordnung ist, verbraucht er allerdings so wenig, dass zwischen den Ölwechselintervallen nichts oder nur eine geringe Menge nachgefüllt werden muss.

Motorölstand prüfen

■ Das Fahrzeug zum Messen des Ölstandes waagerecht abstellen. Motor abstellen und mindestens drei Minuten warten, damit das Öl in die Wanne zurückfließen kann.

■ Ölmessstab herausziehen, mit einem sauberen Putzlappen abwischen und den Messstab wieder bis zum Anschlag hineinschieben.

■ Messstab anschließend wieder herausziehen und Ölstand ablesen (Bilder 1 und 2).

Tipp: Die Bilder zeigen die hauptsächlich eingesetzten Varianten des Messstabs, es gibt aber noch andere Ausführungen.

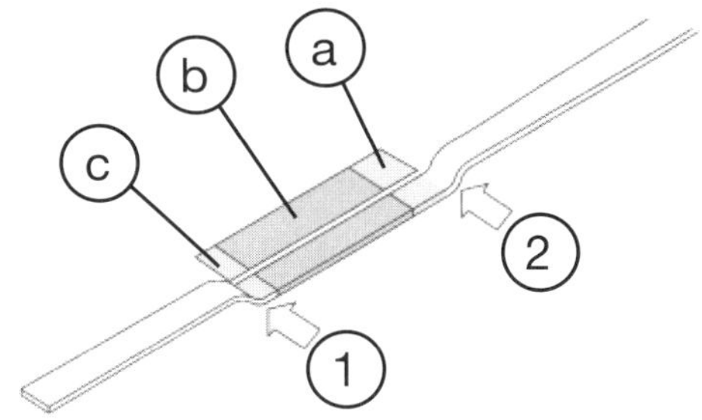

Bild 1

Bild 1
Markierungen an Ölmessstäben in Flachmetallform:
a Kein Öl nachfüllen.
b In diesem geriffelten Feld kann Öl nachgefüllt werden.
c Öl muss unbedingt nachgefüllt werden.
Pfeile: Markierungen für maximalen (1) und minimalen (2) Füllstand.

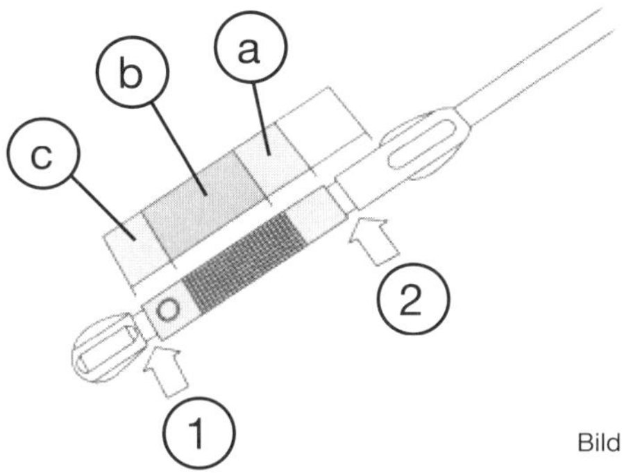

Bild 2

Bild 2
Markierungen an Ölmessstäben in Kunststoffausführung:
a Öl muss unbedingt nachgefüllt werden.
b In diesem geriffelten Feld kann Öl nachgefüllt werden.
c Kein Öl nachfüllen.
Pfeile: Markierungen für maximalen (1) und minimalen (2) Füllstand.

Das in den Bildern gezeigte Prinzip gilt jedoch generell. Die Markierungen besagen:

■ Bei Ölstand oberhalb der Markierung »a« (Max-Marke Pfeil 1) besteht die Gefahr von Katalysatorschäden.

■ Bei Nachfüllen im Bereich »b« kann es vorkommen, dass der Ölstand danach im Bereich »a« steht.

■ Beim unbedingt nötigen Nachfüllen von Öl im Bereich »c« genügt es, dass danach der Ölstand im Messfeld »b« (geriffeltes Feld) steht. Bei Ölstand unterhalb der c-Markierung (Min-Marke Pfeil 2) etwa 0,5 Liter Öl (bis zur a-Markierung) auffüllen.

Motoröl ablassen oder absaugen, Motoröl auffüllen

Ölwechsel mit Altölauffang- und Absauggerät

■ Öleinfüllverschlussdeckel abnehmen und Motoröl mit Altölauffang- und Absauggerät absaugen.

Tipp: Der Motorölwechsel mit einem Altölauffang- und Absauggerät sollte nach Möglichkeit bei betriebswarmem Motor durchgeführt werden.

Bild 3
Ölversorgung von oben:
1 Ölmessstab
2 Öleinfüllstutzen mit Deckel

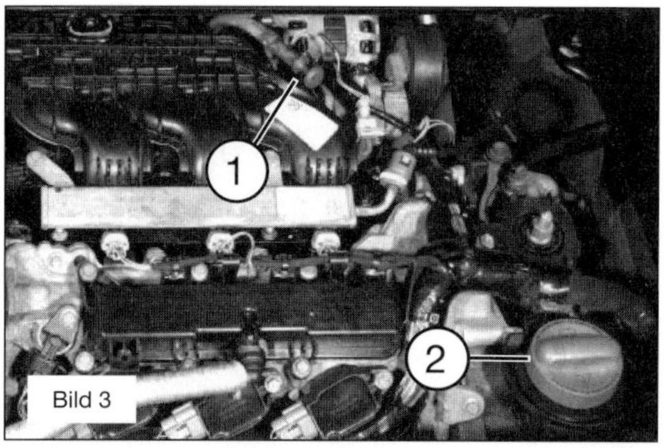

Bild 3

Bild 4
Ölversorgung von unten:
1 Ölfilterdeckel
2 Sechskant
3 Ölwanne
4 Ölablassschraube

Bild 4

Bild 5
Beide Systeme in der Übersicht:

System mit Filtereinsatz
1 Schraube
2 Ölkühler
3 Dichtring
4 Dichtring
5 Überdruckventil
6 Filterdeckel
7 Überdruckventil
8 Filtereinsatz
9 Dichtring

System mit Filterpatrone
A Gewindehülse
B Ölfilterpatrone

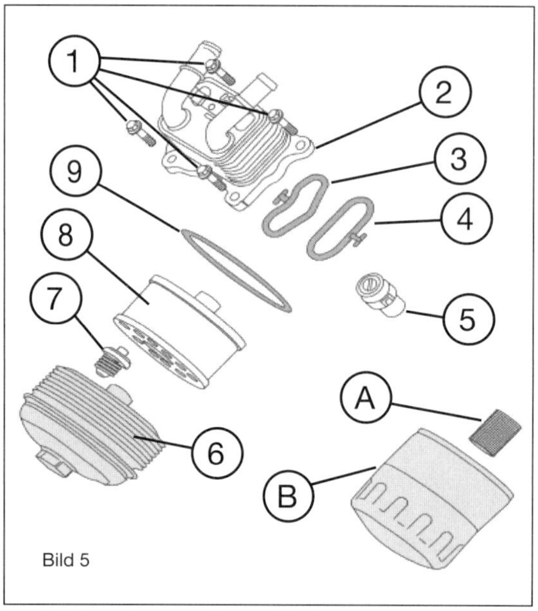

Bild 5

Öl über Schraube ablassen

■ Fahrzeug anheben, Ölablassschraube unten in der Ölwanne herausdrehen und das austretende Öl auffangen.

■ Neue Ölablassschraube mit Dichtring handfest einschrauben und mit 22 Nm anziehen. Das Drehmoment darf nicht überschritten werden. Ein zu hohes Drehmoment könnte zu Undichtigkeiten oder sogar zu Beschädigungen im Bereich der Ölablassschraube führen.

■ Ölfilter ersetzen (im Anschluss).

Motorbauart/ Füllmenge	Füllmenge mit Ölfilter	Wiederbefüllung
0,9-l-Motoren	3,2 l	0W30 0W40 (MB 229.5)
1,0-l-Motoren		

Motoröl einfüllen

Werkseitig ist ein Qualitäts-Mehrbereichsöl eingefüllt, das außer in extrem kalten Klimazonen als Ganzjahresöl gefahren werden kann. Die Benzinmotoren benötigen die in obiger Tabelle angegebenen Ölfüllmengen mit Ölfilterwechsel, der immer zum Ölwechsel gehört.

☞ Wird der Filter nicht ausgebaut und gewechselt, werden rund 0,5 Liter weniger Öl benötigt. Beim Nachfüllen und beim Ölwechsel muss unbedingt die Spezifikation beachtet werden, wie sie der Hersteller vorschreibt.

■ Einfüllöffnung aufschrauben, Öl gemäß Spezifikation (Smart-Freigabe) möglichst mit Trichter auffüllen.

■ Öleinfüllverschlussdeckel wieder aufschrauben.

■ Motor anlassen und auf Undichtigkeiten prüfen.

■ Motorölstand erneut prüfen und ggf. Öl nachfüllen.

■ Nachdem Öl erneut nachgefüllt worden ist, mindestens drei Minuten warten und dann erneut Ölstand prüfen.

■ Soweit verbaut, die Geräuschdämpfung einbauen und Fahrzeug ablassen.

Ölfilter oder Ölfiltereinsatz wechseln

Zum Einsatz kommen hier im wesentlichen zwei Bauarten für die unterschiedlichen Motortypen. Der Übersicht halber werden wir die Motoren anhand des Filteraufbaus darstellen.

Ölfiltereinsatz (8 im Bild 5):

■ Lassen Sie das Motoröl ablaufen.

■ Drehen Sie den Deckel (6) los und lassen Sie das darin enthaltene Restöl ablaufen.

■ Nehmen Sie den Deckel (7) zusammen mit dem Ölfiltereinsatz (8) heraus.

■ Nehmen Sie den Dichtring (9) aus dem Deckel (6) heraus.
■ Reinigen Sie Deckel und Ölfiltergehäuse.
■ Setzen Sie den neuen Ölfilter ein und ziehen Sie den Deckel handfest an.
■ Ziehen Sie den Deckel mit etwa 20 Nm nach.

Tipp: Eine passende Nuss sowie ein Gelenkschlüssel können hier hilfreich sein.

Filterpatrone (B im Bild 5):
■ Lassen Sie das Motoröl ablaufen.
■ Drehen Sie den Ölfilter (B) los und lassen Sie das darin enthaltene Restöl ablaufen.
■ Nehmen Sie den Ölfilter zusammen mit dem Dichtring (ist am Ölfilter fest) ab.
■ Reinigen Sie Dichtfläche des Ölfilterflansches.
■ Tragen Sie etwas Öl auf den Dichtring des neuen Ölfilters auf.
■ Setzen Sie den neuen Ölfilter an und ziehen Sie ihn handfest an.
■ Ziehen Sie den Ölfilter mit etwa 25 Nm nach.

Tipp: Ein Montageschlüssel wie im Bild 6 abgebildet, kann hier sehr hilfreich sein.

Ölwanne aus- und einbauen

Die Montagearbeiten an den einzelnen Motortypen unterscheiden sich nur geringfügig. Wir werden Ihnen im Folgenden eine allgemeingültige Beschreibung zur Verfügung stellen. Die Besonderheiten zu den einzelnen Motoren werden gesondert hervorgehoben.

Tipp: Die Ölwanne ist aus gepresstem Stahlblech und wird mit Dichtmasse eingesetzt. Smart schneidet mit einem Spezialwerkzeug (Smart 122 589 00 28 00) die Dichtnaht auf.

■ Fahren Sie das Fahrzeug auf die Hebebühne.
■ Lassen Sie das Motoröl ab.
■ Drehen Sie die Befestigungsschrauben der Ölwanne (Bild 7) in der Reihenfolge 10 bis 1 heraus.
■ Entfernen Sie die Ölwanne vorsichtig, indem Sie die Dichtmasse mit einem geeigneten Werkzeug einschneiden und die Ölwanne vorsichtig abheben.

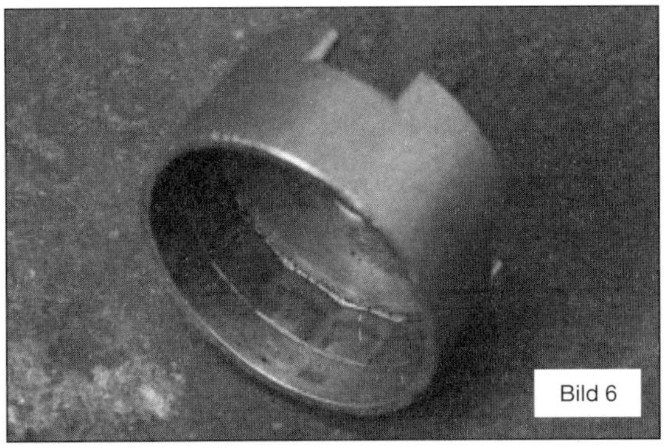

Bild 6

Bild 6
Adapter für Ölfilter und Deckeldemontage.

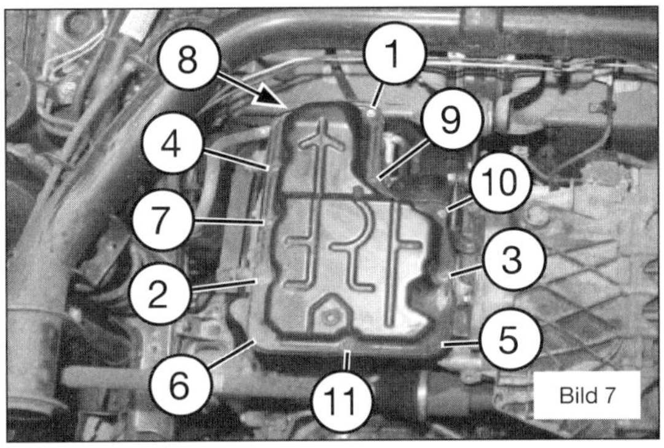

Bild 7

Bild 7
10-1 Demontagereihenfolge
1-10 Montagereihenfolge

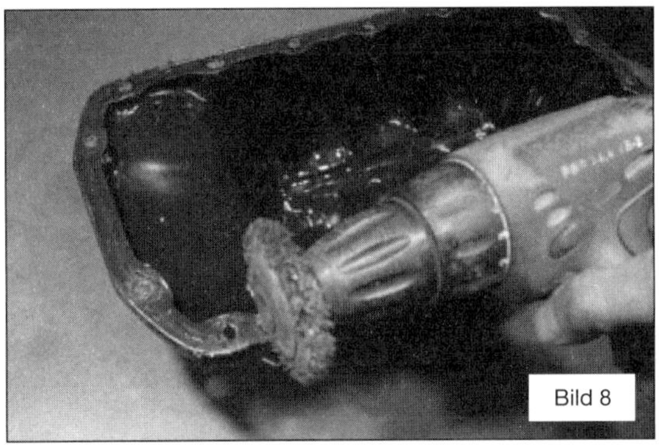

Bild 8

Bild 8
Reinigung mit einem Bürstenaufsatz auf einer Bohrmaschine.

■ Entfernen Sie die Dichtmittelreste am Zylinderblock mit einem Flachschaber.
■ Entfernen Sie die Dichtmittelreste an der Ölwanne mittels einer rotierenden Bürste, z. B. einer Handbohrmaschine (Bild 8) mit Kunststoffbürsten-Einsatz (Schutzbrille aufsetzen).
■ Reinigen Sie die Dichtflächen. Sie müssen öl- und fettfrei sein.

Tipp: Beachten Sie das Haltbarkeitsdatum des Dichtmittels. Die Ölwanne muss nach dem Auftragen des Silikon-Dichtmittels innerhalb 5 Minuten eingebaut werden. Die Ölwanne lässt sich leichter und sicherer ansetzen, wenn Sie zur Führung an zwei Stellen am Flansch des Zylinderblocks M6-Gewindestifte einsetzen.

■ Schneiden Sie die Tubendüse an der vorderen Markierung ab (oder Düse ca. 3 mm).

Sichtprüfung Messen

Bild 9
Lage der Dichtmasse auf der Ölwanne.

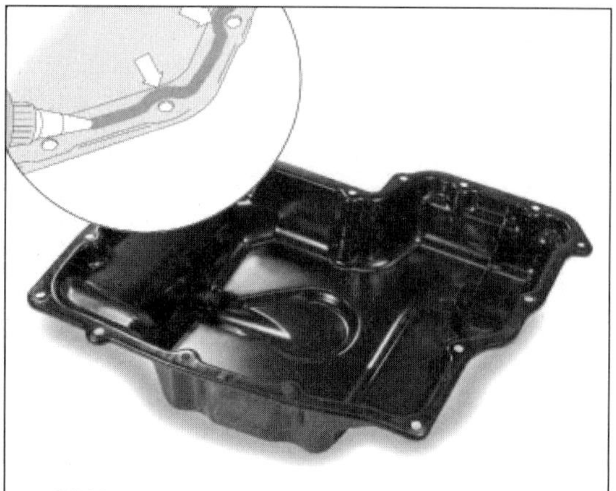

Bild 9

Bild 10
Ölpumpe mit Anbauteilen.
1 Antriebskette
2 Kettenspanner
3 Ölpumpe
4 Schraube
5 Schraube
6 Schraube
7 Ölansaugrohr
8 Halter
9 Dichtring
10 Schrauben
11 Öldruckschalter

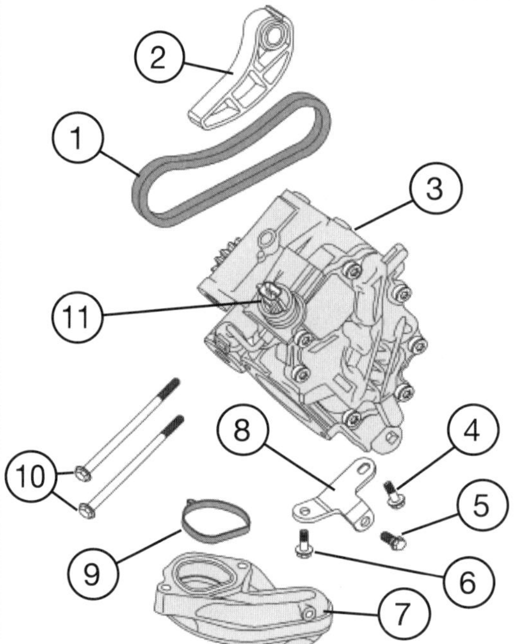

Bild 10

Bild 11
Ölpumpe von unten:
1 Schraube
2 Ölsaugrohr
3 Ölpumpe
4 Antriebskette
5 Schrauben Ölpumpe
6 Anschlusskabel Öldruckregelventil
7 Schrauben Ölsaugrohr
8 Schraube
9 Halter

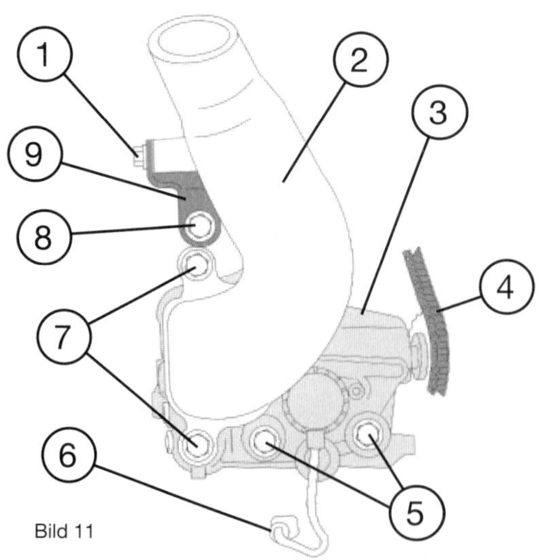

Bild 11

■ Tragen Sie das Silikon-Dichtmittel, wie im Bild 8 gezeigt, auf die saubere Dichtfläche der Ölwanne auf.

☞ Die Dichtmittelraupe muss 2 bis 3 mm dick sein. Die Dichtmittelraupe darf nicht dicker sein, da sonst überschüssiges Dichtmittel in die Ölwanne gelangen und das Sieb im Ölansaugrohr verstopfen kann. Sie muss im Bereich der Schraubenbohrungen an der Außenseite vorbeilaufen (Bild 9).

☞ Beim Einbau der Ölwanne am ausgebauten Motor darauf achten, dass die Ölwanne schwungradseitig bündig mit dem Zylinderblock abschließt.

■ Setzen Sie sofort die Ölwanne an und ziehen Sie alle Ölwannenschrauben leicht an.
■ Schrauben Sie die Ölwannenschrauben mit 10 Nm fest.

Der weitere Zusammenbau erfolgt sinngemäß in entgegengesetzter Reihenfolge zum Ausbau.

⚠ Nach der Montage der Ölwanne muss das Dichtmittel ca. 30 Minuten trocknen. Erst danach darf Motoröl eingefüllt werden.

Demontage der Ölpumpe

⚠ Werden bei Motorreparaturen Metallspäne sowie Abrieb in größeren Mengen (verursacht durch Fressschäden wie z. B. Kurbelwellen- und Pleuellagerschäden) im Motoröl festgestellt, ist zur Vermeidung von Folgeschäden neben der sorgfältigen Reinigung der Ölkanäle der Ölkühler zu ersetzen. Der Ölstand darf die Max.-Markierung nicht überschreiten – Gefahr von Katalysatorschäden!

☞ Die Ölpumpe ist hinter der Steuerkette auf dem Kurbelzapfen der Kurbelwelle verbaut. Es ist möglich, die Ölpumpe ohne den Ausbau des Motors zu demontieren.

■ Lassen Sie das Öl ablaufen.
■ Demontieren Sie die Ölwanne wie bereits beschrieben.
■ Reinigen Sie den Bereich um das Anschlusskabel des Öldruckregelventils außen am Motorblock und das Kabel selber gründlich.
■ Ziehen Sie das Anschlusskabel des Öldruckregelventils außen am Motorblock ab.
■ Ziehen Sie die Klammer des Öldruckregel-

ventils außen am Motorblock ab.
■ Führen das Anschlusskabel des Öldruckregelventils in den Motorblock hinein.
■ Drehen Sie die Schraube (6 im Bild 10) heraus.
■ Lösen Sie die Schraube (4) und drehen Sie den Halter (8) zur Seite.
■ Drehen Sie die Halterungsschrauben (10 im Bild 10 beziehungsweise 5 im Bild 11) der Ölpumpe heraus.
■ Nehmen Sie die Antriebskette (4 im Bild 11) vom Antriebsrad der Ölpumpe ab und nehmen Sie die Ölpumpe heraus.

Die Montage erfolgt sinngemäß in umgekehrter Reihenfolge.
■ Verwenden Sie einen neuen Dichtring (9 im Bild 10).

Demontage des Ölkühlers

■ Lassen Sie den Motor abkühlen.
■ Fragen Sie den Fehlerspeicher ab und sichern Sie eventuell vorhanden Einträge.
■ Lassen Sie das Kühlmittel ablaufen und senken Sie den Motor wie bereits beschrieben ab.
■ Demontieren Sie die Wasseranschlüsse am Ölwasserkühler (B im Bild 12).

Fangen Sie austretendes Restkühlmittel mit einem geeigneten Lappen auf.

■ Drehen Sie die Schrauben in der Reihenfolge 4-1 los und nehmen Sie sie ab.
■ Hebeln Sie den Öl-Wasser-Kühler (B) vorsichtig vom Motorblock ab.
■ Nehmen Sie die Dichtungen (A) ab.

Die Montage erfolgt sinngemäß in umgekehrter Reihenfolge.
■ Erneuern Sie die Dichtringe (A im Bild 12).

Demontage Öldruckschalter

Der Öldruckschalter ist auf der Vorderseite des Motors verbaut und schlecht zugänglich.

■ Lassen Sie den Motor abkühlen.
■ Fragen Sie den Fehlerspeicher ab und sichern Sie eventuell vorhanden Einträge.
■ Klemmen Sie den Masseanschluss an der Batterie ab.

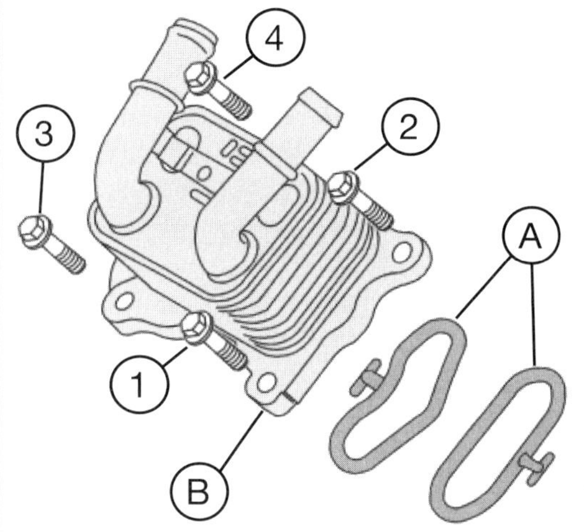

Bild 12

Bild 12
Ölkühler über dem Ölfilter:
1-4 Anzugsfolge der Schrauben
4-1 Lösereihenfolge der Schrauben

A Dichtringe
B Öl-Wasser-Kühler

■ Bauen Sie den Keilrippenriemen wie beschrieben aus.
■ Senken Sie die Antriebseinheit wie auf Seite 56 beschrieben ab.
■ Ziehen Sie die elektrische Steckverbindung am Generator ab.
■ Bauen Sie die Plusleitung am Generator ab.
■ Bauen Sie den Generator aus.
■ Ziehen Sie den Steckkontakt am Öldruckschalter ab.
■ Drehen Sie den Öldruckschalter heraus.

Fangen Sie austretendes Motoröl mit einem geeigneten Lappen auf.

Die Montage erfolgt sinngemäß in umgekehrter Reihenfolge.
■ Führen Sie nach dem Einbau eine Funktionsprüfung durch.
■ Montieren Sie die demontierten Verkleidungen wieder.
■ Kontrollieren Sie die Dichtheit des Öldruckschalters.

Prüfung des Öldruckschalters

Die Prüfung des Öldruckschalters fällt aufgrund der Einbauposition recht aufwendig aus.

Funktion der Öldruckwarnanzeige
Optisch unterscheidet sich der Öldruckschalter nicht von den konventionellen Schaltern. Allerdings handelt es sich um

Sichtprüfung Messen

einen Öffner. Der Öldruckschalter ist drucklos geschlossen und wird beim Erreichen des Schaltdruckes geöffnet.

- Senken Sie die Antriebseinheit wie auf Seite 56 beschrieben ab.
- Prüfen Sie den Motorölstand.
- Stecker vom Öldruckschalter abziehen.
- Bauen Sie den Öldruckschalter wie bereits beschrieben aus.
- Öldruckschalter (4 im Bild 13) in das Prüfgerät einschrauben.
- Bauen Sie das Prüfgerät mit der Messuhr (5) an einen Druckminderer (2) an.
- Drehen Sie den Druck langsam von 0 bar ansteigend höher.

Bei einem Druck von 0,6 bar sollte der einpolige Schalter die Verbindung zum Metallkörper des Schalters unterbrechen.

Es gibt Öldruckschalter mit unterschiedlichen Auslösedrücken. Achten Sie auf die Einprägung am Metallkörper (Sechskant des Öldruckschalters oder der Produktbeschreibung des Herstellers).

Öldruckprüfung

Die Prüfung des Öldrucks fällt aufgrund der Einbauposition des Öldruckschalters recht aufwendig aus.

- Senken Sie die Antriebseinheit wie auf Seite 56 beschrieben ab.
- Bauen Sie den Öldruckschalter wie bereits beschrieben aus.
- Prüfgerät anstelle des Öldruckschalters in die Bohrung des Öldruckschalters einschrauben.
- Montieren Sie ein Adapterstück für den Anschluss des Öldruckschalters und einer Druckmessuhr bis 8 bar.
- Montieren Sie den Motor wieder in der normalen Einbauposition.
- Kontrollieren Sie den Ölstand des Motors.

Kontrolllampe prüfen

- Nach Einschalten der Zündung und stehendem Motor muss die Öldruckkontrolllampe im Schalttafeleinsatz leuchten.
- Sie geht aus, wenn der Motor läuft und Öldruck ansteht.

Prüfablauf

Es werden ein üblicher Öldruckprüfer sowie ein Spannungsprüfer mit Leuchtdiode und den Messhilfsmitteln (Anschlusskabel) benötigt. Der Öldruckschalter ist bei den einzelnen Motortypen an unterschiedlichen Stellen eingebaut. Zur Orientierung können Sie die Bilder 13 und 14 verwenden.

- Braune Leitung des Prüfgerätes an Masse (-) legen. Spannungsprüfer mit Hilfsleitungen

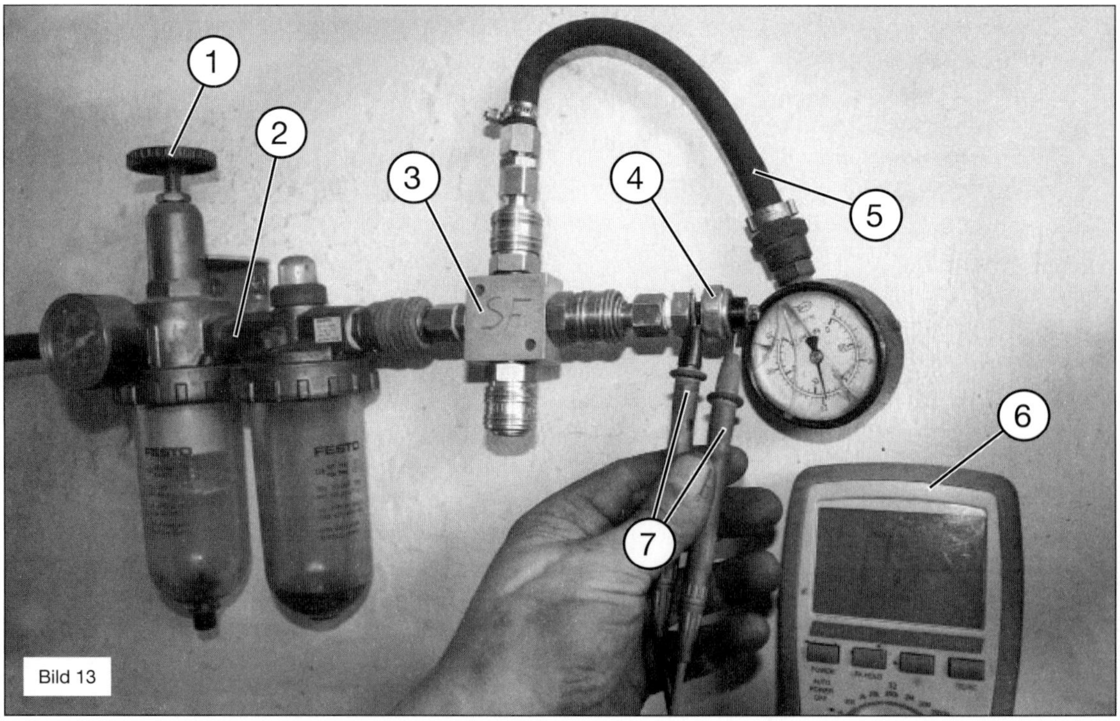

Bild 13
Prüfadapter aus dem Eigenbau:
1 Handrad zur Druckeinstellung
2 Druckminderer
3 Adapterstück
4 Öldruckschalter
5 Druckmessuhr mit Anschlussschlauch
6 Multimeter
7 Messspitzen zur Widerstandsmessung

(Kabelset) an Batterie plus (+) und Öldruckschalter anschließen (Prüfanordnung nach Bild 17).

Die Leuchtdiode darf nicht aufleuchten.

Wenn die Leuchtdiode aufleuchtet, ersetzen Sie den Öldruckschalter.

■ Lassen Sie den Motor an und erhöhen Sie langsam die Drehzahl. Bei 0,3- bis 0,7 bar-Überdruck muss die Leuchtdiode aufleuchten, andernfalls Öldruckschalter ersetzen.

■ Drehzahl weiter erhöhen. Bei etwa 2000/min und 80 °C Öltemperatur soll der Öl-Überdruck mindestens 2,0 bar betragen. Bei höherer Drehzahl darf der Öl-Überdruck 7,0 bar nicht überschreiten.

Werden die Sollwerte nicht erreicht:

■ Mechanische Schäden, z. B. Lagerschäden beseitigen.

■ Ölpumpe mit Überdruckventil ersetzen.

■ Ölkühler prüfen und ggf. ersetzen.

Wird der Sollwert überschritten:

■ Ölkanäle prüfen.

■ Wenn erforderlich Ölpumpe mit Überdruckventil ersetzen.

Demontage des Öldruckreglers

Während in den meisten Ölpumpen über mechanische Steuerkolben der Öldruck geregelt wird, wird beim Smart ein elektrisch angesteuertes Druckregelventil eingesetzt, mit dem das Motorsteuergerät den Öldruck bedarfsgerecht einsteuern kann. Das Druckregelventil ist auf der Ölpumpe verbaut.

■ Lassen Sie das Öl ablaufen.

■ Demontieren Sie die Ölwanne wie bereits beschrieben.

■ Reinigen Sie den Bereich um das Anschlusskabel des Öldruckregelventils außen am Motorblock und das Kabel selber gründlich.

■ Ziehen Sie das Anschlusskabel des Öldruckregelventils außen am Motorblock ab.

■ Ziehen Sie die Klammer des Öldruckregelventils außen am Motorblock ab.

■ Führen das Anschlusskabel des Öldruckregelventils in den Motorblock hinein.

■ Drehen Sie die Schraube (1 im Bild 15) heraus.

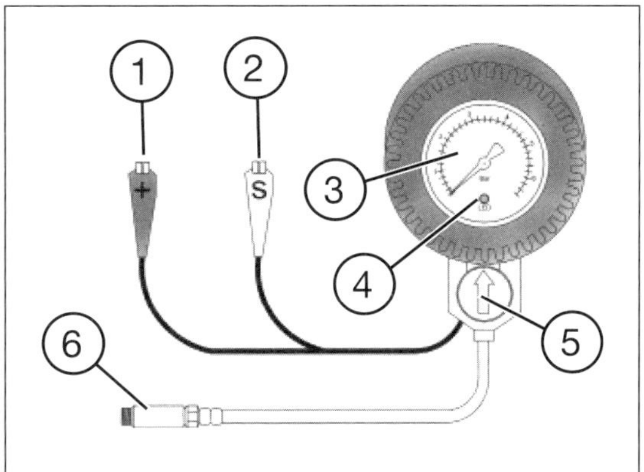

Bild 14

Bild 14
Messaufbau zur Öldruckprüfung:
1 Anschluss Batterieplus
2 Anschluss am Öldruckschalter
3 Druckmessuhr
4 LED (Kontrolllampe)
5 Ventilsteller
6 Anschluss am T-Stück für den Öldruckschalter oder am Anschlussgewinde

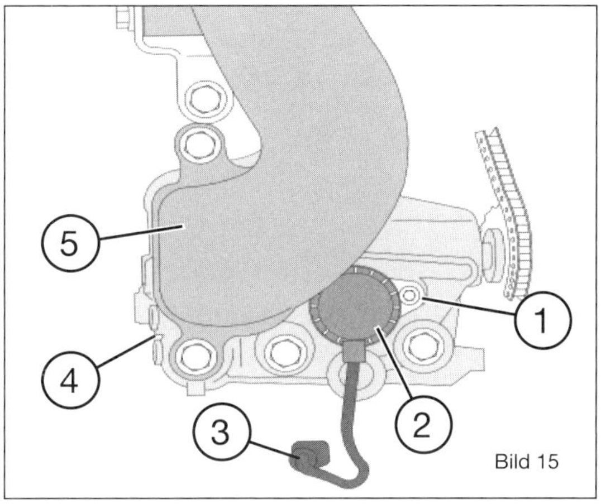

Bild 15

Bild 15
Öldruckregelventil an der Ölpumpe:
1 Schraube
2 Öldruckregelventil
3 Anschlussstecker
4 Ölpumpe
5 Ölansaugrohr

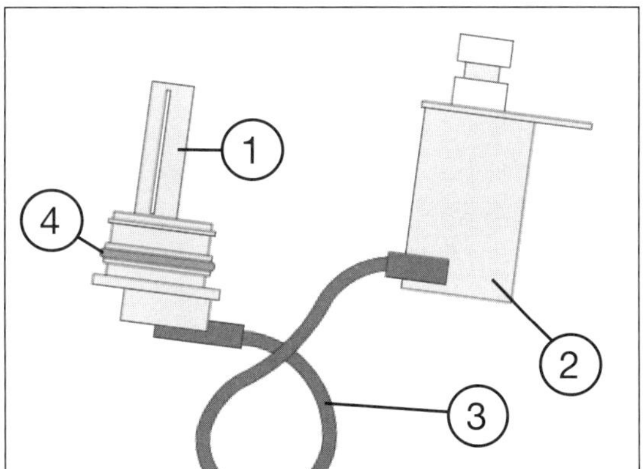

Bild 16

Bild 16
1 Steckkontakt durch den Motorblock
2 Öldruckregelventil
3 Anschlusskabel
4 Dichtring

■ Ziehen Sie den Druckregler gerade aus der Ölpumpe heraus.

Die Montage erfolgt sinngemäß in umgekehrter Reihenfolge.

■ Erneuern Sie die Dichtringe am Öldruckregelventil (4 im Bild 16) und am Leitungsanschluss durch den Motorblock.

■ Kontrollieren Sie die Dichtigkeit der Ölwanne und des Leitungsanschlusses durch den Motorblock (1).

Sichtprüfung Messen

Bild 17
Ölpumpenantrieb:
1 Kurbelwellenrad
2 Andruckfeder
3 Schraube
4 Kettenspanner (Spannschiene)
5 Ölpumpenrad
6 Antriebskette

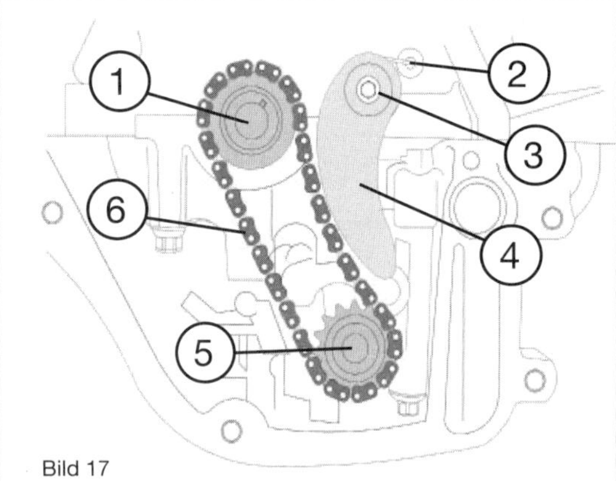

Bild 17

Demontage der Ölpumpenantriebskette

Die Antriebskette der Ölpumpe ist hinter der Antriebskette der Motorsteuerung verbaut.

■ Bauen Sie die Steuerkette wie bereits auf Seite 39 beschrieben aus.
■ Demontieren Sie die Ölpumpe wie auf Seite 64 beschrieben.
■ Drehen Sie die Schraube (3 im Bild 17) heraus.
■ Entspannen Sie die Andruckfeder (2) und nehmen Sie den Kettenspanner (Spannschiene) (4) ab.
■ Nehmen Sie die Antriebskette (6) vom Kurbelwellenrad ab.
■ Nehmen Sie das Kurbelwellenrad von der Kurbelwelle ab.

Kontrollieren Sie den Zustand der Spannschiene (4) nach Einlaufspuren oder Ausbrüchen.

Kontrollieren Sie das Kurbelwellenrad (1) auf Verschleißspuren oder anderweitige Schäden.

Kontrollieren Sie das Ölpumpenrad (5) auf Verschleißspuren oder anderweitige Schäden.

Kontrollieren Sie den Zustand der Antriebskette (6) nach Einlaufspuren oder Ausbrüchen.

Die Montage erfolgt sinngemäß in umgekehrter Reihenfolge.
■ Ersetzen Sie alle Teile, die Schäden oder Verschleißspuren aufweisen.
■ Prüfen Sie nach der Montage die Dichtigkeit des Steuerkastendeckels und der Ölwanne.

Messen des Ölverbrauchs

Ölverbrauch ist bis zu einem gewissen Maß für einen Verbrennungsmotor normal. Über die Kolbenringe und auch über die Motorentlüftung werden Öl oder Ölnebel in den Brennraum übertragen. Bei den Turbomotoren kommt auch der Turbolader mit dazu. Zum Einschätzen des Ölverbrauches Ihres Smarts stellen wir Ihnen die Auswertung nach den Herstellerrichtlinien vor.

Vorarbeiten
■ Stellen Sie das Fahrzeug auf die Hebebühne und untersuchen Sie den Motor, Turbolader, Ladeluftleitungen und Anbauteile auf Ölspuren.
■ Eventuelle Undichtigkeiten müssen vor der Messung beseitigt werden.

Messung
■ Bringen Sie das Fahrzeug auf Betriebstemperatur (etwa 80 °C) und stellen Sie das Fahrzeug auf eine ebene Fläche ab.
■ Warten Sie 5 Minuten ab und kontrollieren Sie den Ölstand mit dem Ölmessstab.
■ Belassen Sie den Ölmessstab etwa 1 Minute komplett eingeschoben und ziehen Sie ihn dann heraus.

Der Ölstand darf nicht über der Maximum-Markierung stehen.

■ Markieren Sie den genauen Ölstand mit einer Reißnadel auf dem Ölmessstab.

Auswertung Ölverbrauch
■ Nach etwa 500 bis 1000 km Fahrtstrecke wiederholen Sie die Messung.
■ Füllen Sie mit einem Messbecher, soweit erforderlich, den Ölstand bis zur Markierung (durch die Reißnadel) auf. Gehen Sie hier in kleinen Schritten vor (etwa 100 ml).
Berechnen Sie den Ölverbrauch:

$$\frac{\text{Nachfüllmenge (in Litern) x 1000}}{\text{Zurückgelegte Strecke (in km)}}$$

Das Ergebnis ergibt den Ölverbrauch auf 1000 km. Smart gibt einen zulässigen Ölverbrauch bis 0,8 Liter auf 1000 km an.

6 Kühlsystem

Funktion des Kühlkreislaufs

Das Kühlsystem sorgt für die richtige Betriebstemperatur des Motors. Es besteht aufbauseitig aus Kühler, Ladeluftkühler, Luftführungshutze mit Kühlerlüftern und Ausgleichsbehälter für Kühlmittel. Motorseitig gehören Kühlmittelschläuche und Kühlmittelrohre sowie ein Netz aus kleinen, genau bemessenen Kanälen in Motorblock und Zylinder, in denen die in den Ausgleichsbehälter eingefüllte Kühlflüssigkeit zirkuliert, zum System. So entsteht ein Wassermantel, der die Verbrennungswärme über die Schläuche des Kühlsystems an den Kühler abführt. Welche Wege im jeweils konkreten Betriebszustand das Kühlmittel im Kühlsystem nimmt, hängt von der Temperatur des Motors ab.

Zu den motorseitigen Aggregaten des Kühlsystems gehört auch der Motorölkühler. Eine mechanische Kühlmittelpumpe (»Wasserpumpe«) sorgt für den ständigen Kreislauf des Kühlmittels. Sie wird über den Keilrippentriemen angetrieben. Ein Kühlmittelregler (Dehnstoff-Thermostat) hält die Kühlmitteltemperatur konstant. Das Kühlsystem steht unter einem Überdruck von etwa 1,2 bis 1,5 bar bei Betriebstemperatur. Dadurch und durch den Einsatz von Kühlmittelzusätzen erhöht sich der Siedepunkt der Kühlflüssigkeit von 100 °C auf rund 120 °C.
Die höhere Temperatur ermöglicht einen wirtschaftlicheren und damit Kraftstoff sparenden Motorbetrieb. Wenn bei einem heißen Motor der Kühlmitteldruck 1,5 bar übersteigt, tritt das Überdruckventil am Ausgleichsbehälter in Aktion. Es öffnet dann und lässt zum Druckausgleich etwas Wasserdampf entweichen.

Sicht- und Funktionsprüfungen

Kühlmittelstand prüfen

■ Der Kühlmittelstand wird bei kaltem Motor am Kühlmittel-Ausgleichsbehälter geprüft. Dieser Behälter befindet sich im Motorraum rechts hinten. Er ist meist mit den Markierungen »Max« und »Min« gekennzeichnet, auf jeden Fall mit der »Min«-Markierung und einer Markierungslinie für den maximalen Füllstand.

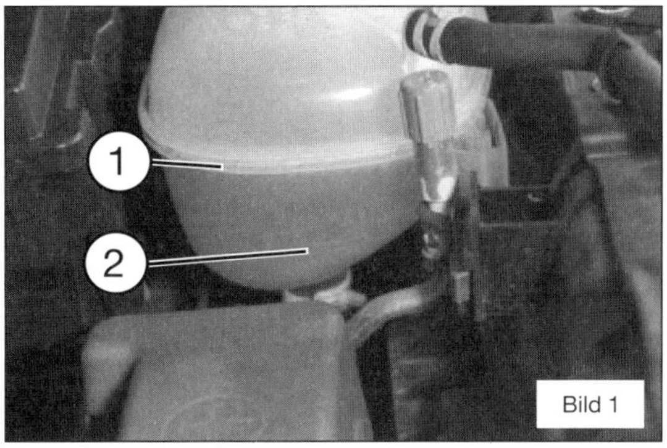

Bild 1

Bild 1
Kühlmittelstand am Kühlmittelausgleichsbehälter:
1 Maximum-Markierung
2 Minimum-Markierung

■ Ist der Motor kalt, muss das Kühlmittel zwischen »Max« und »Min« (Bild 1), bei warmem Motor etwas über der Markierungslinie für maximalen Füllstand stehen.
■ Bei nicht verbrauchsbedingtem Flüssigkeitsverlust muss die Ursache ermittelt und durch Reparatur beseitigt werden.

Frostschutz des Kühlmittels prüfen

Zur Frostschutzprüfung wird ein handelsüblicher Ansaugprüfer oder für genauere Prüfung ein sogenanntes Refraktometer benötigt. Beim Ansaugprüfer wird der jeweilige Frostschutz in °C angezeigt. Smart schreibt den Werkstätten aber vor, die Konzentration des Kühlmittelzusatzes bei der jüngsten Motorengeneration mit dem Refraktometer entsprechend Bedienungsanleitung zu prüfen (Bilder 2 und 3). Die Skala »1« des Refraktometers bezieht sich auf die Kühlmittelzusätze G12, G12 plus, G12 Plusplus und G30, die für die Smart-Kühlsysteme empfohlen werden. Die Skala »2« bezieht sich nur auf zu verwendenden Kühlmittelzusatz G13.
■ Prüfen Sie den Kühlmittelstand im Ausgleichsbehälter bei kaltem Motor.

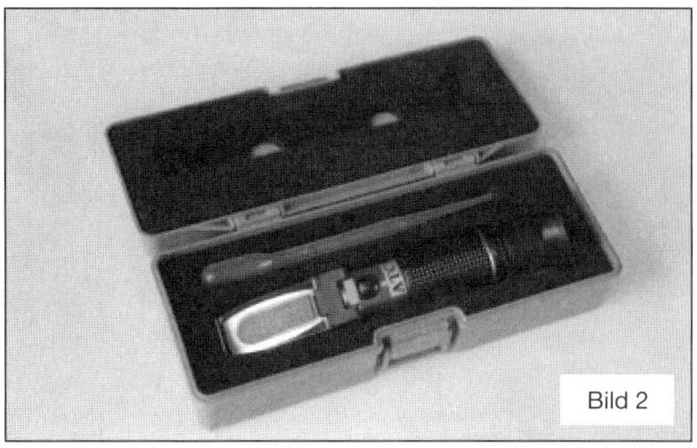

Bild 2

Bild 2
Refraktometer zur Frostschutzgehaltsprüfung.

Bild 3
Sichtfeld des Refraktometers.
1 G12; G12 Plus, G12 Plusplus, G11 und auch G30
2 G13
3 Ad Blue
4 Scheibenfrostschutz
5 Säuredichte der Batterie

Bild 4
Kühlsystemprüfgerät mit diversen Adaptern für Kühlmittelbehälter und Kühlerdeckel.

Bild 5
Frostschutzspindel zur Frostschutzgehaltsprüfung.

Bild 6
Druckpumpe mit Adapter auf dem Kühlmittelbehälter.
1 Prüfpumpe
2 Adapter

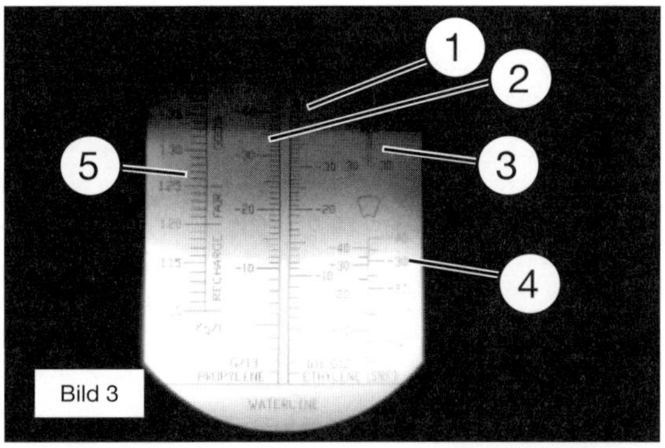

Bild 3

Bild 5

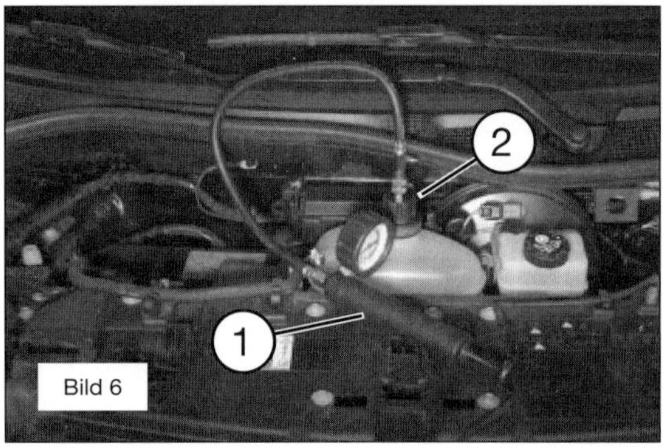

Bild 6

■ Den genauen Wert bei den Prüfungen liest man an der Hell-Dunkel-Grenze ab. Zur besseren Veranschaulichung der Hell-Dunkel-Grenze wird mit der Pipette ein Tropfen Wasser auf das Glas gebracht. Die Hell-Dunkel-Grenze ist dann deutlich an der »Waterline« zu erkennen (Bild 3). Der Frostschutz muss bis etwa -25 °C gewährleistet sein.
■ Bei zu geringem Frostschutz Kühlflüssigkeit ablassen und durch Kühlmittelzusatz G30 (violett) ergänzen.
■ Probefahrt durchführen und Frostschutz des Kühlmittels erneut prüfen.

Kühlsystem auf Dichtigkeit prüfen

Zur Prüfung der Dichtheit des Kühlsystems und des Überdruckventils wird ein Kühlsystem-Prüfgerät mit Adapter (Bild 4) benötigt.

Bild 4

Der Motor muss betriebswarm sein.
■ Verschlussdeckel vom Kühlmittel-Ausgleichsbehälter öffnen.
■ Adapter für Kühlsystemprüfgerät in den Kühlmittelausgleichsbehälter schrauben.
■ Anschlussstück in den Adapter für Kühlsystemprüfgerät klemmen und das Anschlussstück über den mitgelieferten Verbindungsschlauch mit dem Kühlsystem-Prüfgerät verbinden.
■ Mit der Handpumpe des Kühlsystem-Prüfgerätes ca. 1,5 bar Überdruck erzeugen.

Fällt der Druck ab:
■ Undichte Stelle suchen und Fehler beseitigen.

⚠ Bevor das Kühlsystemprüfgerät vom Verbindungsschlauch oder Anschlussstück getrennt wird, muss unbedingt der vorhandene Druck abgebaut werden.
■ Dazu das Druckentlastungsventil am Kühlsystem-Prüfgerät drücken, bis das Druckmanometer den Wert »0« anzeigt.

Überdruckventil im Verschlussdeckel des Kühlmittelbehälters prüfen

■ Verschlussdeckel des Kühlmittel-Ausgleichsbehälters in den Adapter für Kühlsystemprüfgerät schrauben, Anschlussstück in den Adapter für Kühlsystemprüfgerät klemmen und das Anschlussstück über den mitgelieferten Verbindungsschlauch mit dem Kühlsystem-Prüfgerät verbinden.
■ Mit der Handpumpe des Kühlsystem-Prüfgerätes einen Überdruck von max. 1,6 bar erzeugen. Das Überdruckventil darf noch nicht öffnen.

Öffnet das Überdruckventil vorzeitig: Verschlussdeckel ersetzen.
■ Druck auf über 1,6 bar erhöhen. Das Überdruckventil muss öffnen.

Öffnet das Überdruckventil nicht: Verschlussdeckel ersetzen.

Kühlmittel ablassen, ergänzen, auffüllen

Kühlmittel ablassen

Die wesentlichen Arbeitsschritte unterscheiden sich nicht in den einzelnen Motormodellen. Wir stellen Ihnen eine allgemeingültige Anweisung vor und führen die Besonderheiten der einzelnen Modelle auf.

Vorbereitungen

- Verschlussdeckel vom Kühlmittel-Ausgleichsbehälter öffnen.

Bei warmem Motor steht das Kühlsystem unter Druck, beim Öffnen des Ausgleichsbehälters kann deshalb heißer Dampf bzw. heißes Kühlmittel entweichen. Überdruck abbauen, dazu Verschlussdeckel mit einem Lappen abdecken und vorsichtig öffnen. Schutzbrille und Schutzbekleidung tragen, um Augenverletzungen und Verbrühungen zu vermeiden.

- Das Fahrzeug auf die Hebebühne fahren.
- Fahrzeug anheben und Motorspritzschutz (Geräuschdämpfung) abschrauben.
- Auffangwanne für Werkstattkräne unter den Motor stellen.

Kühlmittel ablassen

Das abgelassene Kühlmittel darf nicht wiederverwendet werden.

Fahrzeuge mit Ablasshahn (am Kühler):

- Öffnen Sie den Kühlerverschlussdeckel.
- Drehen Sie die Ablassschraube unten links im Kühler los (Bild 9).
- Öffnen Sie den Ausgleichsbehälterdeckel.
- Lassen Sie das Kühlmittel ablaufen.
- Entsorgen Sie das Kühlmittel fachgerecht.

Fahrzeuge ohne Ablasshahn:

- Öffnen Sie den Kühlerverschlussdeckel.
- Schlauchschellen lösen und den unteren Kühlerschlauch am Unterboden (1 im Bild 10) abziehen.
- Lassen Sie das Kühlmittel ablaufen.
- Entsorgen Sie das Kühlmittel fachgerecht.

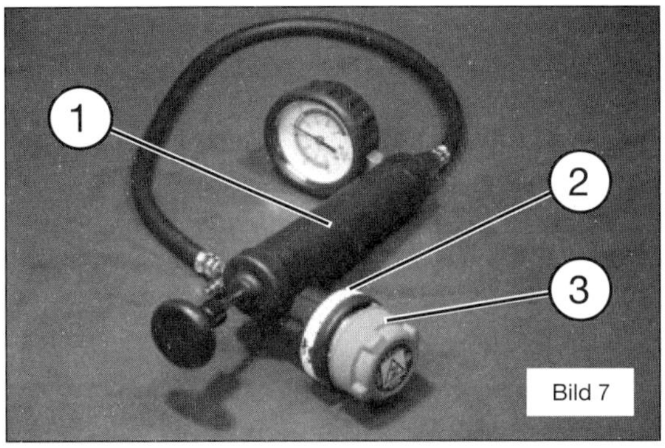

Bild 7
Druckprüfung am Kühlerdeckel:
1 Prüfpumpe
2 Adapter
3 Kühlerdeckel (Prüfdruck ist mit 1,4 bar vermerkt)

Bild 8
Deckel am Ausgleichsbehälter:
1 Angabe zum Öffnungsdruck (Sicherheitsventil)

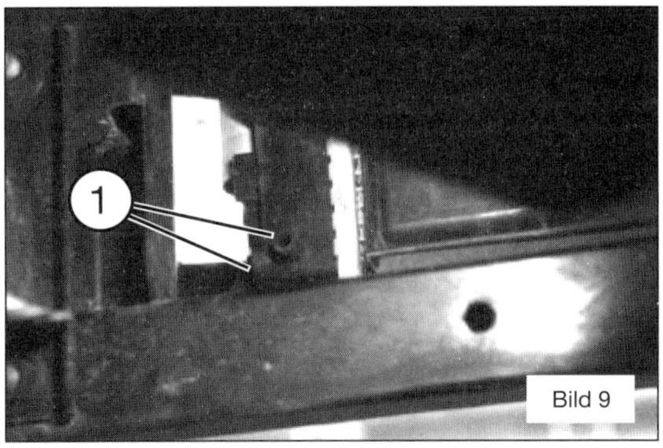

Bild 9
Nicht immer vorhanden oder funktionsgerecht ausgeführt, wenn vorhanden dann aber schlecht zugänglich:
1 Ablassschraube am Kühler mit Ablaufstutzen

Bild 10
Verschlauchung am Unterboden am Achsträger vorne:
1 Kühlmittelschläuche

Fahrzeuge mit Standheizung:

- Kühlmittelschläuche am auch am Heizsystem abbauen und restliches Kühlmittel ablaufen lassen.
- Entsorgen Sie das Kühlmittel fachgerecht oder geben Sie es beim Händler zurück.

Bild 11
1 Entlüftungsschraube am Heizungsschlauch.

Bild 12
1 Entlüftungsschraube unter der Stoßfängerverkleidung.

Kühlmittel zum Befüllen vorbereiten
Als Kühlmittelzusatz darf nur »G 30« oder die originale Flüssigkeit PARAFLU UP verwendet werden. Erkennungsmerkmal ist die lila Färbung. Auf keinen Fall darf G 30 mit anderen Kühlmittelzusätzen vermischt werden! Ist die Flüssigkeit im Ausgleichbehälter braun, wurde G 30 mit einem anderen Kühlmittel vermischt. In diesem Fall muss das Kühlmittel gewechselt werden. G 30 und Kühlmittelzusätze verhindern Frost- und Korrosionsschäden, Kalkansatz und heben außerdem die Siedetemperatur an. Aus diesen Gründen muss das Kühlsystem unbedingt ganzjährig mit Kühlerfrost- und Korrosionsschutzmittel befüllt sein.

Praxistipp: Destilliertes Wasser als Mischbasis

Zum Befüllen wird laut Werkstattunterlagen einiger Fahrzeughersteller ausdrücklich destilliertes Wasser (plus Frostschutz) vorgeschrieben. »Leitungswasser mit dem vorgeschriebenen Frostschutzzusatz« ist nicht immer ausreichend. Auch dann, wenn der Hersteller das Anmischen mit Leitungswasser zulässt, kann das Verwenden von destilliertem Wasser Vorteile haben. Durch die unterschiedlichen Inhaltsstoffe, die länderspezifisch und sogar regionalspezifisch sein können, haben einige Hersteller entschieden, die Wasserqualität für Kühlsysteme zu definieren. Destilliertes Wasser erfüllt alle Anforderungen. Aus diesem Grund wird empfohlen, auch bei älteren Modellen das Kühlmittel bei Ergänzungen und Neubefüllungen mit destilliertem Wasser anzumischen.

Frostschutz und Klimazonen:
Besonders in Ländern mit tropischem Klima trägt das Kühlmittel durch den höheren Siedepunkt bei hoher Belastung des Motors zur Betriebssicherheit bei. Der Frostschutz muss bis etwa -25 °C (in Ländern mit arktischem Klima bis etwa -35 °C) gewährleistet sein.
Die Konzentration des Kühlmittels darf auch in der warmen Jahreszeit bzw. in warmen Ländern nicht durch Nachfüllen von Wasser verringert werden. Der Kühlmittelzusatz-Anteil muss mindestens 40% betragen. Ist aus klimatischen Gründen ein stärkerer Frostschutz erforderlich, kann der Anteil von G 30 erhöht werden, aber nur bis zu 60% (Frostschutz bis etwa -40 °C), da sich sonst der Frostschutz wieder verringert und außerdem die Kühlwirkung verschlechtert wird.
■ Zum Festlegen der aktuellen Frostschutzdichte wird das Refraktometer wie schon beschrieben empfohlen.

Anmischen:
Je nach Kühlmittelhersteller und Klimazone muss eine Mischung aus Frostschutzkonzentrat und Wasser hergestellt werden. Die erforderliche Menge können Sie einer Tabelle auf dem Behälter des Frostschutzkonzentrats ablesen.
■ Stellen Sie einen sauberen 5-l-Eimer bereit.
■ Mischen Sie die erforderliche Konzentratmenge mit der dazugehörigen Wassermenge an.
■ Kontrollieren Sie den Frostschutzgehalt mit dem Refraktometer oder der Frostschutzspindel.

Motorkühlsystem befüllen
Wurden Kühler, Wärmetauscher, Zylinderkopf oder Zylinderkopfdichtung ersetzt: Gebrauchtes Kühlmittel vorschrifts-

mäßig entsorgen und nicht wiederverwenden! Das Kühlmittel kann auch über die Abgabestellen für Sondermüll eentsorgt werden.

Fahrzeuge mit Ablasshahn am Kühler:
■ Drehen Sie den Ablaufhahn am Kühler unten links zu.

Fahrzeuge ohne Ablasshahn am Kühler:
■ Kühlmittelschlauch unten am Kühler einbauen und mit der Schlauchschelle befestigen.

Weiter für alle Fahrzeuge:
■ Geräuschdämpfung einbauen.
■ Die Heizung im Fahrgastraum auf maximale Wärme einstellen. Den Heizungslüfter am besten abstellen.
■ Das Kühlmittel langsam bis zur oberen Markierung des gerasterten Feldes am Ausgleichsbehälter auffüllen (Bild 1).

Fahrzeuge mit Ausgleichsbehälter am Kühler:
■ Drehen Sie die Entlüftungsschraube am Ausgleichsbehälter auf, bis das Kühlmittel aus der Schraube austritt.

Fahrzeuge mit externen Ausgleichsbehältern im Motorraum:
■ Drehen Sie die Entlüftungsschraube am Rücklaufkühlschlauch zum Heizungskühler auf, bis das Kühlmittel aus der Schraube austritt.

Weiter für alle Fahrzeuge:
■ Verschließen Sie die Entlüftungsschraube wieder.

⚠ Die Entlüftungsschrauben dürfen nur bei abgeschaltetem Motor und beim Auffüllen der Kühlanlage geöffnet werden. Es besteht die Gefahr, dass Luft in den Kühlkreislauf eintreten kann.

■ Ausgleichsbehälter verschließen.
■ Den Motor anlassen und ca. 3 Minuten im Leerlauf drehen lassen.
■ Die Motordrehzahl einige Male hintereinander von der Leerlaufdrehzahl auf ca. 3000/min erhöhen.
■ Kontrollieren Sie, dass das Kühlmittel im Kreislauf zirkuliert.
■ Motor danach im Leerlauf laufen lassen, bis der Lüfter anläuft.
■ Kühlmittelstand prüfen und ggf. ergänzen. Bei betriebswarmem Motor muss der Kühlmittelstand an der oberen Markierung, bei kaltem Motor in der Mitte des gerasterten Feldes liegen (Bild 1).

Kühler aus- und einbauen

Die recht umfangreichen Montagearbeiten sind unumgänglich. Die Lufthutze des Kühlers lässt sich nicht herausziehen, wenn der Stoßfängerträger verbaut ist.
■ Unterbauen Sie das Fahrzeug auf einer Hebebühne und heben Sie es an.
■ Klemmen Sie die Batterie ab.
■ Stellen Sie einen geeigneten Behälter unter das Fahrzeug und lassen Sie das Kühlmittel wie bereits beschrieben ab.
■ Demontieren Sie die beiden Vorderräder.
■ Drehen Sie die Schrauben (4 in Bilder 13 und 14) heraus.
■ Drücken Sie die Nase (1 im Bild 15) nach unten und ziehen Sie den Deckel (2) im rechten Radlauf nach oben ab.
■ Nehmen Sie den Deckel ab.
■ Entsichern Sie die Steckerraste und ziehen Sie den Zentralstecker für die Stoßfängerelektrik vorne (4) auseinander.

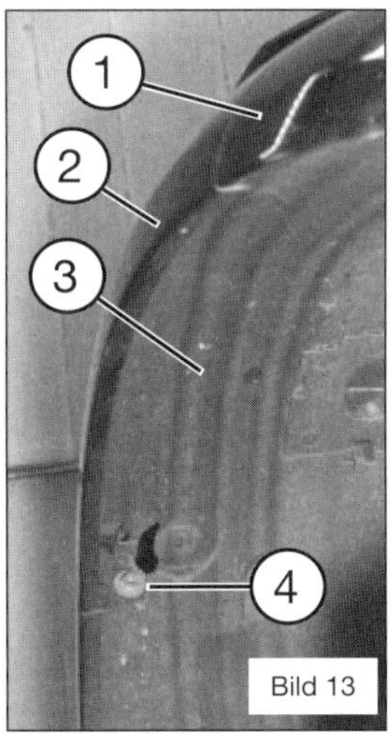

Bild 13

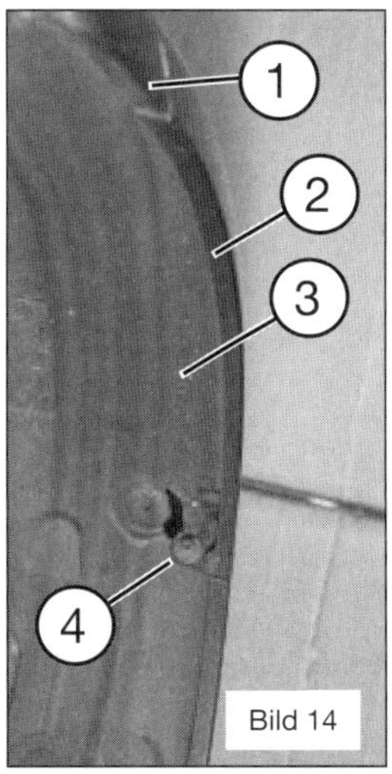

Bild 14

Bilder 13 und 14 Verschraubungen im Radkasten:
1 Stoßfänger vorne
2 Kotflügel
3 Innenradlauf
4 Maschinenschraube

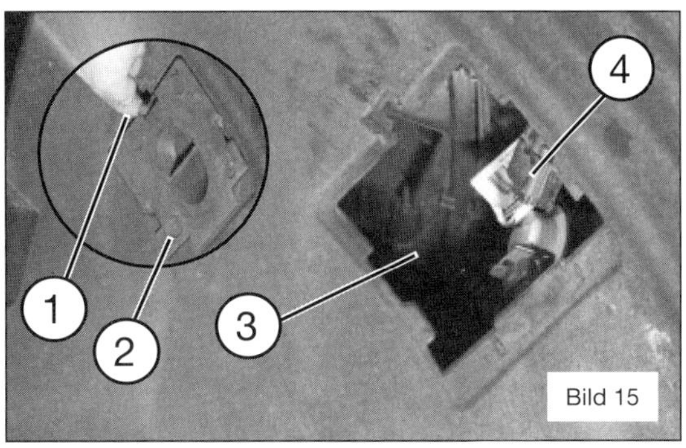

Bild 15

Bild 15 Deckel im rechten Radlauf:
1 Rastnase
2 Deckel
3 Öffnung
4 Zentralstecker

Bild 16
Stoßfänger von unten:
1 Kunststoffschrauben
2 Kunststoffschrauben
3 Maschinenschrauben

Bild 17
Haubenbefestigung:
1 Maschinenschrauben
2 Fangbänder
3 Fronthaube (Serviceklappe)

Bild 18
Montagehilfe:
1 Schraubendreher
2 Fangbänder

Bild 19
Schutzecken:
1 Schutzecke aus Malerkrepp
2 Fronthaube (Serviceklappe)

Bild 20
Stoßfänger seitlich abziehen:
1 Stoßfänger vorne
2 Kotflügel
3 Position der Rastnasen

Bild 21
Schrauben oben:
1 Haltebolzen
2 Maschinenschrauben

Bild 22
Hupe am Querträger:
1 Steckkontakt
2 Schraube
3 Hupe

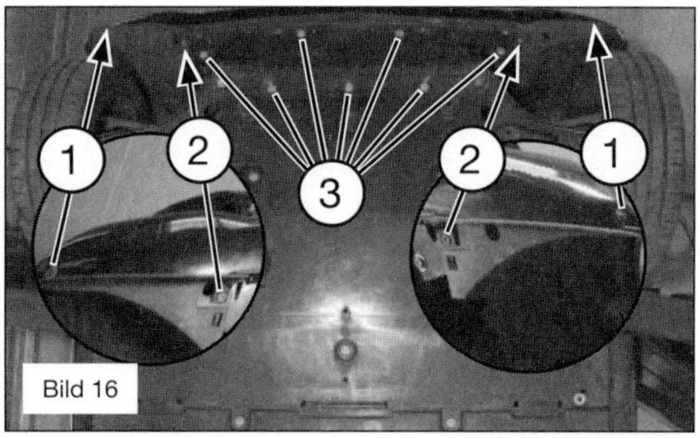

Bild 16

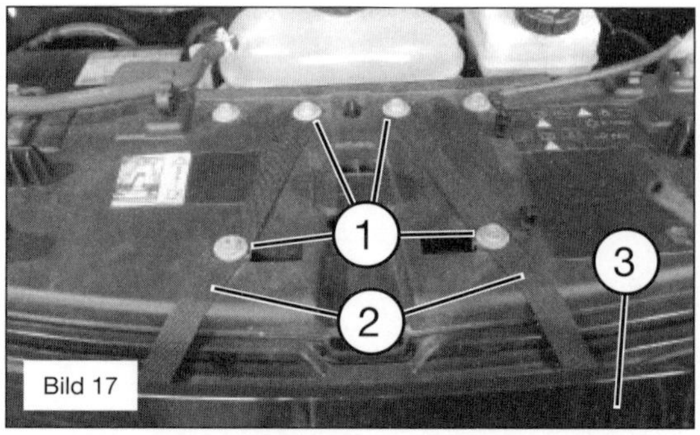

Bild 17

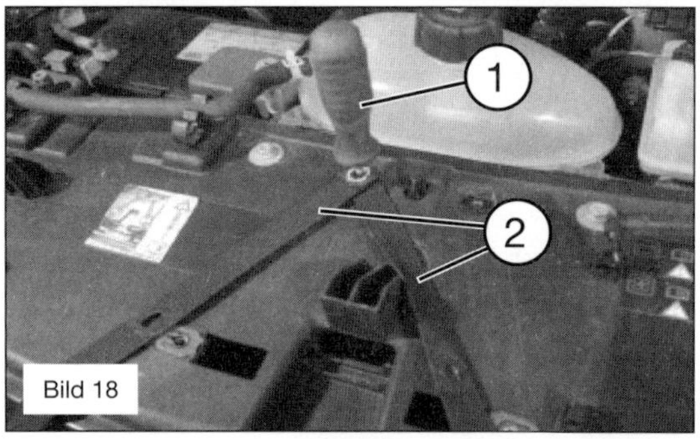

Bild 18

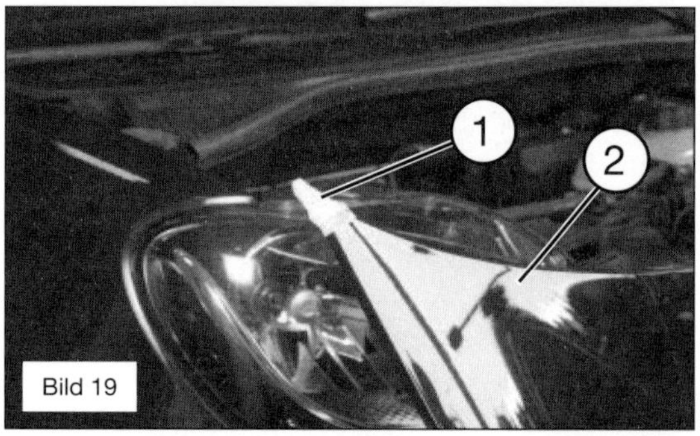

Bild 19

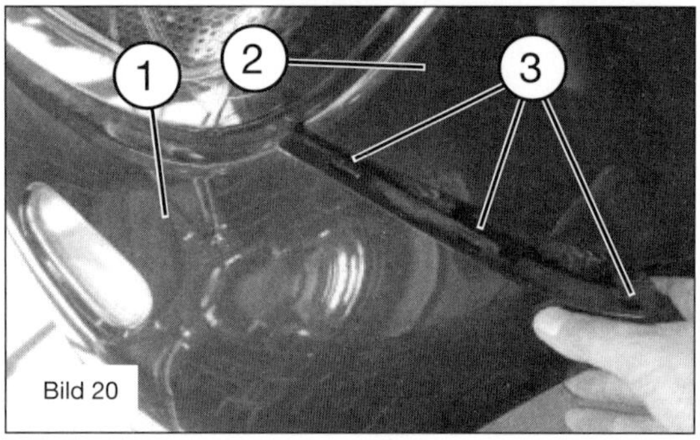

Bild 20

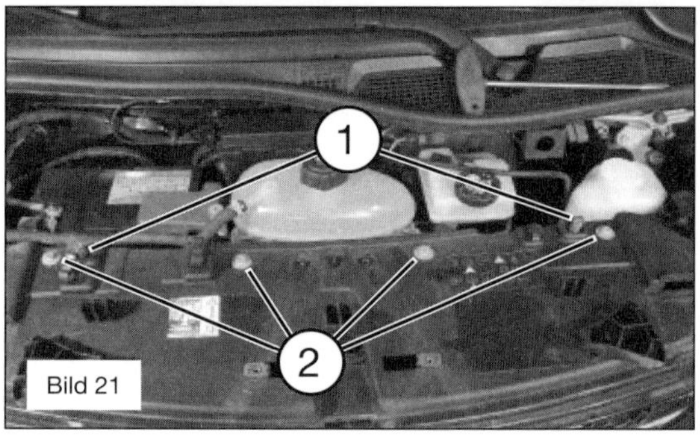

Bild 21

Bild 22

■ Heben Sie das Fahrzeug ganz an und demontieren Sie von unten die Schrauben (1, 2 und 3 im Bild 16).

■ Lassen Sie das Fahrzeug ab und drehen Sie die Schrauben (1 im Bild 17) zuerst auf der einen Seite heraus.

■ Sichern Sie das Fangband mit einem Schraubendreher wie im Bild 18 gezeigt.

⚠ Achten Sie darauf, dass die Fronthaube (Serviceklappe) nicht abrutscht.

■ Drehen Sie nun die Schrauben (1 im Bild 17) des anderen Fangbandes heraus und sichern Sie auch dieses Fangband wie im Bild 18 gezeigt.

☞ Umwickeln Sie die Ecken wie im Bild 19 gezeigt in mehreren Lagen mit Malerkreppband, um die Frontklappe (Serviceklappe) aufrecht abstellen zu können.

■ Nehmen Sie die Frontklappe (Serviceklappe) ab und stellen Sie sie sicher ab.

■ Ziehen Sie die Stoßfängerverkleidung vorne (1 im Bild 20) rechts und links aus den Haltenasen im Kotflügel (3) ab.

■ Drehen Sie die Schrauben (2 im Bild 21) heraus.

■ Nehmen Sie die Stoßfängerverkleidung vorne von den Haltebolzen (1) ab.

■ Legen Sie die Stoßfängerverkleidung auf eine weiche Unterlage, um Kratzer zu vermeiden.

■ Nehmen Sie den Prallschutz (3 im Bild 24) vom Querträger ab.

■ Betätigen Sie die Steckerraste (1 im Bild

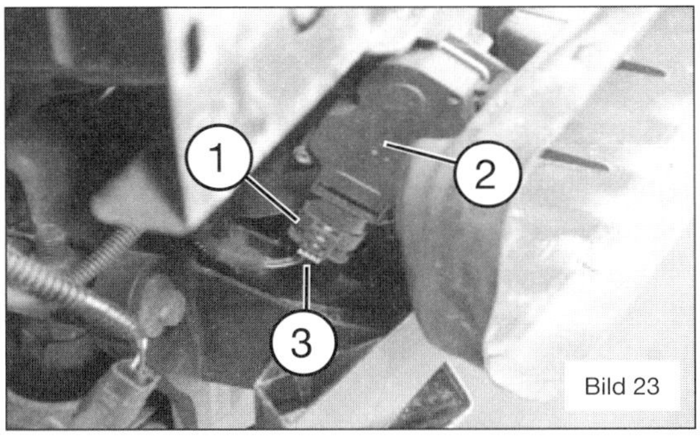

Bild 23

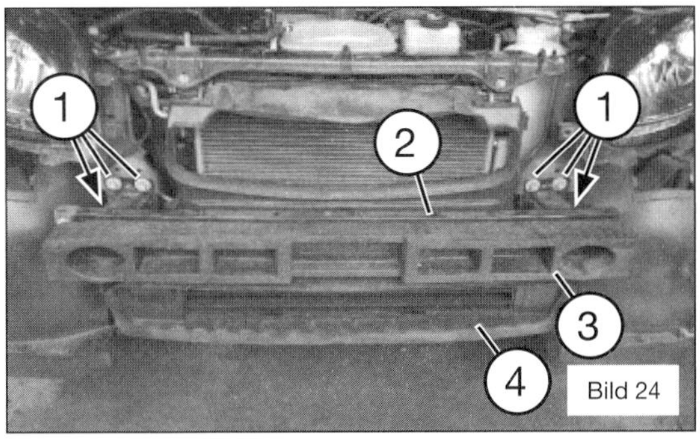

Bild 24

Bild 23
Sensor am Querträger:
1 Steckkontakt
2 Klappensteller
3 Steckerraste

Bild 24
Querträger vorne (CMS):
1 Schrauben
2 Querträger vorne
3 Prallschutz
4 Luftführung

Bild 25

Bild 25
Luftführung vorne:
1 Luftführung
2 Rasten
3 Führungen

22) und ziehen Sie den Steckkontakt von der Hupe (3) ab.

- Drehen Sie die Schraube (2) heraus und nehmen Sie die Hupe mit ihrem Halter ab.
- Betätigen Sie die Steckerraste (3 im Bild 23) und ziehen Sie den Steckkontakt vom Klappensteller (2) ab.
- Drehen Sie die Schrauben (1 im Bild 24) heraus.
- Nehmen Sie den Querträger vorne (2) zusammen mit der Luftführung (4) ab.
- Ziehen Sie die Luftführung (1 im Bild 25) gerade vom Kühler ab.
- Nehmen Sie die Luftführung (1) von den Führungen (3) ab und legen Sie sie auf der Werkbank ab.
- Bauen Sie die beiden Scheinwerfer aus.
- Rasten Sie den Ausgleichsbehälter an der Quertraverse (2 im Bild 26) aus.
- Drehen Sie die Schrauben (1) heraus und nehmen Sie die Quertraverse nach oben ab.

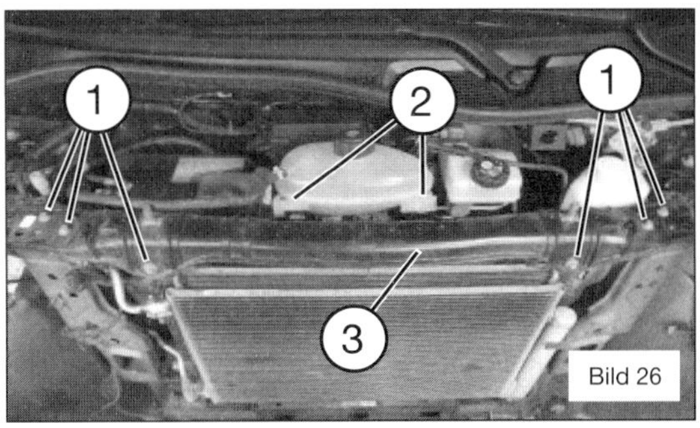

Bild 26

Bild 26
Quertraverse oben:
1 Schrauben
2 Rasten Ausgleichsbehälter
3 Quertraverse oben

Unterschiedliche Montagewege
Grundsätzlich ist es aufgrund der beengten Platzverhältnisse seitens des Fahrzeugherstellers vorgegeben, für die De- und Montage der/des Wasserkühlers die Klimaanlage zu evakuieren und den Klimakondensator (Klimakühler) auszubauen. Es ist aber durchaus auch möglich, den Kondensator (Klimakühler) nicht auszubauen, sondern lediglich aus dem Arbeitsbereich herauszulegen. Wir stellen Ihnen beide Möglichkeiten vor.

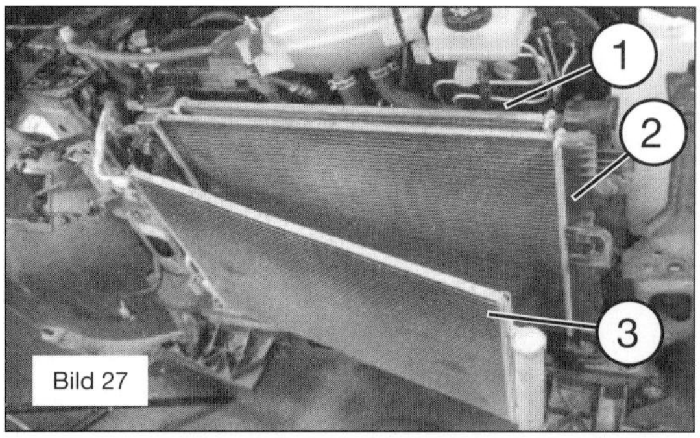

Bild 27
Kühlfläche in der Fahrzeugfront:
1 Wasserkühler Motorkühlkreislauf
2 Wasserkühler Ladeluftkühlung (Turbomotoren)
3 Kondensator (Klimakühler)

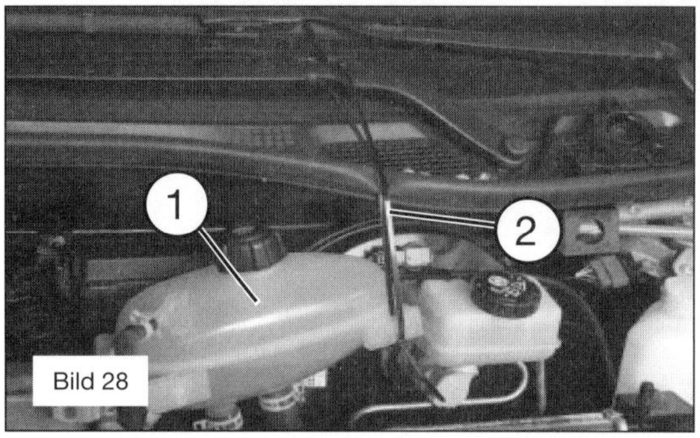

Bild 28
Ausgleichsbehälter aus dem Arbeitsbereich ziehen:
1 Ausgleichsbehälter
2 Kabelbinder

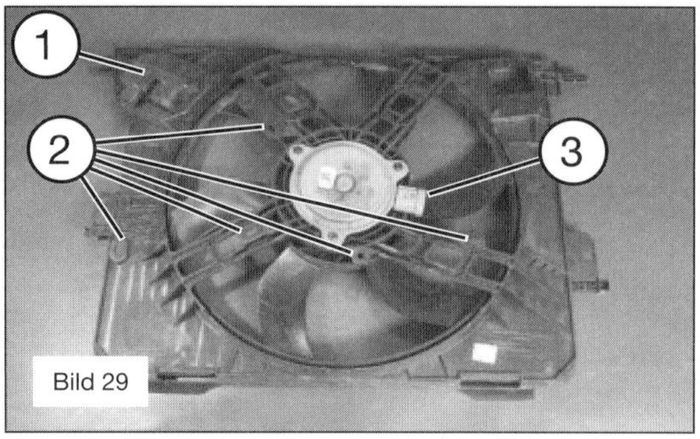

Bild 29
Lüfterzarge von hinten:
1 Vorwiderstände
2 Befestigungspunkte Kabelführung
3 Anschluss Lüftermotor

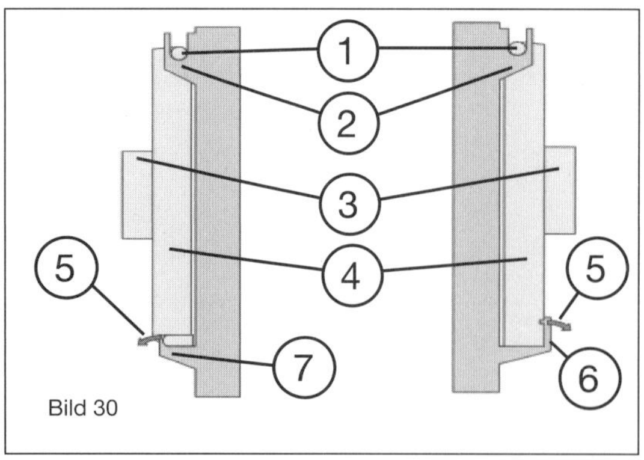

Bild 30
Befestigung der Lüfterzarge am Kühler:
1 Bolzen im
2 U-förmiges Lager ohne Rastfunktion
3 Lüftermotor
4 Lüfterzarge
5 Bewegungsrichtung zum Öffnen
6 Raste mit Sicherungsbohrung
7 Rastnase

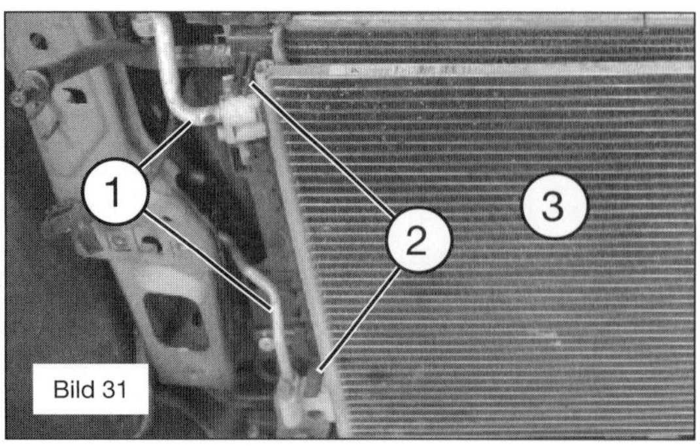

Bild 31
Befestigung Kondensator (Klimakühler):
1 Kühlmittelleitung
2 Halteklammern
3 Kondensator (Klimakühler)

Demontage ohne Klima-Evakuierung

■ Führen Sie die Arbeitsschritte zum Kühlerausbau ab Seite 73 aus.

■ Binden Sie den Ausgleichsbehälter mit einem Kabelbinder, am Scheibenwischerarm fest und ziehen Sie ihn so aus dem Arbeitsbereich heraus.

■ Drehen Sie die Befestigungsschrauben der Anschlussrohre für den Klimakondensator (Klimakühler) am Rahmen (Leitung oben und unten) heraus.

Lüfterzarge ausbauen:

■ Entsichern Sie die Anschlusskabel an den Vorwiderständen (1 im Bild 29) und ziehen Sie sie ab.

■ Entsichern Sie den Anschlussstecker am Lüftermotor (3) und ziehen Sie das Anschlusskabel ab.

■ Hebeln Sie die Kabelhalter mit einem geeigneten Werkzeug von der Lüfterzarge ab.

■ Hebeln Sie die Kühlerschläuche zum Ladeluftkühler an der Lüfterzarge ab.

■ Entsichern Sie die Rastnase (7 im Bild 30) auf der rechten Fahrzeugseite und heben Sie die Lüfterzarge leicht an.

■ Entsichern Sie die Rastnase (6 im Bild 30) auf der linken Fahrzeugseite und heben Sie die Lüfterzarge aus den beiden unteren Rasten (6 und 7) heraus.

■ Drücken Sie die Kühler vorsichtig etwas nach vorne.

Hierzu müssen die beiden Halterungen am Rahmen für die Kühlmittelleitung der Klimaanlage zum Kondensator (Klimakühler) losgeschraubt sein.

■ Nehmen Sie die Lüfterzarge vorsichtig nach oben heraus.

Kondensator (Klimakühler) lösen:

■ Heben Sie die Kühler etwas an, um sie aus den Lagergummis unten herauszuziehen.

■ Versetzen Sie die Kühler zur linken Fahrzeugseite und fixieren den Ladeluftwasserkühler mit einem Kabelbinder (3 im Bild 32).

■ Clipsen Sie den Kondensator (Klimakühler) vorsichtig aus den Halterungen (2 im Bild 31) am Kühler aus.

■ Schieben Sie den Kondensator (Klimakühler) vorsichtig zur rechten Fahrzeugseite und hängen Sie ihn aus den Halterungen auf der linken Seite des Kühlers (2 im Bild 32) aus.

■ Nehmen Sie den Kondensator (Klimakühler) vom Kühler ab.

Tipp: Hierzu müssen die beiden Halterungen am Rahmen für die Kühlmittelleitung der Klimaanlage zum Kondensator (Klimakühler) losgeschraubt sein.

■ Fangen Sie den Kondensator (Klimakühler) mit einem geeigneten Werkzeug (4) ab.

Achtung: Kondensator nicht an den Leitungen aufhängen. Die Kondensatorleitungen dürfen nicht geknickt werden.

■ Schützen Sie den Kondensator (Klimakühler) mit Pappkarton (1) auf den Lamellen vor Beschädigungen bei der weiteren Montage.

Ladeluftkühler beim Turbomotor ausbauen:
Der Ladeluftkühler ist hinter dem Klimakondensator verbaut. Es ist möglich, den Ladeluftkühler einzeln zu demontieren.

■ Hebeln Sie die Rastnasen in der angegebenen Reihenfolge (1-4 im Bild 34) vorsichtig heraus.

■ Lassen Sie das Kühlmittel wie auf Seite 71 beschrieben ab.

■ Drücken Sie die Kühlschläuche (2 im Bild 35) mit Schlauchklemmen zu.

■ Öffnen Sie die Schlauchschellen (1) und ziehen Sie die Kühlschläuche (2) ab.

Tipp: Fangen Sie eventuell austretende Kühlflüssigkeit mit geeigneten Lappen auf.

■ Nehmen Sie den Kühler für Ladeluftkühlung vorsichtig nach oben heraus.

Wasserkühler ausbauen:
Der Wasserkühler für den Motorkühlkreislauf ist hinter dem Ladeluftkühler, also dem Kühler für die Ladeluftkühlung verbaut. Es ist möglich, den Kühler einzeln zu demontieren.

■ Hebeln Sie die Rastnasen in der angegebenen Reihenfolge (1-4 im Bild 34) vorsichtig heraus.

■ Lassen Sie das Kühlmittel wie auf Seite 71 beschrieben ab.

■ Hebeln Sie die Rastnasen in der angegebenen Reihenfolge (1-4 im Bild 34) vorsichtig heraus.

■ Drücken Sie die Kühlschläuche (2 im Bild 35) mit Schlauchklemmen zu.

■ Öffnen Sie die Schellen (2 im Bild 36) und ziehen Sie den Zirkulationsschlauch (1) und den Kühlschlauch (3) auf der rechten Fahrzeugseite (in Fahrtrichtung) ab.

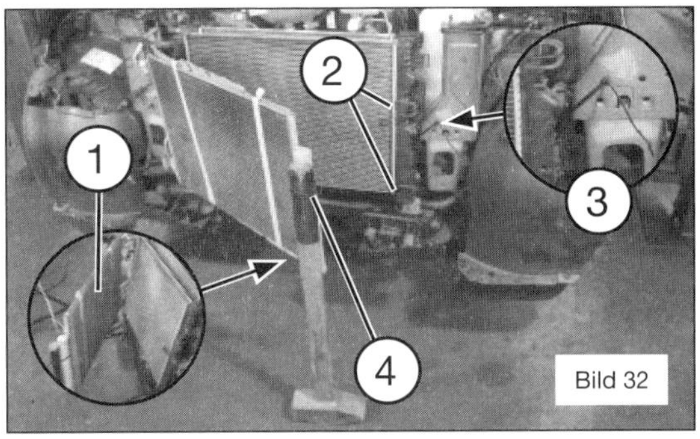

Bild 32
Freigelegter Kondensator:
1 Schutzpappe
2 Halterungen am Kühler
3 Kabelbinder am Rahmen und Ladeluftkühler
4 Kabelbinder am Hammerstiel als Stütze

Bild 33
Kondensator montiert:
1 Haltenase unten rechts
2 Haltenase oben rechts
3 Halter oben
4 Halter unten

Bild 34
Haltenasen des Ladeluftkühlers im Wasserkühler für den Motorkühlkreislauf:
1 Rastnase rechts oben
2 Rastnase rechts unten
3 Rastnase links oben
4 Rastnase links unten

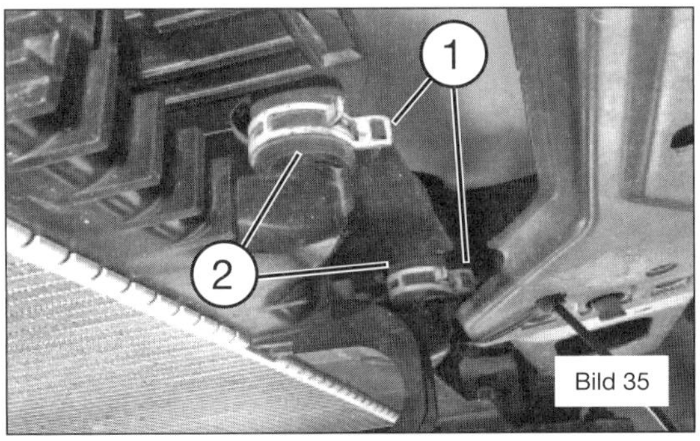

Bild 35
Kühlschläuche am Kühler für Ladeluft:
1 Schellen
2 Kühlschlauch

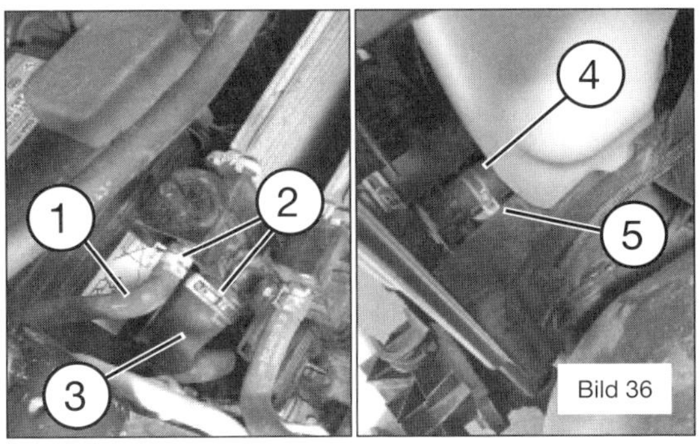

Bild 36
Kühlschläuche am Kühler für Motorkühlkreislauf:
1 Zirkulationsleitung
2 Schellen
3 Kühlschlauch rechts oben
4 Kühlschlauch links unten
5 Schelle

Bild 37
Demontage Kondensator (Klimakühler):
1 Steckkontakt Drucksensor Klimaanlage
2 Schraube Anschlussstück oben
3 Schraube Anschlussstück unten
4 Rastnase oben
5 Rastnase unten
6 Halterung oben links
7 Halterung unten links

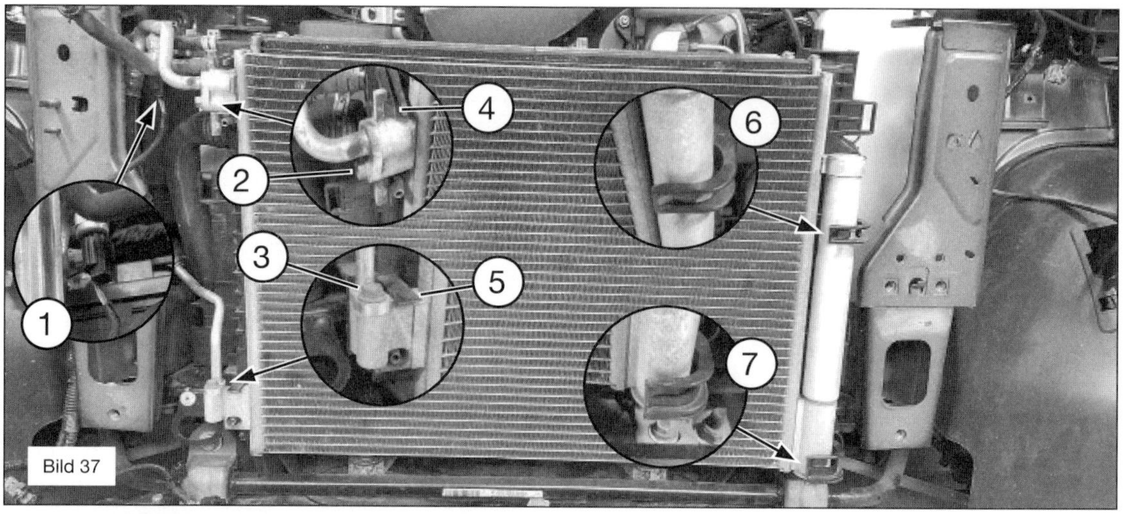

Bild 37

Bild 38
Verschraubungen der Kühlmittelleitungen:
1 Schraube Kühlmittelleitung oben
2 Mutter Kühlmittelleitung unten

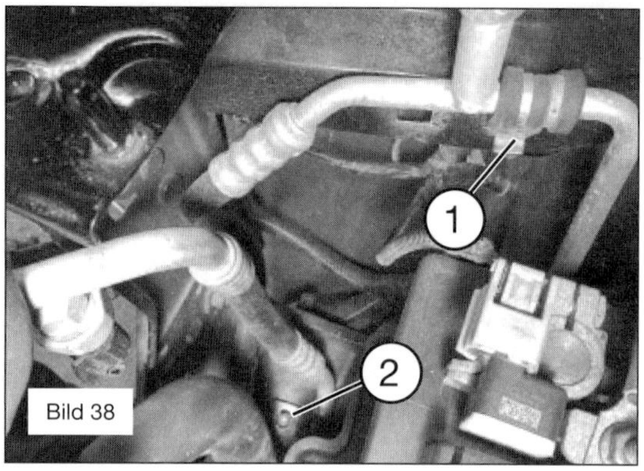

Bild 38

■ Öffnen Sie die Schelle (5) und ziehen Sie den Kühlschlauch unten (4) auf der linken Fahrzeugseite ab.

☞ Fangen Sie eventuell austretende Kühlflüssigkeit mit geeigneten Lappen auf.

■ Nehmen Sie den Kühler vorsichtig nach oben heraus.

Demontage mit Klima-Evakuierung

Ausbau des Kondensators (Klimakühler):

■ Führen Sie die Arbeitsschritte zum Kühlerausbau ab Seite 73 aus.

■ Lösen Sie die beiden Halterungen (1 und 2 im Bild 38) am Rahmen für die Kühlmittelleitung der Klimaanlage zum Kondensator (Klimakühler).

■ Lassen Sie die Klimaanlage evakuieren.

⚠ Die Klimaanlage steht unter Druck. Öffnen Sie niemals eine Leitung, ohne die Anlage sachgerecht entleert (evakuiert) zu haben.

☞ Das Füllgas ist giftig und muss sachgemäß entsorgt werden.

⚠ Für diesen Arbeitsschritt ist der Sachkundenachweis erforderlich.

■ Lösen Sie die Verschraubungen (2 und 3 im Bild 37).

■ Ziehen Sie die Anschlussleitungen aus dem Kondensator (Klimakühler) heraus.

■ Nehmen Sie die Dichtringe von den Leitungen ab und verschließen Sie die Leitungen und die Öffnungen im Kondensator (Klimakühler) mit geeigneten Stopfen oder Klebeband.

⚠ Es darf keine Verschmutzung ins Kühlsystem der Klimaanlage gelangen.

■ Clipsen Sie den Kondensator (Klimakühler) vorsichtig aus den Halterungen (2 im Bild 31) am Kühler aus.

■ Schieben Sie den Kondensator (Klimakühler) vorsichtig zur rechten Fahrzeugseite und hängen Sie ihn aus den Halterungen auf der linken Seite des Kühlers (2 im Bild 32) aus.

■ Nehmen Sie den Kondensator (Klimakühler) vom Kühler ab.

Ausbau der Lüfterzarge:

■ Binden Sie den Ausgleichsbehälter mit einem Kabelbinder am Scheibenwischerarm fest und ziehen Sie ihn so aus dem Arbeitsbereich heraus.

■ Entsichern Sie die Anschlusskabel an den Vorwiderständen (1 im Bild 29) und ziehen Sie sie ab.

■ Entsichern Sie den Anschlussstecker am Lüftermotor (3) und ziehen Sie das Anschlusskabel ab.

■ Hebeln Sie die Kabelhalter mit einem geeigneten Werkzeug von der Lüfterzarge ab.

■ Hebeln Sie die Kühlerschläuche zum Ladeluftkühler an der Lüfterzarge ab.

■ Entsichern Sie die Rastnase (7 im Bild 30) auf der rechten Fahrzeugseite und heben Sie die Lüfterzarge leicht an.
■ Entsichern Sie die Rastnase (6 im Bild 30) auf der linken Fahrzeugseite und heben Sie die Lüfterzarge aus den beiden unteren Rasten (6 und 7) heraus.
■ Drücken Sie die Kühler vorsichtig etwas nach vorne.
■ Nehmen Sie die Lüfterzarge vorsichtig nach oben heraus.

Ladeluftkühler beim Turbomotor ausbauen:
Der Ladeluftkühler ist hinter dem Klimakondensator verbaut. Es ist möglich, den Ladeluftkühler einzeln zu demontieren.
■ Hebeln Sie die Rastnasen in der angegebenen Reihenfolge (1-4 im Bild 34) vorsichtig heraus.
■ Lassen Sie das Kühlmittel wie auf Seite 71 beschrieben ab.
■ Drücken Sie die Kühlschläuche (2 im Bild 35) mit Schlauchklemmen zu.
■ Öffnen Sie die Schlauchschellen (1) und ziehen Sie die Kühlschläuche (2) ab.

Tipp: Fangen Sie eventuell austretende Kühlflüssigkeit mit geeigneten Lappen auf.

■ Nehmen Sie den Kühler für Ladeluftkühlung vorsichtig nach oben heraus.

Wasserkühler ausbauen:
Der Wasserkühler für den Motorkühlkreislauf ist hinter dem Ladeluftkühler, also dem Kühler für die Ladeluftkühlung verbaut. Es ist möglich, den Kühler einzeln zu demontieren.
■ Hebeln Sie die Rastnasen in der angegebenen Reihenfolge (1-4 im Bild 34) vorsichtig heraus.
■ Lassen Sie das Kühlmittel wie auf Seite 71 beschrieben ab.
■ Hebeln Sie die Rastnasen in der angegebenen Reihenfolge (1-4 im Bild 34) vorsichtig heraus.
■ Drücken Sie die Kühlschläuche (2 im Bild 35) mit Schlauchklemmen zu.
■ Öffnen Sie die Schellen (2 im Bild 36) und ziehen Sie den Zirkulationsschlauch (1) und den Kühlschlauch (3) auf der rechten Fahrzeugseite (in Fahrtrichtung) ab.
■ Öffnen Sie die Schelle (5) und ziehen Sie den Kühlschlauch unten (4) auf der linken Fahrzeugseite ab.

Tipp: Fangen Sie eventuell austretende Kühlflüssigkeit mit geeigneten Lappen auf.

■ Nehmen Sie den Kühler vorsichtig von den Gummilagern ab und nach oben heraus.

Der Einbau erfolgt sinngemäß in umgekehrter Reihenfolge.
■ Karosserieteile zueinander ausmitteln.
■ Scheinwerfer neu einstellen.

Tipp: Schlauchverbindungen sind mit Bandschellen gesichert. Im Reparaturfall nur geeignete Bandschellen verwenden.

Tipp: Kühlmittelschläuche beim Einbau spannungsfrei verlegen, ohne dass sie mit anderen Bauteilen in Berührung kommen.

Messen: Die Dichtheitsprüfung des Kühlsystems mit Kühlsystem-Prüfgerät und den passenden Adaptern wie bereits beschrieben durchführen.

Lüftermotor und Vorwiderstände aus- und einbauen

Der Lüftermotor wird vom Motorsteuergerät über ein Relais im Sicherungs- und Verteilerkasten geschaltet. Die Temperaturerfassung erfolgt über den Motortemperaturfühler.

Die Messwerte können über die Istwerte im Motorsteuergerät über einen Motortester abgefragt werden. Die Prüfung des Lüftermotors ist über den Stellgliedtest im Motorsteuergerät über einen Motortester möglich.

Demontage des Lüftermotors
■ Bauen Sie die Lüfterzarge mit dem Lüftermotor aus.
■ Drehen Sie die Zentralschraube (2 im Bild 39) heraus.

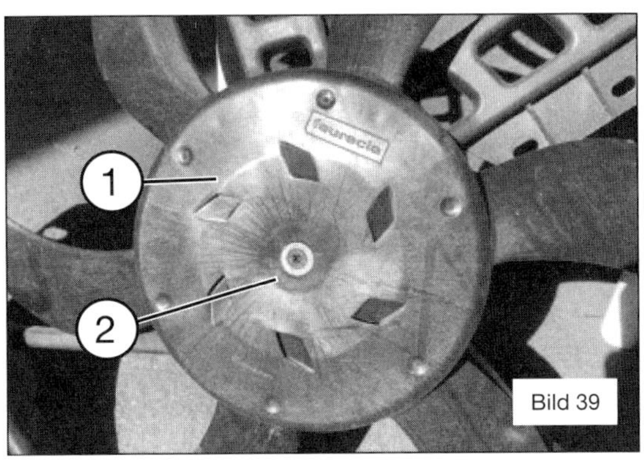

Bild 39

Bild 39
Lüfterrad von vorne:
1 Lüfterrad
2 Zentralschraube

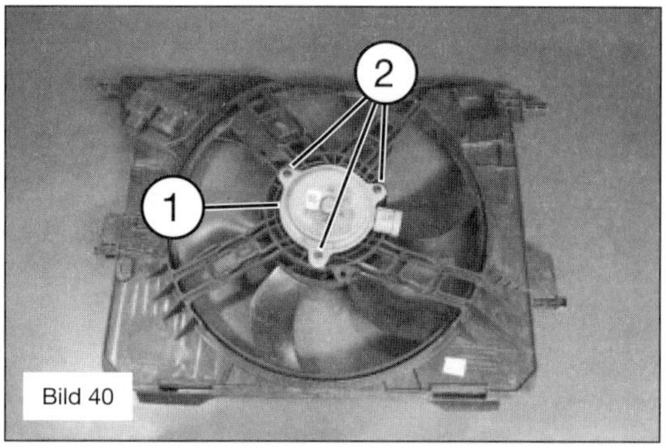

Bild 40
Lüfterrad von hinten:
1 Lüftermotor
2 Schrauben

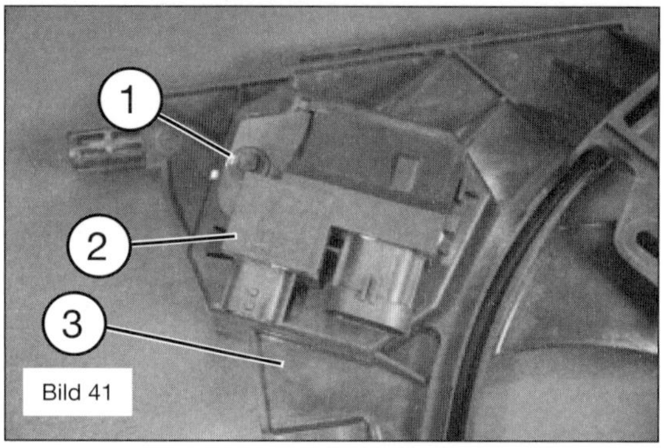

Bild 41
Aktuator (Vorwiderstände Lüftermotor) von vorne:
1 Schraube
2 Aktuator
3 Lüfterzarge

Bild 42
Aktuator (Vorwiderstände Lüftermotor) von hinten:
1 Lüfterzarge
2 Widerstände im Gehäuse

Bild 43
Gebläse im Motorraum:
1 Muttern
2 Steckerverbindung
3 Lüftermotor
4 Schrauben mit Muttern

■ Ziehen Sie das Lüfterrad von der Motorwelle ab.
■ Drehen Sie die Schraube (2 im Bild 40) heraus.
■ Nehmen Sie den Lüftermotor ab.

Der Einbau erfolgt sinngemäß in umgekehrter Reihenfolge.

Demontage des Vorwiderstandes

Die Widerstände sind nicht weiter zerlegbar, beziehungsweise nicht sinnvoll zerlegbar. Der Ausbau ist auch ohne Ausbau der Lüfterzarge möglich.
■ Ziehen Sie die Stecker vom Aktuator (Vorwiderstände für den Gebläsemotor) ab.
■ Drehen Sie die Schraube (1 im Bild 41) heraus.
■ Ziehen Sie den Aktuator (Vorwiderstände für den Gebläsemotor) in Richtung der Schraube und rasten ihn so aus der Lüfterzarge aus.
■ Nehmen Sie den Aktuator (Vorwiderstände für den Gebläsemotor) heraus.

Der Einbau erfolgt sinngemäß in umgekehrter Reihenfolge.

Prüfen Sie die Funktion des Lüftermotors über den Stellgliedtest mit dem Diagnosetester.

Demontage des Motorraumgebläses
■ Öffnen Sie den Kofferraum.
■ Schlagen Sie den Teppich über der Motorabdeckung zurück.
■ Öffnen Sie die Motorraumabdeckung.
■ Ziehen Sie den Steckkontakt (2 im Bild 43) zum Motorraumlüfter (3) ab.
■ Drehen Sie die beiden Muttern (1) ab und nehmen Sie den Lüftermotor mit dem Träger heraus.
■ Drehen Sie die Muttern mit Schrauben (4) heraus.

Die Muttern müssen von der Rückseite gegengehalten werden.

Der Einbau erfolgt sinngemäß in umgekehrter Reihenfolge.

Kühlmittelpumpe/Wasserpumpe aus- und einbauen

Im Smart 453 sind zwei Kühlmittelpumpen verbaut. Die mechanische Pumpe ist für die Zirkulation im Motorkühlkreislauf zuständig. Die elektrische Pumpe versorgt den Ladeluftkühlkreislauf.

Kühlwasserpumpe am Motor
■ Lassen Sie den Motor abkühlen.
■ Lassen Sie das Kühlmittel ab.

■ Öffnen Sie den Kofferraum.
■ Schlagen Sie den Teppich über der Motorabdeckung zurück.
■ Öffnen Sie die Motorraumabdeckung.
■ Demontieren Sie den Keilrippenriemen wie bereits beschrieben.
■ Drehen Sie die drei Schrauben (1 im Bild 44) der Riemenscheibe (2) der Wasserpumpe heraus.
■ Bauen Sie die Riemenscheibe (2) der Wasserpumpe ab.
■ Drehen Sie die vier Schrauben der Wasserpumpe im Motorblock heraus.
■ Nehmen Sie die Wasserpumpe aus dem Motorblock heraus.

Tipp: Fangen Sie austretende Restkühlmittel mit einem Lappen auf.

■ Nehmen Sie die Dichtung von der Dichtfläche ab.

Die Montage erfolgt sinngemäß in umgekehrter Reihenfolge.
■ Reinigen Sie die Dichtfläche am Motorblock gründlich.
■ Erneuern Sie die Dichtung grundsätzlich.
■ Ziehen Sie die vier Schrauben (3) gleichmäßig über Kreuz mit 25 Nm an.
■ Füllen Sie das Kühlmittel auf.
■ Entlüften Sie das Kühlsystem wie bereits beschrieben.

Elektrische Wasserpumpe am Unterboden
■ Lassen Sie den Motor abkühlen.
■ Lassen Sie das Kühlmittel ab.
■ Klemmen Sie die Kühlschläuche mit Schlauchklemmen zu.
■ Lösen Sie die Schlauchschellen mit einer geeigneten Schlauchschellenzange und ziehen Sie die Kühlschläuche von der Wasserpumpe ab.

Tipp: Fangen Sie austretende Restkühlmittel mit einem Lappen auf.

■ Ziehen Sie die elektrische Steckverbindung von der Kühlwasserpumpe ab.
■ Nehmen Sie die elektrische Wasserpumpe nach oben aus dem Gummihalteband heraus.

Die Montage erfolgt sinngemäß in umgekehrter Reihenfolge.
■ Füllen Sie das Kühlmittel auf.
■ Entlüften Sie das Kühlsystem wie bereits beschrieben.

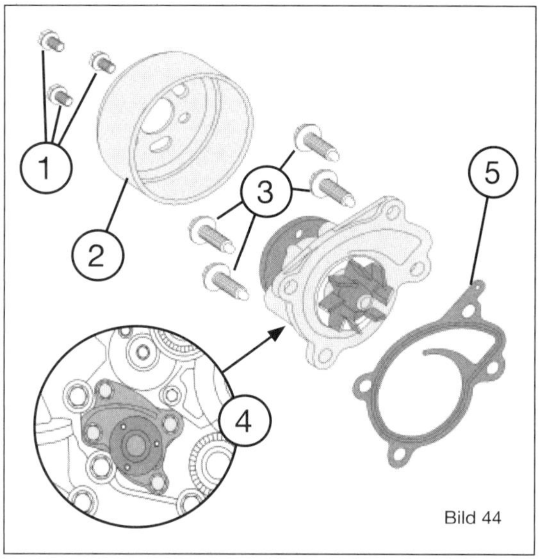

Bild 44

Bild 44
Wasserpumpe im Motorblock:
1 Schrauben Riemenscheibe
2 Riemenscheibe
3 Schrauben Wasserpumpe im Motorblock
4 Wasserpumpe
5 Dichtung

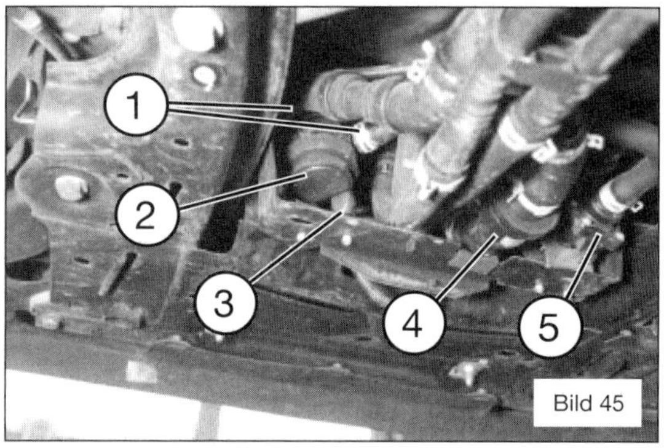

Bild 45

Bild 45
Elektrowasserpumpe am Unterboden:
1 Kühlschläuche
2 Wasserpumpe
3 Elektrischer Anschluss
4 Thermostat
5 Heizungsregelventil

Thermostat und Regelventil

Neben einem Thermostat für die Regelung des Kühlmittelkreislaufs und einem Heizungsregelventil ist bei den Turbomodellen eine weitere Steuerklappe für die Ab- und Aufregelung des Luftstroms des Kühlers verbaut.

Thermostat ausbauen
■ Lassen Sie den Motor abkühlen.
■ Lassen Sie das Kühlmittel ab.
■ Klemmen Sie die Kühlschläuche mit Schlauchklemmen zu.
■ Ziehen Sie den Thermostat (4 im Bild 45) vom Halter am Unterboden ab.
■ Markieren Sie die Einbauposition der Kühlschläuche zum Thermostat, um ein Verdrehen der Schläuche oder Verspannungen am Thermostat zu vermeiden.
■ Lösen Sie die Schlauchschellen mit einer geeigneten Schlauchschellenzange und ziehen Sie die Kühlschläuche vom Thermostat (4) ab.

Bild 46

Bild 46
Infrarot Temperaturmessgerät an den Kühlschläuchen:
1 Laserinfrarotmessgerät
2 Messpunkt an Leitungen oder Thermostat

Bild 47

Bild 47
Heizungsregelventil:
1 Kühlschläuche
2 Heizungsregelventil
3 Unterdruckanschluss

Fangen Sie austretendes Restkühlmittel mit einem Lappen auf.

■ Nehmen Sie denThermostat (4) heraus.

Die Montage erfolgt sinngemäß in umgekehrter Reihenfolge.

■ Füllen Sie das Kühlmittel auf.

■ Entlüften Sie das Kühlsystem wie bereits beschrieben.

■ Prüfen Sie die Dichtigkeit des Kühlsystems.

Thermostat prüfen

Das Thermostat ist in einem Gehäuse verbaut und nicht weiter zerlegbar. Die Prüfung kann im ausgebauten Zustand und auch im eingebauten Zustand erfolgen. Auch neue Thermostate sollten vor dem Einbau überprüft werden.

Prüfung im eingebauten Zustand:

■ Stellen Sie das Fahrzeug auf eine Hebebühne und versehen Sie es mit einer Abgasabsauganlage.

Es besteht Vergiftungsgefahr. Neben der guten Belüftung müssen die Abgase nach außen abgeführt werden.

■ Demontieren Sie die Unterbodenverkleidung vorne wie auf Seite 31 beschrieben.

■ Lassen Sie den Motor laufen.

Kontrollieren Sie in regelmäßigen Abständen die Temperatur der Anschlussschläuche des Thermostaten mit einem Lasertemperaturmesser oder einem anderen geeigneten Thermometer.

Die Temperatur vor (Schlauch kommt vom Motor) und nach dem Thermostat (Schlauch geht zum Kühler) wird mit steigender Temperatur unterschiedlich ausfallen. Ab etwa 90 °C (die Temperatur kann durchaus zwischen 85 °C und 98 °C liegen) öffnet den Thermostat und die Temperatur ist vor dem Thermostat fast genauso hoch wie die Temperatur nach dem Thermostat.

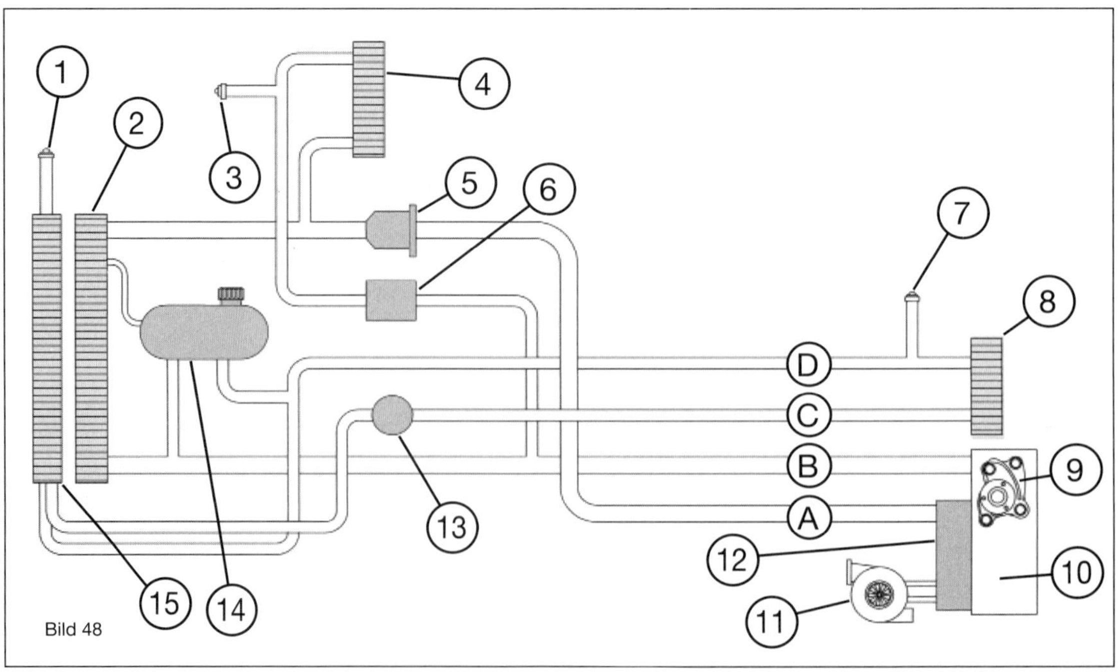

Bild 48

Bild 48
Kühlmittelleitungen in der Übersicht:
1 Entlüftung Ladedrucksystem
2 Kühler Motorkühlkreislauf
3 Entlüftung hinter dem Ausgleichsbehälter
4 Wärmetauscher Heizung
5 Thermostat
6 Regelventil Heizung
7 Entlüfter Wärmetauscher Ladeluft
8 Wärmetauscher Ladeluft
9 Wasserpumpe
10 Motorblock und Kopf
11 Turbolader
12 Kühlmittelverteiler
13 Elektrische Wasserpumpe
14 Ausgleichsbehälter
15 Kühler Ladeluftkühlkreislauf
A und B Koppelstelle Kühlkreislauf Motor
C und D Koppelstelle Kühlkreislauf Ladeluft

Prüfung im ausgebauten Zustand:

■ Legen Sie den Thermostat in ein Wasserbad ein und erwärmen Sie das Wasser auf einer Kochplatte langsam.

Das Thermoelement muss sich langsam öffnen. Das können Sie beim Hindurchsehen durch einen Lichtspalt erkennen. Der Öffnungsbeginn liegt etwa bei 84 °C. Die vollständige Öffnung bei ca. 98 °C, hierzu muss aber den Thermostat oder das komplette Thermostatgehäuse im Wasserbad aufgehängt werden. Der Öffnungsweg ist nicht angegeben.

■ Die Öffnung muss ruckfrei erfolgen.

■ Der Thermostat darf nicht verklemmen.

Heizungsventil aus- und einbauen

Das Heizungsregelventil ist mittig im Bereich des Vorderachsträgers verbaut. In dieser Einbauposition finden Sie nebeneinander die elektrische Wasserpumpe (2 im Bild 45), den Thermostat (4) und das Heizungsregelventil (5).

■ Stellen Sie das Fahrzeug auf eine Hebebühne.

■ Demontieren Sie die Unterbodenverkleidung vorne wie bereits auf Seite 31 beschrieben.

■ Lassen Sie den Motor abkühlen.

■ Klemmen Sie die Kühlschläuche mit Schlauchklemmen zu.

■ Markieren Sie die Einbauposition der Kühlschläuche zum Thermostat, um ein Verdrehen der Schläuche oder Verspannungen am Thermostat zu vermeiden.

■ Lösen Sie die Schlauchschellen mit einer geeigneten Schlauchschellenzange und ziehen Sie die Kühlschläuche vom Heizungsregelventil ab.

Fangen Sie austretende Restkühlmittel mit einem Lappen auf.

■ Ziehen Sie den Unterdruckanschluss (3) ab.

■ Nehmen Sie das Heizungsregelventil heraus.

Die Montage erfolgt sinngemäß in umgekehrter Reihenfolge.

■ Füllen Sie das Kühlmittel auf.

■ Entlüften Sie das Kühlsystem wie bereits beschrieben.

■ Prüfen Sie die Dichtigkeit des Kühlsystems vor der Montage der Verkleidung.

Heizungsventil prüfen

Das Heizungsventil trennt den Zulauf des Kühlmittels in den Heizungskühler ab. Es ist in einem Gehäuse verbaut und nicht weiter zerlegbar. Die Prüfung kann im ausgebauten Zustand wie auch im eingebauten Zustand erfolgen.

Prüfung im eingebauten Zustand:

■ Stellen Sie das Fahrzeug auf eine Hebebühne und versehen Sie es mit einer Abgasabsauganlage.

Es besteht Vergiftungsgefahr. Neben der gute Belüftung müssen die Abgase nach außen abgeführt werden.

■ Demontieren Sie die Unterbodenverkleidung vorne wie bereits auf Seite 31 beschrieben.

■ Ziehen Sie den Unterdruckschlauch (3 im Bild 47) ab und schließen Sie eine Minivac-Unterdruckpumpe an.

■ Beaufschlagen Sie das Heizungsventil mit Unterdruck.

■ Lassen Sie den Motor warm laufen.

Kontrollieren Sie die Temperatur des Kühlmittelschlauches vor (Schlauch kommt vom Motor) und nach dem Heizungsventil (Schlauch geht zum Heizungskühler). Sie wird bei geschlossenem Heizungsventil unterschiedlich ausfallen.

Beim Öffnen des Heizungsventils (Unterdruck abbauen) wird sich die Temperatur etwas zeitverzögert angleichen.

■ Zeigt sich keine Veränderung (das Ventil sitzt fest) oder der Unterdruckanschluss ist undicht (es lässt sich kein Unterdruck mit der Handpumpe aufbauen, weil die Membrane gerissen ist), muss das Heizungsventil ersetzt werden.

Luftklappen/Luftführung aus- und einbauen

Die Luftklappen sind der unterste Teil der Luftführung für den Kühler und an der Quertraverse vorne befestigt.

■ Demontieren Sie die Stoßfängerverkleidung vorne wie auf Seiten 73 und 74 beschrieben.

■ Bauen Sie auch die untere Quertraverse (2 im Bild 24) ab.

■ Drehen Sie die beiden Schrauben (1 im Bild 49) heraus und nehmen Sie die Luftführung (2) ab.

Sichtprüfung   Messen

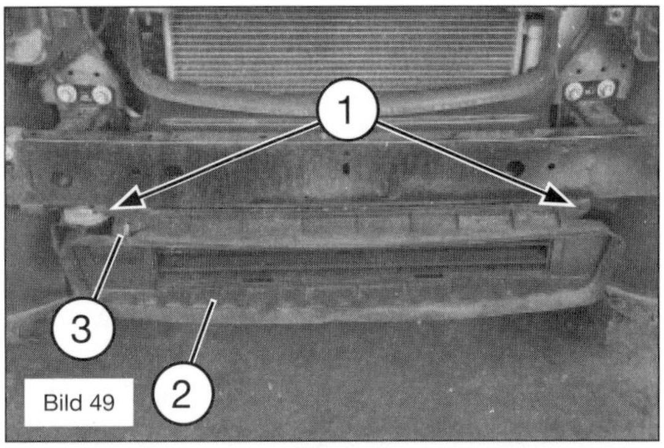

Bild 49
Unterer Lufteinlass mit Luftklappen:
1 Befestigungsschrauben
2 Luftklappen oder Lufteinlass unten
3 Luftklappenmodul

Bild 50
Luftklappenmodul:
1 Klappenmodul
2 Schrauben
3 Steckkontakt zum Klappenmodul

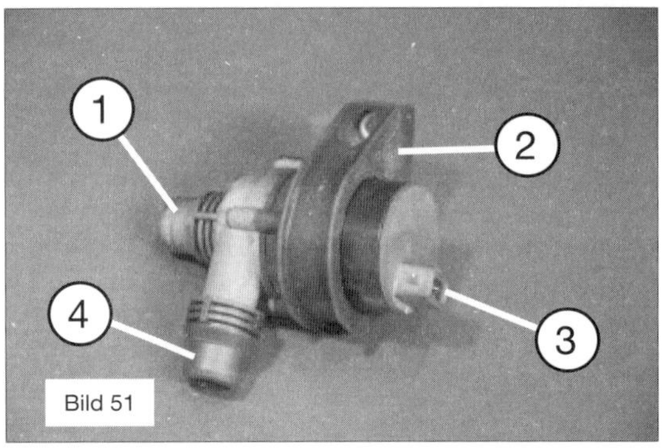

Bild 51
Zusatzwasserpumpe:
1 Anschluss vom Kühler für Ladeluftkühlung
2 Haltegummi
3 Anschlussstecker
4 Anschluss zum Wärmetauscher Ladeluftkühlung im Ansaugkrümmer

Fahrzeuge mit beweglichen Luftführungen:

- Ziehen Sie den Steckkontakt zum Klappenmodul (3 im Bild 49) ab.

Die Montage erfolgt sinngemäß in umgekehrter Reihenfolge.

Luftklappensteuermodul aus- und einbauen

Das Luftklappensteuermodul ist nur bei Fahrzeugen mit beweglichen Luftklappen verbaut.

- Demontieren Sie die Stoßfängerverkleidung vorne wie auf Seiten 73 und 74 beschrieben.
- Fragen Sie den Fehlerspeicher des Motorsteuergerätes (Seite 29) ab und sichern Sie die Einträge soweit vorhanden.
- Schalten Sie die Zündung aus und ziehen Sie den Schlüssel ab.
- Demontieren Sie die Stoßfängerverkleidung vorne wie auf Seiten 73 und 74 beschrieben.
- Bauen Sie die Hupe ab.
- Ziehen Sie den Stecker (3 im Bild 50) ab.
- Drehen Sie die beiden Schrauben (2) heraus.
- Nehmen Sie das Klappenmodul ab.

Die Montage erfolgt sinngemäß in umgekehrter Reihenfolge.

- Fragen Sie den Fehlerspeicher des Motorsteuergerätes (Seite 29) erneut ab.

Zusatzwasserpumpe prüfen

Die elektrische Wasserpumpe ist bei Fahrzeugen mit Turbomotor eingebaut. Es kann auch bei Fahrzeugen mit Standheizung eine elektrische Wasserpumpe eingebaut sein. Gerade bei einem nachgerüsteten System kann ein eigener Fehlerspeicher verbaut sein, der nach Vorschriften des Heizungsherstellers abgefragt werden muss. Der Arbeitsablauf unterscheidet sich aber für beide Systeme genau genommen nicht.

Prüfaufbau

- Soweit vorgesehen, fragen Sie den Fehlerspeicher des Klimasystems oder der Heizung ab.
- Prüfen Sie, ob die Sicherung im Sicherungsträger in Ordnung ist.
- Demontieren Sie die vordere Unterbodenverkleidung.
- Ziehen Sie den 2-poligen Stecker von der elektrische Wasserpumpe ab.
- Verbinden Sie die Kontakte der elektrischen Wasserpumpe mit Hilfsleitungen mit der Batterie. Die Pumpe für Kühlmittelnachlauf muss nun anlaufen.

Pumpe läuft nicht:

- Pumpe für Kühlmittelnachlauf ersetzen.

Pumpe läuft:

- Prüfen Sie die Anschlussleitungen und den Anschlussstecker.
- Schließen Sie eine Abgasabsauganlage an und lassen Sie den Motor laufen
- Kontrollieren Sie durch Messen über Y-Kabel, ob die elektrische Wasserpumpe bei laufendem Motor angesteuert wird.

7 Kraftstoffversorgung

Bauteile der Anlage und Arbeiten am Kraftstoffsystem

Sicherheit geht vor

Kraftstoffvorlaufleitung steht unter Druck! Vor dem Lösen von Schlauchverbindungen Putzlappen um die Verbindungsstelle legen. Dann durch vorsichtiges Abziehen des Schlauches Druck abbauen. Tragen Sie Schutzbrille und Schutzbekleidung, um Verletzungen und Hautkontakt zu vermeiden.

Aus Sicherheitsgründen muss vor dem Öffnen des Kraftstoffsystems die Stromzufuhr zur Kraftstoffpumpe unterbrochen werden. Die Kraftstoffpumpe kann auch beim Öffnen der Fahrertür aktiviert werden. Nutzen Sie eine der folgenden Möglichkeiten, um die Stromzufuhr zu unterbrechen.

Wichtig zu wissen für die Arbeit an dieser Reparaturgruppe ist die Tatsache, dass es automatische Ein- und Ausschaltfunktionen für die Kraftstoffpumpe gibt.

Die Crash-Kraftstoffabschaltung

Sie soll die Gefahr eines Fahrzeugbrandes nach einem Crash reduzieren, indem die Kraftstoffpumpe abgeschaltet wird.

Komfortschaltung

Kurzzeitiges Einschalten der Pumpe beim Öffnen der Tür soll andererseits eine Komfortverbesserung des Startverhaltens beim Motor bewirken. Dabei wird die Kraftstoffpumpe 2 Sekunden lang angesteuert, damit sich im Kraftstoffsystem Druck aufbaut. Weil die Kraftstoffpumpe beim Einschalten der Zündung und durch den Türkontaktschalter der Fahrertür aktiviert wird, muss vor dem Öffnen des Kraftstoffsystems aus Sicherheitsgründen, wenn die Batterie nicht abgeklemmt wird, der Anschlussstecker von der Kraftstoff-Fördereinheit abgezogen oder die Sicherung für die Ansteuerung der Kraftstofffördereinheit aus dem Sicherungshalter entfernt werden.

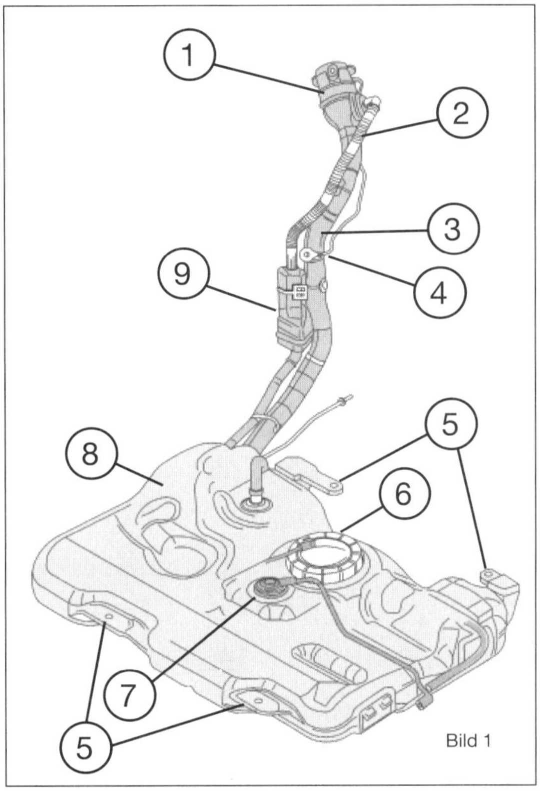

Bild 1

Bild 1
Tankanlage am Smart 453.
1 Tankeinfüllstutzen
2 Entlüftungsrohr
3 Tankfüllrohr
4 Masseleitung
5 Tankbefestigung
6 Tankfördermodul
7 Entgasungsleitung
8 Tank
9 Ausgleichsbehälter

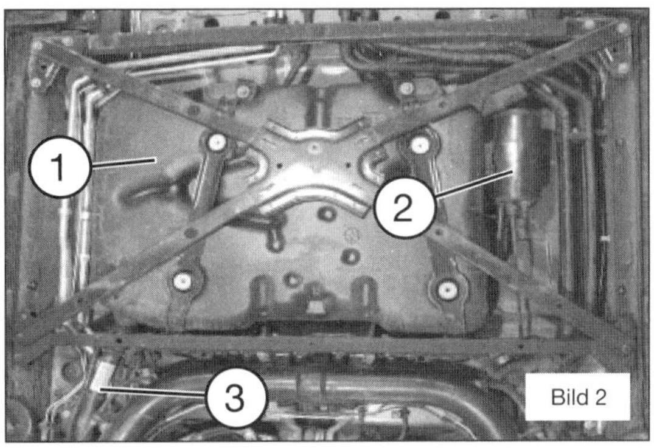

Bild 2

Bild 2
Tankanlage am Smart von unten:
1 Kraftstofftank
2 Aktivkohlefilter (Kraftstoffdampffilter)
3 Tankfüllrohr

Die Anlage im Überblick

Wichtigste Bauteile des Systems der Kraftstoffversorgung sind der Kraftstoffbehälter (Tank), in den der Kraftstoff über Tankklappeneinheit und Einfüllstutzen eingebracht wird, die in den Tank eingebaute Kraftstofffördereinheit (Kraftstoffpumpe), der Kraftstofffilter und die Kraftstoffleitungen (Bild 1). Es gibt kaum Merkmale, durch die sich die durchaus unterschiedlichen Tankanlagen für die unterschiedlichen Modelle im Kraftstoffversorgungssystem voneinander unterscheiden lassen. Die Einbauposition der Komponenten unterscheidet sich nicht. Erfahrungsgemäß wird der Ersatz oder auch Arbeiten am Tanksystem sich auf die Intankpumpe oder den Kraftstoffgeber beschränken. Der Austausch der kompletten Tankan-

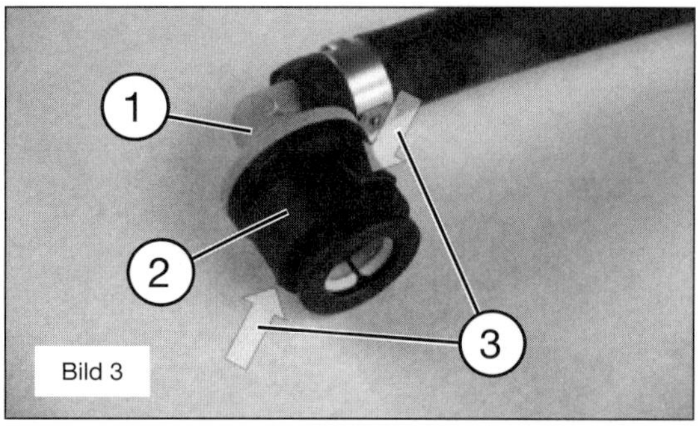

Bild 3
Variante 1:
1 Kupplungsgehäuse
2 Rastenring
3 Entriegelungstasten

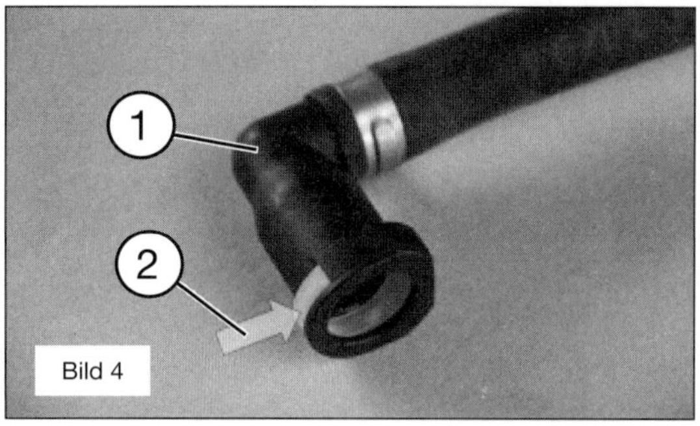

Bild 4
Variante 2:
1 Kupplungsgehäuse
2 Rastenring

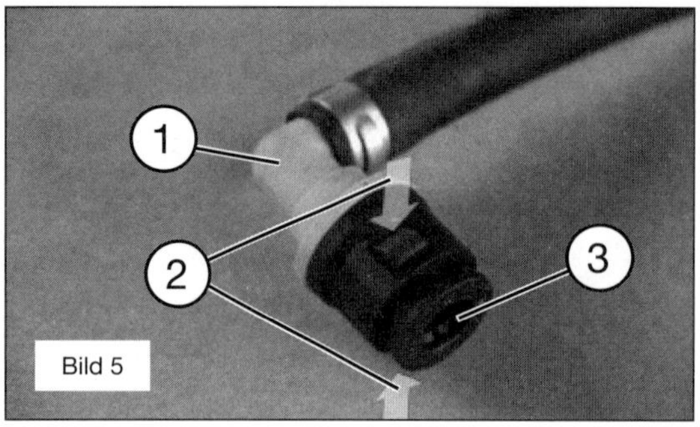

Bild 5
Variante 3:
1 Kraftstoffleitung
2 Zugentriegelung
3 Steckkupplung

lage ist möglich, aber aufwendig und kommt sehr selten vor.

Elektrische Sicherungen Kraftstoffpumpe
Die zutreffende Sicherung befindet sich auf dem Steckplatz »F3« des Sicherungshalters in der Seitenverkleidung hinten rechts. Diese 20-A-Sicherung (F3 im Bild 9) sichert die Stromzufuhr zum Spannungsversorgungsrelais für die Zündspule und Kraftstoffpumpe. Die genaue Sicherungsbelegung ist passend zu Ihrem Fahrzeug in der Bedienungsanleitung beschrieben.
Um die Kraftstoffpumpe nach Bedarf zuschalten zu können, wird die Sicherung F3 (oder der entsprechenden) im Sicherungsträger herausgezogen und ein Schalter zwischen Batteriepluspol und dem Sicherungsausgang zur Kraftstoffpumpe eingesteckt. So kann dann die Kraftstoffpumpe über den Schalter auch ohne das Einschalten der Zündung zugeschaltet werden.

Steckkupplungen trennen

Bei Fahrzeugen dieser Baureihen finden sich sechs typische Stecksysteme für die Verbindungen der Kraftstoffversorgungsschläuche, die durchaus auch bei anderen Fahrzeughersteller zum Einsatz kommen.

Variante 1 (Bild 3)
- Steckkupplung (1) auf die Leitung drücken.
- Entriegelungstasten in Pfeilrichtung (3) drücken und gedrückt halten.
- Steckkupplung (1) von der Kraftstoffleitung (2) abziehen.
- Beim Einbau Farbzuordnung beachten.
- Steckkupplungen müssen beim Verriegeln »hörbar« einrasten.

☞ Den festen Sitz der Steckkupplung durch Gegenziehen prüfen!

Variante 2 (Bild 4)
- Steckkupplung (1) auf die Leitung drücken.
- Zugentriegelung in Pfeilrichtung (2) ziehen.
- Steckkupplung (1) von der Kraftstoffleitung (2) abziehen.
- Beim Einbau Farbzuordnung beachten.
- Die Steckkupplungen müssen beim Verriegeln »hörbar« einrasten.

☞ Den festen Sitz der Steckkupplung durch Gegenziehen prüfen!

Variante 3 (Bild 5)
- Steckkupplung (1) auf die Leitung drücken.
- Entriegelungstaste (2) drücken und Steckkupplungen abziehen.
- Beim Einbau Farbzuordnung beachten.
- Steckkupplungen müssen beim Verriegeln »hörbar« einrasten.

☞ Den festen Sitz der Steckkupplungen durch Gegenziehen prüfen!

Variante 4 (Bild 6)
- Steckkupplung (1) auf die Leitung drücken.
- Entriegelungstaste (2) drücken und Steckkupplung abziehen.

■ Beim Einbau Farbzuordnung beachten.
■ Steckkupplungen müssen beim Verriegeln »hörbar« einrasten.

Den festen Sitz der Steckkupplung durch Gegenziehen prüfen!

Variante 5 (Bild 7)
■ Steckkupplung (1) auf die Leitung drücken.
■ Außenring (2) in Pfeilrichtung (3) zurückziehen und die Steckkupplungen abziehen.
■ Beim Einbau Farbzuordnung beachten.
■ Steckkupplungen müssen beim Verriegeln »hörbar« einrasten.

Den festen Sitz der Steckkupplung durch Gegenziehen prüfen!

Variante 6 (Bild 8)
■ Die Sicherungsklammer (2) rechts und links zusammendrücken (1).
■ Die Entriegelungstasten (4) rechts und links zusammendrücken und gedrückt halten.
■ Die Steckkupplung (3) abziehen.
■ Beim Einbau Farbzuordnung beachten.
■ Steckkupplungen müssen beim Verriegeln »hörbar« einrasten.

Den festen Sitz der Steckkupplung durch Gegenziehen prüfen!

Kraftstoffbehälter entleeren, befüllen

Die Montagearbeiten für die einzelnen Motorvarianten und Fahrzeugaufbauten unterscheiden sich nur unwesentlich.

Grundsätzlich sollten Sie den Kraftstofftank niemals im gefüllten Zustand demontieren oder mit hohem Füllstand die Verschlussschraube öffnen. Der Kunststofftank kann sich verziehen und so auch der Verschluss zum Tankgeber undicht werden.

Tank absaugen (Teilentleerung)
Der Kraftstofftank ist bei den meisten Fahrzeugen mit Tankfangbändern (2 im Bild 14) gehalten. Um den Umgang mit dem Kraftstofftank zu erleichtern, sollte er möglichst für eine Demontage entleert worden sein.

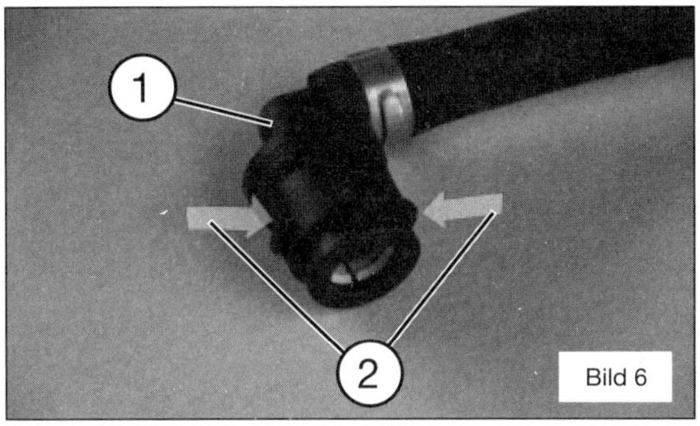

Bild 6
Variante 4:
1 Kupplungsgehäuse
2 Entriegelungstasten

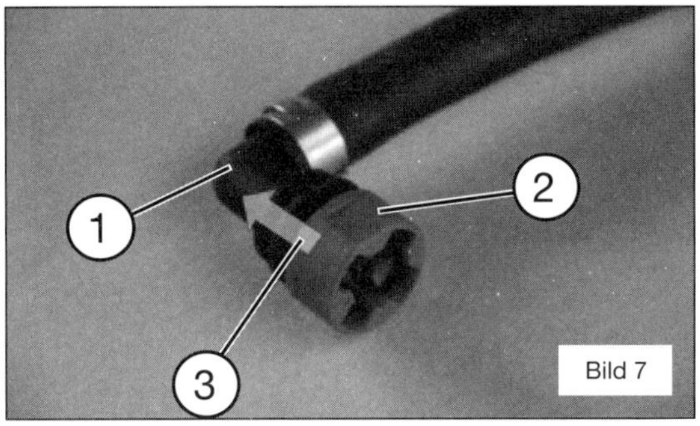

Bild 7
Variante 5:
1 Kupplungsgehäuse
2 Außenring
3 Bewegungsrichtung

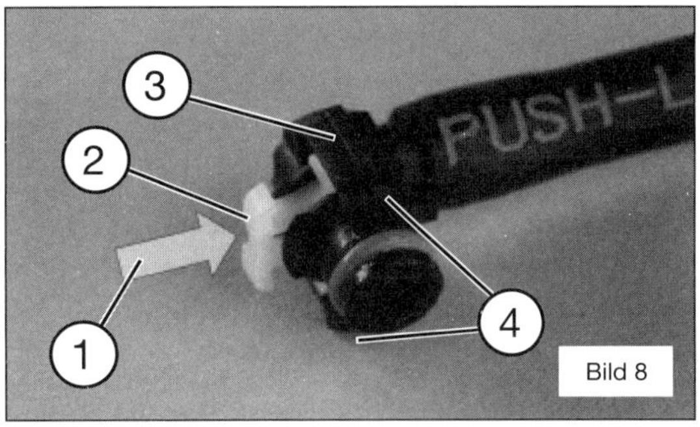

Bild 8
Variante 6:
1 Bewegungsrichtung (sichern)
2 Sicherungsklammer
3 Kupplungsgehäuse
4 Entriegelungstaste

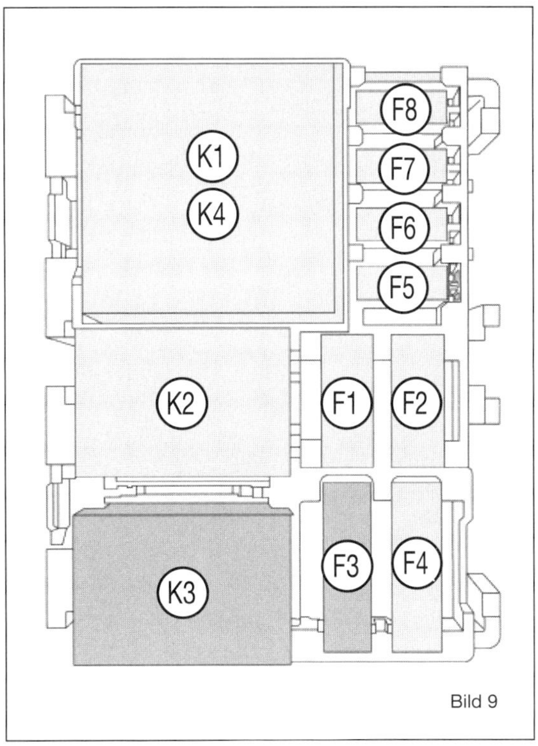

Bild 9
Sicherungs- und Relaismodul (B-Säule)
Bautyp 453.0 bis 453.4 (außer 453.X91):
F1 Diode Signal Klima-Kupplung
F2 Diode (nur USA)
F3 (20A) Kraftstoffpumpe
F4 (25A) Klemme 30
F5 (15A) Klemme 87
F6 (15A) Relais Klimaanlagenkompressor
F7 (10A) Lüfter/Relais
F8 Steuergerät Twinamic
K1 Motorfunktion KL87
K2 Relais Lüfter
K3 Spannungsversorgung Zündspulen und Kraftstoffpumpe
K4 Relais Kühlmittelpumpen zur Batteriekühlung

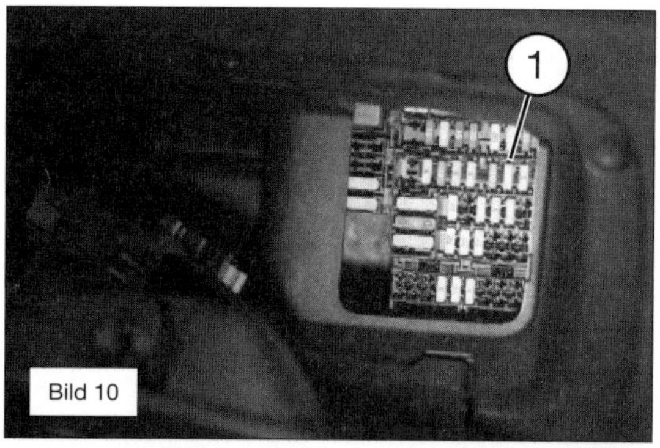

Bild 10
Sicherungskasten im Handschuhfach:
1 Sicherung (Nr. 21) Kraftstoffpumpe und Einspritzventile

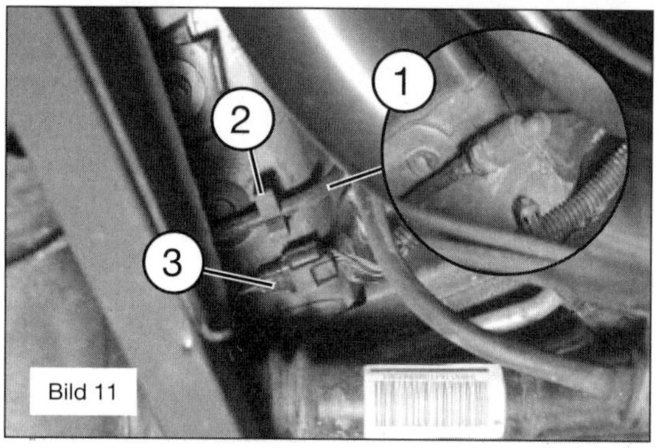

Bild 11
Kraftstoffleitung am Unterboden:
1 Kraftstoffleitung
2 Halteclip am Bodenblech
3 Steckkontakt

Bild 12
Anschlüsse am Aktivkohlefilter:
1 Aktivkohlefilter
2 Anschluss zum Tank
3 Anschluss zum Regenerierventil
4 Halteclip

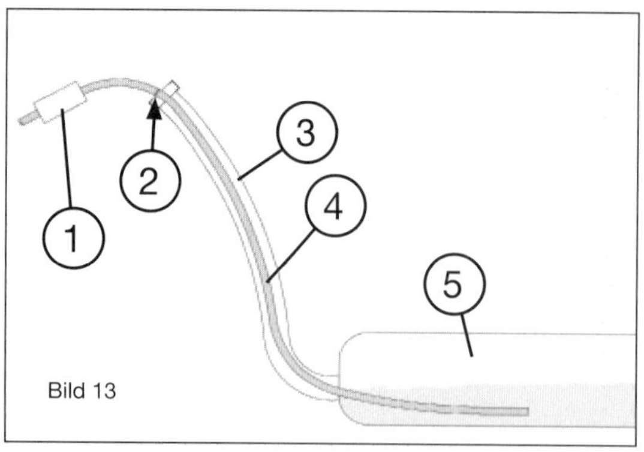

Bild 13
Markierung am Absaugschlauch:
1 Externe Pumpe
2 Markierung am Schlauch (140 cm vom Schlauchende)
3 Tankfüllrohr
4 Absaugschlauch
5 Tank

Auch schon beim Ausbau des Fördermoduls ist bereits eine Teilentleerung erforderlich.

■ Soweit die Kraftstoffpumpe noch funktioniert, sollten Sie die Entleerung über die Kraftstoffpumpe umsetzen. Hier muss, um ein Trockenlaufen der Pumpe zu vermeiden, ein Rest Kraftstoff im Tank verbleiben.

■ Bei defekter Kraftstoffpumpe bleibt nur noch das Absaugen des Kraftstoffes.

Teilentleerung über die Kraftstoffpumpe:

Sorgen Sie für gute Belüftung des Arbeitsbereiches und vermeiden Sie offenes Feuer oder Funkenbildung.

■ Schalten Sie die Zündung ein und lesen Sie den Füllstand der Kraftstoffanzeige ab.

■ Schätzen Sie über den Tankinhalt Ihres Fahrzeuges (28 Liter oder 35 Liter) die erforderliche Größe für die Auffangbehälter ein.

■ Schalten Sie die Zündung aus und ziehen Sie den Zündschlüssel ab.

■ Legen Sie den Sicherungs- und Relaisträger im Kofferraum rechts (B-Säule) frei.

■ Ziehen Sie die Sicherung (F3 im Bild 9) oder die entsprechende zu Ihrem Fahrzeug (siehe Bedienungsanleitung) heraus und steuern Sie über den Anschluss mit einem Fernschalter die Kraftstoffpumpe versuchsweise an.

■ Heben Sie das Fahrzeug auf einer Hebebühne an.

■ Bauen Sie die hintere Unterbodenverkleidung aus (siehe Seite 32).

■ Lösen Sie die Kraftstoffleitung (1 im Bild 11) und stecken Sie einen Schlauch auf.

■ Leiten Sie das andere Ende des Schlauches in einen geeigneten sauberen Kanister.

Bleibt der Kraftstoff frei von Verschmutzungen, kann er später wieder betankt werden.

■ Schalten Sie die Kraftstoffpumpe nun über den Fernschalter ein und beobachten Sie den Füllstand des Auffangbehälters (Kanister).

■ Belassen Sie nach Ihrer Einschätzung über den Füllstand etwa 3 bis 5 Liter im Tank.

Absaugen über das Tankfüllrohr:

Bei der Verwendung von einer externen Pumpe muss die Pumpe (das Pumpengehäuse) zur statischen Entladung an die Fahrzeugmasse angeschlossen werden.

Beim Smart bietet sich hier der Türschlossbügel der Beifahrerseite an.

■ Schalten Sie die Zündung ein und lesen Sie den Füllstand der Kraftstoffanzeige ab.

■ Schätzen Sie über den Tankinhalt Ihres

Fahrzeuges (28 Liter oder 35 Liter) die erforderliche Größe für die Auffangbehälter ein.
- Schalten Sie die Zündung aus und ziehen Sie den Zündschlüssel ab.
- Markieren Sie den Absaugschlauch in der Länge von 140 cm.
- Führen Sie den Absaugschlauch in den Tankstutzen bis zur Markierung ein.
- Schalten Sie die Absaugpumpe ein und beobachten Sie den Füllstand des Auffangbehälters (Kanister).

Die Montage erfolgt sinngemäß in umgekehrter Reihenfolge.

Tipp: Die Steckverbindungen der Entlüftungs- und Kraftstoffleitungen müssen beim Zusammenstecken hörbar einrasten.
- Kraftstoffleitungen am Kraftstoffbehälter einclipsen.

Tipp: Auf festen Sitz der Kraftstoffschläuche achten.

Achtung: Soll der abgesaugte Kraftstoff wiederverwendet werden, darf er keine Verschmutzungen aufweisen und es darf keine Beimischung von anderen Stoffen erfolgt sein.

Kraftstoffbehälter entleeren über den Zugang der Intankpumpe
- Das Tankfördermodul ausbauen.
- Kraftstofffördereinheit entleeren und auf einen sauberen Untergrund stellen.
- Kraftstoffbehälter mit einem Kraftstoffabsauggerät über die Öffnung der Kraftstofffördereinheit vollständig entleeren.

Der Einbau erfolgt sinngemäß in umgekehrter Reihenfolge.

Achtung: Es besteht Explosionsgefahr des Kraftstoffbehälters! Nach dem Einbau eines neuen oder vollkommen entleerten Kraftstoffbehälters muss umgehend eine Mindestmenge von 3 bis 5 Litern Kraftstoff eingefüllt werden. Die Kraftstoffpumpe darf in einem vollkommen leeren Kraftstoffbehälter nicht anlaufen.

Tipp: Die Steckverbindungen der Entlüftungs- und Kraftstoffleitungen müssen beim Zusammenstecken hörbar einrasten.
- Kraftstoffleitungen am Kraftstoffbehälter einclipsen.
- Stecker am Flansch der Kraftstoffpumpe aufstecken und Leitung am Kraftstoffbehälter einclipsen.

Tipp: Auf festen Sitz der Kraftstoffschläuche achten.

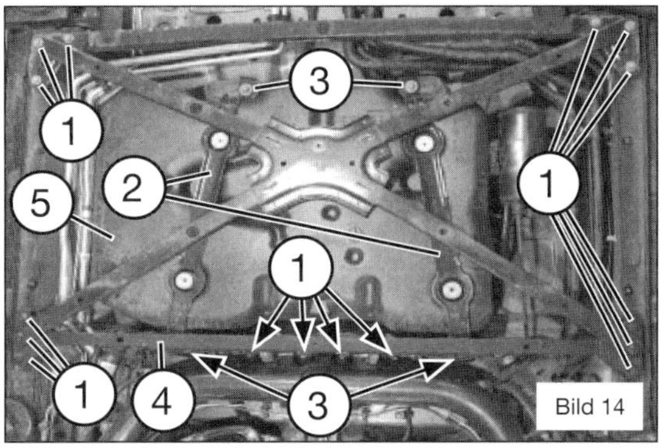

Bild 14

Bild 14
Tankanlage am Smart:
1 Schrauben Hilfsrahmen
2 Tankfangbänder
3 Schrauben Tankfangband
4 Hilfsrahmen
5 Tank

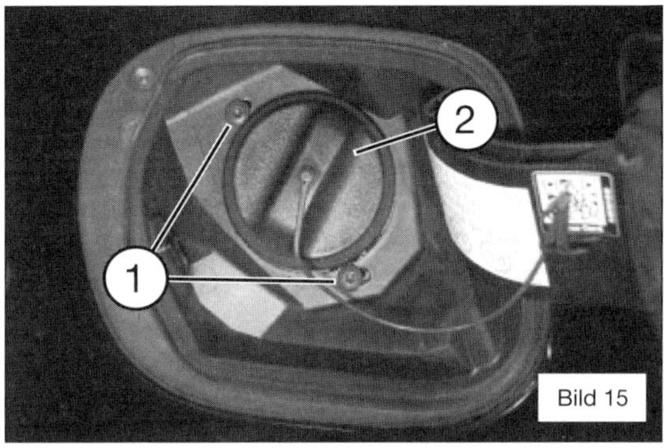

Bild 15

Bild 15
Verschraubung am Tankstutzen:
1 Schrauben
2 Tankdeckel

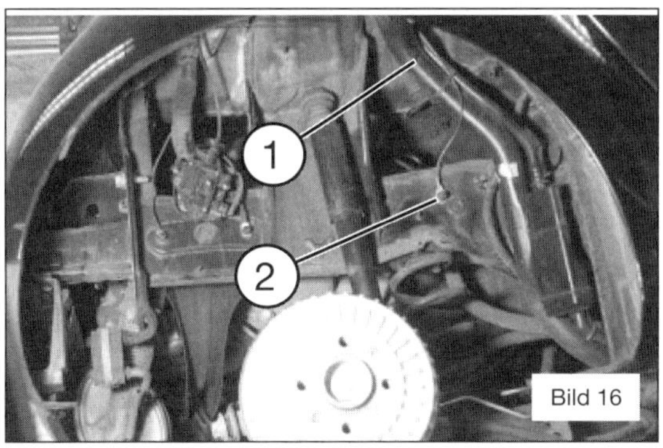

Bild 16

Bild 16
Verschraubung im Radkasten:
1 Tankfüllrohr
2 Anschluss Masseleitung am Rahmen

Kraftstofftank aus- und einbauen

Achtung: Es kann beim Ausbau des Kraftstofftanks immer Restkraftstoff austreten. Legen Sie sich Bindemittel und einige Lappen bereit, um den austretenden Kraftstoff aufzufangen. Um zu vermeiden, dass Dreck in die Anschlüsse oder in den Tank selber eintritt, kann man die Anschlussstücke mit Klebeband abkleben oder durch Lappen verschließen.
- Prüfen Sie zuerst, ob ein codiertes Radio

Bild 17
Tankfördermodul von oben:
1 Anschlusssteckdose
2 Anschluss Kraftstoffleitung

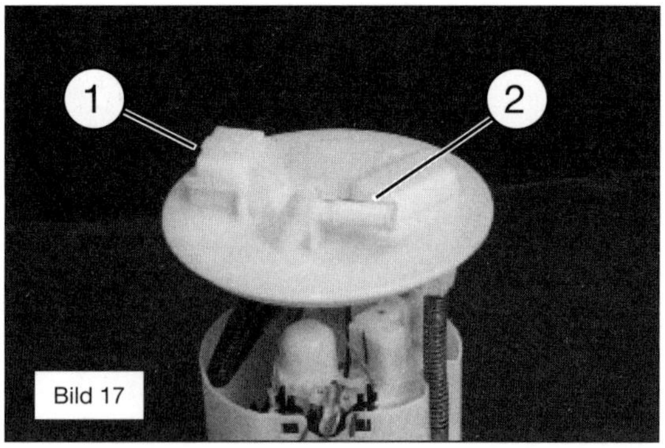

Bild 18
1 Schlüssel für Überwurfmutter
2 Tankfördereinheit
3 Überwurfmutter

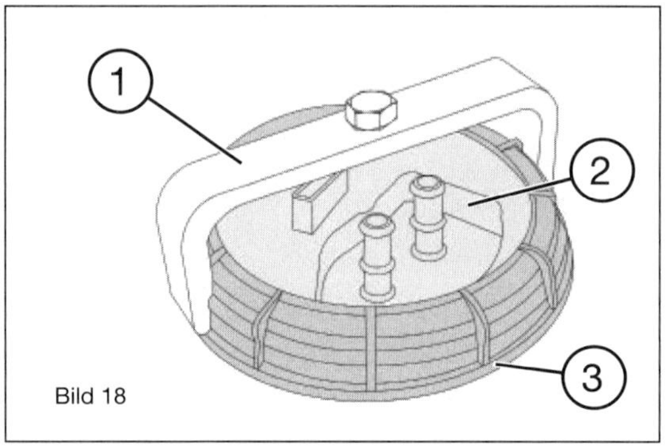

Bild 19
Anschluss an der Kraftstoffördereinheit.
A Anschlüsse zur Widerstandsmessung
B Anschluss (+) der Kraftstoffpumpe
C Anschluss (-) der Kraftstoffpumpe
1 Anschluss (1) Sensor Minus
2 Anschluss (2) Sensor Plus
3 Plus Kraftstoffpumpe
4 Masse Kraftstoffpumpe
5 Nicht belegt
6 Nicht belegt

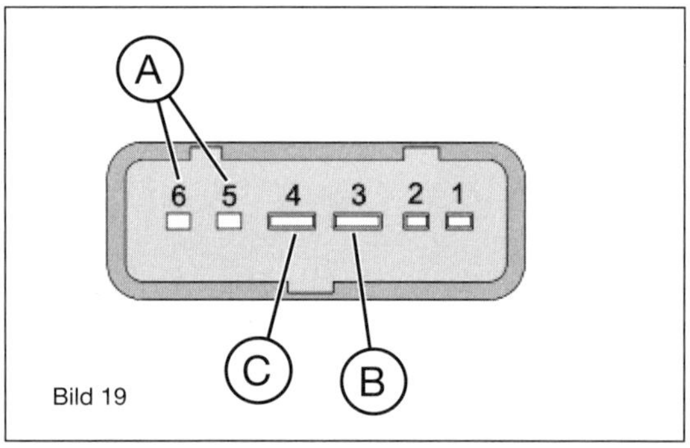

eingebaut ist. In diesem Fall erfragen Sie bitte die Anti-Diebstahl-Codierung.

- Klemmen Sie bei ausgeschalteter Zündung das Masseband der Batterie ab.
- Entleeren Sie den Kraftstofftank wie bereits beschrieben.
- Demontieren Sie das rechte Hinterrad.
- Demontieren Sie die linke hintere Radhausschale.
- Das Umfeld am Kraftstoffeinfüllstutzen gründlich reinigen.
- Öffnen Sie die Tankklappe und drehen Sie die beiden Schrauben am Einfüllstutzen (1 im Bild 15) heraus.
- Drehen Sie die Mutter für den Masseanschluss ab.
- Bauen Sie die Unterbodenverkleidung wie bereits beschrieben aus.
- Entriegeln Sie die Leitungen am Aktivkohlebehälter und ziehen Sie sie ab.
- Clipsen Sie die Kraftstoffleitung aus der Halterung am Fahrzeugboden aus.
- Entsichern Sie die Schnellkupplung und trennen Sie die Kraftstoffleitung.
- Drehen Sie die Schrauben (1 im Bild 13) heraus und nehmen Sie den Hilfsrahmen ab.
- Unterbauen Sie den Tank mit einem geeigneten Hebewerkzeug (Getriebeheber oder Hubtisch).
- Drehen Sie die Verschraubungen (3) heraus und nehmen Sie die Tankfangbänder ab.
- Senken Sie mit dem Getriebeheber den Tank so weit ab, dass Sie an die Anschlüsse am Tankgeber gelangen können.
- Den Tank um das Tankfördermodul gründlich reinigen.
- Klemmen Sie die elektrische Kraftstoffpumpe ab.

⚠ Bei Fahrzeugen mit Zusatzheizung zusätzliche Kraftstoffleitung trennen.

- Senken Sie den Tank mit dem Einfüllstutzen vorsichtig ab.

☞ Eventuell auslaufenden Kraftstoff mit einem Putzlappen auffangen.

Der Einbau erfolgt in umgekehrter Reihenfolge.

- Verwenden Sie ausschließlich Schellen, die dem Serienstand entsprechen.
- Ersetzen Sie beschädigte Bauteile sofort.
- Prüfen Sie die Dichtheit der Kraftstoffanlage zum Aktivkohlefilter und zum Tankstutzen.

Kraftstoff-Fördereinheit aus- und einbauen

Die Montagearbeiten für die einzelnen Modelle unterscheidet sich nur unwesentlich. Die hier beschriebenen Arbeitsschritte können als Arbeitsschema für alle Modelle übernommen werden.

⚠ Der Kraftstoffbehälter darf maximal 1/2 gefüllt sein.

☞ Im weiteren Arbeitsablauf muss das Masseband der Batterie abgeklemmt werden. Prüfen Sie deshalb bitte, ob ein codiertes Radiogerät eingebaut ist. Gegebenenfalls ist dann vorher die Antidiebstahlcodierung zu erfragen.

■ Klemmen Sie bei ausgeschalteter Zündung das Masseband der Batterie ab.
■ Abdeckung unter der Sitzbank ausbauen.
■ Den Anschlussstecker sowie Vorlaufleitung vom Flansch abziehen.
■ Verschließen Sie die Leitungen, damit kein Schmutz in das Kraftstoffsystem gelangen kann.
■ Drehen Sie die Überwurfmutter mit einem geeigneten Schlüssel ab.
■ Kraftstoff-Fördereinheit und Dichtring aus der Öffnung des Kraftstoffbehälters ziehen.

Wenn Sie die Fördereinheit ersetzen wollen, müssen Sie die alte Fördereinheit vor dem Entsorgen entleeren.

Der Einbau der Kraftstoff-Fördereinheit erfolgt sinngemäß in umgekehrter Reihenfolge.
■ Beim Einsetzen der Kraftstoff-Fördereinheit bitte darauf achten, dass der Geber für die Kraftstoffvorratsanzeige nicht verbogen wird.
■ Den Dichtring der Kraftstoff-Fördereinheit trocken in die Öffnung des Kraftstoffbehälters einsetzen. Den Dichtring nur zur Montage der Kraftstoff-Fördereinheit mit Kraftstoff benetzen.
■ Auf festen Sitz der Kraftstoffschläuche achten. Kraftstoffschläuche mit Federbandschellen sichern.

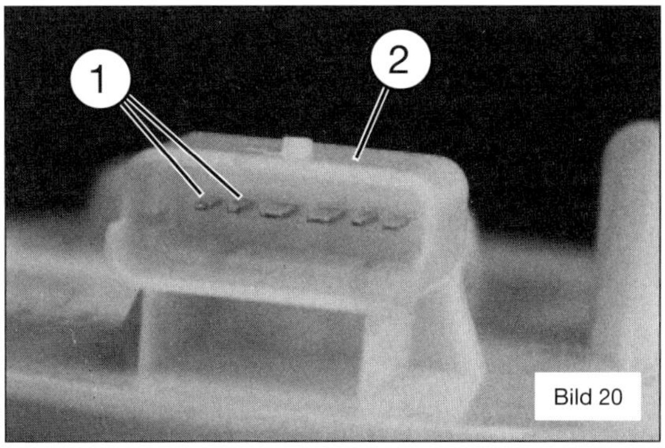

Bild 20
Tankfördermodul:
1 Anschlüsse für den Tankgeber
2 Gehäuse für Stecker und Pumpe

■ Die Einbaulage des Flansches der Kraftstoff-Fördereinheit beachten: Die Markierung auf dem Flansch muss mit der Markierung auf dem Kraftstoffbehälter übereinstimmen.
■ Nach dem Einbau der Kraftstoff-Fördereinheit prüfen, ob die Vorlauf-, Rücklauf- und Entlüftungsleitungen noch am Kraftstoffbehälter eingeclipst sind.
■ Prüfen Sie die Dichtigkeit der Anschlüsse und den sicheren Sitz der Kupplungen.

Geber für Kraftstoffvorratsanzeige prüfen

Zum Prüfen der Widerstandswerte »voll« bzw. »leer« müssen Sie den Geber für Kraftstoffvorratsanzeige ausbauen und den

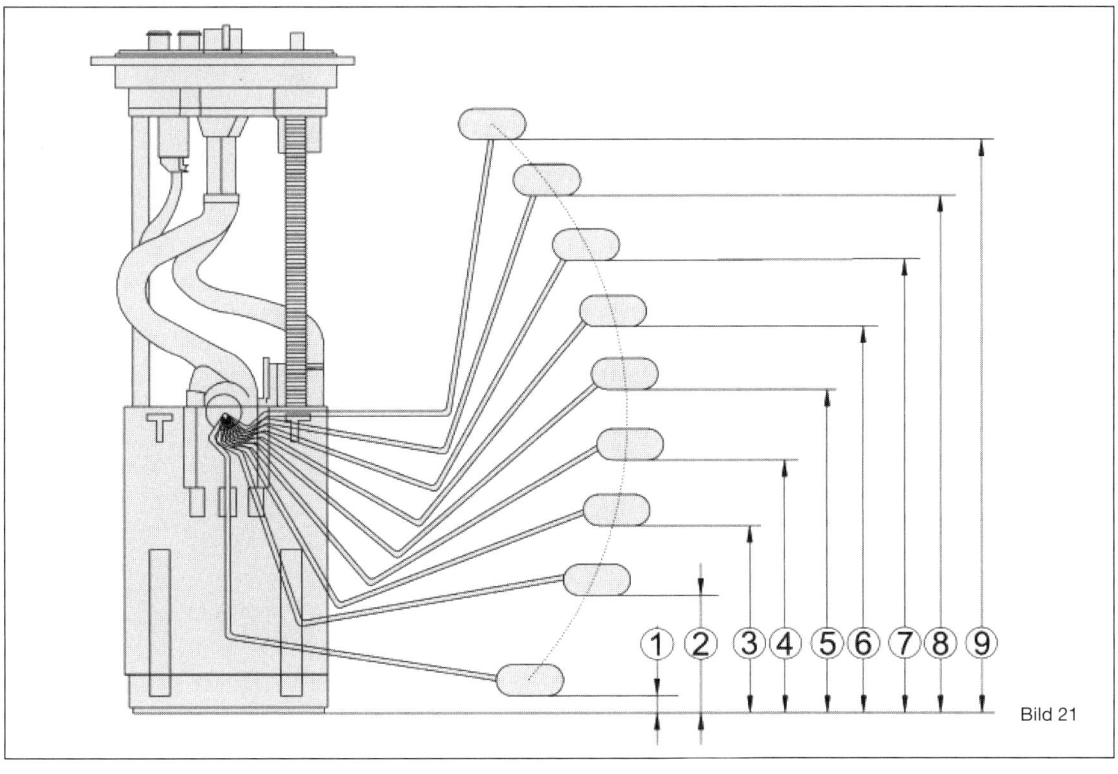

Bild 21
Schwimmerhöhenlagen für die Spannungsmessung an Pin 1 und Pin 2 des Kombisteckers. (Tabelle auf Seite 92)

Schwimmer des Gebers vorsichtig zum oberen bzw. unteren Anschlag schwenken. Die Messwerte unterscheiden sich zwischen den einzelnen Modellen nicht.

- Bauen Sie die Abdeckung von der Kraftstoff-Fördereinheit aus.
- 6-poligen Anschlussstecker vom Flansch an der Kraftstoff-Fördereinheit abziehen.
- Messen Sie den Widerstand an den beiden Kontakten (1 im Bild 19) am Verschlussflansch.

Bei einem Füllstand zwischen »voll« und »leer« muss ein Widerstandswert in etwa nach den Sollwerten der folgenden Tabelle angezeigt werden.

Nr.	Tank	Messwert
1	Leer (bis 10,5 mm)	ca. 320 Ω
2	(Reserve) 55 mm	ca. 235 Ω
3	(1/4) 75 mm	ca. 205 Ω
4	100 mm	ca. 170 Ω
5	(1/2) 125 mm	ca. 135 Ω
6	205 mm	ca. 105 Ω
7	(3/4) 165 mm	ca. 75 Ω
8	180 mm	ca. 40 Ω
9	Voll 195 mm	ca. 25 Ω

Messen Sie 0 Ω oder ∞ Ω, dann liegt eine Leitungsunterbrechung oder ein Kurzschluss vor.

Kraftstoffpumpe prüfen

Prüfungsvoraussetzungen

- Die Batteriespannung muss mindestens 11,5 V betragen.
- Die Sicherungen sind alle intakt.
- Alle elektrischen Verbraucher wie z. B. Licht und Heckscheibenheizung müssen ausgeschaltet sein.
- Ist das Fahrzeug mit einer Klimaanlage ausgerüstet, muss diese ausgeschaltet sein.

Im weiteren Arbeitsablauf ist es eventuell erforderlich, das Masseband der Batterie abzuklemmen. Prüfen Sie deshalb bitte, ob ein codiertes Radiogerät eingebaut ist. Gegebenenfalls ist dann vorher die Antidiebstahlcodierung zu erfragen.

Spannungsversorgung prüfen

- Rücksitzbank nach vorn klappen.
- Bauen Sie die Abdeckung von der Kraftstoff-Fördereinheit aus.
- Den Anlasser kurz betätigen. Die Kraftstoffpumpe muss hörbar anlaufen.
- Zündung ausschalten.

Läuft die Kraftstoffpumpe nicht an:

- Die Abdeckung vor dem Sicherungshalter ausbauen.
- Ziehen Sie die Sicherung für die Kraftstoffpumpe aus ihrem Steckplatz im Sicherungskasten im Motorraum heraus.
- Fernbedienung (es ist ein Schalter) zur

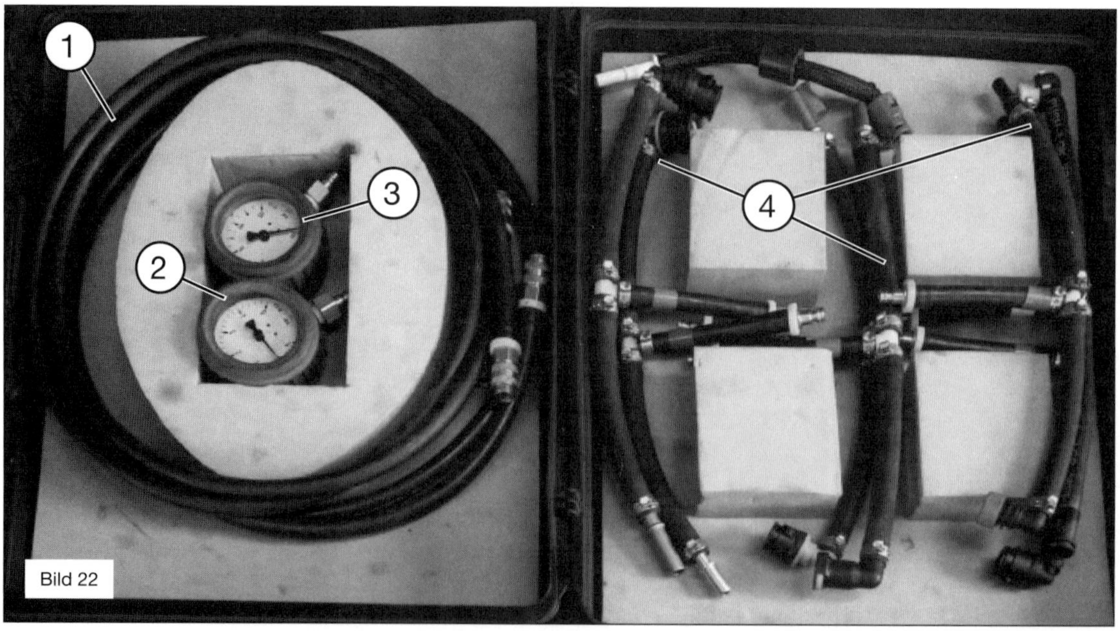

Bild 22

Bild 22
Druckprüfgeräteset:
1 Verlängerungsschlauch
2 Messuhr bis 5 bar
3 Messuhr bis 10 bar
4 Anschlussadapter mit T-Stücken

Kraftstoffpumpe und Batterie plus (+) (Klemme 30) anschließen.
■ Die Fernbedienung betätigen.

Kraftstoffpumpe läuft:
■ Ansteuerung des Kraftstoffpumpenrelais nach Stromlaufplan prüfen.

Kraftstoffpumpe läuft nicht:
■ 4-poligen Anschlussstecker vom Flansch an der Kraftstoff-Fördereinheit abziehen.

Multimeter an die Kontakte 3 und 4 des Steckers anschließen.
■ Fernbedienung betätigen. Es sollten nun etwa 12 V anliegen.

Es liegt keine Spannung an:
■ Leitungsunterbrechung nach Stromlaufplan ermitteln und beseitigen.

Die Spannungsversorgung ist in Ordnung:
■ Überwurfmutter mit Schlüssel (Bild 18) abschrauben.
■ Prüfen, ob die elektrischen Leitungen zwischen Flansch und Kraftstoffpumpe angeschlossen sind. Ist keine Leitungsunterbrechung festzustellen, ist die Kraftstoffpumpe defekt. Ersetzen Sie die Kraftstoff-Fördereinheit.

Fördermenge prüfen (Bild 23)

Die Spannungsversorgung der Kraftstoffpumpe ist in Ordnung. Der Fernschalter ist noch angeschlossen.
Die Fördermengenprüfung überprüft den Volumenstrom der Kraftstoffpumpe.

■ Nehmen Sie den Verschlussdeckel vom Kraftstoff-Einfüllstutzen ab.
■ Ziehen Sie den Vorlaufschlauch am Sammelrohr ab und fangen den ausfließenden Kraftstoff mit einem Putzlappen auf.
■ Schließen Sie ein T-Stück (5 im Bild 23) an die Kraftstoffvorlaufleitung an.
■ Stecken Sie einem Schlauch auf das T-Stück (5) auf und halten Sie ihn in ein Messgefäß (6).
■ Betätigen Sie die Fernbedienung.
■ Lassen Sie etwa 250 ml in den Messbecher laufen, schalten Sie die Kraftstoffpumpe ab. So werden T-Stück und der Anschlussschlauch entlüftet.
■ Das Messgefäß (6) entleeren.

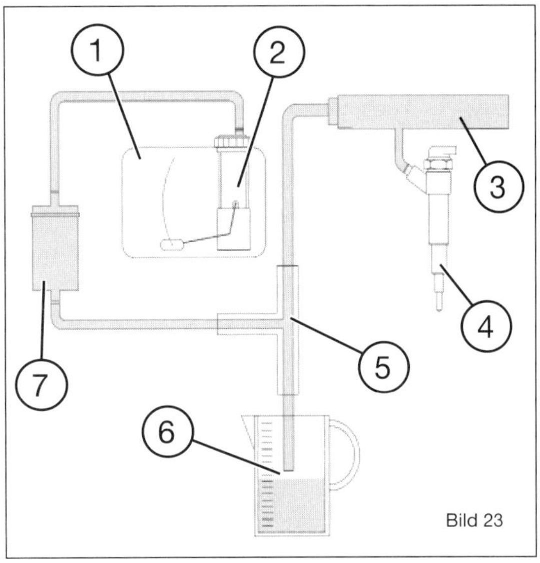

Bild 23
Fördermenge prüfen:
1 Vorlaufleitung
2 Kraftstofftank mit Pumpe
3 Kraftstoffsammelrohr
4 Einspritzdüse
5 Anschlussadapter
6 Messbecher (1 l)
7 Kraftstofffilter

Die Fördermenge der Kraftstoffpumpe hängt von der Batteriespannung ab. Prüfen Sie die Batteriespannung und schließen Sie, wenn erforderlich, ein Dauerladegerät an.

Betätigen Sie die Fernbedienung 30 Sekunden lang und messen dabei die geförderte Kraftstoffmenge. Sie sollte etwa 0,5 l betragen.

Wird die Mindestfördermenge nicht erreicht:
■ Kraftstoffleitungen auf mögliche Verengungen (Knicke) oder Verstopfungen prüfen.
■ Ziehen Sie die Vorlaufleitung (1) vom Kraftstofffilter-Eingang ab.
■ Prüfung der Fördermenge vor dem Kraftstofffilter wiederholen.

Wird die Mindestfördermenge jetzt erreicht:
■ Ersetzen Sie den Kraftstofffilter.

Wird die Mindestfördermenge wieder nicht erreicht:
■ Bauen Sie die Kraftstoff-Fördereinheit aus und prüfen Sie das Filtersieb auf Verschmutzung.
Bisher liegt kein Fehler vor:
■ Kraftstoffpumpe defekt, ersetzen Sie die Kraftstoff-Fördereinheit.

Kraftstoffdruck messen (Bild 24)
Sie haben die Fördermenge erreicht, vermuten trotzdem einen Fehler in der Kraftstoffversorgung (Undichtigkeiten in der Pumpe unter Druck):

Bild 24
Druckprüfung:
1 Vorlaufleitung
2 Kraftstofftank mit Pumpe
3 Kraftstoffsammelrohr
4 Einspritzdüse
5 Druckmessuhr
6 Anschlussadapter
7 Kraftstofffilter

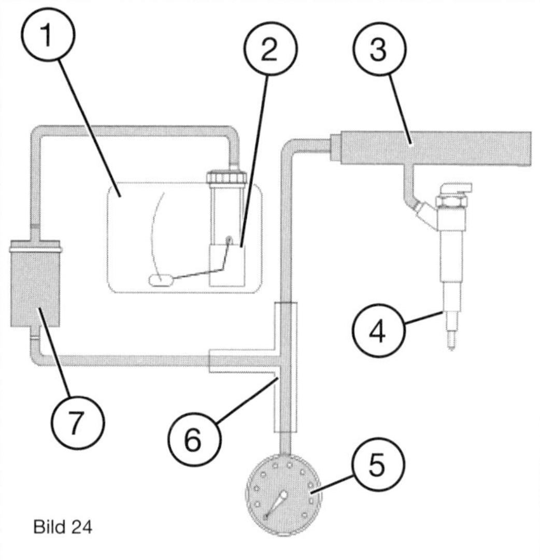

Bild 24

■ Belassen Sie das T-Stück in der Kraftstoffleitung, stecken aber den Adapter auf das Kraftstoffverteilerrohr auf.
■ Verlegen Sie einen Verlängerungsschlauch (1 im Bild 22), sodass Sie den Kraftstoffdruck während der Fahrt beobachten können.
■ Fahren Sie das Fahrzeug mit einem zweiten Mechaniker Probe, um den Kraftstoffdruck beobachten zu können.
■ Fahren Sie das Fahrzeug auch unter hoher Last. Der Kraftstoffdruck muss bei etwa 4,0 bar bleiben.
■ Fällt der Kraftstoffdruck ab, müssen der Kraftstofffilter und die Kraftstoffleitungen überprüft werden.
■ Liegt kein Fehler vor, ist die Kraftstoffpumpe defekt, ersetzen Sie die Kraftstoff-Fördereinheit.

Stromaufnahme messen
Sie haben die Fördermenge erreicht, vermuten trotzdem einen Fehler in der Kraftstoffversorgung (z. B. zeitweiser Ausfall der Kraftstoffversorgung):
■ Alle gelösten Kraftstoffleitungen wieder anschließen.
■ Multimeter oder Stromzange an die Plus-Leitung vom Leitungsstrang (Pin 4 im Bild 19) anschließen.
■ Lassen Sie den Motor an und im Leerlauf laufen.

Stromaufnahme der Kraftstoffpumpe messen. Sollwert: Max. 8 Ampere.

■ Ist die Störung in der Kraftstoffanlage nur zeitweise vorhanden, können Sie die Prüfung auch während einer Probefahrt durchführen, es ist dazu jedoch eine zweite Person erforderlich.

Wird die Stromaufnahme überschritten:
■ Kraftstoffpumpe defekt.

Rückschlagventil Kraftstoffpumpe prüfen
■ Der Fernschalter ist noch angeschlossen.
■ Die Druckmessuhr ist wie für die Druckmessung im Bild 24 noch angeschlossen.

Mit dieser Prüfung werden gleichzeitig die Anschlüsse der Kraftstoffvorlaufleitung von der Kraftstoff-Fördereinheit bis zur Anschlussstelle der Druckmessvorrichtung und der weitere Verlauf über das Kraftstoffverteilerrohr bis zur Einspritzdüse auf Dichtheit geprüft.

■ Schalten Sie die Kraftstoffpumpe ein, bis der Kraftstoffdruck auf der Messuhr ablesbar ist.
■ Beachten Sie den Druckabfall am Manometer. Der Druck darf nach 10 Minuten nicht unter 2,5 bar abfallen.

Fällt der Druck weiter ab:
■ Prüfen Sie die Leitungsanschlüsse auf Dichtheit.

Wird kein Fehler in den Leitungen festgestellt:
■ Kraftstoffpumpe defekt, ersetzen Sie die Kraftstoff-Fördereinheit.

Verhalten bei Falschbetankung

Falschbetankung beim Ottomotor
Eigentlich gibt es nur beim Dieselmotor ein massives Problem bei Falschbetankung. Das stimmt aber für die Ottomotoren aufgrund der Abgasaufbereitungssysteme nicht mehr ganz:
■ Ottokraftstoff mit geringerer Oktanzahl wird über die Klopfsensoren erfasst und über Veränderungen im Zündzeitpunkt angepasst. Bei Falschbetankung mit Dieselkraftstoff würde je nach Menge der Falschbetankung der Motor nicht mehr oder schlecht anspringen.
■ Abgassonden könnten bei einer Vermischung mit Dieselkraftstoff verrußen. Das Kraftstoffsystem kann aber durch Ablassen, Reinigung und Neubefüllung wieder in Betrieb genommen werden.

8 Kraftstoffaufbereitung und Einspritzung

Gemischaufbereitung, Einspritzung und Zündung werden durch elektronisch gesteuerte Zünd- und Einspritzsysteme realisiert. Die Aufladung über Abgasturbolader gehört bei einigen Modellen zur Ausrüstung der Motoren in den höheren Leistungsklassen. Grundsätzlich ist eine Saugrohr-Benzineinspritzung (SRE) verbaut. Auf ein Einspritzsystem, das direkt in den Brennraum einspritzt, wurde verzichtet.

Benzin-Motoren

Im Smart kommen nur SRE (Saugrohr-Einspritzer) zum Einsatz. Überwiegend unterscheiden sich die Arbeiten an den einzelnen Motormodellen kaum. Die folgenden Arbeitsbeschreibungen werden wir allgemeingültig verfassen. Die Unterscheidung der Saugmotoren und der Turbomotoren ist zumindest in Sachen Ansteuerung im Wesentlichen gleich.

Im Bild unten stellen wir Ihnen die wichtigsten Komponenten der Benzinmotoren (Ottomotoren) in ihrer ungefähren Einbaulage vor. Für die Diagnose und das Verständnis für den Zugang der Bauteile haben wir Ihnen die Sensoren und Aktoren mit ihren Funktionszusammenhängen gesondert im Bild 1 schematisch dargestellt.

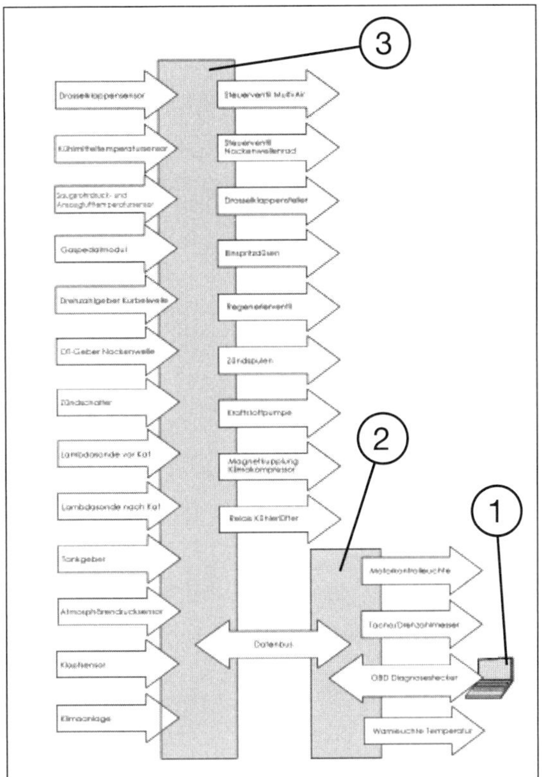

Bild 1

Bild 1
Informationsfluss für die Gemischaufbereitung: Pfeile »ins« Steuergerät stellen Eingangsgröße dar, Pfeile aus dem Steuergerät stellen Ansteuerbefehle dar. Pfeile in beide Richtungen stellen einen Informationsfluss oder einen Signalfluss in beide Richtungen dar:
1 Bordnetzsteuergerät
2 Diagnosetester
3 Motorsteuergerät

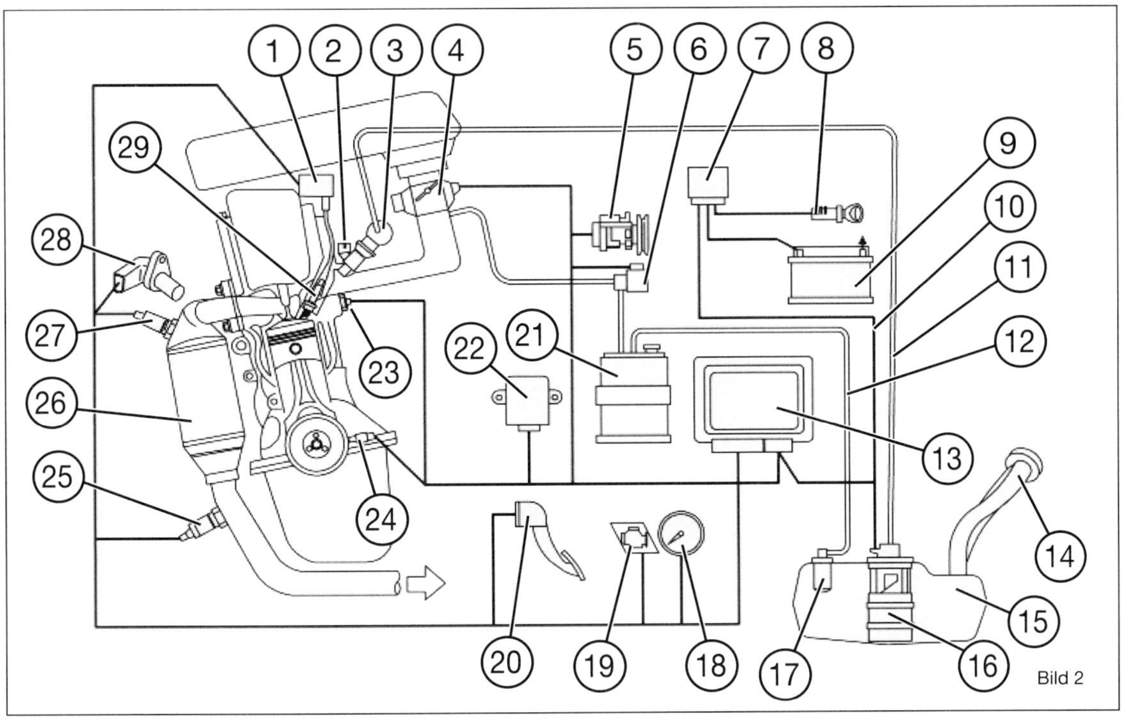

Bild 2

Bild 2
Gemischaufbereitungssystem exemplarisch:
1 Zündmodul
2 Einspritzventil
3 Sammelrohr
4 Drosselklappenmodul
5 Klimakompressor
6 AKF-Ventil
7 Sicherungs- und Verteilerkasten
8 Zündschlossmodul
9 Batterie
10 Elektrische Leitungen
11 Vorlaufleitung Kraftstoff
12 Tankentlüftung
13 Motorsteuergerät
14 Tankstutzen
15 Tank
16 Tankfördermodul
17 Tankventil
18 Drehzahlmesser/Tacho
19 Motorkontrollleuchte
20 E-Gasmodul
21 Aktivkohlefilter
22 Bordnetzsteuergerät
23 Motortemperaturfühler
24 Kurbelwellengeber
25 Nachkatsonde
26 Katalysator
27 Vorkatsonde
28 Nockenwellengeber
29 Zündkerze

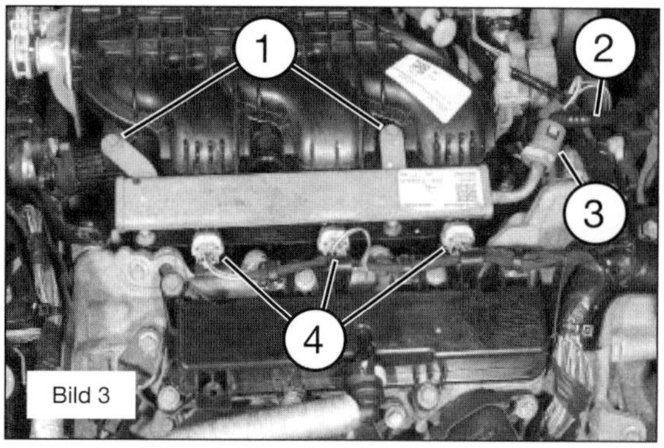

Bild 3

Bild 3
Verteilerrohr und Einspritzdüse:
1 Schrauben
2 Kraftstoffleitung
3 Schnellverschluss
4 Steckkontakte Einspritzdüsen

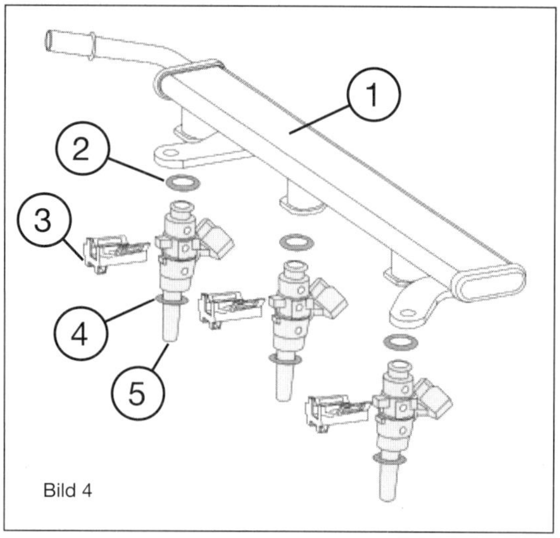

Bild 4

Bild 4
Einspritzdüsen im Verteilerrohr:
1 Verteilerrohr
2 Dichtring
3 Sicherungsklammer
4 Dichtring
5 Einspritzdüse

Einspritzdüsen demontieren

⚠ Kraftstoffsystem steht unter Druck! Tragen Sie Schutzbrille und Schutzhandschuhe, um Verletzungen und Hautkontakt zu vermeiden. Vor dem Lösen von Schlauchverbindungen Putzlappen um die Verbindungsstelle legen. Dann durch vorsichtiges Abziehen des Schlauchs Druck abbauen.

Einspritzdüsen und Verteilerrohr (Einheit) demontieren

☞ Die Einspritzdüsen (5 im Bild 4) sind in das Verteilerrohr eingeclipst und werden zusammen mit dem Verteilerrohr ausgebaut.

■ Schalten Sie die Zündung aus und ziehen Sie den Zündschlüssel ab.
■ Bauen Sie die Motorabdeckung oben ab.
■ Entsichern Sie den Schnellverschluss an der Kraftstoffleitung (3 im Bild 3) und ziehen Sie die Kraftstoffleitung (2) ab.
■ Ziehen Sie die Anschlussstecker (4) der Einspritzventile am Kraftstoffverteilerrohr ab.
■ Lösen Sie die Befestigungsschrauben (1) des Kraftstoffverteilerrohrs am Ansaugkrümmer.
■ Nehmen Sie das Kraftstoffverteilerrohr mit den Einspritzdüsen heraus.

Einspritzdüsen demontieren
■ Ziehen Sie die Halteklammer (3 im Bild 4) ab und ziehen Sie die Einspritzdüse (5) aus dem Kraftstoffverteilerrohr (1) heraus.

Die Montage erfolgt sinngemäß in umgekehrter Reihenfolge.
■ Achten Sie darauf, dass die Gummiringe der Einspritzdüsen (2 und 4) unbeschädigt sind.
■ Die Halteklammern (3) der Einspritzdüsen dürfen weder verformt noch beschädigt sein.

Einspritzdüsen prüfen

Alle Sicherungen müssen in Ordnung sein. Die Masseanschlüsse zwischen Motor und Karosserie müssen in Ordnung sein. Die Batteriespannung muss mindestens 12,5 V betragen. Der Geber für Motordrehzahl, das Kraftstoffpumpenrelais sowie der Hallgeber müssen fehlerfrei arbeiten.

Widerstandsmessung Spule des Einspritzventils

Hier kann lediglich der statische Zustand der Spule bewertet werden. Ist die Wicklung gebrochen, kann trotz erfolgreicher ohm'scher Prüfung ein dauerhafter oder gelegentlicher (sporadischer) Ausfall der Einspritzdüse vorliegen.

■ Schalten Sie die Zündung aus.
■ Ziehen Sie die Anschlussstecker (4 im Bild 3) der Einspritzventile ab.
■ Stellen Sie das Multimeter auf einen Messbereich von 200 Ω ein.
■ Schließen Sie den einen Anschluss der Einspritzdüse an die rote Messspitze des Multimeters an.
■ Schließen Sie die schwarze Messspitze des Multimeters an den zweiten Anschluss der Einspritzdüse an. Sie sollten nun einen Messwert von etwa 13 Ω bis 15 Ω ablesen können.

Versorgungsspannung prüfen

Die Einspritzventile werden über das Kraftstoffpumpenrelais mit Spannung versorgt (+). Das Motorsteuergerät taktet die Einspritzventile über Masse (-) nach Bedarf an. Über die Ansteuerungszeit wird die Einspritzmenge definiert.

- Ziehen Sie die Anschlussstecker der Einspritzventile ab.
- Stellen Sie das Multimeter auf einen Messbereich von 20 V ein.
- Schalten Sie die Zündung ein.
- Schließen Sie an den einen Anschluss des Steckers für die Einspritzdüse die rote Messspitze des Multimeters an.
- Schließen Sie die schwarze Messspitze des Multimeters an die Batteriemasse oder an die Fahrzeugmasse an. Es sollte nun eine Spannung von 12 V anliegen.

Wenn an keinem Zylinder Spannung anliegt:

- Schalten Sie die Zündung aus.
- Prüfen Sie den Zustand der entsprechenden Sicherung im Sicherungsträger.
- Prüfen Sie den Zustand des Kraftstoffpumpenrelais.

Ansteuerung über das Motorsteuergerät prüfen

- Ziehen Sie den Stecker der Einspritzventile ab und prüfen Sie, welcher Anschluss 12 V Spannung aufweist, wenn Sie die Zündung einschalten.

Bild 5

Bild 5
Anschluss der Messadapter am Einspritzventil.

- Schließen Sie eine Diodenprüflampe an den Kontakt des Steckers vom Einspritzventil des Zylinders 1 an.
- Schließen Sie den zweiten Anschluss der Prüflampe an den Batteriepluspol an.
- Schalten Sie die Zündung ein. Die Diodenprüflampe sollte nun nicht leuchten.
- Betätigen Sie den Anlasser und achten Sie auf die Leuchtdiode. Die Leuchtdiode sollte flackern.
- Wiederholen Sie die Prüfung an den Steckern von den Einspritzventilen der anderen Zylinder.
- Schalten Sie die Zündung aus.

Einspritzzeit über das Motorsteuergerät auslesen.

Hier wird geprüft, ob die Software des Steuergerätes die Ansteuerung der Einspritzdüsen vorsieht. Die genaue Vorgehensweise werden wir am Ende dieses Kapitels unter der Überschrift »Fahrzeugdiagnosetester

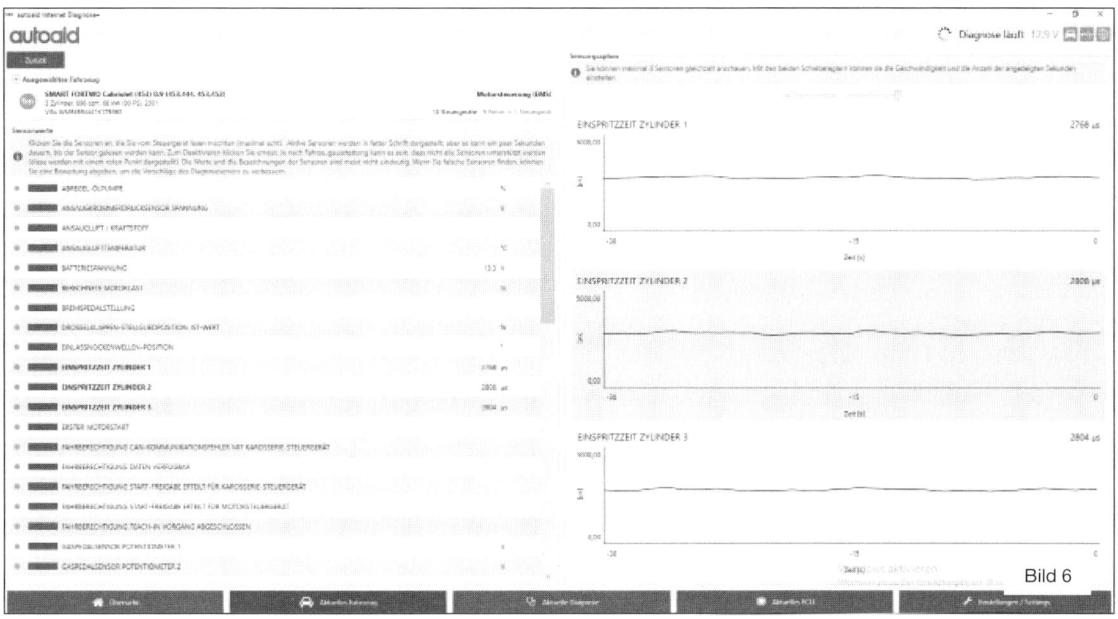

Bild 6

Bild 6
Istwertabfrage über den OBD-Tester:
Ein schönes Beispiel für einen Messwert, den nicht jeder OBD-Tester für unseren Smart anzeigen kann.

Bild 7
Signalbild Einspritzventil:
1 12 V »Ruhespannung«
2 Aufschaltung der Masse
3 Öffnungszeit
4 Abschaltpeak
5 Ausschwingung des Magnetfeldes

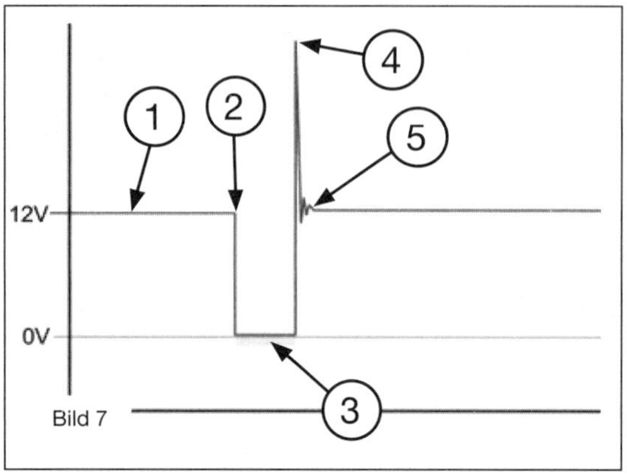

Bild 7

Bild 8
Gutes Spritzbild einer Einspritzdüse.

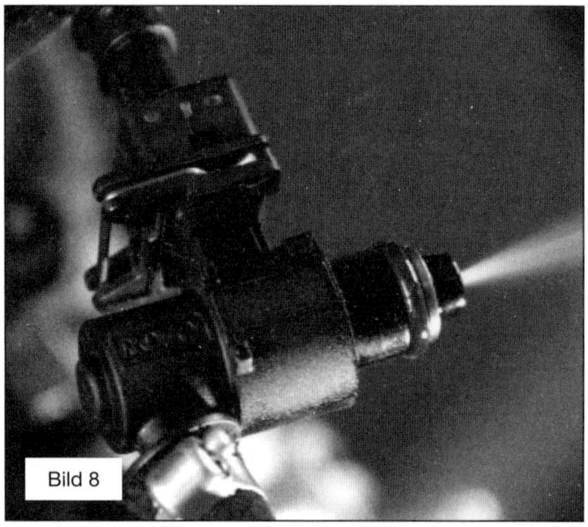
Bild 8

einsetzen« beschreiben.

- Schalten Sie die Zündung ein.
- Schließen Sie den OBD-Tester an die OBD-Anschlussdose an.
- Prüfen Sie, ob im Fehlerspeicher des Motorsteuergerätes ein Fehler vorliegt.
- Lesen Sie über die »Istwerte« die Einspritzzeit aus. Die Einspritzzeit sollte bei etwa 5 bis 8 ms liegen.

Einspritzzeit mit dem Oszilloskop messen.

Hier wird geprüft, ob das Steuergerät die Ansteuerung der Einspritzdüsen tatsächlich durchführt. Die Ansteuerung erfolgt über das Steuergerät über Masse. Der Messpunkt wird auf die Ansteuerseite des Steuergerätes gelegt (Pin 2 der Einspritzdüse). Deswegen ist bei nicht angesteuerter Einspritzdüse eine Spannung von 12 V (1 im Bild 7) ablesbar. Bei Ansteuerung wird die Masse aufgeschaltet und der Spannungswert am Messpunkt fällt auf 0 V (2) ab. Für die Öffnungszeit (3) verbleibt der Spannungswert am Messpunkt bei 0 V. Beim Abschalten der Ansteuerung erfolgt durch den Magnetfeldabbau in der Spule des Einspritzventils eine Spannungsspitze (4), die durchaus bei 30 V bis 40 V liegen kann. Die Ausschwingungen am Ende (5) entstehen durch die Wechselwirkung von Spannungsaufbau und Selbstinduktion in der Spule des Einspritzventils.

Die Ansteuerung der Einspritzdüsen erfolgt nur dann, wenn die Zündung eingeschaltet ist, die Motordrehzahl größer als 40 1/min ist und nach der Vordrucklaufzeit von 3 Sekunden ein Motordrehzahlsignal erfolgt (Kurbelwellengeber).

- Ziehen Sie die Anschlussstecker der Einspritzventile ab.
- Stellen Sie das Oszilloskop auf einen Messbereich von 5 V/Teiler und 10 ms/Teiler ein.
- Schließen Sie an den Anschluss 1 des Steckers für die Einspritzdüse die rote Messspitze des Multimeters über einen Messadapter (Bild 5) an.
- Verbinden Sie den Anschlussstecker und den Anschlusspin 1 der Einspritzdüse über einen Messadapter (Bild 5).
- Schließen Sie die schwarze Messspitze des Multimeters an die Batteriemasse oder an die Fahrzeugmasse an.
- Schalten Sie die Zündung ein. Es sollte nun eine Spannung von 12 V anliegen (1 im Bild 7).
- Starten Sie den Motor. Sie sollten nun das Signalbild ähnlich dem Bild 7 erkennen können.

Spritzbild und Dichtigkeit der Einspritzdüse bewerten.

Die Einspritzdüse ist ein Verschleißteil. Sie kann im Laufe der Zeit undicht werden oder auch ein unsauberes Spritzbild aufweisen. Das wiederum kann zu einer ungleichmäßigen Gemischbildung in diesem Zylinder führen.

Bewertung des Spritzbildes:

Die Ansteuerung der Einspritzdüsen erfolgt nur dann, wenn die Zündung eingeschaltet ist, die Motordrehzahl größer als 40 1/min ist und nach der Vordrucklaufzeit von 3 Sekunden ein Motordrehzahlsignal erfolgt (Kurbelwellengeber).

■ Bauen Sie die Einspritzdüse zusammen mit dem Kraftstoffverteilerrohr wie bereits beschrieben aus.
■ Belassen Sie die Einspritzdüse im Verteilerrohr eingesteckt und mit der Sicherungsklammer gesichert.
■ Schließen Sie eine Messuhr (5 im Bild 24 im Kapitel 7) mit einem Messbereich von etwa 10 bar mit dem passenden Adapter mit T-Stück (6) an die Kraftstoffvorlaufleitung an.
■ Stecken Sie den Adapter auf das Kraftstoffverteilerrohr auf.
■ Ziehen Sie die Anschlussstecker zu den Zündspulen ab.
■ Schalten Sie die Zündung ein oder steuern Sie die Kraftstoffpumpe, wie bei der Fördermengenprüfung auf Seite 93 beschrieben, mit einem Fernschalter an.
■ Kontrollieren Sie, dass der Kraftstoffdruck etwa 3,5 bar erreicht.
■ Drehen Sie den Motor mit Hilfe eines zweiten Mechanikers und beobachten Sie das Spritzbild der Einspritzdüse.

Es sollte kegelförmig ausgeprägt sein und der Kraftstoff fein vernebelt werden (Bild 8).

■ Lesen Sie den Fehlerspeicher aus und löschen Sie die Einträge, die auf die abgeklemmten Zündspulen hinweisen.

Dichtheitsprüfung der Einspritzdüse:

■ Schalten Sie die Zündung aus.
■ Bauen Sie die Einspritzdüse zusammen mit dem Kraftstoffverteilerrohr wie bereits beschrieben aus.
■ Belassen Sie die Einspritzdüse im Verteilerrohr eingesteckt und mit der Sicherungsklammer gesichert.
■ Schließen Sie eine Messuhr (5 im Bild 24 im Kapitel 7) mit einem Messbereich von etwa 10 bar mit dem passenden Adapter mit T-Stück (6) an die Kraftstoffvorlaufleitung an.
■ Stecken Sie den Adapter auf das Kraftstoffverteilerrohr auf.
■ Schalten Sie die Zündung ein oder steuern Sie die Kraftstoffpumpe wie bei der Fördermengenprüfung mit einem Fernschalter an.
■ Kontrollieren Sie, dass der Kraftstoffdruck etwa 3,5 bar erreicht.

Beobachten Sie, ob kein Kraftstoff aus der Düse heraustropft. Ohne den elektrischen Anschluss muss die Einspritzdüse geschlossen bleiben.

■ Lesen Sie den Fehlerspeicher aus und löschen Sie die Einträge, die auf die abgeklemmten Zündspulen hinweisen.

Zündanlage Benzinmotoren

Ein weiterer Teil des Systems ist die Zündanlage. Für alle Motoren wird eine Zündspule mit Leistungsendstufe für jeden Zylinder eingesetzt. Dieser Zündtravo ist gleichzeitig der Zündkerzenstecker. Bei diesen Systemen spricht man von einer »ruhenden Verteilung«. In diesem Unterkapitel werden speziell die Bauteile behandelt, die die Zündanlage betreffen. Das Motorsteuergerät ist mit Eigendiagnose ausgestattet.

Zur einwandfreien Funktion der elektrischen Bauteile ist eine Spannung von mindestens 11,5 V erforderlich. Bei einigen Prüfungen kann es vorkommen, dass vom Steuergerät ein Fehler erkannt und gespeichert wird. Deshalb ist nach Beendigung aller Prüfungen und Reparaturen der Fehlerspeicher abzufragen und ggf. zu löschen.

Um Verletzungen von Personen und/oder eine Zerstörung der Einspritz- und Zündanlage zu vermeiden, dürfen die Zündleitungen bei laufendem Motor bzw. bei Anlassdrehzahl nicht berührt bzw. abgezogen werden. Die Leitungen der Einspritz- und Zündanlage (auch Messgeräteleitungen) nur bei ausgeschalteter Zündung ab- und anklemmen.

Ist bei Probefahrten der Einsatz von Prüf- und Messgeräten erforderlich, müssen die Geräte immer auf dem Rücksitz befestigt und durch eine zweite Person auch von dort bedient werden. Wenn die Prüf- und Messgeräte vom Beifahrersitz aus bedient werden, könnte es bei einem Unfall durch das Auslösen des Beifahrer-Airbags zu Verletzungen der dort sitzenden Person kommen.

Wenn der Motor mit Anlassdrehzahl betrieben werden soll, ohne dass er anspringt:

■ Ziehen Sie alle Stecker von den Zündspulen ab.

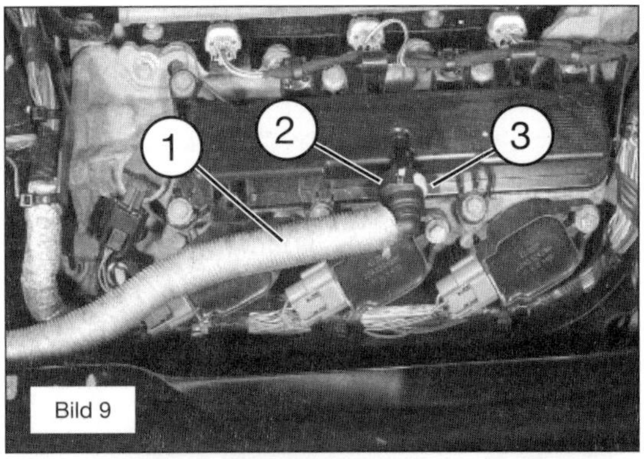

Bild 9
Motorentlüftungsschlauch (Entgasungsleitung):
1 Motorentlüftung
2 Schlauchkupplung
3 Raste am Schlauch Kupplungsgehäuse

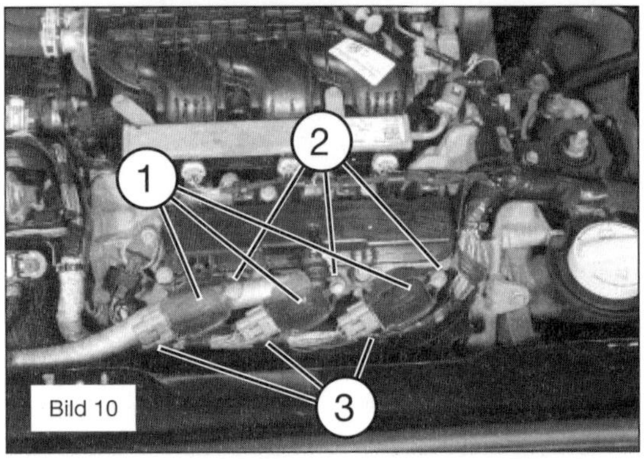

Bild 10
Zündspulen beim 0,9-l-Turbo-Motor:
1 Zündspulen
2 Schrauben
3 Steckerrasten am Steckergehäuse

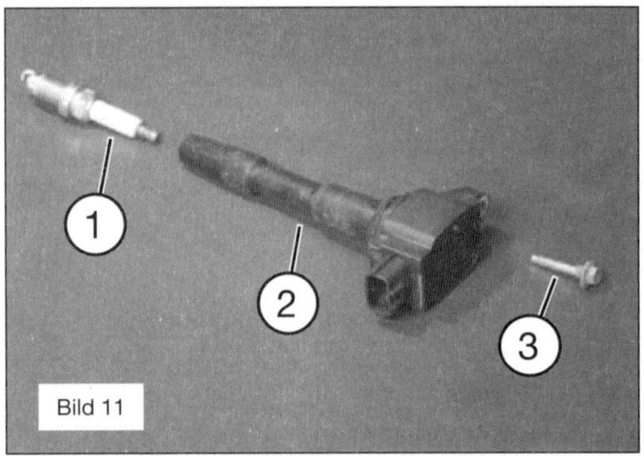

Bild 11
Zündanlage in der Übersicht:
1 Zündkerze
2 Zündspule
3 Schraube

■ Ziehen Sie die entsprechende Sicherung aus dem Sicherungshalter. Durch das Entfernen der Sicherung wird die Spannungsversorgung der Einspritzventile und der Zündspulen unterbrochen.

Zündspulen aus und einbauen (Bild 10)
■ Zündung abschalten und Zündschlüssel abziehen.
■ Entsichern Sie die Schlauchkupplung (2 im Bild 9) durch das Drücken der Raste (3) und ziehen Sie die Motorentlüftung ab.
■ Elektrische Steckverbindung (3 im Bild 10) an der jeweiligen Zündspule (1) entriegeln und trennen.
■ Schraube (3) an der jeweiligen Zündspule herausschrauben.
■ Zündspulen (2) gerade nach oben herausziehen und in der Einbaureihenfolge ablegen.

Die Montage erfolgt sinngemäß in umgekehrter Reihenfolge.
■ Ziehen Sie die Zündspulen fest und stecken Sie die Anschlusskabel wieder auf. Achten Sie auf die Verrastung der Stecker und den richtigen Sitz auf der Zündspule.
■ Fehlerspeicher auslesen ggf. löschen.

Versorgungsspannung der Zündspulen prüfen
Für die folgenden Prüfungen sollten Sie auch einen Schaltplan für Ihr Fahrzeug bereithalten. Nur so können Sie den Verschaltungsverlauf im Bordnetz des Fahrzeugs nachvollziehen. Die Batteriespannung muss mindestens 11,5 V betragen. Der Geber für Motordrehzahl, der Hallgeber und die Sicherung für die Spannungsversorgung müssen in Ordnung sein. Zündspulen und Leistungsendstufe sind ein Bauteil und können nicht einzeln ersetzt werden.

■ Abdeckung über dem Motor ausbauen.
■ Zündung abschalten und Zündschlüssel abziehen.
■ Ziehen Sie den Stecker (3 im Bild 10) von der zu prüfenden Zündspule ab.
■ Messen Sie die Versorgungsspannung mit dem Multimeter und Hilfsleitungen zwischen den Kontakten (2 + 3) des abgezogenen Steckers.

Der Anschlusspin 3 ist die Spannungsversorgung über die entsprechende Sicherung im Sicherungskasten (siehe Bedienungsanleitung). Der Anschlusspin 2 ist der Masseanschluss.

■ Schalten Sie die Zündung ein.

Sie sollten mindestens 11,5 V messen können.

■ Schalten Sie die Zündung aus.

Fehlersuche an Einzelfunkenspulen
Bei allen Motoren mit Einzelfunkenspule-Motoren ist die folgende Prüfung möglich.

Bei einem ausgefallenen Zylinder können die Zündspule des Zylinders, die Ansteuerung der Spule oder aber auch die Motormechanik die Ursache sein. Um

die Zündspule ausschließen zu können, bauen Sie die Zündspule des ausgefallenen Zylinders und eine weitere eines laufenden Zylinders aus und tauschen diese untereinander aus.
- Läuft nun der andere Zylinder nicht mehr mit, können Sie davon ausgehen, dass die Zündspule defekt ist.
- Verändert sich nichts, müssen Sie den Fehler in der Zündkerze, der Ansteuerung der Spule oder Motormechanik suchen.
- Lesen Sie grundsätzlich immer den Fehlerspeicher aus.

Zündkerzen aus- und einbauen
- Bauen Sie die Zündspulen aus.
- Blasen Sie den Kerzenschacht mit Druckluft aus.
- Drehen Sie die Zündkerzen heraus. Ein aufgesteckter Schlauch auf die Zündkerzenkeramik kann hier sehr hilfreich sein, um die Zündkerze aus dem Schacht zu ziehen.

Die Montage erfolgt sinngemäß in umgekehrter Reihenfolge.
- Ziehen Sie die Zündkerzen fest und stecken Sie die Zündspulen wieder auf.
- Verschrauben Sie die Zündspulen wieder.

Kraftstofffilter wechseln

Kraftstofffilter beim Benzinmotor
Der Kraftstofffilter ist nicht extern verbaut. Bei allen Benziner-Modellen ist er in der Tankfördereinheit integriert. Der Wechsel ist nicht vorgesehen. Der Filter ist wie auch bei anderen Herstellern für einen lebenslangen Einsatz ausgelegt. Unter diesem Aspekt ist der Einbau in der Kraftstofffördereinheit nicht abwegig.

Luftfilter wechseln

Beim Ausblasen des Luftfiltergehäuses mit Pressluft ist Folgendes zu beachten:
- Zur Vermeidung von Funktionsstörungen bitte die kritischen luftführenden Motorbauteile wie Luftmassenmesser, Lufteinlassrohre usw. mit einem sauberen Putzlappen abdecken.

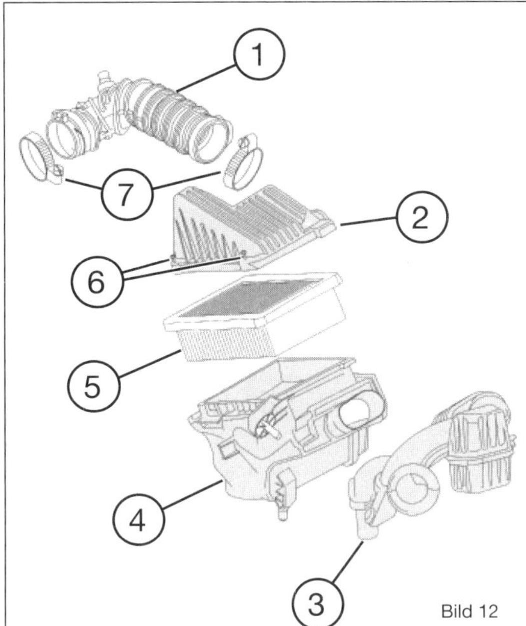

Bild 12
Luftfilter mit Filterkasten und Ansauggeräuschdämpfer:
1 Luftführungsrohr
2 Filterkastenoberteil
3 Ansauggeräuschdämpfer
4 Filterkastenunterteil
5 Luftfilter
6 Schrauben
7 Schellen

- Schlauchstutzen und Schläuche für Ladeluftsystem müssen vor dem Montieren öl- und fettfrei sein.
- Verwenden Sie keine silikonhaltigen Gleitmittel bei der Montage.

Demontage des Luftfiltereinsatzes
- Kofferraummatte anheben und gegen Zurückklappen sichern.
- Motorraumabdeckung (Innenraumklappe) über Motor ausbauen.
- Lösen Sie die Schelle (7 im Bild 12) am oberen Luftfilterkastendeckel.
- Ziehen Sie das Luftführungsrohr (1) vom Luftfilterkasten ab.
- Lösen Sie die Verschraubung des Luftführungsrohrs (6) am Halter (5).
- Drehen Sie die beiden Schrauben (6) heraus.
- Heben Sie den Luftfilterkastendeckel aus der Halterung heraus.
- Nehmen Sie den Luftfiltereinsatz (5) heraus und erneuern Sie ihn.

Die Montage erfolgt sinngemäß in umgekehrter Reihenfolge.
- Achten Sie auf den Sitz der Luftführung (1) und des Luftfilterkastenoberteils.

Grundsätzlich sollten Sie das Gehäuse reinigen und wenn erforderlich auch mit einem Staubsauger aussaugen, um Rückstände gründlich zu entfernen.

Bild 13
OBD-Anschluss-Dose im Fahrerfußraum.

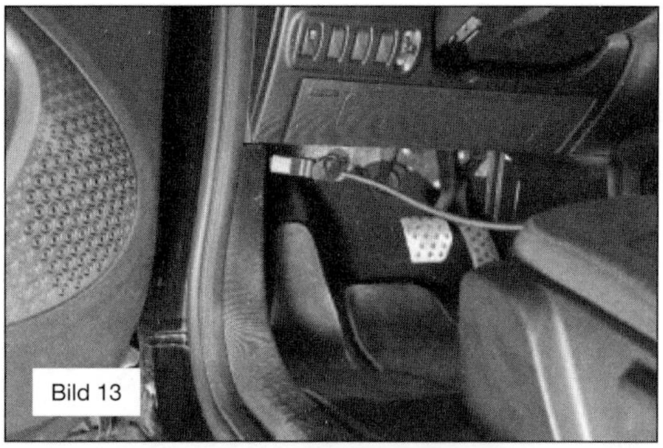

Bild 14
Dauerladegerät zur Ladungserhaltung im Einsatz bei allen Arbeiten rund um Messtechnik und Diagnose.

Fahrzeugdiagnosetester einsetzen

Es gibt eine Reihe von Arbeiten im Bereich der Einspritz- und Zündanlage, die man ohne Tester mit Übung und Erfahrung, unter Einsatz bestimmter Spezialwerkzeuge und am besten auch mit fachkundiger Beratung in einer Mietwerkstatt ausführen kann. Darauf gehen wir mit den folgenden Arbeitsbeschreibungen ein. Vielfach aber kann man an den elektronisch gesteuerten Einspritzsystemen nur selbst Hand anlegen, wenn man über einen Diagnosetester verfügt. Das Steuergerät kann zwar viele Fehler an elektrischen Teilen der Einspritz- und Zündanlage per Selbstdiagnose erkennen und sie in einem Fehlerspeicher ablegen. Dabei wird auch eine Entscheidung getroffen, ob es sich um permanente Fehler oder um sporadische Mängel handelt.

Diagnosegeräte

Die Marken-Werkstätten verwenden ein eigenes Diagnosesystem, das für die einzelne Marke abgestimmt ist. Mit geeigneter Software und gewisser Kenntnis der Funktions- und Vorgehensweise sind auch andere Werkstattsysteme zu verwenden, wie sie in vielen Mietwerkstätten vorhanden sind. Wir haben schon auf das System vom »Autoaid« (freier Tester mit Zuschnitt auf die Arbeiten gerade in freien Werkstätten) hingewiesen. Es ist absehbar, dass sich dieser hochwertige Tester in freien Werkstätten verbreitet. Autoaid bietet über regelmäßige Updates einen aktuellen Software- und Fahrzeugbestand an. Auch zu diesem Thema stellen wir Ihnen den Einsatz des Diagnosetesters vor. Hier möchten wir die Istwerte für die Gemischaufbereitung erfassen und darstellen. Die Fehlerspeicherauslese unterscheidet sich kaum von den Arbeitsschritten, die wir Ihnen zum Anfang dieses Kapitels vorgestellt haben.

»Read und Erase«-Geräte

Die günstigste Variante sind sogenannte »Read und Erase«-Geräte, die durchaus schon für 25 Euro aufwärts erstanden werden können. Neben dem Lesen des Fehlerspeichers (Read) und dem Löschen des Fehlerspeichers (Erase) lassen sich auch Live-Daten (Messwerte aus den Bauteilen, die über das Steuergerät überwacht werden) auslesen. So lassen sich schnell die erfassten Werte auf Plausibilität überprüfen. Wenn Sie bei einer angezeigten Ansaugtemperatur von -40 °C in kurzer Hose danebenstehen, dürfte der Messwert wahrscheinlich nicht korrekt sein. Sensor und Kabel müssen geprüft werden.

☞ In den meisten Fällen ist es aber nicht möglich mit den OBD-Scannern andere Steuergeräte als das Motorsteuergerät abzufragen. Natürlich gibt es auch hier Geräte, die markenspezifisch eine größere Diagnosetiefe aufweisen.

Anschluss am Fahrzeug

☞ Je nachdem, ob Sie einen Tester verwenden, der speziell für die Diagnose über OBD ausgelegt ist, erfolgt die Spannungsversorgung für den Tester über die OBD-Anschlussdose.

☞ Bei den meisten Laptops oder Tablet-Lösungen muss darauf geachtet werden, dass die Akkuladung ausreichend groß ist oder die Spannungsversorgung über das Ladegerät hergestellt werden kann.

Auch das Fahrzeug sollte mit einem Dauerladegerät mit Spannung versorgt werden (siehe auch Bild 14). Bei eingeschalteter Zündung wird die Batterie entladen.

■ Schließen Sie ein Erhaltungsladegerät an die Batterie an.
■ Soweit erforderlich schließen Sie ein Ladegerät an den Laptop oder den Tester an.
■ Schließen Sie den Tester an die OBD-Anschlussdose im Fahrerfußraum an.
■ Legen Sie das Anschlusskabel zum Tester so, dass es nicht im Fußraum stören kann.
■ Starten Sie die Diagnosesoftware und schalten Sie die Zündung ein.
■ Folgen Sie den Anzeigen auf dem Bildschirm, um die gewünschten Funktionen zu starten.

Messwerte aus Sicht des Steuergerätes
Da das Motorsteuergerät aus den erfassten Messwerten und den abgespeicherten Kennfeldern definierte Funktionen ausführt, ist es wichtig, die »Sichtweise« des Steuergerätes einzunehmen und die erfassten Messwerte auf Plausibilität zu überprüfen.
Exemplarisch werden wir im Folgenden die »Istwerte« für die Motordrehzahl, die errechnete Luftmasse pro Zylinder und den Saugrohrdruckfühlerbetrchten. Wir möchten hiermit die Reaktion der Sensoren zeitgleich beobachten. Wenn aus dem Leerlauf die Drosselklappe geöffnet wird, erfolgt ein Drehzahlanstieg des Motors und auch für unseren Turbomotor steigt der Druck im Saugrohr an. Bei geöffneter Drosselklappe erreicht der Saugrohrdruck bis etwa 1000 hPa beim Saugmotor. Bei den Turbomotoren kann sogar ein deutlich höherer Druck anliegen. Nach einigen Gasstößen kann die Auswertung über die Abweichung der Kurven untereinander erfolgen. Die dargestellten Messwertkurven (7 im Bild 17) und die Messwerte (2) zeigen auch ohne Kenntnis der Istwerte eine Reaktion beispielsweise des Saugdruckfühlers an. Der Messwert des Saugrohrdruckfühlers kann dann auch über eine Druckmessuhr nachkontrolliert werden. Der Anschluss der Messuhr ist allerdings mit zusätzlichem Aufwand verbunden. Zumindest für die Funktionsprüfung in einer ersten Übersicht kann hier einiges an Vorbereitungszeit eingespart werden. Fällt ein Sensor aus oder liefert einen Messwert, der sich nicht erklären lässt, müssen die Spannungsversorgung des Bauteils und natürlich auch das Bauteil einzeln überprüft werden.

Istwerte-Erfassung über das Motorsteuergerät
Leider lagen zum Zeitpunkt des Redaktionsschlusses noch keine Sollwerte für die Messwerte vor. Das ist aber sicherlich auch der relativ kleinen Verkaufszahl für den Smart geschuldet.
■ Schließen Sie ein Dauerladegerät (Bild 14) an, um die Batterie in den Phasen der Vorbereitung für die Messungen nicht zu belasten.

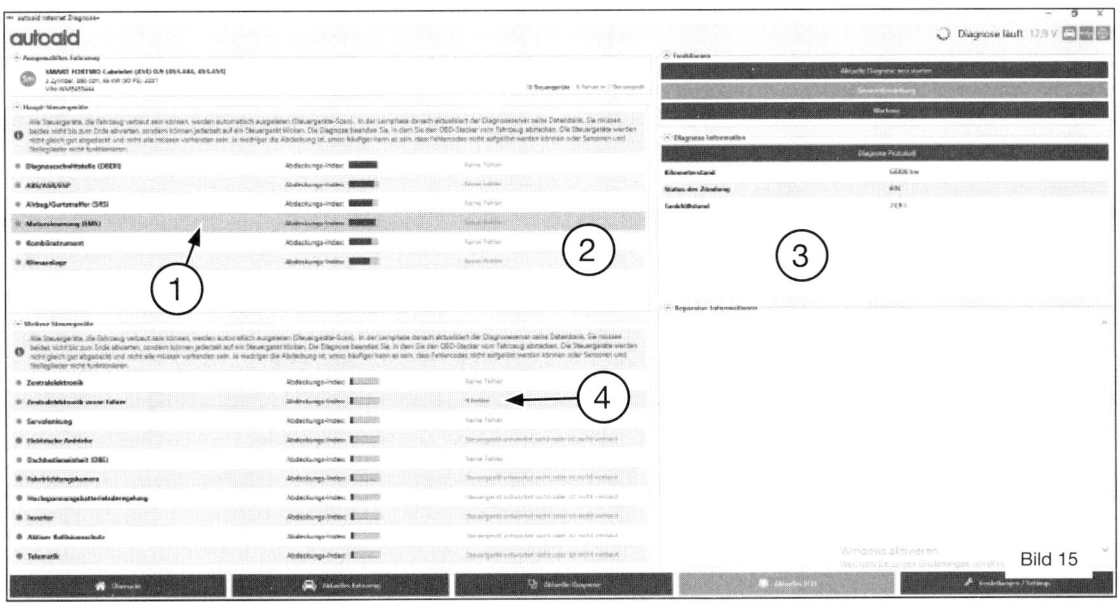

Bild 15
Steuergeräteübersicht beim Autoaid-Tester:
1 Motorsteuergerät
2 Fehlerstatus der Steuergeräte
3 Angaben zum Fahrzeug
4 Aktueller Fehlereintrag

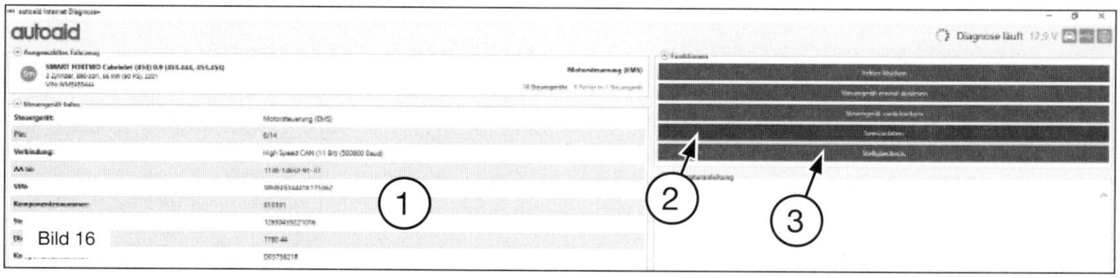

Bild 16
Maske für das Motorsteuergerät:
1 Im Steuergerät hinterlegte Fahrzeugdaten
2 Anwahl zu den Sensordaten des Motorsteuergerätes
3 Aktiver Test für Aktoren Hier können (soweit hinterlegt) diverse Aktoren, die am Steuergerät angeschlossen sind angesteuert werden.

■ Schließen Sie den Tester an die OBD-Anschlussdose an. Die 13-polige Anschlussdose befindet sich an der A-Säule im Fahrerfußraum.
■ Geben Sie die Fahrzeugdaten wie beispielsweise auf Seiten 29 und 30 bereits vorgestellt ein.
■ Schalten Sie die Zündung ein.
■ Starten Sie die Testersoftware.
■ Betrachten Sie sich zuerst die Übersicht über die verbauten Steuergeräte und die eventuell vorhandenen Fehlereinträge (2 und 4 im Bild 15) an.
■ Wählen Sie das Motorsteuergerät (1) mit einem Doppelklick an. Der Tester baut nun die Verbindung zum Motorsteuergerät auf.
■ Lassen Sie den Motor im Leerlauf laufen.
■ Wählen Sie aus der Liste (1 im Bild 17) die Motordrehzahl, die Luftmasse pro Zylinder und den Saugrohrdrucksensor an.

Über das Herunterscrollen mit dem Seitenschieber in der Liste lassen sich die Messwerte einsehen.

■ Die angewählten Messwerte werden nun auf der rechten Maskenseite grafisch dargestellt.

Der aktuelle Messwert wird nummerisch (4) mit der entsprechenden Einheit und grafisch (5) dargestellt.

Die neueste Darstellung erfolgt bei diesem Tester immer rechts im Bild.

■ Treten Sie nun das Gaspedal kurz voll durch und lassen Sie das Gaspedal wieder los.
■ Wiederholen Sie die Gasstöße zwei- bis dreimal.

Beobachten Sie die Reaktion der drei Messwerte untereinander. Wir haben den jeweiligen Zeitpunkt eines Gasstoßes (Durchtreten des Gaspedals) mit jeweils einer Linie (6) gekennzeichnet.

Sensoren und Aktoren

Nockenwellengeber aus- und einbauen

■ Fahrzeug mit der Hebebühne anheben, Fahrzeug zwischen den Hebebühnensäulen ausrichten und die vier Aufnahmeteller an den vom Fahrzeughersteller vorgeschriebenen Hebebühnenaufnahmepunkten platzieren.

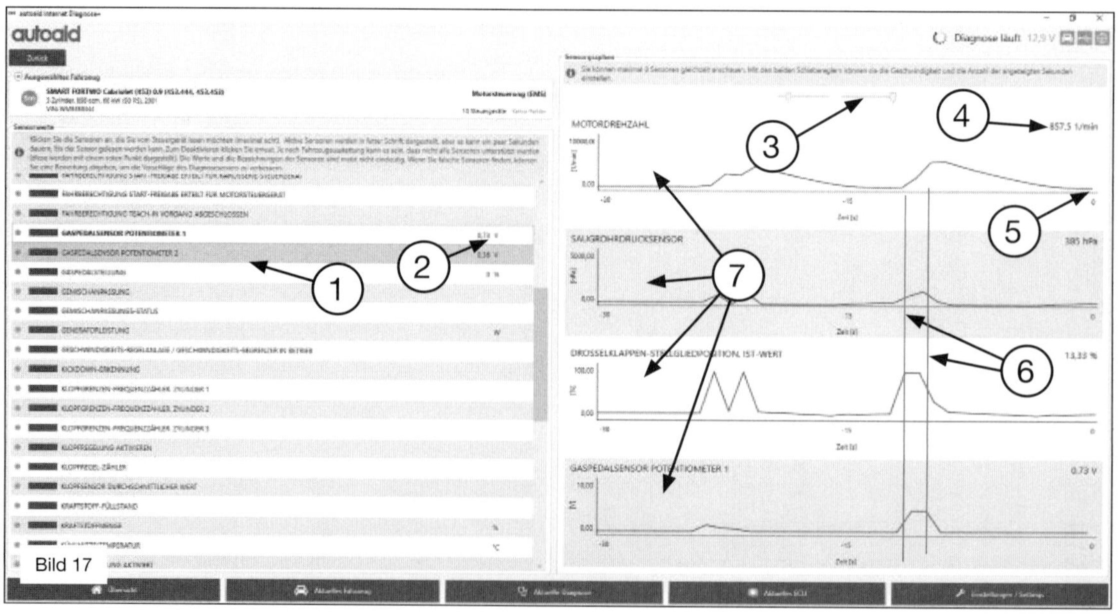

Bild 17
Maske für die darstellbaren Sensordaten:
1 Liste zum Anklicken
2 Einheiten in der Darstellung
3 Schieberegler für die Darstellung der Zeitachse (Ablaufgeschwindigkeit des Signals)
4 Nummerische Anzeige (aktueller Wert)
5 Grafische Darstellung (aktueller Wert)
6 Zeitpunkt des Gasstoßes
7 Felder der angewählten Messwerte

- Öffnen Sie die Motorabdeckung und nehmen Sie sie heraus.
- Sichern Sie den Teppich im Kofferraum gegen Zurückklappen.
- Den Motor und die Abgasanlage für die Montagearbeiten abkühlen lassen.
- Lesen Sie den Fehlerspeicher aus.
- Legen Sie die Steckkontakte frei.
- Entsichern Sie den Steckkontakt (3) und ziehen Sie ihn ab.
- Drehen Sie die Schraube (2) heraus.
- Ziehen Sie den Sensor (1) gerade aus dem Ventildeckel heraus.

Die Montage erfolgt sinngemäß in umgekehrter Reihenfolge.

- Erneuern Sie den Dichtring am Sensor.

Nockenwellengeber prüfen

Der Nockenwellengeber ist ein Hallsensor. Eine Widerstandsmessung ist nicht sinnvoll und kann den Sensor beschädigen.

Die Spannungsversorgung der Sensoren ist potenzialfrei ausgelegt.

- Klemmen Sie an alle drei Anschlusskabel einen Messadapter an (Y-Kabel).

Spannungsversorgung prüfen:

- Klemmen Sie an den Messadapter am PIN 2 (Mitte) am Stecker (3 im Bild 18) das schwarze Kabel des Multimeters an.
- Klemmen Sie an den Messadapter am PIN 3 (rechts) am Stecker (3) das rote Kabel des Multimeters an.
- Schalten Sie die Zündung ein.

Sie sollten nun eine Gleichspannung von etwa 5 V ablesen können.

Signalbild prüfen:

- Klemmen Sie an den Messadapter am PIN 3 (rechts) am Stecker (3 im Bild 19) das schwarze Kabel des Multimeters an.
- Klemmen Sie an den Messadapter am PIN 1 (links) am Stecker (3) das rote Kabel des Multimeters an.
- Wählen Sie die Einstellung des Oszilloskops, sodass Sie 5 V ablesen können. Wählen Sie eine Zeiteinstellung von 100 ms.
- Lassen Sie den Motor im Leerlauf laufen.

Das Signalbild sollte in etwa dem Signalbild im Bild 19 entsprechen.

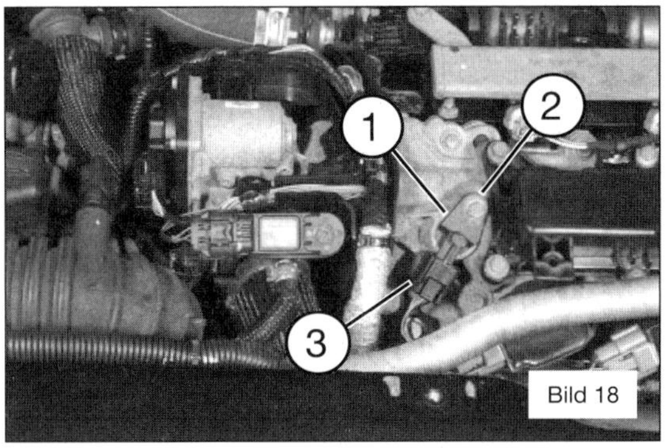

Bild 18 Nockenwellenpositionsgeber:
1 Sensor
2 Schraube
3 Steckkontakt

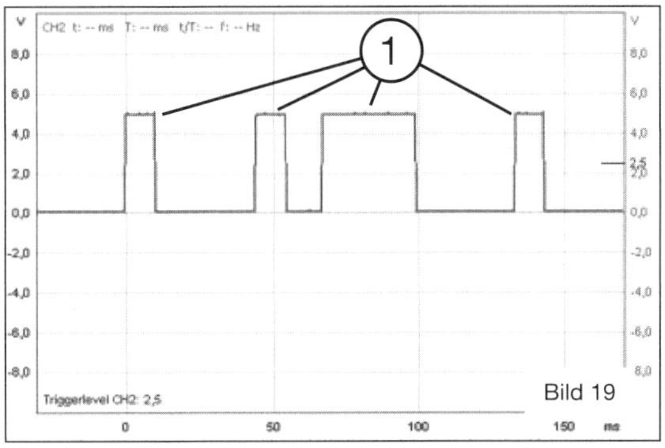

Bild 19 Signalbild Nockenwellenpositionsgeber:
1 Bezugsmarken bei etwa 4,8 - 5,0 V

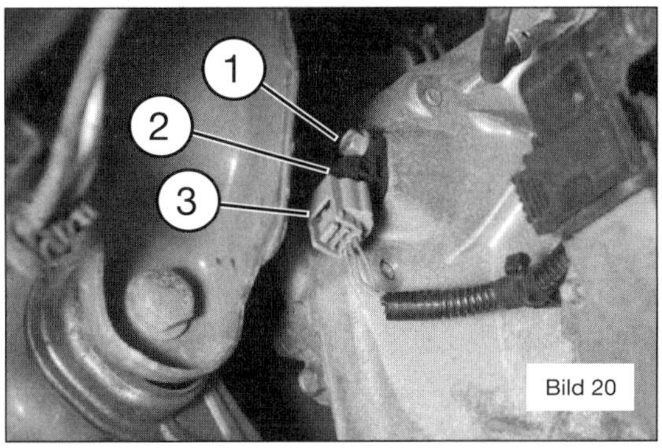

Bild 20 Kurbelwellenpositionsgeber:
1 Schraube
2 Sensor
3 Steckkontakt

Kurbelwellengeber aus und einbauen

- Fahrzeug mit der Hebebühne anheben, Fahrzeug zwischen den Hebebühnensäulen ausrichten und die vier Aufnahmeteller an den vom Fahrzeughersteller vorgeschriebenen Hebebühnenaufnahmepunkten platzieren.
- Den Motor und die Abgasanlage für die Montagearbeiten abkühlen lassen.
- Lesen Sie den Fehlerspeicher aus.
- Legen Sie die Steckkontakte frei.
- Entsichern Sie den Steckkontakt (3 im Bild 20) und ziehen Sie ihn ab.
- Drehen Sie die Schraube (1) heraus.
- Ziehen Sie den Sensor (2) gerade aus dem Getriebegehäuse heraus.

Die Montage erfolgt sinngemäß in umgekehrter Reihenfolge.

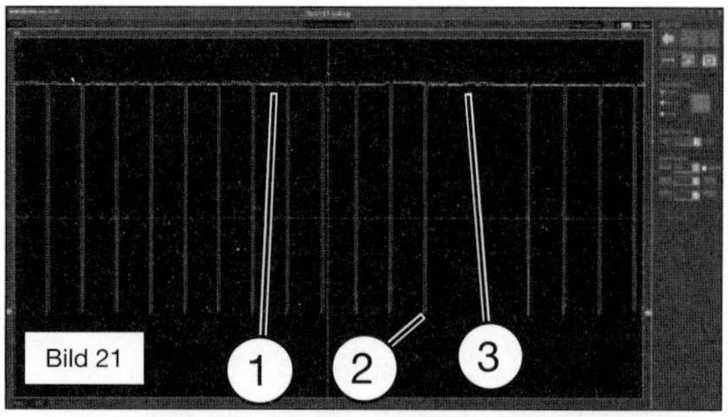

Bild 21
Signalbild des Kurbelwellenpositionsgeber:
1 Lücke zwischen den Bezugsmarken (4,8 V)
2 Bezugsmarke (0,2 V)
3 Lücke zur Bestimmung der Kurbelwellenposition

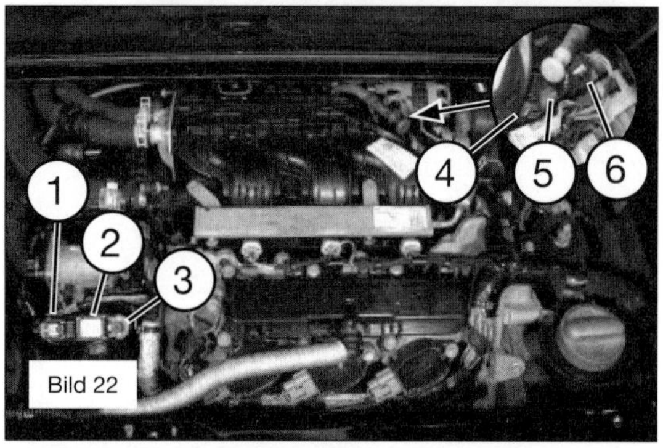

Bild 22
Saugrohrdruckfühler:
1 Steckkontakt
2 Sensor vor der Drosselklappe
3 Schraube
4 Schraube
5 Sensor nach der Drosselklappe
6 Steckkontakt

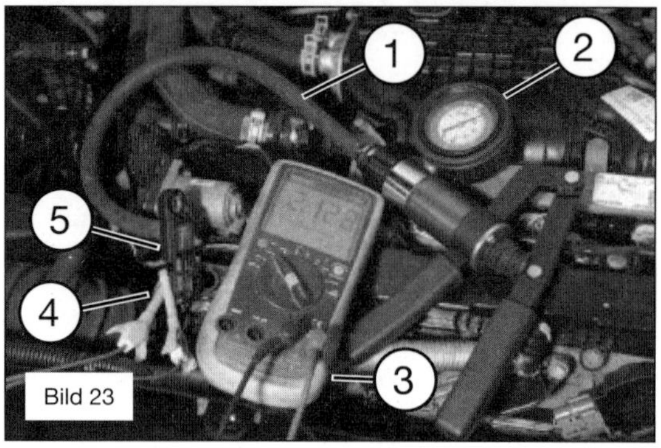

Bild 23
Signalmesswerte der Saugrohrdruckfühler (Ladedrucksensoren) prüfen:
1 Schlauch
2 Hand(unter)druckpumpe
3 Multimeter
4 Messadapter
5 Ladedrucksensor (Saugrohrdrucksensor oder auch MAP-Sensor)

Kurbelwellengeber prüfen

Der Kurbelwellengeber ist ein Hallsensor. Eine Widerstandsmessung ist nicht sinnvoll und kann den Sensor beschädigen.

Spannungsversorgung prüfen:

- Klemmen Sie an den Messadapter am PIN 2 (Mitte) am Stecker (3 im Bild 21) das schwarze Kabel des Multimeters an.
- Klemmen Sie an den Messadapter am PIN 3 (links) am Stecker (3) das rote Kabel des Multimeters an.
- Schalten Sie die Zündung ein.

Sie sollten nun eine Gleichspannung von etwa 5 V ablesen können.

Signalbild prüfen:

Die Signalfolge für den Kurbelwellengeber ist sehr schnell und nicht mehr für jedes Oszilloskop erfassbar.

- Klemmen Sie an den Messadapter am PIN 2 (Mitte) am Stecker (3 im Bild 18) das schwarze Kabel des Multimeters an.
- Klemmen Sie an den Messadapter am PIN 1 (links) am Stecker (3) das rote Kabel des Multimeters an.
- Wählen Sie die Einstellung des Oszilloskops so, dass Sie 5 V ablesen können. Wählen Sie eine Zeiteinstellung von 20 ms.
- Lassen Sie den Motor im Leerlauf laufen

Das Signalbild sollte in etwa dem Signalbild im Bild 21 entsprechen.

Saugrohrdruckfühler aus- und einbauen

- Lassen Sie den Motor für die Montagearbeiten abkühlen.
- Lesen Sie den Fehlerspeicher aus.
- Legen Sie die Steckkontakte frei.
- Entsichern Sie den Steckkontakt (1 im Bild 22) und ziehen Sie ihn ab.
- Drehen Sie die Schraube (3) heraus.
- Ziehen Sie den Sensor (2) gerade aus dem Getriebegehäuse heraus.

Die Montage erfolgt sinngemäß in umgekehrter Reihenfolge.

Saugrohrdruckfühler prüfen (Bild 23)

Der Saugrohrdruckfühler (Ladedrucksensor) ist ein Hallsensor. Eine Widerstandsmessung ist nicht sinnvoll und kann den Sensor beschädigen.

- Klemmen Sie an den Messadapter am PIN 2 (Mitte) am Stecker (1 oder 6) im Bild 22) das schwarze Kabel des Multimeters an.
- Klemmen Sie an den Messadapter am PIN 1 (links) am Stecker (1 oder 6) das rote Kabel des Multimeters an.
- Schließen Sie einen Schlauch an den Messanschluss wie im Bild 23 gezeigt an den Sensor (2 oder 5 im Bild 22) an.
- Schalten Sie die Zündung ein.

Beaufschlagen Sie den Sensor mit den in der Tabelle angegebenen Drücken und vergleichen Sie die angegebenen Spannungswerte mit Ihren Ergebnissen:

Druck	Spannungswert
-0,5 bar	ca. 0,6 V
0 bar	ca. 1,6 V
+0,5 bar	ca. 2,1 V
+ 1 bar	ca. 3,0 V

9 Abgasanlage

Die Abgas- oder Auspuffanlage am Unterboden des Smart reinigt mit Partikelfilter beim Diesel plus Oxidationskatalysator die Verbrennungsabgase und leitet sie mit geringem Gegendruck in den Schalldämpfer mit Endrohr am Fahrzeugheck. Der Schalldämpfer reduziert die Verbrennungsgeräusche auf ein Minimum. Der Auspuff moderner Pkw ist für mehr als 60.000 Kilometer gut, wobei die Lebensdauer natürlich auch von den Einsatzbedingungen des Fahrzeugs abhängt. Ist man überwiegend auf kurzen Strecken unterwegs, fallen mehr Kondensat, Ruß und aggressive Säuren im Innern der Anlage an als beim Langstreckenbetrieb mit voll durchgewärmtem Motor. Das Abgasvorrohr ist seltener als die anderen Teile vom Rost bedroht, weil dort die Verbrennungsgase noch mit Temperaturen zwischen 800 und 1000 °C einströmen. Danach verlieren die Abgase an Temperatur und sind am Endrohr nur noch 150 bis 300 °C heiß. Dort tritt das meiste Kondenswasser aus. Es mischt sich mit Verbrennungsrückständen zu aggressiven Säuren und lässt das Auspuffblech von innen nach außen durchrosten. Falls das Endrohr nicht aus besonders korrosionsbeständigem Material hergestellt wurde, ist Arbeit angesagt: Ausbau des alten und Einbau eines neuen Abgasrohrs mit Schalldämpfer.

Hinweise und Regeln für Arbeiten an der Auspuffanlage

Reparaturen an durchgerosteten Auspuffanlagen, z. B. mit Auspuffkitt und Bandagen, haben nur kurzzeitig Erfolg. Das Blech bricht bald neben der Reparaturstelle. Werkstätten wechseln Auspuffanlagen meist komplett aus. Vor weiteren Arbeiten daher den Zustand der Anlage genau prüfen und dann entscheiden, ob einzelne Teile oder das ganze System erneuert werden sollen. Wird nach gründlicher Prüfung an der Abgasanlage gearbeitet, sollten folgende Grundregeln beachtet werden:

- Bei einer Demontage darf die Abgasanlage keinesfalls herunterfallen. Dabei könnten wichtige Teile beschädigt werden.
- Dichtungen und selbstsichernde Muttern immer ersetzen.
- Verschraubungen der Auspuffanlage lassen sich beim nächsten Mal leichter lösen, wenn die Gewinde beim Einbau mit hochhitzefestem Kupferfett bestrichen werden.

Tipp: Werden Partikelfilter oder Katalysator ausgebaut und ersetzt, müssen die Altteile vorschriftsmäßig entsorgt werden. Sie dürfen nicht wie Schrott behandelt werden, weil sie wertvolles Edelmetall enthalten, das wieder in den Produktionsprozess eingebracht werden kann.

Tipp: Für Arbeiten an Lambdasonden gilt: Nur das Gewinde mit Heißschraubenpaste wie VW »G 052 112 A3« fetten. An die Schlitze des Sondenkörpers darf kein Fett kommen. Aus- und Einbau am besten mit Ringschlüsselsatz für Lambdasonde. Dichtring bei Undichtigkeit aufkneifen und ersetzen. Festziehen mit 45 Nm.

- Alle Schlauchverbindungen mit Schlauchschellen sichern, die dem Serienstand entsprechen.
- Alle Kabelbinder, die beim Ausbau gelöst werden, sind beim Einbau an der gleichen Stelle wieder anzubringen.
- Nach Montagearbeiten an der Abgasanlage darauf achten, dass die Anlage nicht

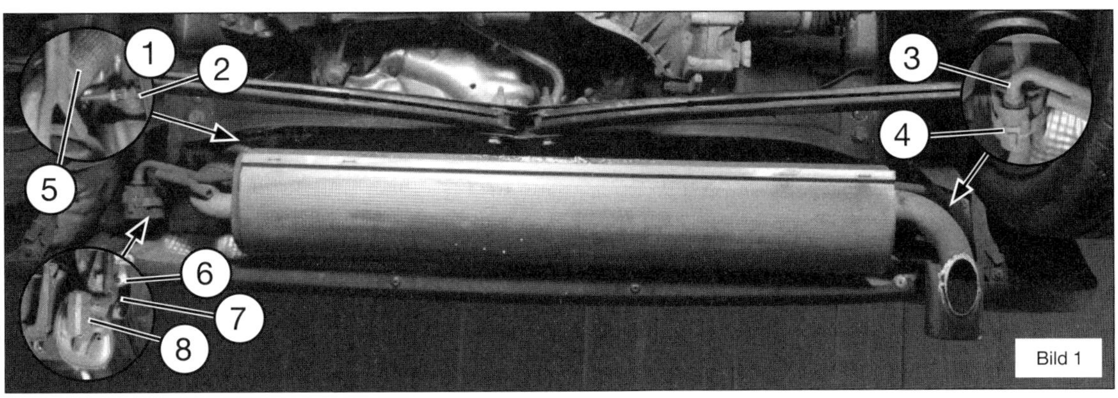

Bild 1
Abgasanlage von unten:
1 Abgasrohr
2 Schelle
3 Halter am Auspuff
4 Auspuffgummi
5 Flexstück
6 Schraube
7 Halter
8 Auspuffgummi

Sichtprüfung Messen

Bild 2
Der Zustand von Schalldämpfern, Schellen und Übergängen muss regelmäßig überprüft werden.

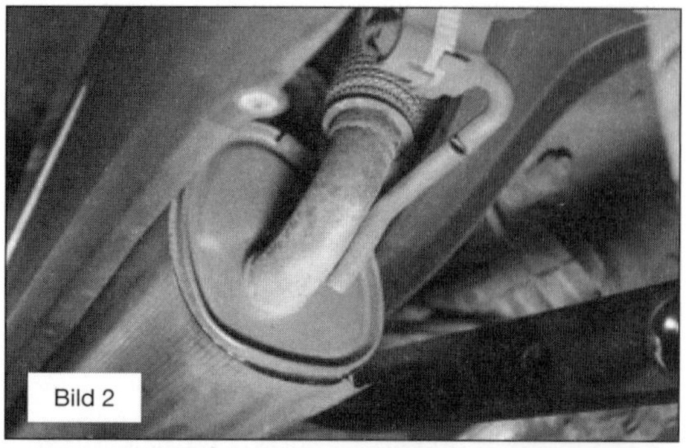

Bild 2

Bild 3
Zuhalten des Abgasrohres zur Dichtheitsprüfung.

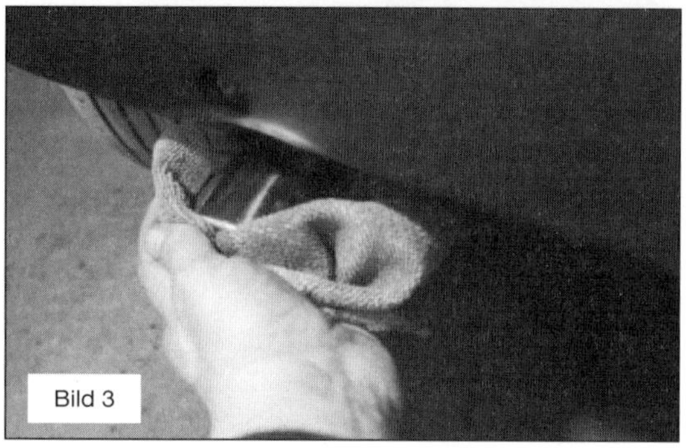

Bild 3

verspannt wird und ausreichend Abstand zum Aufbau hat. Gegebenenfalls Schellen lösen und Schalldämpfer und Abgasrohr so ausrichten, dass überall ausreichend Abstand zum Aufbau vorhanden ist und die Aufhängungen gleichmäßig belastet werden.

■ Nach getaner Arbeit immer Motorprobelauf durchführen und »Auspuffanlage auf Dichtheit prüfen« (Bild 3). Ansonsten gelten für Arbeiten an Abgasanlage und Abgasrückführung hinsichtlich Sauberkeit und Sicherheit die Vorschriften, die auch für Arbeiten an Motor, Kraftstoff- oder Einspritzsystem üblich sind.

Zustand der Auspuffanlage kontrollieren

■ Fahrzeug auf einer Hebebühne anheben oder absolut rüttelsicher aufbocken. Es darf nicht kippeln, wenn heftig an den Rohren der Auspuffanlage gedreht oder gezerrt wird. Die Aufhängungen und Gummiösen dürfen keine Schäden aufweisen.

■ Zur Kontrolle die Abgasanlage an den Schraubbefestigungen rütteln. Komponenten auf Brüchigkeit, Einrisse oder sonstige Schäden überprüfen, bei Bedarf ersetzen.

■ Wenn sich beim Demontieren eine Verschraubung nicht lösen lässt, mit Rost lösendem Mittel behandeln oder durch Überdrehen abreißen. Beim Festziehen von Verschraubungen z. B. am Abgaskrümmer die Reihenfolge von innen nach außen und über Kreuz einhalten.

■ Wenn Teile der Anlage schon einmal ersetzt wurden, trennt man die Steckverbindung der Rohrenden am besten in erwärmtem Zustand. Schweißbrenner oder Propangasbrenner verwenden und Feuerlöscher bereithalten.

■ Schalldämpfer mit einem Hammer rundum gründlich abklopfen, auch an den Stirnseiten (Übergang von den Töpfen zu den Rohren). Nicht zu zaghaft hämmern. Klingt es bei jedem Schlag hell, ist das Blech noch gesund. Wird das Klopfgeräusch an manchen Stellen dumpfer, ist die Außenhaut bereits geschwächt und wird bald durchbrechen.

☞ Ein sehr dumpfer Auspuffton und Knallen im Schiebebetrieb können auf einen durchgerosteten Auspuff hinweisen.

■ Dichtheit der Auspuffanlage prüfen (nachfolgende Anleitung).

Abgasanlage auf Dichtheit prüfen

■ Motor starten und mit Leerlaufdrehzahl laufen lassen.

■ Auspuffendrohr für die Dauer der Dichtheitsprüfung verschließen (Lappen, Stöpsel). Der Motor kann ausgehen. Grundsätzlich sollten Sie keine lauten Zischgeräusche wahrnehmen können.

■ Verbindungsstellen Zylinderkopf/Abgaskrümmer, Abgasturbolader/ Abgasvorrohr usw. durch Abhören auf Dichtheit prüfen. Gibt es zischelnde Geräusche an Verbindungsstellen, ist die Anlage an der Geräuschstelle undicht.

■ Festgestellte Undichtigkeiten beseitigen.

Endschalldämpfer alle Modelle

☞ Die Montagearbeiten für den Endschalldämpfer unterscheiden sich für die einzelnen Modelle nur unwesentlich. Wir stellen Ihnen an dieser Stelle eine allgemeingültige Beschreibung für die Vorarbeiten zur Verfügung.

Demontage des Schalldämpfers

Die Montagearbeit für den Endschalldämpfer unterscheidet sich kaum für die unterschiedlichen Ausführungen. Selbst die Ausführungen mit Doppelrohr erfordern keinen zusätzlichen Aufwand. Wir stellen Ihnen hier eine Beschreibung für alle Ausführungen zur Verfügung.

- Fahrzeug mit der Hebebühne anheben, Fahrzeug zwischen den Hebebühnensäulen ausrichten und die vier Aufnahmeteller an den vom Fahrzeughersteller vorgeschriebenen Hebebühnenaufnahmepunkten platzieren.
- Die Abgasanlage für die Montagearbeiten abkühlen lassen.
- Sprühen Sie das Gewinde der Schraube (1 im Bild 4) mit Rostlöser ein.
- Schelle (2) zum Katalysator lösen.
- Sprühen Sie die Auspuffgummis (4 und 7) mit Rostlöser ein.
- Schieben Sie das Auspuffgummi (4) bis etwa 1 cm vom Halter herunter.
- Schieben Sie das Auspuffgummi (7) vom Halter herunter.
- Halten Sie den Auspufftopf (5) fest und nehmen Sie den Auspufftopf aus dem Auspuffgummi (4) heraus.
- Nehmen Sie den Auspufftopf heraus.

Die Montage erfolgt sinngemäß in umgekehrter Reihenfolge.

- Achten Sie darauf, dass weder Schalldämpfer noch Abgasrohr irgendwo an der Karosserie anliegen oder anschlagen.
- Verwenden Sie etwas Auspuffmontagepaste für die Verbindung zwischen Endschalldämpfer und Abgasrohr.
- Prüfen Sie die Dichtigkeit der Abgasanlage wie bereits beschrieben.

Prüfen Sie die Dichtigkeit der Motorabdeckung oben.

Nach Montagearbeiten an der Abgasanlage darauf achten, dass die Abgasanlage nicht verspannt wird und ausreichend Abstand zum Aufbau hat. Gegebenenfalls Klemmschelle lösen und Schalldämpfer und Abgasrohr so ausrichten, dass überall ausreichend Abstand zum Aufbau vorhanden ist und die Aufhängungen gleichmäßig belastet werden.

Selbstsichernde Muttern sind grundsätzlich zu ersetzen.

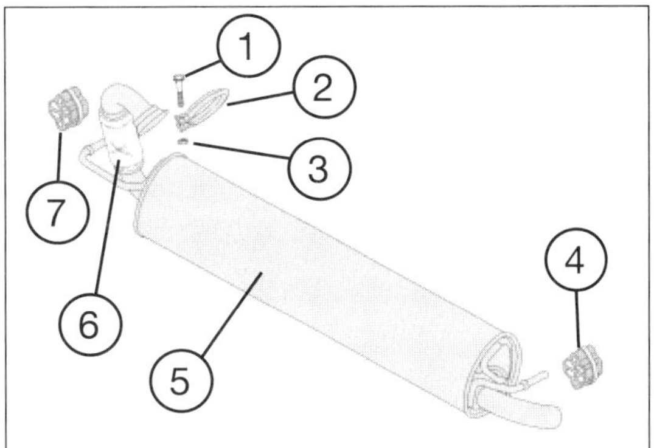

Bild 4

Bild 4
Schalldämpfer in der Übersicht:
1 Schraube
2 Schelle
3 Mutter
4 Auspuffgummi rechts
5 Auspufftopf
6 Flexrohr
7 Auspuffgummi links

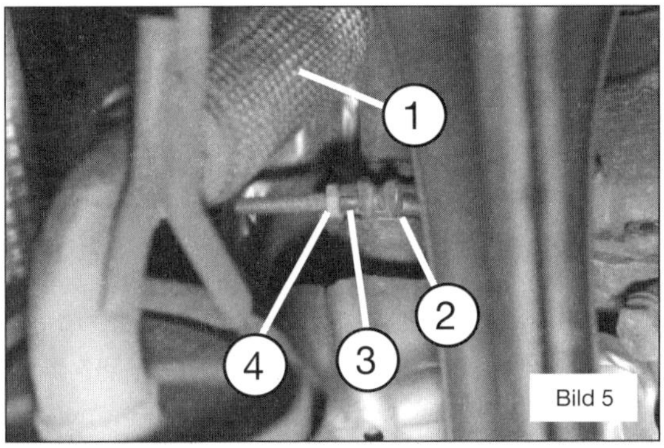

Bild 5

Bild 5
Schelle zwischen Schalldämpfer und Katalysator.
1 Flexrohr
2 Schraube
3 Schelle zwischen Katalysator und Auspuffrohr
4 Mutter

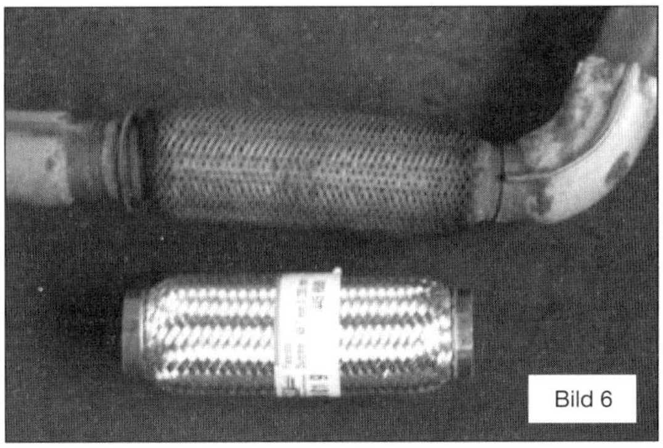

Bild 6

Bild 6
Reparatureinsatz für das Flexstück am Schalldämpfer.

Flexstück ersetzen

- Fahrzeug mit der Hebebühne anheben, Fahrzeug zwischen den Hebebühnensäulen ausrichten und die vier Aufnahmeteller an den vom Fahrzeughersteller vorgeschriebenen Hebebühnenaufnahmepunkten platzieren.
- Bauen Sie den Schalldämpfer wie bereits beschrieben aus.
- Beschaffen Sie sich ein passendes Flexrohr (Bild 6) im Zubehör. Als Originalteil ist es nicht lieferbar. Hier ist lediglich der Ersatz des Schalldämpfers vorgesehen.
- Markieren Sie die Einbauposition der Auspuffrohrstücke zum Flexrohr.
- Trennen Sie das Flexrohr entsprechend

Bild 7
Katalysator beim Saugermotor:
1 Krümmerdichtung
2 Mutter
3 Katalysator
4 Abschirmung oben
5 Schraube
6 Muttern
7 Schrauben
8 Abschirmung unten
9 Schrauben

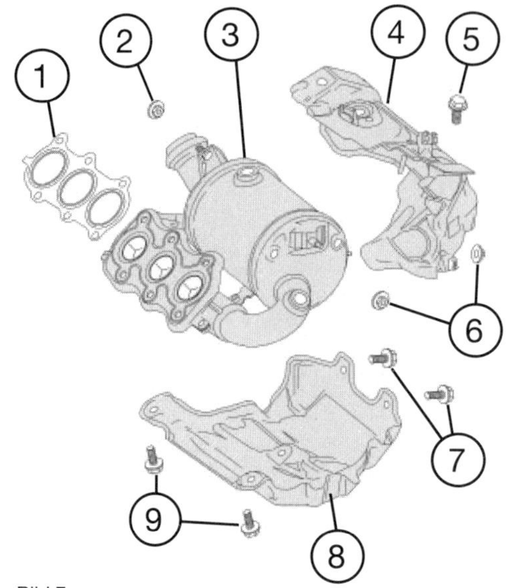

Bild 7

der Länge des Flexrohrers aus dem Endschalldämpfer heraus.

Führen Sie die Schnitte möglichst gerade aus.

- Verschweißen Sie zuerst die eine Seite des Auspuffrohrs mit dem Flexrohr.
- Richten Sie das noch lose Auspuffrohrstück entsprechend Ihrer Markierung aus.
- Verschweißen Sie das zweite Auspuffrohrstück mit dem Flexrohr.
- Versiegeln Sie die Schweißnähte mit etwas Zinkspray.
- Bauen Sie die Auspuffanlage wieder ein.
- Verwenden Sie etwas Auspuffmontagepaste für die Verbindung zwischen Endschalldämpfer und Abgasrohr.
- Prüfen Sie die Dichtigkeit der Abgasanlage wie bereits beschrieben.

Katalysator aus- und einbauen

Vorarbeiten für alle Fahrzeuge

- Prüfen Sie die Dichtigkeit der Auspuffanlage vor der Demontage.
- Lesen Sie den Fehlerspeicher aus.
- Fahrzeug mit der Hebebühne anheben,

Das Fahrzeug zwischen den Hebebühnensäulen ausrichten und die vier Aufnahmeteller an den vom Fahrzeughersteller vorgeschriebenen Hebebühnenaufnahmepunkten platzieren.

- Öffnen Sie die Motorabdeckung und nehmen Sie sie heraus.
- Sichern Sie den Teppich im Kofferraum gegen Zurückklappen.
- Bauen Sie den Auspuff wie bereits beschrieben ab.
- Lassen Sie den Motor abkühlen.

Saugmotoren (Bild 7)

- Bauen Sie das obere Wärmeschutzblech (4) ab.
- Entriegeln Sie die Steckverbindung und klemmen Sie die Vorkatsonde und die Nachkatsonde ab.
- Demontieren Sie so weit vorhanden das obere Wärmeschutzblech (4) ab.
- Demontieren Sie die beiden Halter des Katalysators am Zylinderkopf.
- Sprühen Sie die Verschraubungen am Zylinderkopf für den Katalysator mit Rostlöser ein und lassen Sie den Rostlöser einwirken.
- Drehen Sie die Muttern am Zylinderkopf zum Katalysator ab.
- Nehmen Sie den Katalysator zusammen mit den Lambdasonden nach unten heraus.
- Nehmen Sie die Dichtung (1) von den Bolzen im Zylinderkopf ab.

Die Montage erfolgt sinngemäß in umgekehrter Reihenfolge.

- Verwenden Sie grundsätzlich eine neue Dichtung.
- Achten Sie darauf, dass weder Katalysator noch Abgasrohr irgendwo an der Karosserie anliegen oder anschlagen.
- Verwenden Sie etwas Auspuffmontagepaste für die Verbindung zwischen Mittelschalldämpfer und Katalysator.
- Prüfen Sie die Dichtigkeit der Abgasanlage wie bereits beschrieben.
- Die Gewinde der Lambdasonden nach KAT und vor KAT mit Paste bestreichen, wenn sie demontiert wurden.
- Alle selbstsichernde Muttern erneuern.

Nach Montagearbeiten an der Abgasanlage darauf achten, dass die Abgasanlage nicht verspannt wird und ausreichend Abstand zum Aufbau hat.

- Gegebenenfalls Klemmschelle lösen, Schalldämpfer und Abgasrohr so ausrichten, dass überall ausreichend Abstand zum Aufbau vorhanden ist und die Aufhängungen gleichmäßig belastet werden. Selbstsichernde Muttern müssen ersetzen werden.

Turbomotoren (Bild 8)

■ Bauen Sie das obere Wärmeschutzblech 2) ab.
■ Entriegeln Sie die Steckverbindung und klemmen Sie die Vorkatsonde und die Nachkatsonde ab.
■ Demontieren Sie, soweit vorhanden, das obere Wärmeschutzblech (4).
■ Demontieren Sie von unten den Halter am Turbolader, um den Zugang zur Schelle zwischen Turbolader und Katalysator zu ermöglichen.
■ Lösen Sie die Befestigung des Katalysators am Zylinderkopf.
■ Sprühen Sie die Verschraubungen für den Katalysator und die Schraube (4) mit Rostlöser ein und lassen Sie den Rostlöser einwirken.
■ Drehen Sie die Mutter (5) ab.
■ Nehmen Sie die Schraube (4) heraus.
■ Nehmen Sie die Schelle (6) zwischen Turbolader und Katalysator mit der Dichtung (3) nach unten heraus.

Die Montage erfolgt sinngemäß in umgekehrter Reihenfolge.
■ Verwenden Sie grundsätzlich eine neue Dichtung.
■ Montieren Sie den Katalysator zuerst lediglich handfest, dass sie ihn noch bewegen können und richten Sie ihn aus, wenn alle Katalysatorverschraubungen montiert sind.
■ Achten Sie darauf, dass weder Katalysator noch Abgasrohr irgendwo an der Karosserie anliegen oder anschlagen.
■ Verwenden Sie etwas Auspuffmontagepaste für die Verbindung zwischen Mittelschalldämpfer und Katalysator.
■ Prüfen Sie die Dichtigkeit der Abgasanlage wie bereits beschrieben.
■ Die Gewinde der Lambdasonden nach KAT und vor KAT mit Paste bestreichen, wenn sie demontiert wurden.
■ Alle selbstsichernde Muttern erneuern.

⚠ Nach Montagearbeiten an der Abgasanlage darauf achten, dass die Abgasanlage nicht verspannt wird und ausreichend Abstand zum Aufbau hat.

■ Gegebenenfalls Klemmschelle lösen, Schalldämpfer und Katalysator so ausrichten, dass überall ausreichend Abstand zum Aufbau vorhanden ist und die Aufhängungen gleichmäßig belastet werden.

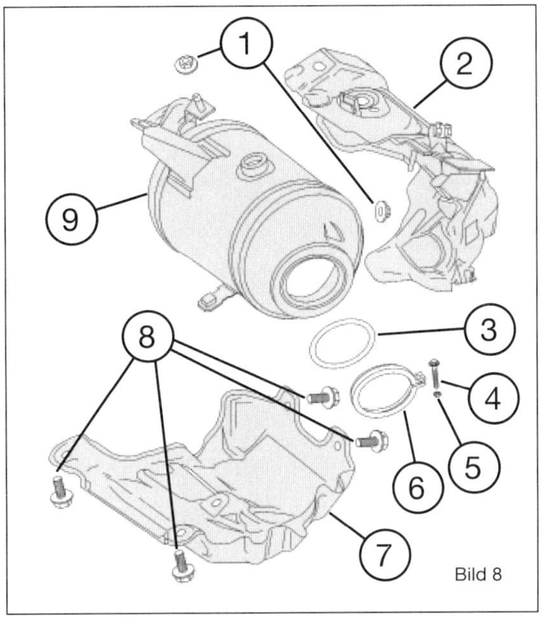

Bild 8

Bild 8
Katalysator beim Saugermotor:
1 Muttern
2 Abschirmung oben
3 Dichtung
4 Schraube
5 Mutter
6 Schelle
7 Abschirmung unten
8 Schrauben
9 Katalysator

Bild 9

Bild 9
Einbaulage der Auspuffgummis:
1 Auspuffrohr
2 Auspuffgummi
3 Halter an der Karosserie

Abgasanlage spannungsfrei einrichten

■ Der Motor muss kalt sein.
■ Verschraubungen der Klemmschellen lösen.
■ Die Schraube handfest anziehen.
■ Die Abgasanlage so ausmitteln, dass diese nirgends gegenstößt und spannungsfrei sitzt.

☞ Die Haltegummis der Abgasanlage sollten möglichst nicht in ihre Aufsteckrichtung gezogen werden.

■ Die Verschraubungen der Schellen und Klemmhülsen sollten so ausgerichtet werden, dass sie möglichst nicht nach unten herausstehen.
■ Nach dem Anziehen der Klemmschellen die Freigängigkeit der Auspuffanlage prüfen und gegebenenfalls korrigieren.
■ Achten Sie darauf, dass das Flexstück im Übergang zwischen Abgasanlage und Kata-

Sichtprüfung Messen

Bild 10
Ladedruckregelung über das Wastegate-Ventil:
1 Zur Abgasanlage
2 Verdichterrad
3 Abgasstrom (vom Motor)
4 Steller für Ladedruck
5 Wastegate-Ventil
6 Teilabgasstrom, wenn das Wastegate geöffnet ist

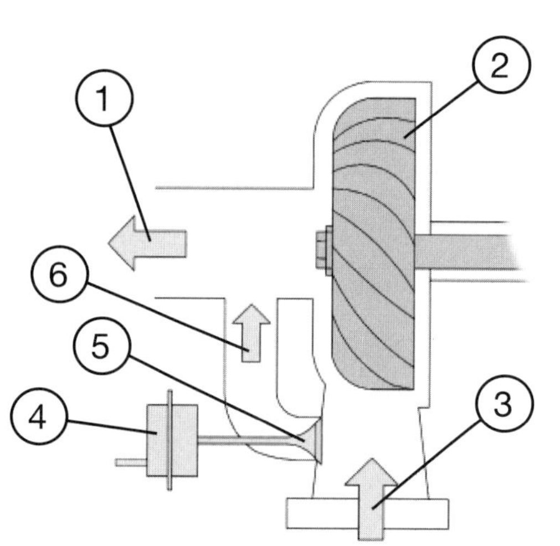

Bild 10

Bild 11
Staudruckabbau bei geschlossener Drosselklappe oder reduzierten Einlassventilen:
1 Turbinenrad
2 vom Luftfilter
3 Teilfrischgasstrom, wenn das Druckumluftventil (Blow-off) geöffnet ist
4 Steller für das Druckumluftventil
5 Druckumluftventil
6 zum Ladeluftkühler

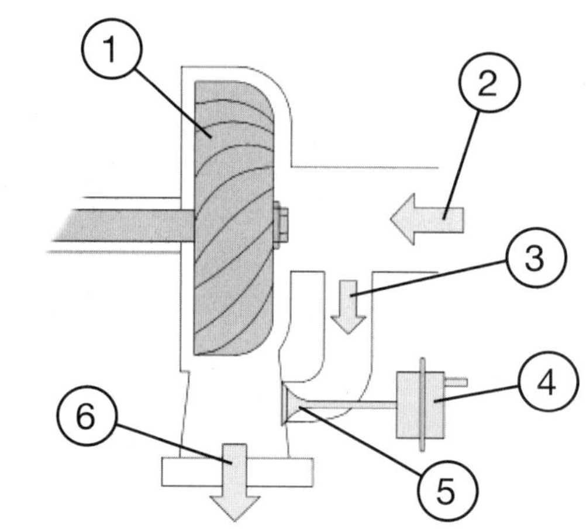

Bild 11

lysator nicht verdreht montiert wurde oder unter Spannung steht.

■ Prüfen Sie abschließend die Dichtheit der Auspuffanlage.

Aufladesysteme beim Smart

Wastegateventil (Bypass-Ventil)
Das Wastegate-Ventil (5 im Bild 10) ist das Ladedruckregelventil. Über den Druck- und Temperatursensor im Ansaugtrakt wird der Ladedruck erfasst. Ist der Ladedruck erreicht, wird über das Motorsteuergerät ein Magnetventil angesteuert, das dann über aufgeschalteten Druck das Wastegateventil öffnet. Ein Teil des Abgasstromes wird über das Wastegate abgeleitet und dadurch die Laderdrehzahl abgesenkt. Im Rahmen der Wartung sollte regelmäßig der Zustand der Regelstange, der Gelenke und die Dichtigkeit von Zuleitungen und der Druckdose selbst geprüft werden.
In vielen Fällen mit der Fehlermeldung im Fehlerspeicher »Ladedruck/Saugrohrdruck Regelgrenze überschritten« ist eine schwergängige Ansteuerung oder eine defekte Druckdose als Ursache festzustellen. Die Prüfung des Ventils werden wir in diesem Kapitel unter der Überschrift »Arbeiten am Aufladesystem« beschreiben.

Druckumluftventil (Blow-Off-Ventil)
Im 0,9-l-Smart ist ein kleiner und moderner Turbomotor verbaut. Modern auch hinsichtlich der Ladedruckregelung. Erkennbar schon am Druckumluftventil (Blow-Off-Ventil) (5 im Bild 11), das in der Serie zur Entlastung des Laders verwendet wird. Wenn beim Beschleunigen durch den Lader Druck aufgebaut wird und dann im Gangwechsel die Drosselklappe oder die Einlassventile geschlossen werden, entsteht ein Staudruck, der den Turbolader einbremst und so nicht nur den anstehenden Ladedruck vernichtet, indem die Laderdrehzahl stark abfällt. Das Abbremsen belastet die Leitschaufeln des Turbinenrades, Wellen und Lager deutlich mehr, was die Lebensdauer des Laders verkürzt. Ursprünglich kommt das Druckumluftventil aus dem Motorsport. Hier sollte der Lader auf Drehzahl gehalten werden, um nach der Kurve den Ladedruck wieder voll nutzen zu können. Für die Serienfahrzeuge spielt die Lebensdauer des Laders und auch das Abgasverhalten eine gewichtige Rolle. Ein defektes Druckumluftventil kann für zu geringen Ladedruck und Leistungsverlust verantwortlich sein. Die Prüfung des Ladedrucks werden wir in diesem Kapitel unter der Überschrift »Arbeiten am Aufladesystem« beschreiben.

Turbolader aus- und einbauen

Die Ansteuerung beider Ventile am Abgasturbolader erfolgt über elektromechanische Stellmotoren. Die Ansteuerung kann derzeit nur mit der Mercedes-Software im Stellgliedtest durchgeführt werden.

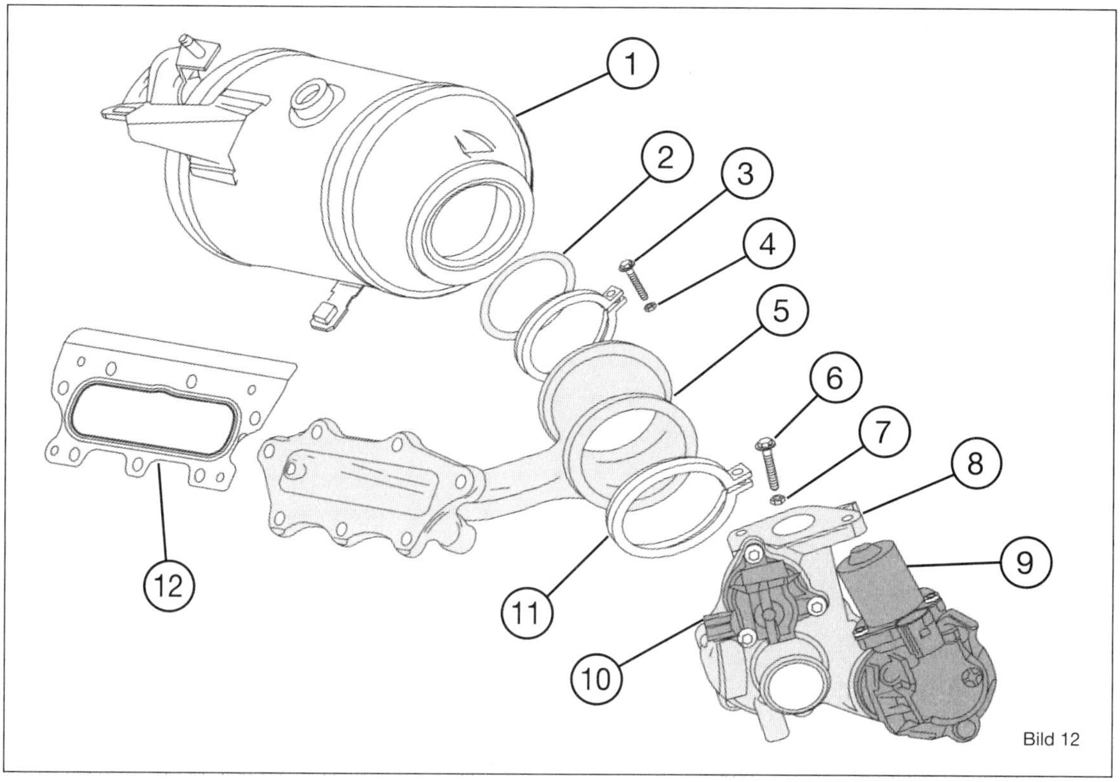

Bild 12
Turbolader in der Montageübersicht:
1 Katalysator
2 Dichtung
3 Schraube
4 Mutter
5 Krümmer mit Abgasgehäuse
6 Schraube
7 Mutter
8 Turbolader (Turbinengehäuse)
9 Wastegate-Steller
10 Blow-Off-Steller
11 Schelle
12 Krümmerdichtung

Die Reaktionszeit der Relais ist deutlich schneller geworden und lässt so eine präzisere Ansteuerung zu.

- Fahrzeug mit der Hebebühne anheben, Fahrzeug zwischen den Hebebühnensäulen ausrichten und die vier Aufnahmeteller an den vom Fahrzeughersteller vorgeschriebenen Hebebühnenaufnahmepunkten platzieren.
- Öffnen Sie die Motorabdeckung und nehmen Sie sie heraus.
- Sichern Sie den Teppich im Kofferraum gegen Zurückklappen.
- Den Motor und die Abgasanlage für die Montagearbeiten abkühlen lassen.
- Demontieren Sie den Hitzeschutz oben (2 im Bild 8) und den Hitzeschutz unten (7).
- Bauen Sie den Auspuff wie bereits beschrieben ab.
- Demontieren Sie den Katalysator wie bereits beschrieben.
- Öffnen Sie den Kühlerverschlussdeckel eine viertel Umdrehung und bauen Sie so den Überdruck im Kühlsystem ab.
- Entsichern Sie die Sicherungsklammer (1 im Bild 13) am Regelgestänge (2) zum Wastegate und nehmen Sie die Regelklappe vom Betätigungshebel im Krümmer (5 im Bild 12) ab.
- Entsichern Sie die Sicherungen der

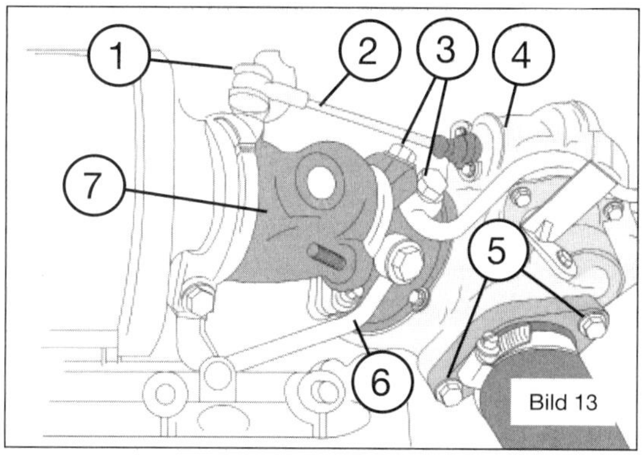

Bild 13
Ansicht Turbolader von oben ohne Hitzeschutzblech:
1 Sicherungsklammer
2 Regelgestänge
3 Kühlmittelanschlüsse
4 Turbinengehäuse
5 Schrauben
6 Ölzulaufleitung
7 Krümmer mit Abgasgehäuse

Steckkontakte und ziehen Sie die Stecker zum Wastegate (10) und zum Druckumluftventil (9) ab.

- Klemmen Sie die beiden Kühlmittelleitungen zum Turbolader (3 im Bild 13) am Schlauchanschluss mit Schlauchklemmen ab.
- Lösen Sie die beiden Schlauchschellen zum Turbolader und ziehen Sie die Schläuche ab.
- Fangen Sie austretende Kühlmittelreste auf und entsorgen Sie sie fachgerecht.
- Drehen Sie die beiden Schrauben für die Ölrücklaufleitung von unten los und nehmen Sie die Schrauben ab.
- Demontieren Sie die Ölrücklaufleitung.

Tipp: Fangen Sie austretendes Restöl mit einem Lappen auf.

Sichtprüfung Messen

■ Bauen Sie von oben die Halterung zum Turbolader ab, um an die Schelle zwischen Turbolader und Katalysator zu gelangen.
■ Drehen Sie die Hohlschraube für die Öldruckversorgung (6) des Turboladers los und nehmen sie mit den beiden Dichtringen ab.
■ Drehen Sie die beiden Schrauben am Flansch zum Ladeluftschlauch (5) vom Turbolader heraus und legen Sie die Ladeluftleitung aus dem Arbeitsbereich heraus.

Verschließen Sie die Ladeluftleitung mit einem fusselfreien Lappen, um das Eindringen von Fremdteilen und Verschmutzungen zu verhindern.

■ Demontieren Sie die Schelle zwischen Abgaskrümmer und Turboladergehäuse.
■ Nehmen Sie den Abgasturbolader nach unten heraus.

Die Montage erfolgt sinngemäß in umgekehrter Reihenfolge.
■ Prüfen Sie den Motorölstand mittels Ölmessstab und füllen Sie ihn falls erforderlich auf.
■ Füllen Sie etwas Öl in die Bohrung für die Hohlschraube für die Ölversorgung mit einem Ölkännchen ein.
■ Die Dichtfläche am Abgasturbolader und am Abgaskrümmer reinigen.
■ Alle selbstsichernden Muttern, die gelöst wurden, erneuern.
■ Lassen Sie den Motor zuerst einige Minuten im Leerlauf laufen, um sicherzustellen, dass die Ölversorgung zum Turbolader wieder gewährleistet ist.
■ Den Fehlerspeicher auslesen und soweit erforderlich abarbeiten und löschen.

Arbeiten am Ladeluftsystem

Auch die Arbeiten am Ladeluftsystem müssen mit großer Sorgfalt erfolgen. Ein Eindringen von Fremdpartikeln oder Verschmutzungen kann erhebliche Schäden zur Folge haben.

Kontrollen am Aufladungssystem
■ Verwenden Sie für die Sicherung der Schlauchverbindungen mit Schlauchschellen nur solche, die dem Serienstand entsprechen.

Schlauchstutzen und Schläuche für Ladeluftsystem müssen unbeschädigt und dicht sein. Geringe Ölspuren können im Laufe der Betriebszeit schon auftreten. Erheblichem Ölverlust muss aber nachgegangen werden.

■ Achten Sie auf die korrekte Lage der Anschlusskabel und Schläuche.
■ Die Ölversorgung und der Ablauf müssen dicht sein.

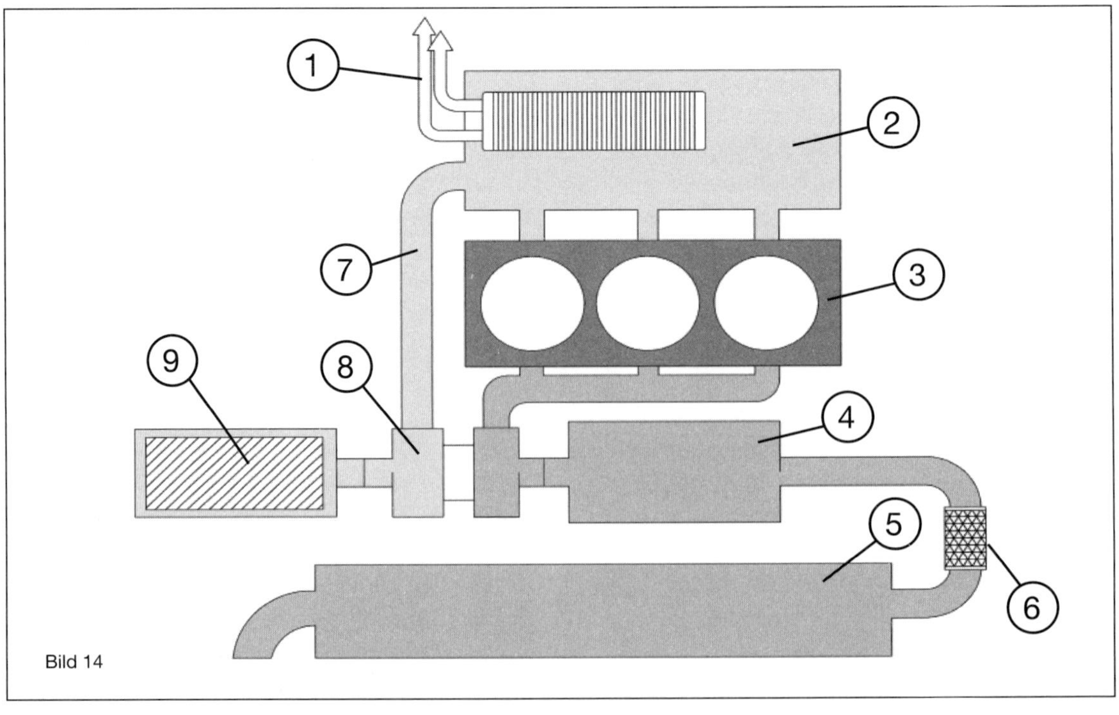

Bild 14
Ladeluftsystem beim Smart:
1 Wasseranschlüsse Ladeluftkühler
2 Ansaugtrakt (mit Ladeluftkühler)
3 Motor
4 Katalysator
5 Schalldämpfer
6 Flexstück
7 Ladedruckrohr
8 Turbolader
9 Luftfilter

■ Kühlmittelpumpe und Anschlüsse für den Kompressor müssen dicht sein.
■ Achten Sie auf die korrekte Befestigung der Abschirmbleche und der Geräuschdämmmatten.

Kontrolle des Ladedrucks mit der Druckmessuhr

Gerade dann, wenn der Saugrohrdrucksensor im Verdacht steht den Fehler zu verursachen, ist es erforderlich den Ladedruck über eine Druckmessuhr zur erfassen.
■ Demontieren Sie das Luftführungsrohr am Ansaugkrümmer.
■ Montieren Sie einen passenden Messadapter in die Ladeluftleitung und montieren Sie die Ladeluftleitung mit dem verbauten Messadapter.
■ Schließen Sie eine Druckmessuhr mit einem Messbereich von 5 bar über eine Schlauchverlängerung an.
■ Legen Sie die Messuhr in den Sichtbereich und führen Sie eine Probefahrt durch.
■ Der Ladedruck sollte bei 1,5-1,7 bar liegen.

Kontrolle des Ladedrucks mit dem Diagnosetester

Die Kontrolle des Ladedrucks kann am einfachsten über einen Diagnosetester erfolgen. Abweichungen vom Sollwert werden in der Regel vom Motorsteuergerät erkannt und im Fehlerspeicher abgelegt.

Das Ladedrucksystem Ihres Smart ist mit zwei Sensoren ausgerüstet. Abweichungen vom Sollwert werden in der Regel vom Motorsteuergerät erkannt und im Fehlerspeicher abgelegt.

Die Arbeitsschritte unterscheiden sich für die einzelnen Tester kaum.

■ Stecken Sie den OBD-Tester in die OBD-Anschlussdose ein.
■ Wählen Sie das Fahrzeug wie bereits auf der Seite 29 beschrieben an.
■ Wählen Sie das Motorsteuergerät »Motorsteuerung (EMS) an. Der Tester baut nun die Verbindung zu dem Steuergerät auf.
■ Wählen Sie die »Sensordaten« an.
■ Wählen Sie aus der Liste links den »Saugrohrdrucksensor« an.
■ Fahren Sie das Fahrzeug zusammen mit einem zweiten Mechaniker Probe.

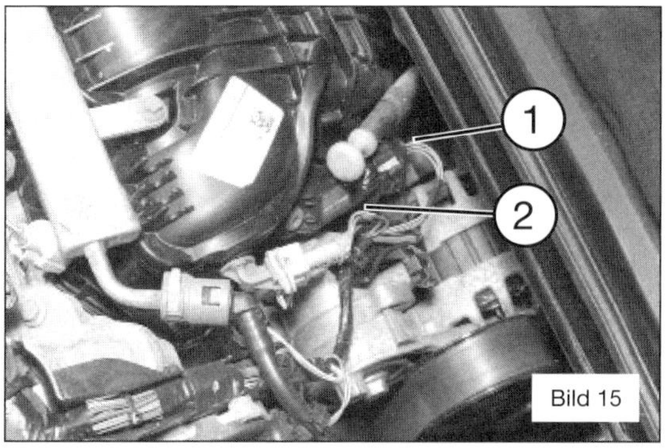

Bild 15
Sensor »nach der Drosselklappe« im Saugrohr:
1 Steckkontakt
2 Saugrohrdruckfühler

Bild 16
Sensor »vor der Drosselklappe« im Gehäuse des Ansaugschlauches:
1 Steckkontakt
2 Saugrohrdruckfühler

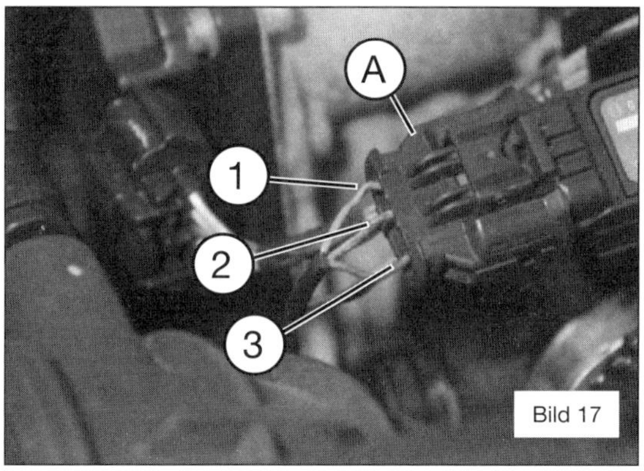

Bild 17
Anschlussstecker an den Sensoren:
A Steckergehäuse
1 Signal
2 Sensormasse (-5 V)
3 Sensorspannung (+5 V)

Beobachten Sie den Ladedruck und werten Sie ihn aus. Er sollte etwa 0,5-0,7 bar über dem Atmosphärendruck erreichen. Das entspricht einem Absolutdruck von 1,5-1,7 bar. Im Zweifel beide Sensoren mit dem Oszilloskop prüfen.

Signalbildauswertung mit dem Oszilloskop

Die Ladedrucksensoren (Saugrohrdruckfühler) sind vor und nach der Drosselklappe verbaut. Grundsätzlich handelt es sich um den gleichen Sensor. Sie können durchaus auch vertauscht werden. Die Beschreibung für die Prüfung der Sensoren haben wir bereits auf der Seite 106 unten dem Begriff »Saugrohrdruckfühler prüfen« ausgeführt.

Bild 18
Sensor 1 und 2 beim Öffnen der Drosselklappe:
A Sensor vor der Drosselklappe
B Sensor im Saugrohr
1 Leerlauf
2 Drosselklappe öffnet
3 Drosselklappe schließt
4 Unterdruck steigt durch die Drehzahl etwas an
5 mit etwas Ladedruck

Bild 19
Handpumpe zum Erzeugen von Unterdruck und Überdruck zur Prüfung der Druckdosen für Turbolader und AGR-Ventile.

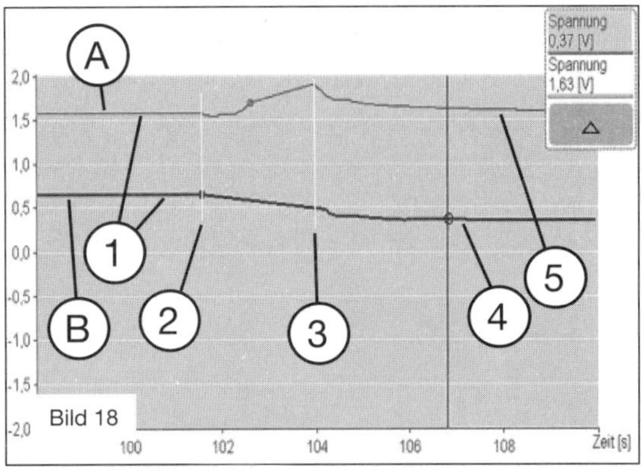

Bild 18

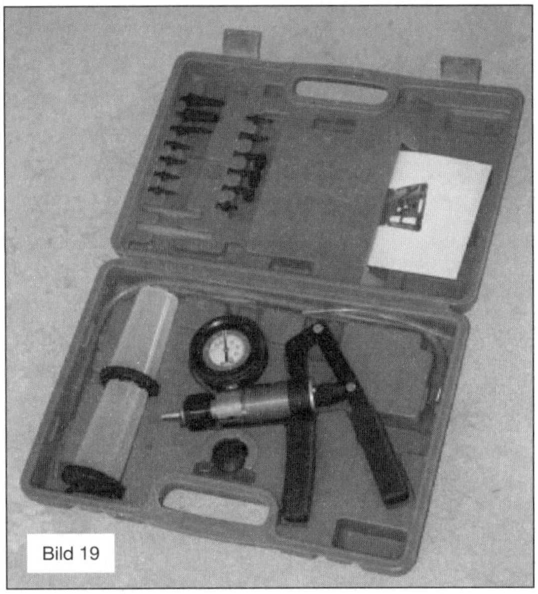
Bild 19

Prüfungen im eingebauten Zustand:

■ Öffnen Sie die Motorabdeckung und nehmen Sie sie heraus.

■ Sichern Sie den Teppich im Kofferraum gegen Zurückklappen.

■ Schließen Sie einen Messadapter an Pin 2 des Steckkontaktes des Saugrohrdruckfühlers nach der Drosselklappe (Bild 14) an.

■ Schließen Sie einen Messadapter an Pin 2 des Steckkontaktes des Saugrohrdruckfühlers vor der Drosselklappe (Bild 15) an.

■ Lassen Sie den Motor im Leerlauf laufen.

Die Messwerte unterscheiden sich bei geschlossener Drosselklappe deutlich.

■ Treten Sie das Gaspedal kurz voll durch. Der Motor muss dabei nicht voll ausdrehen.

Bei geöffneter Drosselklappe unterscheiden sich die Messwerte nur geringfügig.

Prüfungen mit der Handpumpe (Minivac):

Den Spannungsverlauf können Sie über den Anschluss des Saugrohrdrucksensors an der Handpumpe (Minivac) (Bild 19) beobachten.

■ Bauen Sie den zu prüfenden Sensor aus und schließen Sie den Messanschluss an die Handpumpe (Minivac) an.

■ Belassen Sie den Sensor am Kombistecker des Fahrzeugs aufgesteckt.

■ Schließen Sie einen Messadapter an Pin 2 des Steckkontaktes des Saugrohrdruckfühlers an.

■ Beaufschlagen Sie die den Sensor mit dem in der Tabelle angegebenen Druck und vergleichen Sie den am Anschluss 2 ausgegebenen Spannungswert mit dem in der Tabelle ausgegebenen Messwert.

Beobachten Sie auch den Verlauf der Messwertkurve. Sie darf keine Ausrisse nach oben oder unten aufweisen.

Druck	Spannung
- 0,4 bar	ca. 0,5 V
- 0,2 bar	ca. 1,0 V
0 bar	ca. 1,6 V
0,2 bar	ca. 1,8 V
0,4 bar	ca. 2,0 V
0,5 bar	ca. 2,1 V
0,6 bar	ca. 2,4 V
0,7 bar	ca. 2,6 V
0,8 bar	ca. 2,7 V
1,0 bar	ca. 3,0 V

Dichtigkeitsprüfung Bauteile und Leitungen im Ladedrucksystem

Ist der Ladedruck zu niedrig, muss nicht zwingend der Turbolader defekt sein.

Undichte oder gerissene Ladeluftleitung oder Schläuche, ein gerissener Ladeluftkühler oder ein undichtes Druckumluftventil kommen hier auch infrage. Auch die Dichtungen rund um den Ansaugkrümmer müssen in Augenschein genommen werden.

Akustische Kontrolle:

■ Lassen Sie den Motor einige Minuten im Leerlauf laufen und beschleunigen Sie ihn mehrfach aus dem Stand heraus auf etwa 4000 1/min.

■ Hören Sie die Ladeluftleitungen zwischen Turbolader und Ladeluftkühler sowie zum Ansaugkrümmer ab.

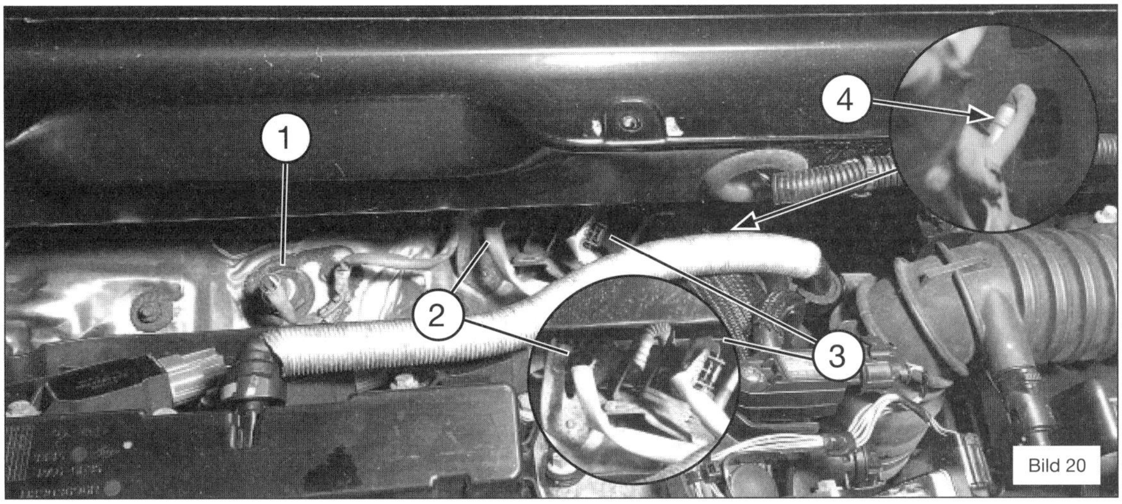

Bild 20
Einbauposition der beiden Lambdasonden:
1 Vorkatsonde
2 Steckkontakt Vorkatsonde
3 Steckkontakt Nachkatsonde
4 Nachkatsonde

Achten Sie auf Zischgeräusche oder/und auf einen Luftstrom.

Dichtigkeitsprüfung über Luftdruck:

- Demontieren Sie den Luftfilterkasten komplett.
- Demontieren Sie das Luftführungsrohr am Ansaugkrümmer.
- Verschließen Sie das Luftführungsrohr zum Ansaugkrümmer mit einem passenden Verschlussstopfen.
- Schließen Sie einen passenden Verschlussstopfen mit Luftanschluss am Luftfilteranschluss zum Turbolader an.
- Beaufschlagen Sie das Ladeluftsystem mit etwa 2,0 bar Druckluft über einen Druckminderer.
- Hören Sie die Ladeluftleitungen zwischen Turbolader und Ladeluftkühler sowie zum Ansaugkrümmer ab.

Achten Sie auf Zischgeräusche und/oder auf einen Luftstrom.

Arbeiten an den Lambdasonden

Demontage der Lambdasonden
Die Sonde ist beim Saugermotor im Abgasrohr am Katalysator verschraubt. Beim Turbomotor ist sie im Krümmer mit Abgasgehäuse verschraubt.

Ausbau der Vorkatsonde:

- Öffnen Sie die Motorabdeckung und nehmen Sie sie heraus.
- Sichern Sie den Teppich im Kofferraum gegen Zurückklappen.
- Lassen Sie den Motor und die Abgasanlage für die Montagearbeiten abkühlen.
- Lesen Sie den Fehlerspeicher aus.
- Legen Sie die Steckkontakte frei.
- Entsichern Sie die Steckkontakte und ziehen Sie sie ab.
- Drehen Sie die Lambdasonde mit einem genau passenden Schlüssel (am besten ein Sechskant-Rohrschlüssel) los.
- Nehmen Sie die Lambdasonde heraus.

Die Montage erfolgt sinngemäß in umgekehrter Reihenfolge.

- Die Gewinde der Lambdasonde vor der Montage mit Paste bestreichen.

Achten Sie darauf, lediglich das Gewinde und nicht die Messöffnungen zu bestreichen.

- Verlegen Sie die Anschlusskabel in der Position, wie sie im Originalzustand gelegen haben.

Ausbau der Nachkatsonde:

- Öffnen Sie die Motorabdeckung und nehmen Sie sie heraus.
- Sichern Sie den Teppich im Kofferraum gegen Zurückklappen.
- Den Motor und die Abgasanlage für die Montagearbeiten abkühlen lassen.
- Lesen Sie den Fehlerspeicher aus.
- Legen Sie die Steckkontakte frei.
- Entsichern Sie die Steckkontakte und ziehen Sie sie ab.
- Hängen Sie das linke Auspuffgummi aus und senken Sie den Auspuff vorsichtig auf der linken Seite nach unten ab.

⚠ Achten Sie darauf, das Flexrohr der Schalldämpfers nicht zu überdehnen oder zu beschädigen.

- Drehen Sie die Lambdasonde mit einem genau passenden Schlüssel (am besten ein Sechskant-Rohrschlüssel) los.
- Nehmen Sie die Lambdasonde heraus.

Die Montage erfolgt sinngemäß in umgekehrter Reihenfolge.

- Die Gewinde der Lambdasonde vor der Montage mit Paste bestreichen.

☞ Achten Sie darauf, lediglich das Gewinde und nicht die Messöffnungen zu bestreichen.

- Verlegen Sie die Anschlusskabel in der Position, wie sie im Originalzustand gelegen haben.

Prüfung der Lambdasondenheizung

Um das Erreichen der Betriebstemperatur der Lambdasonde zu beschleunigen, sind beide Sonden elektrisch beheizt.

- Lesen Sie grundsätzlich zuerst den Fehlerspeicher des Motorsteuergerätes aus und arbeiten Sie ihn gegebenenfalls ab.

Widerstandsmessung der Heizung der Vorkatsonde (Spannungssprungsonde):

- Legen Sie die Anschlussstecker frei.

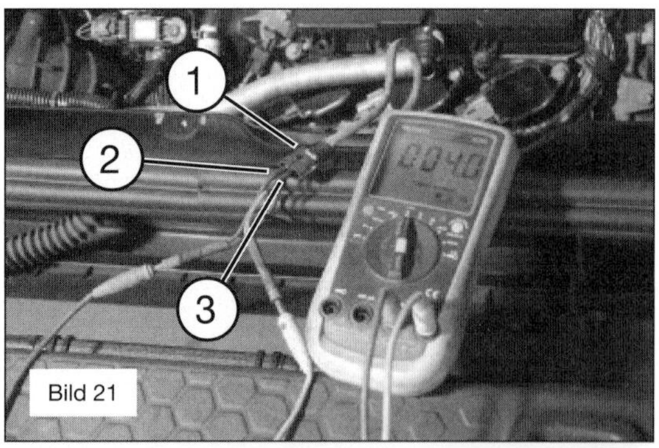

Bild 21
Prüfung der Sondenheizung:
1 Anschlussstecker
2 Anschlusspin 4
3 Anschlusspin 3

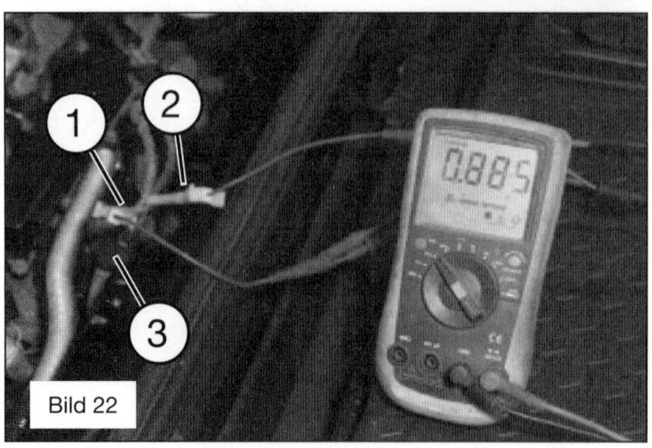

Bild 22
Sondenauswertung über das Multimeter (das Oszilloskop wird auch so angeschlossen):
1 Adapter am Anschlusspin 1
2 Adapter am Anschlusspin 2
3 Anschlussstecker

- Betätigen Sie die Steckerraste und ziehen Sie den Steckkontakt ab.
- Schließen Sie an PIN 3 und am Pin 4 ein Multimeter an. Zumeist handelt es sich um ein rotes und ein weißes Anschlusskabel.

☞ Sie sollten einen Widerstand bei kalter Sonde von 2-4 Ohm messen können.

Widerstandsmessung der Heizung der Nachkatsonde (Breitbandsonde):

- Legen Sie die Anschlussstecker frei.
- Betätigen Sie die Steckerraste und ziehen Sie den Steckkontakt ab.
- Schließen Sie an PIN 3 und am Pin 4 ein Multimeter an. Zumeist handelt es sich um ein rotes und ein weißes Anschlusskabel.

☞ Sie sollten einen Widerstand bei kalter Sonde von 2-4 Ohm messen können.

Prüfung des Lambdasondensignals

Die Prüfung des Sondensignals ist grundsätzlich für die Messsonde als auch die Vorkatsonde sinnvoll. Die Nachkatsonde ist als Monitorsonde ausgelegt und überwacht die Funktion der Abgasregelung. Die Messung ist neben dem Oszilloskop auch mit einem Multimeter möglich.

- Öffnen Sie die Motorabdeckung und nehmen Sie sie heraus.
- Sichern Sie den Teppich im Kofferraum gegen Zurückklappen.
- Den Motor und die Abgasanlage für die Montagearbeiten abkühlen lassen.
- Lesen Sie den Fehlerspeicher aus.
- Legen Sie die Steckkontakte frei.
- Entsichern Sie die Steckkontakte und ziehen Sie sie ab.
- Schließen Sie einen Messadapter auf Pin 1 (Schwarz = Messwert) und 2 an.
- Wählen Sie einen Spannungsbereich von 2 V für das Multimeter aus. Ein »Autorange«-Gerät wie im Bild 22 wählt den Messbereich selbsttätig.
- Lassen Sie den Motor mit etwa 1500 bis 2000 Umdrehungen laufen.

☞ Das Messergebnis sollte bei betriebsbereiter Lambdasonde (nach einigen Minuten mit erhöhter Leerlaufdrehzahl) zwischen 0,2 V (mager) und 0,9 V (fett) liegen. Im Regelfall pendelt sich der Spannungswert zwischen 0,8 V und 0,9 V ein.

10 Kraftübertragung

Getriebetypen beim Smart 453

Zum System der Kraftübertragung bei Fahrzeugen mit Schaltgetriebe gehören Getriebe, Kupplung und Achsantrieb. Damit alle Akteure perfekt zusammenarbeiten und die vom Motor produzierte Leistung an die Antriebsräder übertragen, sind sie durch Gelenke, Wellen und Zahnräder miteinander verbunden. Welche Kraft tatsächlich an den Rädern benötigt wird, hängt davon ab, was dem Fahrzeug während der Fahrt abverlangt wird. Der Motor bietet jedoch nur in einem begrenzten Drehzahlbereich eine verwertbare Leistung an. Damit der Wagen beim Beschleunigen und bei Bergfahrten trotzdem genügend Zugkraft entwickelt, ist das Getriebe nötig. Mit seinen verschiedenen Gängen gewährleistet es eine jeweils passende Übersetzung. Je nach Motor werden vier verschiedene Getriebe verbaut. Gerade beim Ersetzen des Getriebes aus dem Gebrauchtmarkt ist es wichtig, die Getriebe unterscheiden zu können.

Besonderheiten beim Smart
Aus der Modellhistorie heraus muss ein Smart eigentlich ein Fahrzeug mit automatischem oder zumindest halb automatischem Getriebe sein. Auch das zuweilen abenteuerliche Zusammenspiel der Schalt- und Kupplungsaktoren gehörte immer irgendwie zu dem Kleinwagen. Der 453 setzt nun auch hier ganz neue Grenzen. Neben einem DSG-Getriebe gibt es auch ein 5-Gang-Schaltgetriebe mit manueller Betätigung.

Ölwechsel am Getriebe

Das Getriebeöl grundsätzlich nur bei betriebswarmem Getriebe (2) ablassen. Austretendes Getriebeöl in einem geeigneten Behälter auffangen. Das Getriebeöl immer vollständig ablaufen lassen.

- Das Fahrzeug mit der Hebebühne anheben.

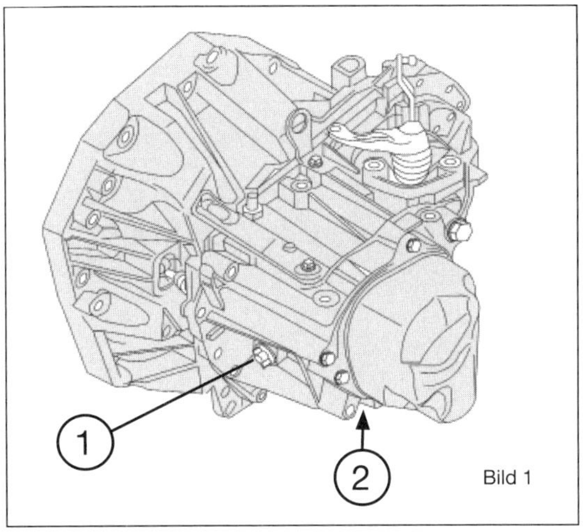

Bild 1

Bild 1
Fünfganggetriebe im Smart mit Handschaltung:
1 Öleinfüll- und Kontrollschraube
2 Ölablassschraube

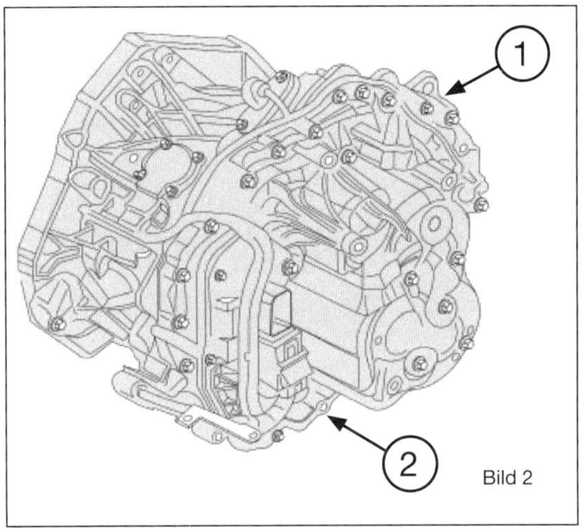

Bild 2

Bild 2
6-Gang-DSG-Getriebe im Smart Automatik:
1 Öleinfüll- und Kontrollschraube
2 Ölablassschraube

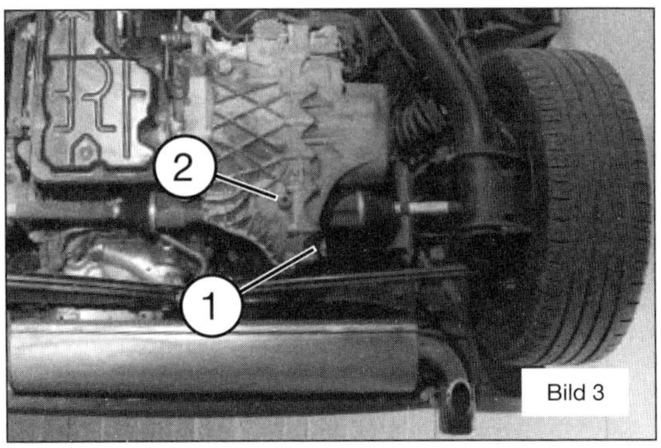

Bild 3

Bild 3
Die Ölablass- und auch die Einfüllschraube sind beim 6-Gang- DSG-Getriebe im Smart Automatik von unten zugänglich:
1 Öleinfüllschraube
2 Ölablassschraube

Das Fahrzeug zwischen den Hebebühnensäulen ausrichten und die vier Aufnahmeteller an den vom Fahrzeughersteller vorgeschriebenen Hebebühnenaufnahmepunkten platzieren.

- Die Umgebung der Öleinfüllschraube (2 im Bild 3) am Getriebe reinigen und die Öleinfüllschraube herausschrauben.
- Ölablassschraube (2) herausschrauben und Getriebeöl ablassen.
- Die Ölablassschraube (2) im Getriebe einschrauben und anziehen.

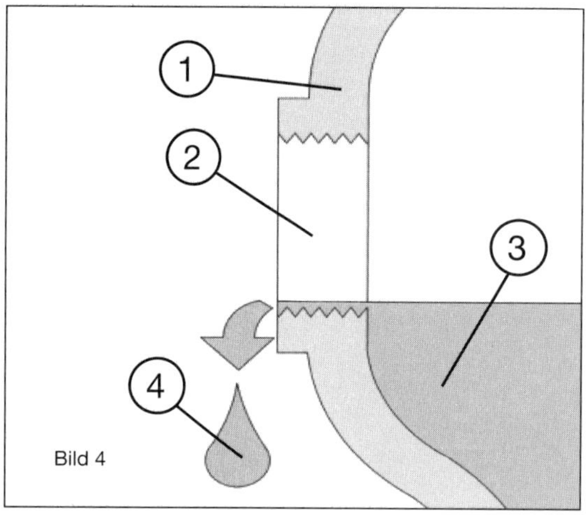

Bild 4

Bild 4
Ölfüllmenge ist beim Überlauf aus der Einfüllschraube erreicht:
1 Getriebegehäuse
2 Einfüllöffnung
3 Getriebeölfüllung
4 Abtropfendes Getriebeöl bei erreichtem Füllstand

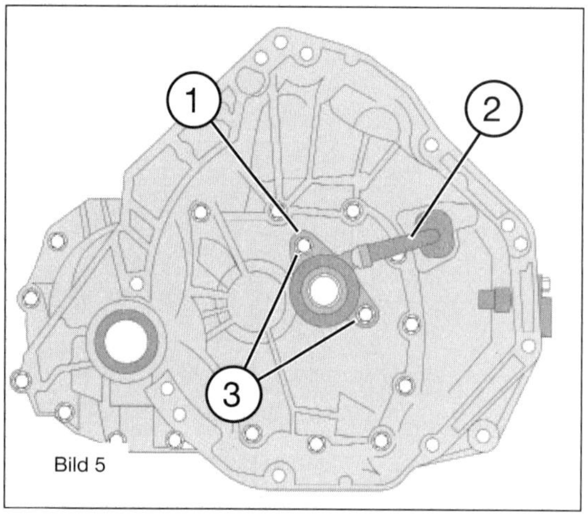

Bild 5

Bild 5
Zentralausrücker beim manuellen Schaltgetriebe:
1 Zentralausrücker
2 Anschlussrohr
3 Schrauben

- Das Getriebeöl bis zur Unterkante der Einfüllöffnung einfüllen.
- Überschüssiges Getriebeöl (3 im Bild 4) abtropfen (4) lassen.
- Die Öleinfüllschraube (2 im Bild 3) am Getriebe festschrauben.
- Das Fahrzeug mit der Hebebühne absenken.

Manuelles Schaltgetriebe

Viskosität	75W80 synthetisch
Smart-Freigabe	(PSA) B71 2330 MB 235.10
Füllmenge	2,6 l

Automatisches DSG-Getriebe (Doppelkupplungsgetriebe)

Viskosität	75W80 synthetisch
Smart-Freigabe	MB 235.73
Füllmenge	1,7 l

Montagearbeiten am Getriebe

Die Demontage des Getriebes erfordert einige spezielle Werkzeuge und auch Erfahrung in der Montage. Im Rahmen dieses Buches gehen wir nur auf Arbeiten ein, die üblicherweise in privater Hand von Schraubern angegangen werden. Hinzu kommt, dass der Umfang der Arbeitsbeschreibungen für die Demontage den Rahmen dieses Buches sprengen würde.

Zentralausrücker aus- und einbauen

- Bauen Sie das Getriebe aus.

⚠ Das Kupplungspedal darf jetzt nicht mehr betätigt werden.

- Drehen Sie die Schrauben (3 im Bild 5) heraus.
- Nehmen Sie den Zentralausrücker (1) zusammen mit dem Anschlussrohr mit dem Staubschutzgummi aus der Getriebeglocke heraus.

Die Montage erfolgt sinngemäß in umgekehrter Reihenfolge.

- Reinigen Sie die Anlagefläche im Getriebe gründlich und fetten die Anlagefläche dünn ein.

Die Kupplung (manuelles Schaltgetriebe 5-Gang)

Der Kraftfluss vom Motor zum Achsantrieb muss nach Wunsch hergestellt und unterbrochen werden können. Das ist erforderlich, wenn Sie das Fahrzeug starten, mit laufendem Motor fahrbereit stehen oder die Gänge wechseln wollen. Dieses Ankoppeln und Trennen übernimmt bei Fahrzeugen mit Schaltgetriebe die Kupplung. Sie ermöglicht auch ruckfreies Anfahren, indem sie die unterschiedlichen Drehzahlen von Kurbelwelle und Antriebswelle des Getriebes ausgleicht. Kernstück des Systems Kupplung ist die Mitnehmerscheibe. Der Smart mit manuellem Schaltgetriebe hat eine hydraulisch betätigte Einscheiben-Trockenkupplung mit asbestfreien Belägen und Einmassen-Schwungrad. Fahrzeuge mit Automatik-Getriebe (Doppelkupplungsgetriebe) arbeiten mit einer besonderen Kupplung, die aber

grundsätzlich automatisch betätigt wird. Kupplungen sind komplizierte Konstruktionen. Ihr Verschleißteil Mitnehmerscheibe ist nicht ohne Weiteres zugänglich. Dazu muss das Getriebe vom Motor getrennt und nach unten ausgebaut werden. Diese Arbeit erfordert Know-how und Spezialwerkzeuge. Nun ist aber auch jede Kupplung so gut wie wartungsfrei, weil das System den Verschleiß selbsttätig ausgleicht.
Die Mitnehmerscheibe ist gewöhnlich erst nach mehr als 200 - 300.000 Kilometern zu erneuern. Allerdings hängt ihr Verschleiß von Belastung (zum Beispiel Anhängerbetrieb) und sehr wesentlich von der Fahrweise ab.

Die wichtigsten Teile der Kupplung

Je nach Getriebebauweise und Motorisierung weichen die Kupplungen in konstruktiven Details voneinander ab. Im Wesentlichen aber arbeitet jede Kupplung mit den gleichen Komponenten:

- Das Schwungrad (Motorschwungscheibe) (1 im Bild 6) ist fest mit der Kurbelwelle verbunden. Es hilft, eine gleichmäßige Drehschwingung an das Getriebe weiterzugeben.
- Die Kupplungsscheibe (Mitnehmerscheibe) (2) sitzt axial beweglich auf der Getriebe-Eingangswelle. Auf beiden Seiten sind Beläge aufgenietet.
- Die Druckplatte (3) ist mit dem Schwungrad fest verschraubt. Beim Tritt aufs Kupplungspedal löst sich über Kupplungshydraulik (oder Mechanik) und Ausrückplatte die Kupplungsscheibe gegen die Kraft der Tellerfeder (Membranfeder) von der Schwungscheibe.

Druckplatten sind korrosionsgeschützt und gefettet. Sie dürfen nur an der Anlauffläche gereinigt werden, sonst wird die Lebensdauer der Kupplung verringert.

Das hydraulische System

Geberzylinder am Kupplungspedal und Nehmerzylinder am Getriebe sind über eine hydraulische Leitung verbunden. In ihr befindet sich Bremsflüssigkeit, die bei Betätigung der Kupplung die Kraft zwischen Geberzylinder und Nehmerzylinder überträgt. Ein Defekt in der Kupplungsbetätigung kann daher einen sinkenden Pegel im Bremsflüssigkeitsbehälter verursachen.

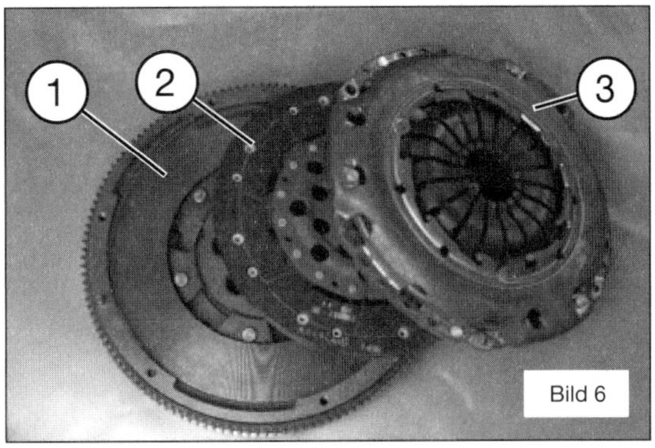

Bild 6
Kupplungsset:
1 Schwungscheibe
2 Mitnehmerscheibe
3 Druckplatte

Ein ausreichender Flüssigkeitsrest für die Bremse ist allerdings immer garantiert. Auch hier drückt beim Einkuppeln die Tellerfeder der Druckplatte die Mitnehmerscheibe langsam gegen das Motorschwungrad, bis sie sich mit der gleichen Drehzahl dreht. So werden die Kräfte sanft übertragen. Dabei schleifen die Anlageflächen kurze Zeit aufeinander, ehe die Reibung wieder so groß ist, dass die Motorleistung vollständig auf das Getriebe übertragen wird. Wenn Sie das Kupplungspedal treten, überwindet das Ausrücklager die Kraft der Tellerfeder. Die Druckplatte wird entlastet und bei völlig durchgetretenem Pedal zurückgezogen. Die Mitnehmerscheibe kann nun im Raum dazwischen frei umlaufen. Das Kupplungsspiel sorgt dafür, dass das Ausrücklager auf dem Zentralausrücker nicht ständig unter Druck steht. Es verringert sich mit der Abnutzung der Beläge. Die Druckplatte nähert sich dem Ausrücklager. Liegt das Lager dann ohne Spiel an der Tellerfeder (Membranfeder) der Kupplung an, wird die Tellerfeder entlastet und die Kupplung rutscht durch.

Kupplung prüfen

Schleift nach Ihrem Eindruck die Kupplung, wenn Sie Ihr Fahrzeug im höchsten Gang beschleunigen, dreht der Motor also hoch, ohne dass die Fahrgeschwindigkeit zunimmt, sollten Sie einmal kurz die Funktion der Kupplung prüfen. Unternehmen Sie diese Probe allerdings wirklich nur gelegentlich!

- Ziehen Sie die Handbremse an, die natürlich in Ordnung sein muss.
- Starten Sie den Motor.
- Legen Sie den 3. Gang ein; dann langsam einkuppeln und Gas geben.
- Bei einwandfreier Kupplung wird der Motor dadurch abgewürgt.

Trennen der Kupplung prüfen

Treten kratzende oder krachende Geräusche beim Schalten auf, trennt meistens die Kupplung nicht mehr richtig. Machen Sie deshalb eine Probe, und zwar mit dem nicht synchronisierten Rückwärtsgang, damit Sie die mögliche Ursache der Geräusche durch ein defektes Getriebe ausschließen.

■ Lassen Sie den Motor im Leerlauf drehen.

■ Kupplungspedal voll durchtreten, etwa drei Sekunden warten, dann Rückwärtsgang einlegen. Wenn Sie jetzt das kratzende Geräusch hören, läuft die Mitnehmerscheibe nicht ganz frei. Dann trennt die Kupplung nicht sauber.

■ Kontrollieren Sie die Funktion der hydraulischen Übertragungselemente. Eventuell muss die Kupplungsbetätigung entlüftet werden. Zu viel Spiel verursacht schnell ein zu hohes Arbeitsspiel und damit reicht der Betätigungsweg der Kupplungsmechanik nicht mehr aus.

■ Teile der Kupplungsbetätigung auf Undichtigkeiten untersuchen.

Die Doppelkupplung (DKG)

Die »Twinamic« ist eine heute durchaus über viele Hersteller unter DSG, PDK, DCT weit verbreitete Automatikgetriebebauart. Genaugenommen müsste die Bezeichnung eigentlich Doppelkupplungsgetriebe (DKG) heißen. Im Gegensatz zu dem klassischen Automatikgetriebe mit Planetenzahnradsätzen und Kupplungsbelägen in Kombination mit einem Drehmomentwandler, handelt es sich um ein Schaltgetriebe, das automatisiert betätigt wird. Schon in den ersten Smarts gab es etwas Ähnliches. Allerdings mit einem konventionellen Schaltgetriebe. Der Aufbau ähnelte einem Schaltwalzengetriebe wie im Motorrad. Die Betätigung der Schaltklauen erfolgte über einen Schaltaktuator und einen Kupplungsaktuator. Beim DKD erfolgt die Schaltung auch über Aktuatoren, das Konzept dahinter ist aber ein anderes. Grundsätzlich handelt es um zwei ineinander verschaltete Radsätze, die unabhängig voneinander geschaltet werden können. Ein Radsatz übernimmt die ungeraden Gangzahlen (1-3-5), der zweite die geraden Gangzahlen (2-4-6). Ein Schaltvorgang zu Hoch- oder runterschalten wird dann über das Verhalten des Fahrers gekoppelt. Beim Beschleunigen liegt der zweite Gang bereits ein, während noch im ersten Gang angefahren wird. Beim Gangwechsel wird dann lediglich die Welle mit dem ersten Gang durch Öffnen der ersten Kupplung getrennt, während gleichzeitig die Welle des zweiten Gangs durch die zweite Kupplung eingekuppelt wird.

■ Verlangsamte Schaltvorgänge werden dann meist durch schwergänge Aktuatoren, verschlissene Kupplungssätze oder Getriebeöle verursacht.

■ Kontrollieren Sie regelmäßig den Fehlerspeicher der Steuergeräte. Auch sporadische Fehler können schon auf anstehende oder längst aktive Fehler hinweisen.

■ Das DKG des Smart ist mit trockenen Kupplungen ausgerüstet. Schleifende Kupplung wie schon bei nicht richtig durchgetretener Bremse an der Ampel, häufiger Nutzung des Berganfahrassistenten oder dem sogenannten Racestart verursachen erhöhten Verschleiß der Kupplung.

Montagearbeiten am Kupplungspedal (5-Gang-Getriebe)

De- und Montage der Kupplungspedalschalter

☞ Der Kupplungsschalter ist im Pedalträgermodul befestigt. Der Zugang erfolgt über den Fahrer-Fußraum.

☞ Es sind zwei unterschiedliche Kupplungsschalter verbaut. Der obere Schalter (2 im Bild 7) ist nur bei Fahrzeugen mit Start/Stop-Funktion vorhanden.

■ Lesen Sie den Fehlerspeicher aus, arbeiten Sie ihn soweit erforderlich ab und löschen Sie ihn gegebenenfalls.

■ Demontieren Sie die Abdeckung über der Pedalanlage am Armaturenbrett im Fußraum.

■ Entsichern Sie den Steckkontakt und ziehen Sie den elektrischen Anschluss vom Kupplungsschalter ab.

■ Drehen Sie den Kupplungsschalter etwa eine Viertel-Umdrehung gegen den Uhrzeigersinn und nehmen Sie ihn heraus.

Die Montage erfolgt sinngemäß in umgekehrter Reihenfolge.

■ Tragen Sie etwas Silikonfett auf die Anlage am Kupplungspedal auf.

■ Lesen Sie den Fehlerspeicher aus und löschen Sie ihn gegebenenfalls.

De- und Montage des Kupplungspedals

Das Kupplungspedal (5 im Bild 7) wird nur zusammen mit dem Träger (1) geliefert und kann eigentlich nicht einzeln ersetzt werden. Natürlich ist es möglich die Pedaleinheit weiter zu zerlegen. Aufgrund der Lieferfähigkeit weiterer Einzelteile ist ein Zerlegen zumeist nicht sinnvoll.

■ Demontieren Sie die Abdeckung über der Pedalanlage am Armaturenbrett im Fußraum.

■ Ziehen Sie die Steckkontakte des oder der (bei Start-Stopp-Automatik) ab.

■ Clipsen (3 im Bild 8) Sie den Kupplungsgeberzylinder am Kupplungspedal aus.

■ Drehen Sie die drei Befestigungsschrauben (6 im Bild 7) heraus.

■ Nehmen Sie das Kupplungspedal mit Träger heraus.

■ Entsichern Sie die Raste und verdrehen Sie die Lagerwelle des Kupplungspedal gegen den Uhrzeigersinn.

■ Ziehen Sie die Lagerwelle heraus.

Achten Sie auf herausfallende Lagerungs- und Anlaufscheiben.

Die Montage erfolgt sinngemäß in umgekehrter Reihenfolge.

■ Tragen Sie etwas Silikonfett auf die Lagerung am Kupplungspedal auf, wenn das Pedal aus dem Träger demontiert wurde.

De- und Montage des Kupplungspedalgummis

Beim Smart sind die Pedale mit einem Pedalgummi mit Metallrahmen belegt. Einige Modelle sind aber mit einfacheren Gummibelägen ausgerüstet.

Gummipedalauflagen:

■ Ziehen Sie die Gummibeläge von der Pedaltrittplatte ab.

Pedalauflagen mit Metallrahmen:

■ Biegen Sie die Laschen (2) auf der Rückseite des Pedalgummis (1) zurück.

■ Nehmen Sie das Pedalgummi (1) von der Pedaltrittplatte ab.

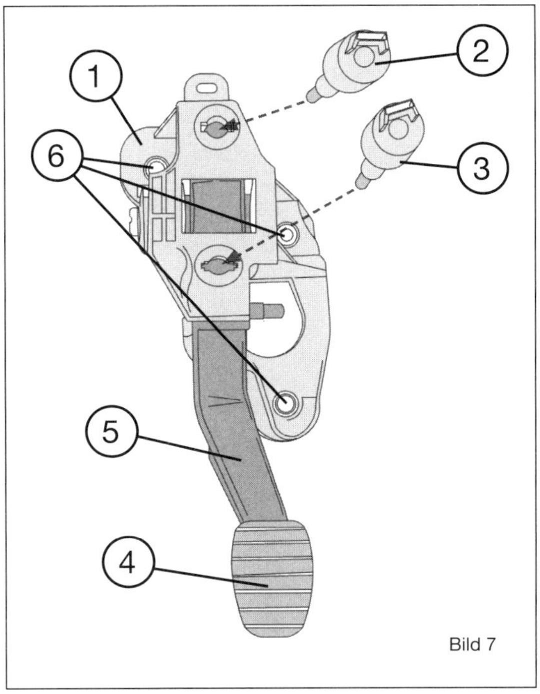

Bild 7

Bild 7
Kupplungspedalschalter:
1 Träger Kupplungspedal
2 Kupplungsschalter (bei Start-Stopp-System)
3 Kupplungsschalter
4 Pedalgummi
5 Kupplungspedal
6 Verschraubung an der Spritzwand

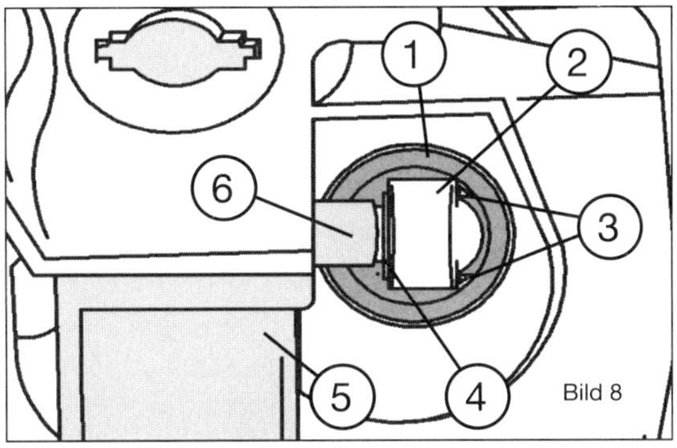

Bild 8

Bild 8
Kupplungszylinder:
1 Manschette Geberzylinder
2 Gelenkkopf
3 Rastnasen
4 Sicherung
5 Kupplungspedal
6 Lagerbolzen

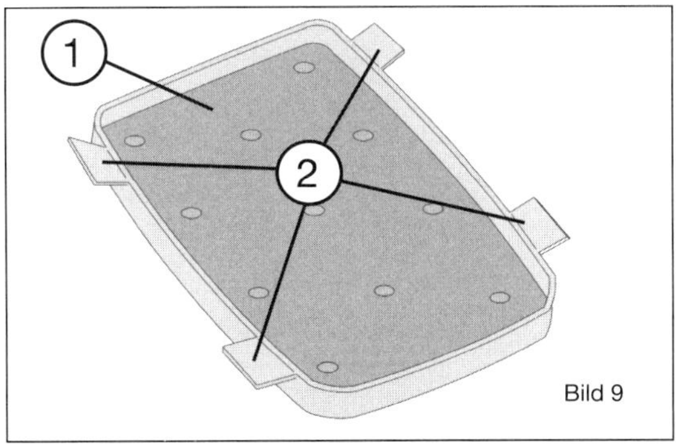

Bild 9

Bild 9
Kupplungspedalgummi:
1 Pedalgummi mit Zierrahmen
2 Laschen zum Umbiegen hinter der Pedaltrittplatte

Hydraulische Kupplungsbetätigung (5-Gang-Getriebe)

Die Kupplungsbetätigung erfolgt hydraulisch über Geber und Nehmerzylinder. Als Überträger wird Bremsflüssigkeit verwendet.

Vermeiden Sie Augen- und Hautkontakt. Tragen Sie Schutzhandschuhe und geeigneten Augenschutz.

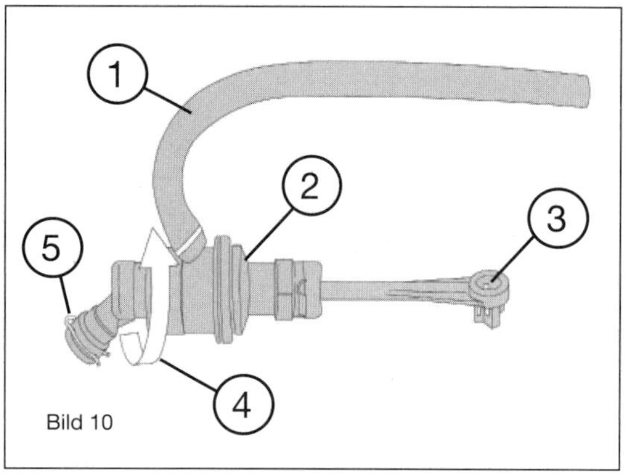

Bild 10
Kupplungsgeberzylinder ausgebaut:
1 Zulaufschlauch
2 Kupplungsgeberzylinder
3 Gelenk mit Raste
4 Drehrichtung zur Demontage
5 Sicherungsclip

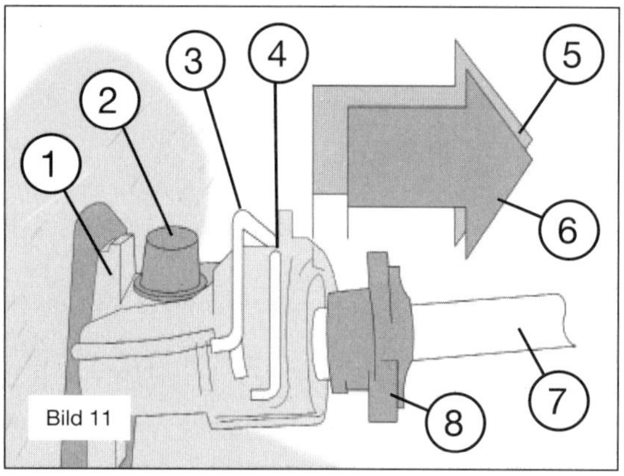

Bild 11
Entlüftungsnippel am Kupplungsgeberzylinder:
1 Entlüfterstück
2 Entlüftungsnippel mit Staubkappe
3 Klammer hinten
4 Klammer vorne
5 Bewegungsrichtung aus Richtung »verschlossen«
6 Bewegungsrichtung bis zum Anschlag an »Klammer vorne«
7 Druckleitung vom Geberzylinder
8 Rastenstück

Demontage des Geberzylinders (Bild 10)

■ Demontieren Sie die Abdeckung über der Pedalanlage am Armaturenbrett im Fußraum.

■ Öffnen Sie die Wartungsklappe vorne und legen sie an der Fahrzeugfront wie vorgesehen ab.

■ Markieren Sie den Stand der Bremsflüssigkeit mit einem wasserfesten Stift an der Außenseite des Vorratsbehälters, um später eine Überfüllung zu vermeiden.

■ Saugen Sie so viel Bremsflüssigkeit aus dem Vorratsbehälter ab, dass der Nachlauf zum Kupplungsgeberzylinder nicht mehr erfolgen kann.

☞ Ausgetretene Bremsflüssigkeit sofort aufnehmen und mit Bremsenreiniger abspülen. Bremsflüssigkeit kann lackierte und beschichtete Flächen schädigen.

■ Clipsen Sie (3 im Bild 9) den Kupplungsgeberzylinder am Kupplungspedal aus.

■ Clipsen Sie die Druckleitung (5 im Bild 10) zum Zentralausrücker am Kupplungsgeberzylinder aus.

■ Ziehen Sie den Zulaufschlauch (1) vom Vorratsbehälter ab.

☞ Dichten Sie die Anschlüsse mit einem Stopfen oder einer passenden Schraube ab, die Sie in den Schlauch stecken.

■ Entsichern Sie die Verdrehsicherung und drehen Sie den Kupplungsgeberzylinder gegen den Uhrzeigersinn (4) von vorne in der Spritzwand und ziehen Sie ihn heraus.

Die Montage erfolgt sinngemäß in umgekehrter Reihenfolge.

■ Füllen Sie den Vorratsbehälter für Bremsflüssigkeit auf den alten Stand (Markierung) auf.

■ Entlüften Sie das Kupplungssystem wie nachfolgend beschrieben.

■ Tragen Sie etwas Silikonfett auf das Kugelgelenk am Kupplungspedal auf.

Entlüften der Kupplungshydraulik

☞ Das Entlüften der Anlage ohne ein Entlüftungsgerät ist nicht zu empfehlen. Die Leitungsführung und das geringe Fördervolumen der Zylinder machen eine Druckentlüftung oder ein Absaugen über den Entlüftungsnippel erforderlich. Beim Absaugen muss dringend darauf geachtet werden, dass der Vorratsbehälter nicht leergesaugt wird und der Geberzylinder keine Luft zieht.

■ Geeignetes Bremsenfüll- und Entlüftungsgerät anschließen.

■ Zum Entlüften muss ein Entlüfterschlauch auf den Entlüftungsnippel (2 im Bild 11) aufgesteckt werden.

■ Staubkappe des Entlüftungsnippels (2) entfernen.

■ Entlüfterschlauch auf den Entlüftungsnippel stecken.

■ System mit dem Entlüftungsgerät am Vorratsbehälter mit einem Druck von etwa 1 bar beaufschlagen.

■ Sicherungsklammer (3) entsichern und die Druckleitung (7) mit dem Rastenstück (8) bis zum Anschlag auf Klammer (4) herausziehen. Die Entlüftungsbohrung ist nun freigegeben.

■ Ca. 100 cm^3 Bremsflüssigkeit ausströmen lassen.

■ Die Druckleitung mit dem Rastenstück zurückschieben und einrasten lassen.

■ Kupplungspedal 15- bis 20-mal sehr schnell von Anschlag zu Anschlag bewegen.

■ Sicherungsklammer (3) erneut entsichern und die Druckleitung (7) mit dem Rastenstück (8) bis zum Anschlag auf Klammer (4) herausziehen. Die Entlüftungsbohrung ist nun freigegeben.

- Ca. 50 cm^3 Bremsflüssigkeit ausströmen lassen.
- Die Druckleitung mit dem Rastenstück erneut zurückschieben und einrasten lassen.

Nach Beendigung des Entlüftungsvorgangs, wenn der Druck von 2 bar abgebaut ist, das Kupplungspedal bitte noch 10-mal mit dem Fuß treten.

- Prüfen Sie die Funktion der Kupplung.
- Machen Sie eine Probefahrt.

Ausgetretene Bremsflüssigkeit sofort aufnehmen und mit Bremsenreiniger abspülen. Bremsflüssigkeit kann lackierte und beschichtete Flächen schädigen.

Kupplung beim manuellen 5-Gang-Getriebe demontieren

Demontage der Kupplung

- Getriebe ausbauen.
- Haltesperre zum Blockieren des Motors anbauen.
- Stecken Sie ein geeignetes Zentrierwerkzeug (3 im Bild 12) in Schwungscheibe und Kupplungsmitnehmerscheibe ein.
- Die Schrauben (1) der Druckplatte (2) herausschrauben. Die Schrauben (1) jeweils in Schritten von 1,5 Umdrehungen diagonal lösen.
- Die Druckplatte (2) und die Kupplungsscheibe (1) abnehmen.
- Die Reibfläche der Druckplatte (2) entfetten und mit grober Schmirgelleinwand anrauen.
- Die Druckplatte (2) und die Kupplungsscheibe (Mitnehmerscheibe) prüfen.
- Das Schwungrad (5) auf Verschleiß und Beschädigung prüfen.
- Den Zentralausrücker auf Geräusche, rauen Lauf, Undichtigkeit, Verschleiß und Beschädigung prüfen.

Die Montage erfolgt sinngemäß in umgekehrter Reihenfolge.

- Setzen Sie zur Montage das Zentrierwerkzeug (3) ein.
- Ziehen Sie die Schrauben gleichmäßig und über Kreuz an.
- Entlüften Sie das Kupplungssystem wie bereits beschrieben.

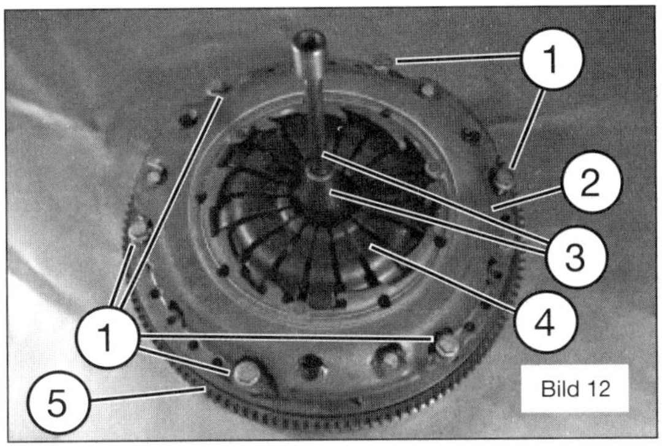

Bild 12

Bild 12
Kupplung und Schwungscheibe:
1 Schrauben
2 Druckplatte
3 Zentrierwerkzeug
4 Membranfeder
5 Schwungrad

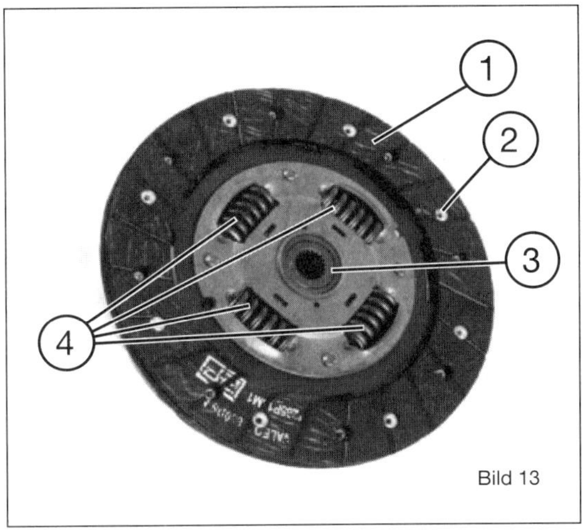

Bild 13

Bild 13
Mitnehmerscheibe:
1 Reibbelag
2 Belagnieten
3 Mittenverzahnung
4 Torsionsfedern

Druckplatte prüfen

Die Druckplatte ist auf die Schwungscheibe aufgeschraubt. Eine Wärmeabgabe ist nur sehr schlecht möglich.

- Die Druckplatte beziehungsweise die Reibfläche (2 im Bild 12) auf Risse und Riefen sowie Membranfeder auf Brüche prüfen.
- Die Zungen der Membranfeder (4) auf Verschleiß und gleichmäßige Höhe prüfen.

Kupplungsscheibe prüfen

- Reibbeläge (1 im Bild 13) der Kupplungsscheibe auf Verölung, Risse, Ausbrüche und Verschleiß prüfen.
- Die Dämpferfedern (4) auf Brüche und festen Sitz prüfen.
- Das Keilwellenprofil in der Mitte (3) auf Verschleiß und Ausbrüche prüfen. Die Kupplungsscheibe muss sich mit geringem Kraftaufwand auf der Antriebswelle des Getriebes verschieben lassen.
- Prüfen Sie den Zustand der Vernietungen (2) und den festen Sitz der Beläge auf dem Belagträger.
- Prüfen Sie die Belagstärke (Bild 14).
- Prüfen Sie den Seitenschlag.

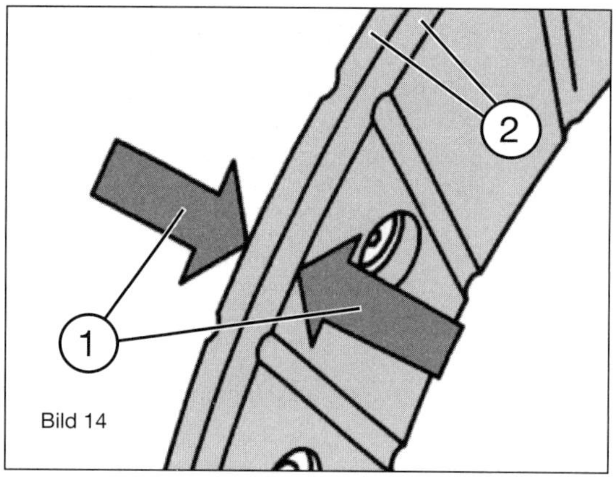

Bild 14
Kupplung und Schwungscheibe:
1 Messpunkt Belagstärke
2 Reibbeläge

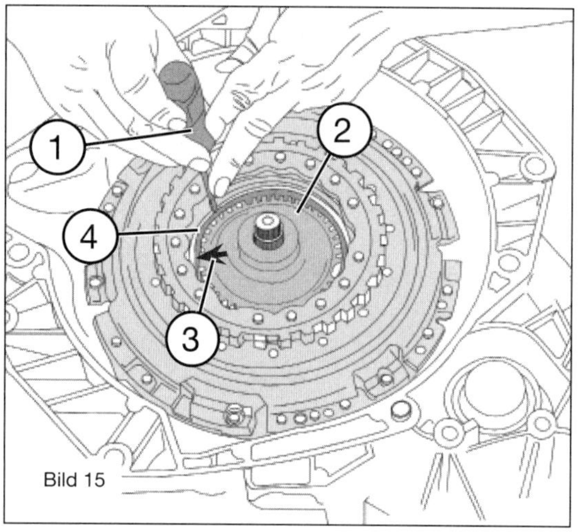

Bild 15
Doppelkupplung in Einbauposition:
1 Schraubendreher
2 Mitnehmerscheibe
3 Markierung
4 Sicherungsring

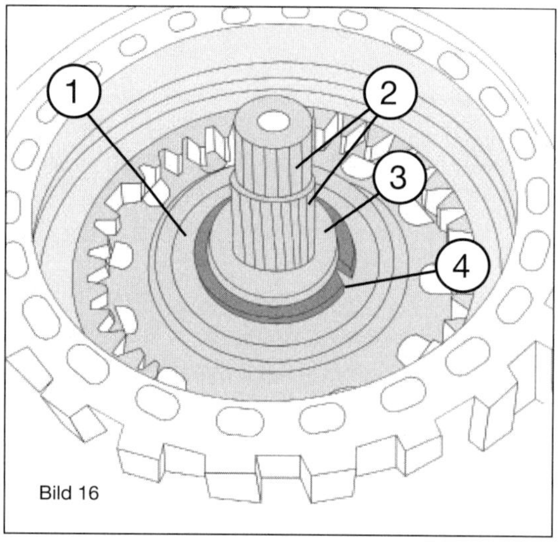

Bild 16
Doppelkupplung auf dem Führungsrohr:
1 Doppelkupplungseinheit
2 Getriebewellen
3 Führungsrohr
4 Sicherungsring

Verschleißmaße für die Kupplung
Beachten Sie die Angaben für die einzelnen Kupplungshersteller (soweit vorhanden).

Belagstärke	3,10 mm
Max. Gesamtverschleiß	2,00 mm
Max. Seitenschlag	0,75 mm

Kupplung beim automatischen DKG-Getriebe demontieren

Für die Arbeiten an der Doppelkupplung ist für eine sachgerechte Montage Spezialwerkzeug erforderlich. Die Kupplung gibt es als Reparatursatz.

☞ Das Rückstellen erfordert wiederum einen Spezialwerkzeugsatz (MB 700 589 31 31 00) (LUK Art.-Nr. 400 0423 10). Die Rückstellung ist dann erforderlich, wenn ein gebrauchtes Kupplungsset erneut verbaut werden soll.

Ausbau des Kupplungspaketes
■ Bauen Sie das Getriebe aus.
■ Verschließen Sie die Öffnungen für die Antriebswellen mit geeigneten Stopfen, um das Auslaufen des Getriebeöls bei der folgenden Demontage zu verhindern.
■ Legen Sie das Getriebe so auf der Werkbank ab, dass die Kupplung nach oben zeigt.
■ Unterbauen Sie das Getriebe so, dass es nicht umfällt.
■ Markieren Sie die Einbaulage des Sicherungsrings zur Mitnehmerscheibe (3 im Bild 15).
■ Demontieren Sie den Sicherungsring (4) durch das Heraushebeln mit einem Schraubendreher (1).
■ Nehmen Sie die Mitnehmerscheibe (2) heraus.
■ Demontieren Sie den Sicherungsring (3 im Bild 16) auf dem Führungsrohr (3) und nehmen Sie ihn ab.
■ Setzen Sie einen geeigneten Abzieher in das Kupplungspaket (1) ein und ziehen Sie das Kupplungsset nach oben vom Führungsrohr (3) und den Getriebewellen (2) ab.

Demontage des Ausrücklagers
■ Demontieren Sie das Kupplungspaket wie bereits beschrieben.
■ Nehmen Sie das Ausrücklager vom Führungslager ab.

Demontage der Ausrückhebel
■ Demontieren Sie das Kupplungspaket wie bereits beschrieben.

■ Demontieren Sie das Ausrücklager wie bereits beschrieben.
■ Stellen Sie das Fahrzeug auf eine Hebebühne.
■ Schlagen Sie den Teppich zurück und öffnen Sie die Abdeckung über dem Motor.
■ Schalten Sie die Zündung aus und ziehen Sie den Schlüssel ab.
■ Warten Sie etwa 10 Minuten, bis die Steuergeräte heruntergefahren sind.

Fahrzeuge mit Turbolader:
■ Demontieren Sie das Ladeluftrohr.

Fahrzeuge mit Saugmotor:
■ Demontieren Sie das Luftführungsrohr zum Luftfilter.

■ Ziehen Sie den elektrischen Anschluss (1 im Bild 17) des entsprechenden Kupplungsstellers ab.

Tipp: Der zweite Kupplungssteller ist von oben zugänglich.

■ Drehen Sie die Schrauben (3 im Bild 17) heraus.
■ Ziehen Sie den entsprechenden Kupplungssteller (2) gerade heraus.
■ Markieren (4 im Bild 18) Sie die Verschraubungen der Druckstücke gegenüber den Ausrückhebeln.
■ Nehmen Sie die Druckstücke und die Verschraubungen (3) aus den Ausrückhebeln (1) heraus.
■ Greifen Sie durch die Bohrungen der Druckstücke den Ausrückhebelkörper und nehmen Sie Hebelkörper und Ausrückhebel zusammen ab.
■ Legen Sie Hebelkörper mit Ausrückhebel auf einer sauberen Unterlage ab.

Die Montage erfolgt sinngemäß in umgekehrter Reihenfolge.
■ Reinigen Sie die Anlageflächen der Ausrückhebel und der Lagerhülse gründlich.

Prüfen Sie die Lagerhülse auf Verschleißspuren und das Umfeld auf Ölverlust über die Wellendichtringe in der Führungshülse.

■ Drehen Sie die Antriebswelle des Hebelkörpers (in welche der Kupplungssteller eingreift) von Hand im Uhrzeigersinn bis Anschlag so weit zurück, dass das Druckstück im Inneren auf dem Anschlag sitzt.

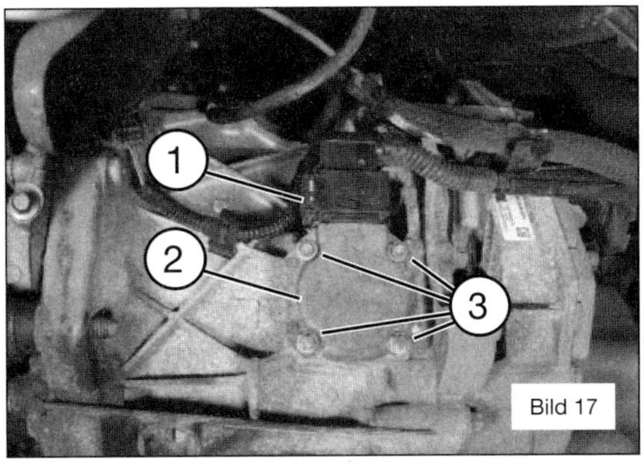

Bild 17

Bild 17
Kupplungssteller im Getriebe:
1 Steckkontakt
2 Kupplungssteller
3 Schrauben

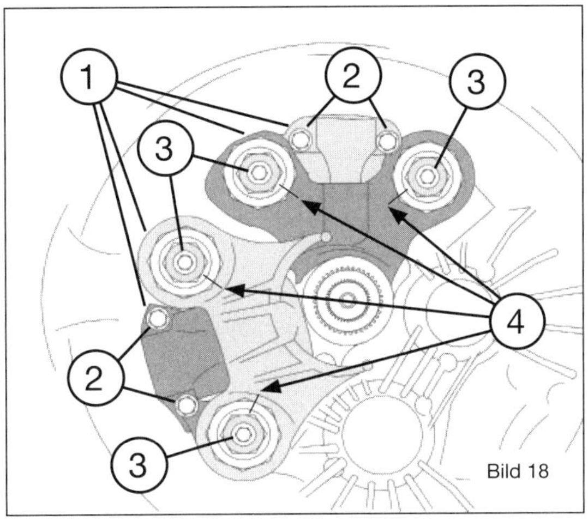

Bild 18

Bild 18
1 Ausrückhebel
2 Schrauben Hebelkörper
3 Schrauben
4 Markierung der Druckstücke gegenüber dem Ausrückhebel

■ Setzen Sie den entsprechende Kupplungssteller wieder ein.
■ Drehen Sie die Schrauben (2) fest.
■ Drehen Sie die Schrauben (3) handfest an und richten Sie die Druckstücke entsprechend Ihrer Markierung aus.

Tipp: Achten Sie auf die Lage der Wölbung des Hebels in der Vertiefung des Druckstücks.

Schwungrad demontieren

Die Arbeiten unterscheiden sich für die beiden Getriebebautypen nicht wesentlich. Wir stellen Ihnen an dieser Stelle eine allgemeingültige Beschreibung zur Verfügung.

■ Die Kupplung wie bereits beschrieben ausbauen.
■ Die Schrauben (2 im Bild 19) am Schwungrad (1) herausdrehen.
■ Eine Haltesperre in der Verzahnung des Schwungrades zum Blockieren des Motors anbauen.
■ Das Schwungrad (1) von der Kurbelwelle

Sichtprüfung Messen

Bild 19
Schwungscheibe auf der Kurbelwelle:
1 Schwungrad (Scheibe)
2 Schrauben

Bild 19

abnehmen. Dabei auf die Einbaulage des Schwungrades (1) achten.

Die Montage erfolgt sinngemäß in umgekehrter Reihenfolge.

■ Ziehen Sie die Schrauben über Kreuz mit dem vorgegeben Anzugsdrehmoment an.

Schaltzüge und Betätigung

Die Arbeitsschritte unterscheiden sich für die einzelnen Modelle nur unwesentlich. Wir stellen Ihnen an dieser Stelle eine allgemeingültige Beschreibung zur Verfügung.

Schaltzüge beim 5-Gang-Getriebe aus- und einbauen

■ Bauen Sie das Gebläse im Motorraum wie auf Seite 80 beschrieben aus.
■ Drehen Sie die vier Muttern (7 im Bild 21 heraus.
■ Nehmen Sie den Schalthebel mit Lagerbock ab.
■ Hebeln Sie die Schaltzüge von den Kugelköpfen am Getriebe ab.
■ Schieben Sie die Sicherungen an den Schaltzügen am Getriebe zurück und nehmen Sie die Schaltzüge nach oben aus den Haltern heraus.
■ Lösen Sie den Fahrzeugteppich hinter den Sitzen und legen Sie die Schaltzüge frei.
■ Drehen Sie die Schrauben (2) heraus und ziehen Sie die Abdeckung zum Motorraum von der Karosserie ab.
■ Nehmen Sie die Schaltzüge aus der Karosserie heraus.

Die Montage erfolgt sinngemäß in umgekehrter Reihenfolge.

■ Ziehen Sie die Schrauben über Kreuz mit dem vorgegebenen Anzugsdrehmoment an.

Schalthebel mit Lagerbock beim 5-Gang-getriebe aus- und einbauen

■ Bauen Sie die Mittelkonsole aus.
■ Lösen Sie die Feststellbremse von der Karosserie.
■ Lösen Sie den Halteclip links am Schalthebel mit Lagerbock.
■ Hängen Sie die Schaltzüge aus den Haltern aus.
■ Drehen Sie die Muttern (7 im Bild 20) ab.
■ Nehmen Sie den Blechhalter vor dem Schalthebel mit Lagerbock ab.

Bild 20
Schaltbetätigung für die 5-Gang-Getriebe:
1 Schaltknauf
2 Schrauben
3 Schaltzug Kugelgelenke am Getriebe
4 Abdeckung zum Motorraum
5 Schaltzüge
6 Kugelgelenke am Schalthebel
7 Muttern
8 Schalthebel mit Lagerbock
9 Raste Rückwärtsgang
10 Feder
11 Ring
12 Schaltsack

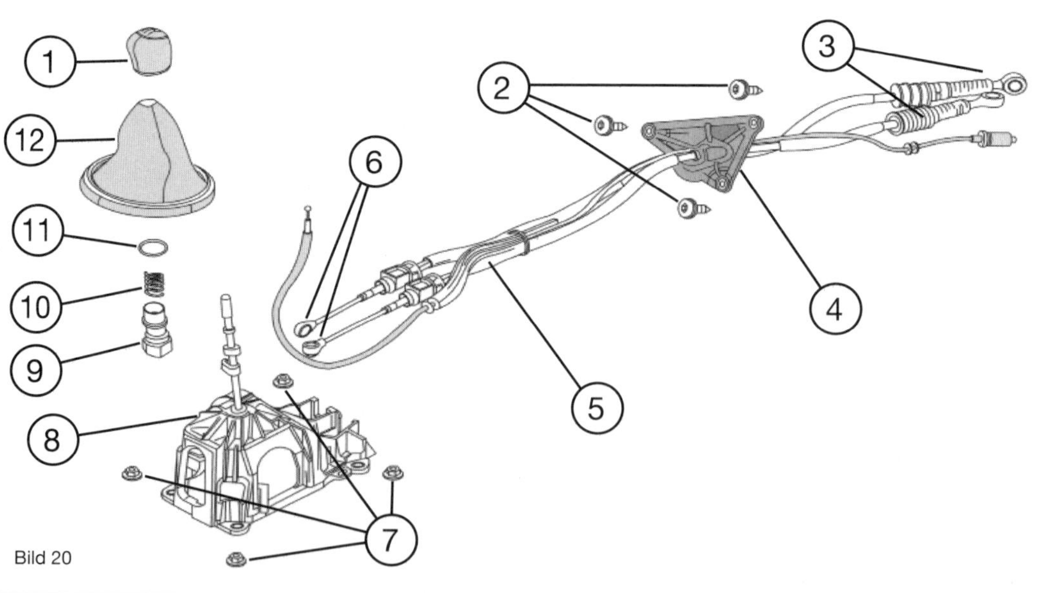

Bild 20

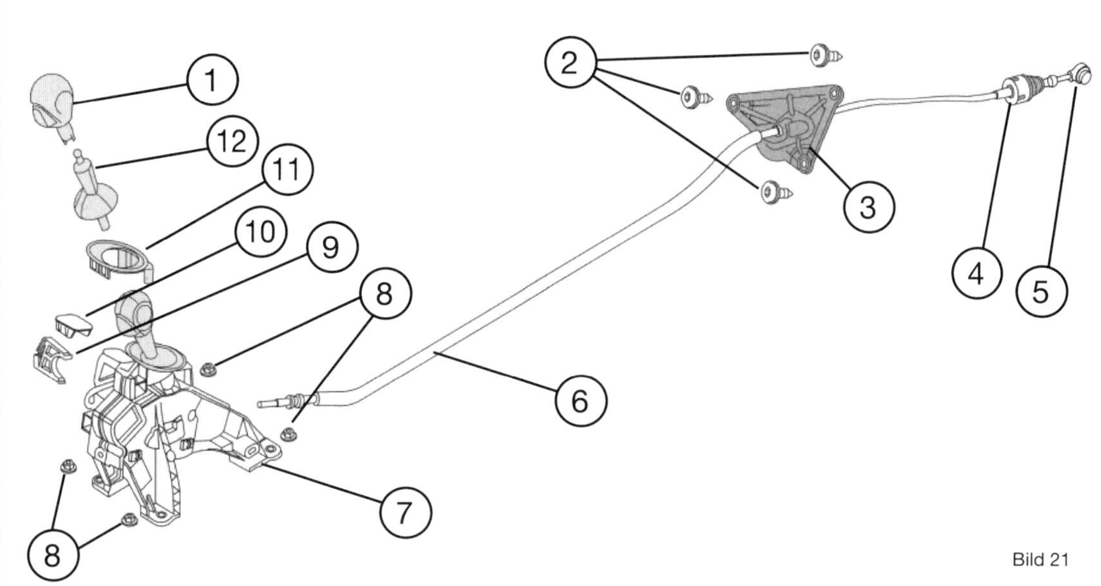

Bild 21
Schaltbetätigung für die Doppel-Kupplungs-Getriebe:
1 Schaltknauf
2 Schrauben
3 Abdeckung zum Motorraum
4 Schaltzugsicherung
5 Kugelgelenkkopf
6 Schaltzug
7 Schalthebelmodul
8 Muttern
9 Befestigungsclip
10 Ganganzeige
11 Rahmen
12 Hebelverkleidung

■ Heben Sie den Schalthebel mit Lagerbock etwas an und clipsen Sie die Schaltzüge (6) aus.
■ Nehmen Sie den Schalthebel (8) mit Lagerbock heraus.

Die Montage erfolgt sinngemäß in umgekehrter Reihenfolge.

Schaltknauf beim 5-Gang-Getriebe aus- und einbauen
■ Ziehen Sie den Schaltknauf (1) gerade nach oben ab.

Die Montage erfolgt sinngemäß in umgekehrter Reihenfolge.

Schaltzüge beim DKG-Getriebe aus- und einbauen
■ Stellen Sie den Wahlhebel auf die Stellung »P« (Parken).
Bauen Sie die Mittelkonsole aus.
■ Lösen Sie den Halteclip links am Schalthebel mit Lagerbock.
■ Schieben Sie die beiden Sitze in die hinterste Position.
■ Clipsen Sie den Haltclip für den Parksperrenzug aus.
■ Lösen Sie die Verriegelung des Schaltzuges (6 im Bild 21).
■ Hebeln Sie das Kugelgelenk (5) am Getriebehebel ab.
■ Entsichern Sie den Schaltzug am Halter und nehmen Sie ihn vom Getriebe ab.
■ Ziehen Sie die elektrischen Steckverbindungen am Wahlhebelmodul (7) ab.
■ Drehen Sie die Schraube oben heraus.
■ Drehen Sie die Muttern (8) ab.
■ Heben Sie das Schalthebelmodul (7) etwas an und nehmen Sie den Schaltzug (6) heraus.
■ Nehmen Sie das Schalthebelmodul (7) heraus.
■ Bauen Sie das Gebläse (Lüfter) im Motorraum wie bereits auf der Seite 80 beschrieben aus.
■ Heben Sie den Bodenbelag an und legen Sie den Schaltzug (Wahlhebelzug) frei.
■ Drehen Sie die Schrauben (2) heraus und nehmen Sie die Abdeckung (3) ab.
■ Lösen Sie die Feststellbremse von der Karosserie und heben Sie sie so weit an, dass Sie den Schaltzug ausfädeln können.

Die Montage erfolgt sinngemäß in umgekehrter Reihenfolge.

Schaltknauf beim DKG-Getriebe aus- und einbauen
■ Drehen Sie die Hebelverkleidung (12 im Bild 21) gegen den Uhrzeigersinn, um den Schaltknauf (1) zu entriegeln.
■ Ziehen Sie den Schaltknauf (1) gerade nach oben ab.

Die Montage erfolgt sinngemäß in umgekehrter Reihenfolge.

Sichtprüfung | Messen

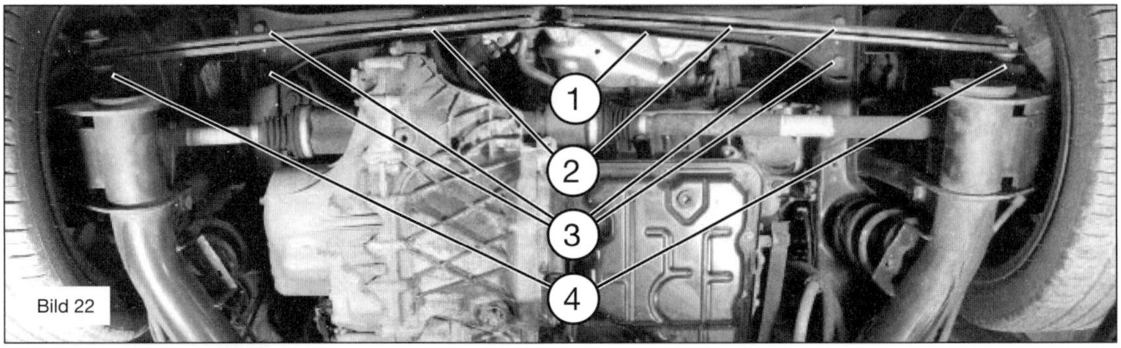

Bild 22

Bild 22
Befestigung des Achsträgers und der Achsführung:
1 Hinterer Achsträger
2 Zugstreben rechts und links
3 Schrauben Achsträger
4 Schrauben Zugstreben

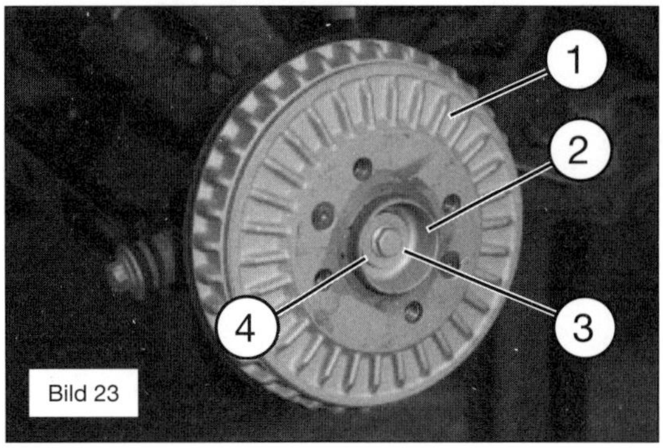

Bild 23

Bild 23
Verschraubung im Radlager:
1 Bremstrommel
2 Radnabe
3 Zentralschraube
4 Scheibe

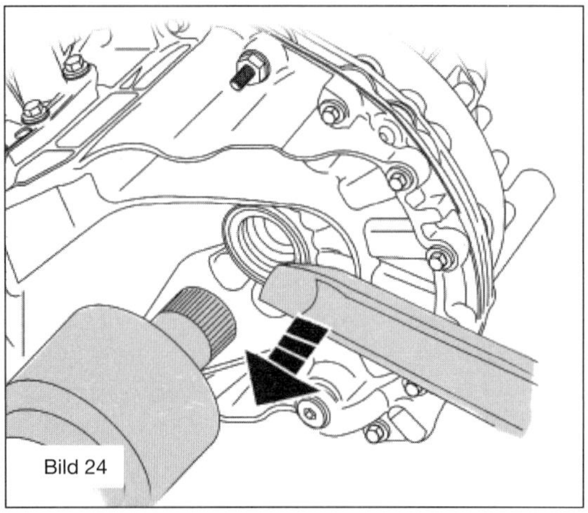

Bild 24

Bild 24
Aushebeln der Gelenkwellen am Getriebe.

Gelenkwellen ausbauen/prüfen

Gelenkwellen aus- und einbauen

■ Stellen Sie das Fahrzeug auf eine Hebebühne.
■ Drehen Sie die Schrauben (3 und 4 im Bild 22) heraus.
■ Nehmen Sie den Achsträger hinten (1) zusammen mit den Zugstreben (2) heraus. So entsteht seitlich etwas mehr Platz, um die Achswelle(n) zu demontieren.
■ Lassen Sie das Getriebeöl ablaufen, wie bereits zu Anfang dieses Kapitels beschrieben.
■ Reinigen Sie den Bereich um die Achswelle am Getriebe gründlich.

Achsmutter lösen mit montiertem Rad:
■ Lassen Sie das Fahrzeug auf dem Boden stehen.
■ Lassen Sie einen Helfer die Bremse sehr fest treten.
■ Lösen Sie die Achsschraube (Zentralschraube) auf der entsprechenden Seite.

Achsmutter lösen ohne Felge:
■ Zum Lösen und Festschrauben der Schraube (3 im Bild 23) zwei Radschrauben (9) in die Radnabe hineinschrauben und Radnabe mit geeignetem Werkzeug gegenhalten.

Weiter für alle Fahrzeuge:
■ Das entsprechende Rad demontieren.
■ Drücken Sie die Achswelle aus dem Radlager heraus.
■ Hebeln Sie mit einem Montierhebel die Achswelle vorsichtig aus dem Getriebe heraus (Bild 24).

☞ Smart empfiehlt hier die Verwendung eines Spezialwerkzeuges, welches das Achsgelenk im Getriebe umfasst. Der Gelenkwellenauszieher wird über ein Gewinde im Radlager gespannt. Die Achswelle kann so wesentlich schonender herausgezogen werden.

■ Nehmen Sie die Achswelle heraus.

Die Montage erfolgt sinngemäß in umgekehrter Reihenfolge.
■ Kontrollieren Sie den Zustand des Wellendichtrings für die Antriebswelle.
■ Füllen Sie das Getriebeöl wie bereits beschrieben auf.

⚠ Ziehen Sie die Schrauben (4 im Bild 22 grundsätzlich nur dann an, wenn das Fahrzeug durchgefedert auf dem Boden steht. Werden die Gummilager in ausgefedertem Zustand angezogen, verspannen sie und werden recht schnell ausreißen.

Gelenkwellen prüfen

Es gibt eigentlich nur drei Gründe, eine Achsgelenkwelle zu zerlegen. Zuerst einmal möchten wir den Hintergrund für diese Arbeiten genauer beleuchten.

■ *Spiel an den Gelenken:*
Spiel an den Achswellen prüfen (Bild 25).

Halten Sie den Lageraußenring mit der Hand fest und verdrehen Sie die Achswelle. Sie sollte möglichst kurze schnelle Bewegungen machen (einfach schnell hin- und herdrehen). So bemerken Sie ein mögliches Lagerspiel in den Achswellen sehr schnell. Spiel an den Gelenken sollte immer nachgegangen werden.

Denken Sie daran, dass Ihr Fahrzeug beim Anheben einen anderen Winkel der Achswelle bewirkt. Die Prüfungen sollten immer am Boden stattfinden. Eine Grube in der Garage oder eine Mutterbühne ist hier sehr hilfreich. Stellen Sie übermäßiges Spiel fest, sollte die Gelenkwelle erneuert oder zerlegt und repariert werden. Zumeist zeigen sich bei der Demontage erhebliche Schäden an Lagerflächen oder Kugeln. Wird das Spiel zu groß (mehr als 2 mm Spiel in der Verdrehung), kann die Antriebswelle »auseinanderfliegen« und sorgt dann im günstigsten Fall für eine Panne. Im schlimmsten Fall kann die Achswelle weitere Schäden verursachen, wenn sie aus den Führungen herausrutscht.

■ *Geräusche:*
Die Prüfung der Achsgelenkwellen auf diese Schäden erfolgt in der Regel bei einer Probefahrt. Es sollten hier enge Radien gefahren werden können (Supermarktparkplatz) und auch der Lastwechsel vom Beschleunigen zum Schiebebetrieb simuliert werden.

Gefahren vermeiden! Auf den Verkehr achten! Geräusche an den Achswellen lassen sich leider nur für das radseitige Gelenk sicher orten.

Die Getriebeseite wird oftmals als »Getriebeschaden« wahrgenommen. Sollten also Geräusche beim Lastwechsel entstehen, nehmen Sie auch die Antriebswellen einmal genauer unter die Lupe. Ein deutliches »Klackern« oder durchaus schon

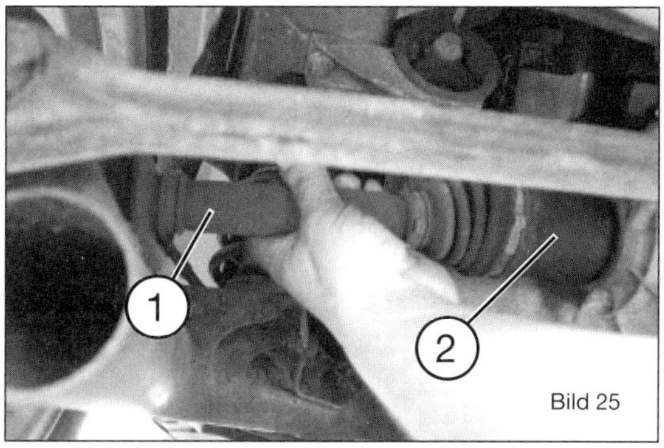

Bild 25

Bild 25
Spiel an den Gelenken der Achswellen prüfen:
1 Gelenkwelle
2 Gelenkwellentopf (Lageraußenring)

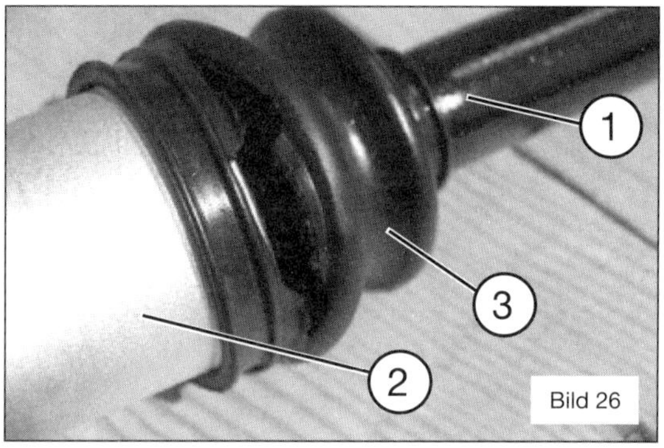

Bild 26

Bild 26
Beschädigte Achswellenmanschette:
1 Gelenkwelle
2 Gelenkwellentopf
3 Achswellenmanschette

»Schläge« gerade beim Kurvenfahren in engen Radien weisen auf einen Achswellenschaden hin.

Je lauter diese Geräusche werden, umso dringender besteht Handlungsbedarf. Auch hier sind oft an den zerlegten Wellen sehr gut sichtbare Schäden vorhanden.

■ *Manschette beschädigt (Bild 26):*
Das Ende der Lagerungen einer Achswelle wird natürlich schneller erreicht, wenn Schmutz, Wasser und Straßendreck durch eine defekte Manschette eindringen können.

Kontrollieren Sie die Lenkmanschetten und die Gelenkmanschette regelmäßig. Bei Schäden führt an einer Reinigung des Gelenkes und dem Ersatz der Manschette kein Weg vorbei.
Achten Sie auch auf kleine Fettspritzer im Radlaufbereich oder an den Bremsteilen. Oftmals zeichnen schon kleinste Schäden an der Manschette deutliche Spuren. Durch die hohe Drehzahl wird das Fett im Gelenk sehr schnell in der Landschaft verteilt. Daraufhin läuft das Gelenk trocken und wird mit der Unterstützung des eindringenden Schmutzes ein erhebliches Verschleißverhalten entwickeln.

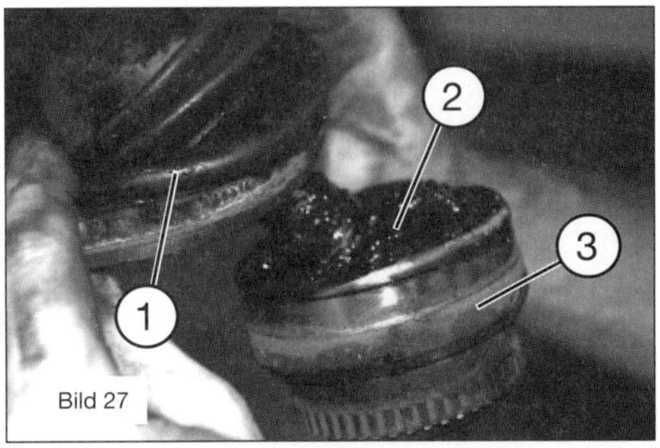

Bild 27
Gelenkmanschette anheben:
1 Manschette
2 Innenring des Gelenks
3 Gelenktopf

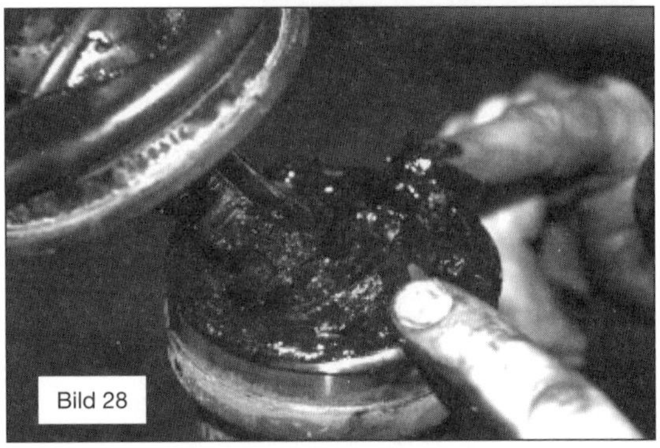

Bild 28
Gelenk abwischen, um es besser erkennen zu können.

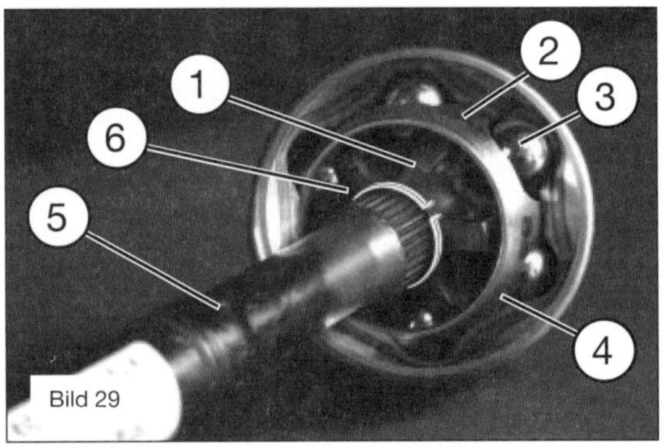

Bild 29
Bauweise mit Sicherungsring:
1 Innenring
2 Kugelkäfig
3 Kugeln
4 Gelenktopf
5 Welle
6 Sicherungsring

Gelenkwellen zerlegen

Achsmanschette außen (radseitig) wechseln:

■ Die entsprechende Antriebswelle ausbauen.
■ Die Gelenkwelle mit Schutzbacken in Schraubstock einspannen.
■ Die Antriebswellenmanschette (1 im Bild 27) aufschneiden und abziehen.
■ Fett über dem Gelenktopf abwischen.
■ Es gibt zwei unterschiedliche Bauweisen für die Sicherung des Gelenktopfes auf der Welle.

☞ Unterscheiden kann man die Bauweisen über dem Topfgelenk. Die Öffnungen des Sicherungsrings (6 im Bild 29) sind nach dem Entfernen des Gelenkwellenfetts erkennbar.

Bauweise mit Sicherungsring (Bild 29):

■ Den Sicherungsring (6) mit einer Seegerringzange öffnen und das Gleichlaufgelenk von der Antriebswelle ziehen.

Bauweise mit Sprengring (Bild 30):

■ Das Gleichlaufgelenk (1 im Bild 30) mit einem Kunststoffhammer (3) von der Antriebswelle (2) treiben.
■ Den Sicherungsring ausbauen.

Weiter für beide Bauweisen:

■ Das Gleichlaufgelenk reinigen.
■ Die kleine Klemmschelle auf die Antriebswelle aufschieben.
■ Die neue Antriebswellenmanschette auf die Antriebswelle aufschieben.
■ Den neuen Sicherungsring (beiden Bauweisen) einbauen.
■ Das Gleichlaufgelenk bis zur Oberkante des Innensterns mit im Lieferumfang enthaltenem Fett befüllen.
■ Das Gleichlaufgelenk mit einem Plastikhammer auf die Antriebswelle auftreiben, bis der Sicherungsring einrastet.
■ Die Manschette und Gleichlaufgelenk mit der Restmenge Fett befüllen.
■ Die Antriebswellenmanschette auf das Gleichlaufgelenk aufschieben.

☞ Der Wulst der Manschette muss in der Nut am Gleichlaufgelenk liegen.

■ Die Klemmschellen (2 im Bild 32) auf der Antriebswellenmanschette (3) positionieren und befestigen.
■ Antriebswelle aus dem Schraubstock lösen und abnehmen.
■ Antriebswelle wieder einbauen.

Topfgelenk (radseitig) zerlegen

Die Antriebswellen beim Smart 453 unterliegen auch dem Verschleiß und auch die Manschetten können beschädigt werden.

⚠ Grundsätzlich sollten Sie beim Zerlegen von Achsgelenken die Übertragungsteile wie die Kugeln oder Lager wieder in die gleiche Position einbauen, in der sie vor der Demontage gewesen sind. Sie können die Bauteile mit einem Lackstift oder wasserfesten Filzstift markieren.

☞ Hilfreich ist es aber auch eine Ablage aus Pappe zur Ablage der Einzelteile vorzubereiten.

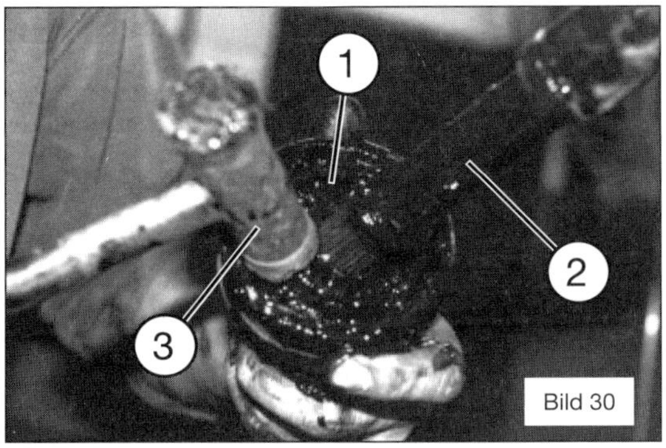

Bild 30
Bauweise mit Rastring auf der vorderen Wellenspitze:
1 Gleichlaufgelenk
2 Welle
3 Kunststoffhammer

Wechsel der radseitigen Manschette:
Die beiden radseitigen Gelenke sind Kugelgelenkwellen. Die Montagearbeit ist identisch.

- Bauen Sie die entsprechende Antriebswelle wie bereits beschrieben aus.
- Entfernen Sie die beiden Klemmbänder auf der entsprechenden Manschette.
- Schneiden Sie die Achsmanschette mit einem Cuttermesser auf und nehmen Sie sie ab.
- Wischen Sie das Fett am Rand des Gelenktopfes (1) ab, damit Sie den Innenring (2 im Bild 31) des Gelenks erkennen können.
- Bauen Sie das Gelenk von der Achswelle wie beschrieben ab.
- Kippen Sie den Innenring zur Seite und nehmen Sie eine Kugel nach der anderen wie im Bild 36 gezeigt heraus.
- Verdrehen Sie den Gelenkinnenring so weit, dass Sie ihn wie im Bild 34 gezeigt herausnehmen können.
- Verdrehen Sie den Kugelkäfig so weit, dass Sie ihn über die Aussparungen (Bild 33) vom Gelenkwellenkopf abnehmen können.
- Achten Sie darauf, dass die Kugeln nicht auf den Boden fallen.
- Reinigen Sie alle Bauteile gründlich und untersuchen Sie sie nach Schäden oder Verschleißspuren.
- Sind Schäden oder Verschleiß erkennbar, muss das Gelenk erneuert werden. Es sind beide Gelenke als Ersatzteil lieferbar.

Die Montage erfolgt sinngemäß in umgekehrter Reihenfolge.

- Stecken Sie die kleine Schelle auf die Manschette auf.
- Stecken Sie die neue Manschette auf die Achswelle auf.
- Tragen Sie etwas Fett auf die Laufbahnen der Kugeln und auf die Kugeln auf.

Bild 31
Radseitiges Gelenk der Achswelle:
1 Gelenktopf
2 Kugelkäfig
3 Kugeln
4 Innenring

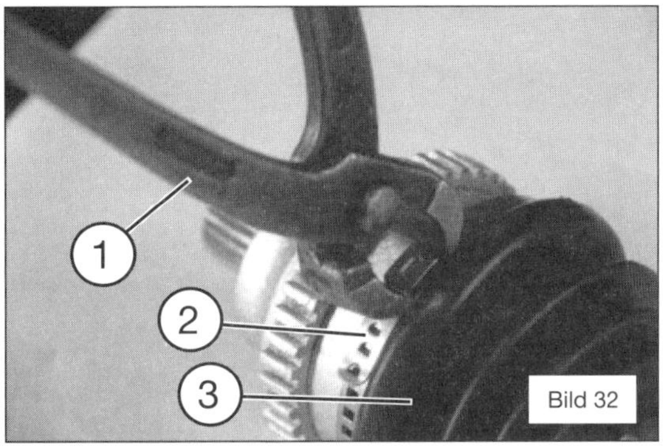

Bild 32
1 Zange
2 Federbandschelle
3 Achswellenmanschette

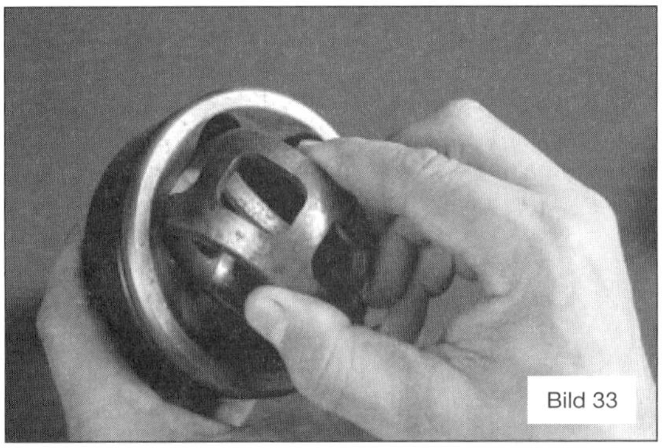

Bild 33
Kugelkäfig hochkant in den Gelenktopf einsetzen.

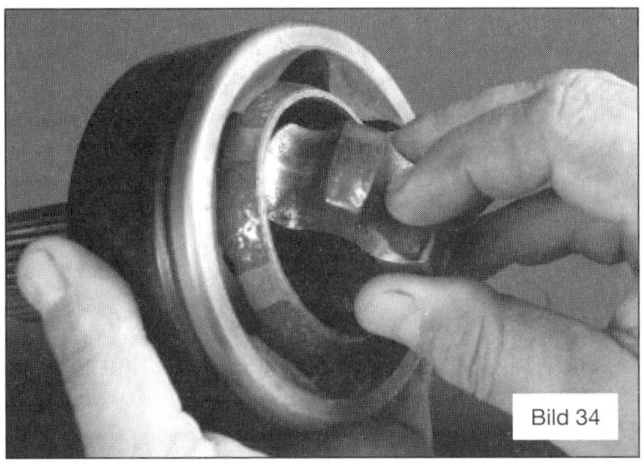

Bild 34
Im Detail: Gelenkinnenring in den Kugelkäfig einfädeln.

- Montieren Sie das Kugelgelenk.
- Geben Sie den Rest des Fettes in das Kugelgelenk hinein.
- Stecken Sie die Achswelle in das Innengelenk ein.
- Schlagen Sie das Gelenk mit einem Kunststoffhammer auf die Welle auf.

Bild 35
Oftmals gibt es für das Einsetzen in den Kugelkäfig eine Position mit Flachstellen seitlich.

Bild 36
Einsetzen der Kugeln in den Kugelkäfig.

Bild 37
Einbaulage der Achswellenbauteile im Gelenktopf.

Bild 38
Klemmband vorbiegen:
1 Spraydose
2 Klemmband

Bild 35

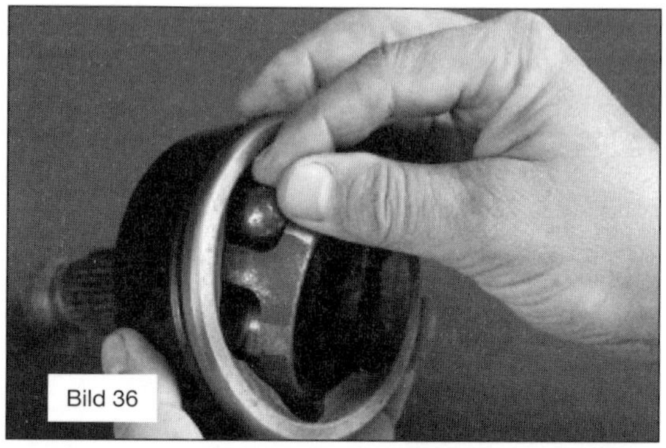
Bild 36

Bild 37

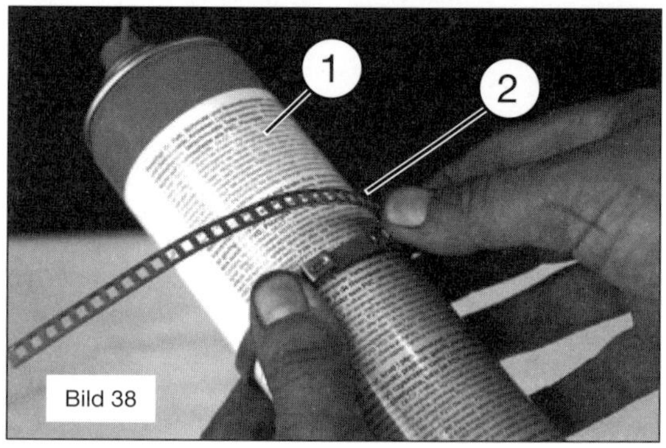

Bild 38

■ Positionieren Sie die Achswellenmanschette so, dass sie beim Bewegen des Gelenkes nicht zu straff gespannt wird. Sie könnte sonst vom Gelenktopf rutschen.
■ Montieren Sie die beiden neuen Klemmbänder (Schellen) auf der entsprechenden Manschette.
■ Die Klemmbänder werden mit einer speziellen Zange zu gebogen. Mit etwas Geschick gelingt das auch mit einer Beißzange (1 im Bild 32).
■ Biegen Sie die Klemmbänder (1 im Bild 38) über einer Spraydose (2) vor. So lassen sie sich leichter montieren.
■ Reinigen Sie die Achsgelenkwelle und bauen Sie sie wieder ein.

Achsmanschette innen (getriebeseitig) wechseln
■ Die entsprechende Antriebswelle ausbauen.
■ Die beiden Federbandschellen (6 und 7 im Bild 39) öffnen.
■ Die Antriebswellenmanschette (4) getriebeseitig aufschneiden und abnehmen.
■ Den Sicherungsring (3) öffnen und den Tripoidlagerträger (8) abnehmen.
■ Lagertopf (2) und den Tripoidlagerträger (8) reinigen.
■ Die Antriebswelle (5) aus dem Schraubstock lösen und abnehmen.
■ Die neue Antriebswellenmanschette (4) auf die Antriebswelle (5) aufschieben.

Bild 39
Tripoidgelenk (getriebeseitig):
1 Sprengringe
2 Lagertopf
3 Sicherungsring
4 Manschette
5 Antriebswelle
6 Klemmschelle
7 Klemmschelle
8 Tripoidlagerträger
9 Ausgleichsring

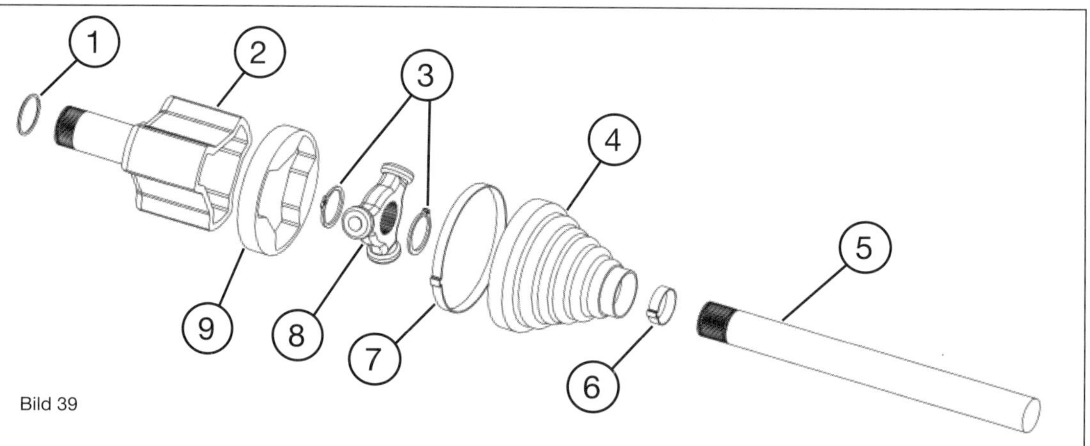

Bild 39

■ Die Klemmschelle (6) auf die Antriebswelle (5) aufschieben.
■ Die Antriebswelle (5) mit Schutzbacken in den Schraubstock einspannen.
■ Die Gelenknabe (2) mit dem im Lieferumfang enthaltenem Fett befüllen.
■ Den Tripoidlagerträger (8) auf die Antriebswelle (5) aufschieben.
■ Antriebswellenmanschette (4) und die Gelenknabe (2) mit der Restmenge Fett befüllen.
■ Die Antriebswellenmanschette (4) auf die Gelenknabe (2) aufschieben. Der Wulst der Antriebswellenmanschette (2) muss in der Nut am Gleichlaufgelenk liegen.
■ Die Klemmschellen (6, 7) auf der Antriebswellenmanschette (4) positionieren und befestigen.
■ Antriebswelle (5) aus dem Schraubstock lösen und abnehmen.
■ Antriebswellenmanschette (4) radseitig wieder einbauen.
■ Die Antriebswelle wieder einbauen.

Radialwellendichtringe der Achswellen aus- und einbauen

■ Die entsprechende Antriebswelle ausbauen.
■ Den Radialwellendichtring mit geeignetem Werkzeug aus dem Getriebe heraushebeln.

⚠ Dichtfläche am Getriebe nicht beschädigen, da es sonst zu Undichtigkeiten im Bereich des Radialwellendichtrings kommen kann.

■ Den Radialwellendichtring vorsichtig mit einem Dorn in das Getriebe einschlagen.

☞ Der Radialwellendichtring muss bündig mit dem Getriebe abschließen.

Der weitere Einbau erfolgt sinngemäß in umgekehrter Reihenfolge.
■ Getriebeölstand prüfen ggf. richtigstellen.

Getriebe aus- und einbauen

Die Vorgehensweise ist für die einzelnen Motorvarianten sehr ähnlich. Wir stellen Ihnen hier eine Beschreibung zur Verfügung, die für beide Getriebetypen anwendbar ist.

Vorbereitungsarbeiten
■ Stellen Sie das Fahrzeug auf einer Hebebühne ab.
■ Klemmen Sie das Masseband an der Batterie bei ausgeschalteter Zündung ab. Prüfen Sie deshalb bitte, ob ein codiertes Radio eingebaut ist. Gegebenenfalls ist dann vorher die Anti-Diebstahl-Codierung zu erfragen.
■ Lassen Sie das Getriebeöl wie bereits beschrieben ab.
■ Bauen Sie die Motorabdeckung oben ab und klappen Sie den Teppich über der Motorabdeckung hoch.

☞ Wenn Sie einen Spanngurt um die Vordersitze und den Teppich legen, können Sie den Teppich sicher außerhalb des Arbeitsbereichs befestigen.

■ Bauen Sie die Achswellen rechts und links aus.

Getriebe aus- und einbauen
Fahrzeuge mit manuellem Getriebe:
■ Bauen Sie den Lüftermotor im Motorraum aus.
■ Bauen Sie das Luftführungsrohr zum Luftfilter aus.
■ Clipsen Sie den Kugelgelenkkopf vom Wahlhebel am Getriebe ab.
■ Lösen Sie den Schaltzug aus dem Halter im Getriebe und legen Sie ihn aus dem Arbeitsbereich heraus.
■ Schrauben Sie die Masseverbindung zum Getriebe ab und legen Sie sie aus dem Arbeitsbereich heraus.
■ Öffnen Sie die Wartungsklappe vorne und legen Sie sie an der Fahrzeugfront wie vorgesehen ab.
■ Markieren Sie den Stand der Bremsflüssigkeit mit einem wasserfesten Stift an der Außenseite des Vorratsbehälters, um später eine Überfüllung zu vermeiden.
■ Saugen Sie so viel Bremsflüssigkeit aus dem Vorratsbehälter ab, dass der Nachlauf zum Kupplungsgeberzylinder nicht mehr erfolgen kann.
■ Entriegeln Sie die Hydraulikleitung zum Kupplungsnehmer (Zentralausrücker) und bauen Sie sie ab.

☞ Ausgetretene Bremsflüssigkeit sofort aufnehmen und mit Bremsenreiniger abspülen. Bremsflüssigkeit kann lackierte und beschichtete Flächen schädigen.

Bild 40
Dämpferring beim Doppelkupplungsgetriebe:
1 Verdrehrichtung
2 Dämpferscheibe
3 Haltelasche (oben und unten!)
4 Bewegungsrichtung zum Einrasten der Haltelaschen

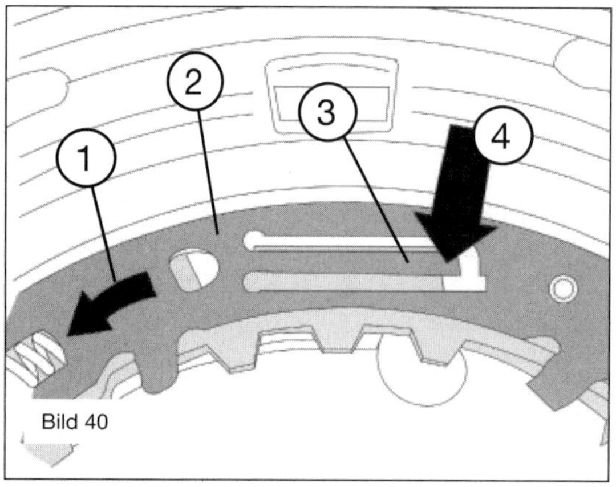

■ Bauen Sie das Luftführungsrohr zum Luftfilter aus.
■ Clipsen Sie die Kugelgelenkköpfe vom Hebel am Getriebe ab.
■ Lösen Sie die Schaltzüge aus dem Halter im Getriebe und legen Sie sie aus dem Arbeitsbereich heraus.
■ Schrauben Sie die Masseverbindung zum Getriebe ab.
■ Ziehen Sie die elektrischen Anschlüsse zum OT-Geber und zu dem Rückwärtsgangschalter ab.
■ Clipsen Sie die Entlüftungsleitung des Getriebes am Ansaugrohr aus.

Fahrzeuge mit automatischem Getriebe:
■ Stellen Sie den Wahlhebel auf die Stellung »N« (Neutral).
■ Bauen Sie den Lüftermotor im Motorraum aus.
■ Bauen Sie das Luftführungsrohr zum Luftfilter aus.
■ Clipsen Sie den Kugelgelenkkopf vom Wahlhebel am Getriebe ab.
■ Lösen Sie den Schaltzug aus dem Halter im Getriebe und legen Sie ihn aus dem Arbeitsbereich heraus.
■ Schrauben Sie die Masseverbindung zum Getriebe ab.
■ Ziehen Sie die elektrischen Anschlüsse zum OT-Geber und zu den Getriebesensoren ab.
■ Trennen Sie die elektrischen Anschlussstecker von den Kupplungsstellern (Bild 17 auf Seite 127).
■ Trennen Sie die elektrischen Anschlussstecker vom Steuergerät am Doppelkupplungsgetriebe.
■ Lösen Sie den Kabelbaum zum Getriebe vom Getriebe und legen Sie ihn nach oben aus dem Arbeitsbereich heraus.

Weiter für alle Fahrzeuge:
■ Drehen sie die Befestigungsschrauben oben am Getriebe heraus.
■ Fangen Sie den Motor mit einer geeigneten Motor/Getriebeaufhängevorrichtung von oben ab.
■ Demontieren Sie die Pendelstütze hinten zwischen Getriebe und Achsträger.
■ Bauen Sie das Verstärkungsblech an der Pendelstütze hinten aus.
■ Bauen Sie das Getriebelager links komplett aus.
■ Unterbauen Sie das Getriebe mit einem Getriebeheber oder einem anderen geeigneten Werkzeug.
■ Das Getriebe mit Getriebeheber und Ausbauvorrichtung abstützen und mit einem Spanngurt sichern.
■ Drehen Sie die Schrauben unten zwischen Motor und Getriebe heraus.
■ Das Getriebe vom Motor lösen und absenken. Hierzu ist ein Helfer zum Führen des Getriebes erforderlich.

⚠ Beim Aus- und Einbauen des Getriebes darauf achten, dass keine elektrischen Leitungen und Schläuche beschädigt werden.

Die Montage erfolgt sinngemäß in umgekehrter Reihenfolge.
■ Prüfen Sie das Getriebe auf Undichtigkeiten.

Fahrzeuge mit Schaltgetriebe:
■ Die Verzahnung für die Kupplungsscheibe auf Getriebeeingangswelle leicht einfetten.

Fahrzeuge mit automatischem Getriebe:
■ Prüfen Sie die Verzahnungen am Schwungrad auf Beschädigungen und Verschleiß.
■ Verdrehen Sie den Dämpferring (2 im Bild 40) im Uhrzeigersinn (1) und drücken Sie die Rastenzunge (3) ein um den Dämpferring in die Einbauposition zu verdrehen.

Weiter für alle Fahrzeuge:

⚠ Die Zentrierhülsen müssen fest im Zylinderkurbelgehäuse sitzen, wenn erforderlich die Zentrierhülsen erneuern.

■ Fehlerspeicher mit einem Diagnosetester auslesen.

11 Fahrwerk

Arbeiten am Fahrwerk

Bei der Instandsetzung von tragenden und radführenden Bauteilen, zum Beispiel an Unfall-Fahrzeugen, können Schäden am Fahrwerk unentdeckt bleiben. Diese unentdeckten Schäden führen unter Umständen im späteren Fahrbetrieb zu schweren Folgeschäden. Bei Unfall-Fahrzeugen müssen deshalb die im Folgenden aufgeführten Bauteile auf jeden Fall in der beschriebenen Weise und Reihenfolge kontrolliert werden. Wichtig ist immer auch eine Vermessung des Fahrwerks. Werden dabei keine Abweichungen von den Sollwerten festgestellt, liegen auch keine Verformungen am Fahrwerk vor.

Sicht- und Funktionsprüfung für das Lenksystem

- Sichtprüfung auf Verformung und Risse.
- Spielprüfung der Spurstangengelenke und des Lenkgetriebes.
- Sichtprüfung auf defekte Falten- und Fettbälge.
- Elektrische Leitungen auf Scheuer-, Schnitt- und Knickstellen untersuchen.
- Verschraubungen und Lenkgetriebe auf Dichtheit kontrollieren.
- Lenkgetriebe und Leitungen auf festen Sitz überprüfen.
- Einwandfreie Funktion über den gesamten Lenkeinschlag prüfen, indem die Lenkung von Anschlag zu Anschlag betätigt wird. Dabei muss das Lenkrad mit gleichbleibender Betätigungskraft, ohne zu haken, drehbar sein.

Sicht- und Funktionsprüfung für das Fahrwerk

- Alle in den Montageübersichten dargestellten Bauteile auf Verformung, Risse und sonstige Beschädigungen überprüfen.
- Beschädigte Teile ersetzen.
- Fahrzeug auf einem Computer-Achsmessstand vermessen lassen.
- Räder und Reifen auf Rundlauf und Unwucht untersuchen.
- Reifen auf Einschnitte und Stoßverletzungen im Profil und an den Flanken überprüfen.
- Bereifung auf Fülldruck (Angaben in der Tankklappe), Zustand, Reifenlaufbild und Profiltiefe prüfen.
- Bei Beschädigungen am Scheibenrad und/oder am Reifen ist der Reifen oder auch das ganze Rad zu ersetzen. Dies gilt auch, wenn ein Unfallhergang und Schäden am Fahrzeug auf eine mögliche, wenngleich nicht sichtbare Beschädigung schließen lassen.
- Reifen sollten nicht älter als 6 Jahre sein.

Elektronische Fahrzeugsysteme

Sicherheitsrelevante Systeme wie zum Beispiel: ABS/EDS; Airbag; elektronisch geregelte Fahrwerksysteme; elektromechanische Lenk- und sonstige Fahrerassistenzsysteme müssen mit einem Fahrzeugdiagnose-, Mess- und Informationssystem auf eventuell gespeicherte Fehlermeldungen abgefragt werden. Wurden in den Fehlerspeichern der genannten Systeme Fehler gespeichert, sind diese entsprechend den Vorgaben von Smart zu beseitigen. Nach erfolgter Reparatur sind die jeweils betroffenen Systeme nochmals auf Fehlerspeichereinträge zu prüfen, um sicher zu sein, dass die Funktion wieder gewährleistet ist.

Hinweise und Vorschriften

- Schweiß- und Richtarbeiten an tragenden und radführenden Bauteilen der Radaufhängung sind nicht zulässig.
- Selbstsichernde Muttern sowie korrodierte Schrauben und Muttern müssen immer ersetzt werden.
- Gummimetalllager haben einen begrenzten Verdrehbereich. Ziehen Sie deshalb die Schraubverbindungen an den Bauteilen mit Gummimetalllagern erst dann fest, wenn das Radlagergehäuse angehoben ist (siehe »Radlagerung in Leergewichtslage heben«).

Prüfungen an der Achslagerung

Achsgelenke und Achslager: Sichtprüfung

- Bitte prüfen Sie die Dichtungsbälge der Achsgelenke auf Undichtigkeiten und Beschädigungen.

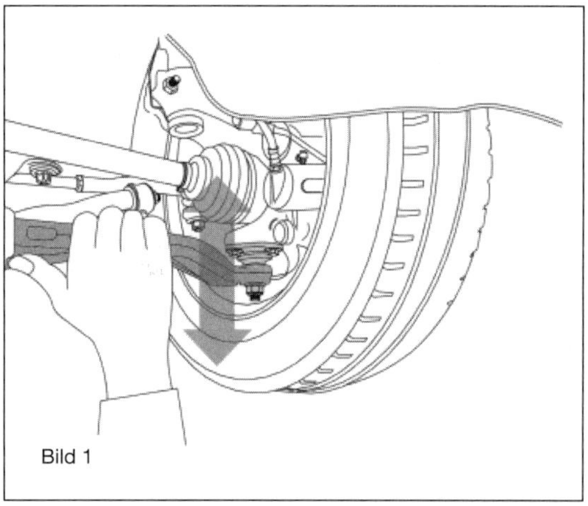

Bild 1

Bild 1
Axialspiel prüfen.

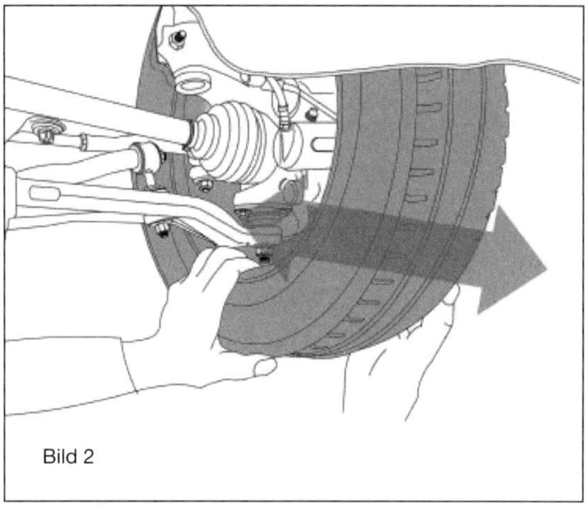

Bild 2

Bild 2
Radialspiel prüfen.

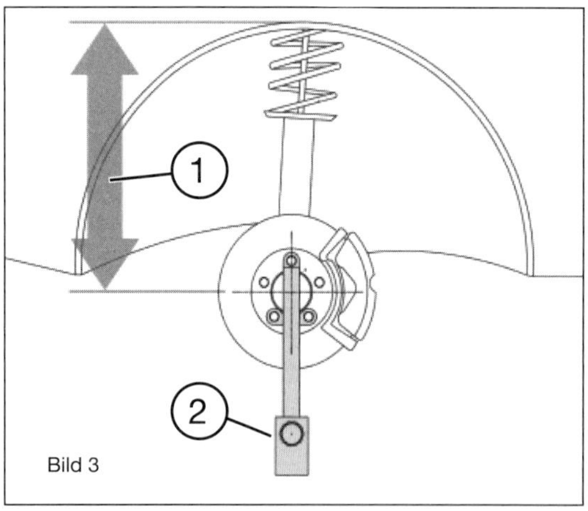

Bild 3

Bild 3
Leergewichtslage herstellen:
1 Abstand von Radmitte zum Radlauf als Ruhemaß
2 Adapter auf einem Getriebeheber

■ Weiterhin prüfen Sie die Achslager: Es darf kein Spiel vorhanden sein, das vulkanisierte Gummilager darf keine Risse und poröse Stellen aufweisen.

Achsgelenk prüfen (Bilder 1 und 2)

☞ Es darf bei beiden Prüfungen kein fühl- oder sichtbares »Spiel« vorhanden sein. Während der Prüfungen das Achsgelenk beobachten. Eventuell vorhandenes Radlagerspiel oder »Spiel« im Federbeinlager oben berücksichtigen. Gummibalg auf Beschädigung prüfen ggf. Achsgelenk ersetzen.

Axialspiel prüfen:

■ Achslenker kräftig in Pfeilrichtung (Bild 1) nach unten ziehen und wieder hochdrücken.

Radialspiel prüfen:

■ Rad unten kräftig in (Pfeilrichtung) nach innen und außen drücken (Bild 2).

■ Auf beschädigungsfreien und nicht verdrillten Dichtbalg achten.

Radlagerung in Leergewichtslage (Bild 3)

☞ Alle Schrauben an Fahrwerksteilen mit Gummimetalllagern müssen grundsätzlich in Leergewichtslage (unbeladenem Zustand) festgezogen werden. Gummimetalllager haben einen begrenzten Verdrehbereich. Achsbauteile mit Gummimetalllagern müssen deshalb vor dem Festziehen in eine Position gebracht werden, die der Position im Fahrbetrieb entspricht (Leergewichtslage). Anderenfalls wird das Gummimetalllager verspannt, eine geringere Lebensdauer wäre dann die Folge. Durch Anheben der entsprechenden Radaufhängung mit dem Motor- und Getriebeheber und der Aufnahme kann diese Position auf der Hebebühne simuliert werden. Bevor die entsprechende Radaufhängung angehoben wird, muss das Fahrzeug auf beiden Fahrzeugseiten an den Tragarmen der Hebebühne mit den Spanngurten verzurrt werden.

⚠ Wird das Fahrzeug nicht verzurrt, besteht die Gefahr, dass das Fahrzeug von der Hebebühne abrutschen kann!

■ Radnabe so weit drehen, bis eine der Bohrungen für Radschrauben oben steht.

■ Aufnahme mit einer Radschraube an die Radnabe anbauen.

■ Das Festziehen der betroffenen Schrauben/Muttern darf nur dann erfolgen, wenn das Maß (1) zwischen der Radnabenmitte und der Unterkante Radhaus erreicht ist.

■ Das Maß (1) ist abhängig von der Standhöhe des eingebauten Fahrwerks und wird im Stand bei unbeladenen Zustand in neutraler Federlage ermittelt.

Achsgelenk aus- und einbauen

Traggelenkbolzen (Achsgelenkbolzen) wechseln

Der Wechsel des Traggelenkbolzens ist werkseitig nicht vorgesehen. Zudem sind die kompletten Querlenker derartig günstig, dass der Ersatz des Bolzens oder der Gummilager nicht sinnvoll ist. Es sind aber zumindest im Zubehör sowohl die Gummilager als auch der Traggelenkbolzen lieferbar.

Querlenker wechseln

- Stellen Sie das Fahrzeug auf eine Hebebühne.
- Linkes bzw. rechtes Vorderrad abmontieren.
- Die Unterbodenverkleidungen vorne ausbauen.
- Lösen Sie die Verschraubung (2 im Bild 4) des Achsgelenkbolzens am Achsschenkel.
- Spreizen Sie den Schlitz im Achsschenkel etwas auf und ziehen Sie den Traggelenkbolzen aus dem Achsschenkel heraus.
- Demontieren Sie die hintere Verschraubung (1) des Querlenkerlagers.
- Demontieren Sie die vordere Verschraubung (5) des Querlenkerlagers.
- Ziehen Sie den Querlenker (4) aus dem Achsträger heraus.
- Nehmen Sie den Querlenker heraus.

Die Montage erfolgt sinngemäß in umgekehrter Reihenfolge.

Querlenkerlager wechseln

Auch hier sollten Sie überlegen, ob der Neuteilersatz des Querlenkers nicht die bessere Wahl ist. Die Gummilager müssen aus dem Querlenker ausgepresst werden.

Ersetzen Sie grundsätzlich alle Gummilager in den Querlenkern gleichzeitig. Unterschiedliche Härtegrade können merklichen Einfluss auf die Radführung haben.

- Bauen Sie den Querlenker wie schon beschrieben aus.
- Markieren Sie die Einbaurichtung der Lager.

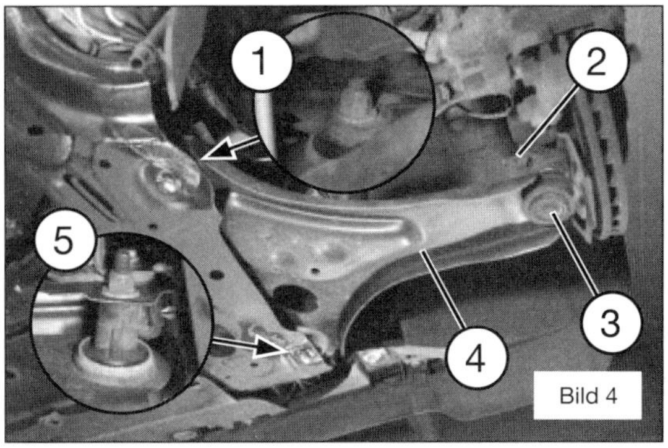

Bild 4

Bild 4
Querlenker vorne:
1 Lagergummi hinten
2 Schraube
3 Traggelenkbolzen
4 Querlenker
5 Lagergummi vorne

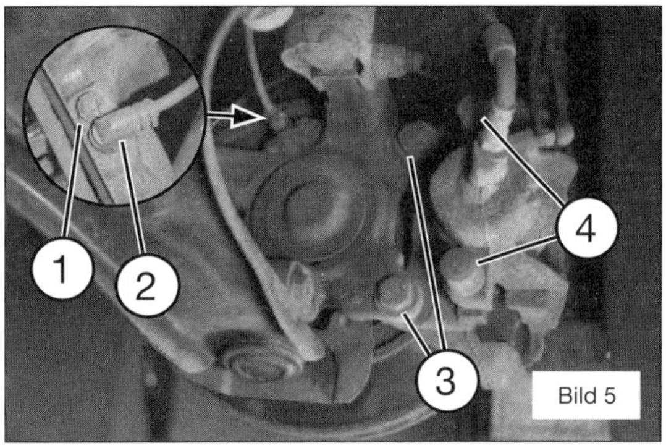

Bild 5

Bild 5
Anbauteile am Achsschenkel:
1 Schraube
2 Raddrehzahlsensor
3 Schrauben Bremssattelträger
4 Abdeckkappen und Sattelschrauben

- Drücken Sie die Querlenkerlager mit einem Presswerkzeug für Gummimetalllager (Silentlager) oder einer Gewindestange und passenden Hülsen heraus.

Achten Sie darauf, dass sich das Lager nicht verkantet und gerade hineinrutscht.

- Reinigen Sie die Sitzfläche gründlich.
- Fetten Sie die Sitzfläche leicht ein.
- Drücken Sie die Querlenkerlager mit einem Presswerkzeug für Gummimetalllager (Silentlager) oder einer Gewindestange und passenden Hülsen hinein.

Achsschenkel vorne aus- und einbauen

- Heben Sie das Fahrzeug an.
- Schrauben Sie das entsprechende Rad ab.
- Soweit vorhanden, das Anschlusskabel zur Belagverschleißanzeige freilegen und abklemmen.
- Lösen Sie die Schrauben des Bremsträgers (3 im Bild 5) und bauen Sie ihn mit dem Bremssattel ab.
- Hängen Sie Bremssattelträger und Bremssattel mit Draht am Aufbau auf.
- Schraube für Bremsscheibe heraus-

Sichtprüfung Messen

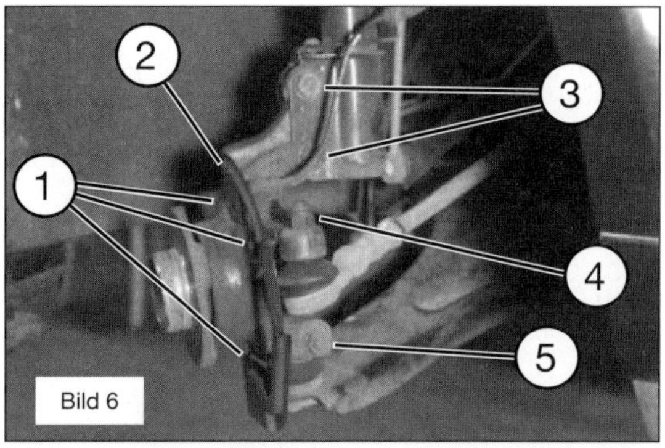

Bild 6
Achsschenkel ohne Bremsscheibe:
1 Schrauben
2 Spritzschutzblech (Schirmblech)
3 Schrauben am Stoßdämpfer (Sturzschrauben)
4 Mutter Spurstange
5 Schraube und Mutter Traggelenk

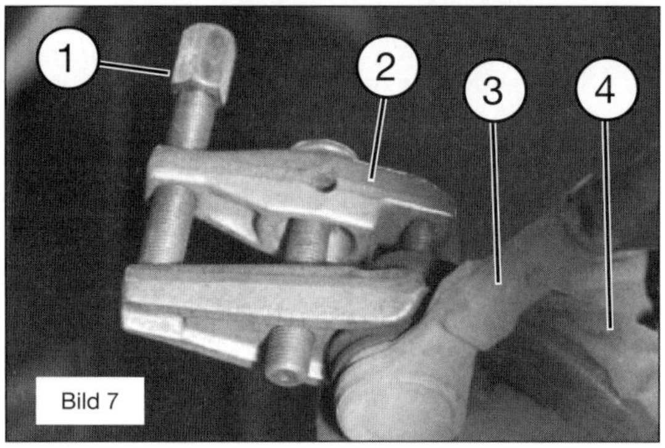

Bild 7
Spurstange am Achsschenkel:
1 Spindel
2 Kugelbolzenabdrücker
3 Spurstange
4 Achsschenkel

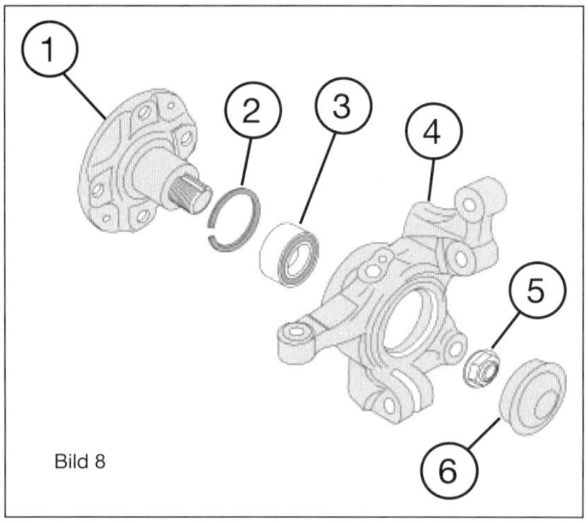

Bild 8
Radlagergehäuse in Teilen:
1 Radnabe
2 Sicherungsring
3 Radlager
4 Radlagergehäuse (Achsschenkel)
5 Mutter
6 Kappe

schrauben und Bremsscheibe abnehmen.
■ Linkes beziehungsweise rechtes Spritzschutzblech der Vorderbremse ausbauen.
■ Die Mutter (1 im Bild 13) abschrauben und die Koppelstange (2) am Federbein aushängen.
■ Die Mutter (4 im Bild 6) des Spurstangenkopfes am Achsschenkel abschrauben und den Spurstangenkopf mit Abzieher (2 im Bild 7) vom Achsschenkel abpressen und aushängen.
■ Das Anschlusskabel zum ABS-Sensor freilegen.
■ Schraube (1 im Bild 5) herausschrauben und den Raddrehzahlgeber (ABS-Sensor) (2) herausziehen.
■ Drehen Sie die beiden Sturzschrauben (3 im Bild 6) los, lassen sie aber weiterhin in der Bohrung stecken.
■ Lösen Sie die Verschraubung (5) des Achsgelenkbolzens am Achsschenkel.
■ Spreizen Sie den Schlitz im Achsschenkel etwas auf und ziehen Sie den Traggelenkbolzen aus dem Achsschenkel heraus.

⚠ Den Querlenker an der Vorderachse nur so weit wie unbedingt notwendig nach unten drücken, da sonst die Gummibuchsen im Querlenker beschädigt werden.

■ Den Achsschenkel vom Federbein abziehen und abnehmen.

Die Montage erfolgt sinngemäß in umgekehrter Reihenfolge.
■ Lassen Sie eine Fahrwerksvermessung durchführen.

Radlagereinheit aus- und einbauen

Radlager vorne wechseln (Bilder 8 bis 10)

☞ Der Wechsel der vorderen Radlager ist mit Auszugswerkzeug oder mit einer hydraulischen Presse möglich. Beachten Sie die Einbaurichtung und verwenden Sie neue Sprengringe, die im Radlagersatz in der Regel mitgeliefert werden. Eine andere Möglichkeit ist es, die kompletten Achsschenkel zu ersetzen. Sie sind gebraucht derartig günstig, dass der Ersatz des Achsschenkels zum Ersatz des Radlagers zumindest wirtschaftlich überlegt werden muss.

■ Heben Sie das Fahrzeug an.
■ Schrauben Sie das entsprechende Rad ab.
■ Bremsträger mit Bremssattel abbauen und mit einem Draht am Aufbau aufhängen.
■ Die Schraube für die Bremsscheibe herausschrauben und Bremsscheibe abnehmen.

☞ Je nach Auspresssystem kann der Achsschenkel auch im Fahrzeug verbaut bleiben. Ist das nicht der Fall, muss der Achsschenkel vorne wie schon beschrieben ausgebaut werden.

■ Demontieren Sie die Kappe (6 im Bild 8).
■ Drehen Sie die Mutter (5) los. Halten Sie

Bild 9

Bild 9
Ausziehen der Radnabe mit einem Radlagerauszieher.

Bild 10

Bild 10
Ausziehen des Radlagers mit einem Lagerauszieher.

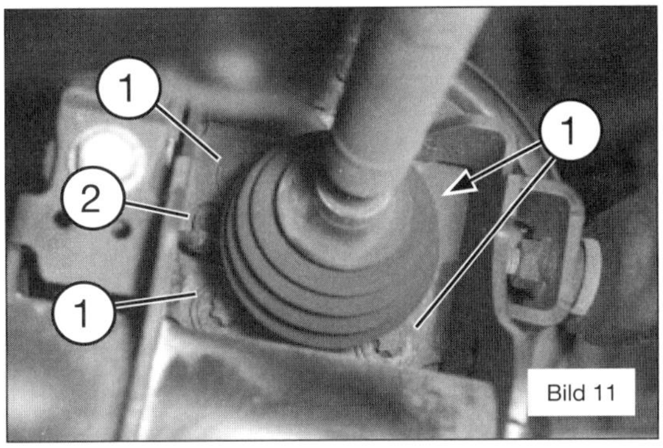

Bild 11

Bild 11
Radlager hinten:
1 Schrauben
2 ABS-Sensor

die Radnabe (1) mit einem geeigneten Werkzeug, das mindestens mit zwei Radschrauben befestigt wird, fest.

- Montieren Sie den Presssatz nach Vorschrift des Werkzeugherstellers (siehe Beispiele im Bildern 9 und 10).
- Ziehen Sie die Radnabe heraus.
- Demontieren Sie den Sicherungsring (2).
- Ziehen Sie das Radlager (3) heraus.
- Reinigen Sie den Lagersitz gründlich und fetten Sie die Anlagestellen leicht ein.
- Legen Sie einen Distanzring auf den äußeren Lagerkranz auf.

⚠ Wird Druck auf den Innenlagerring ausgeübt, wird das Lager irreparabel beschädigt.

- Pressen Sie das Lager bis Anschlag ein.
- Legen Sie so weit verbaut den Distanzring auf die Radnabe auf.
- Setzen Sie den Sicherungsring (2) in das Radlager ein.
- Legen Sie ein Distanzstück so auf die Innenseite des Lagerinnenrings auf, dass Sie keinen Druck auf den Dichtring ausüben.
- Pressen Sie die Radnabe bis Anschlag ein.

Die weitere Montage erfolgt sinngemäß in umgekehrter Reihenfolge.

Radlager hinten wechseln (Bild 10)

Das Radlager wird als Radlagereinheit mit dem Gehäuse und der Radnabe geliefert. Eine weitergehende Demontage ist nicht vorgesehen.

- Heben Sie das Fahrzeug an.
- Schrauben Sie das entsprechende Rad ab.
- Bauen Sie die entsprechende Bremstrommel ab.
- Bauen Sie die entsprechende Achsgelenkwelle aus.
- Verschließen Sie die Öffnung für die Achswelle im Getriebe mit einem passenden Stopfen.
- Drehen Sie die Schrauben (1 im Bild 11) heraus.
- Nehmen Sie das Radlagergehäuse von der Bremsankerplatte und dem Achsrohr ab.

Die Montage erfolgt sinngemäß in umgekehrter Reihenfolge.

- Reinigen Sie die Sitzfläche auf der Nabenwelle gründlich.
- Fetten Sie die Sitzfläche der Lagereinheit leicht ein.
- Achten Sie darauf, dass der ABS-Sensor (2) nicht beschädigt wird, und reinigen Sie den Sensorkopf.

Federbein vorne aus- und einbauen

⚠ Stoßdämpfereinheiten sollten grundsätzlich nur achsweise ersetzt werden!

- Heben Sie das Fahrzeug an.
- Schrauben Sie das entsprechende Rad ab.
- Bremsträger mit montiertem Bremssattel an der Vorderachse abbauen und mit angeschlossenem Bremsschlauch zur Seite hängen.

Sichtprüfung Messen

Bild 12
Stoßdämpfer vorne:
1 Schrauben
2 Mutter
3 Domlager
4 Gummilager Domlager
5 Anschlag-Puffer
6 Staubschutz Faltenbalg
7 Stoßdämpfer
8 Kolbenstange Stoßdämpfer
9 Federunterlage
10 Feder

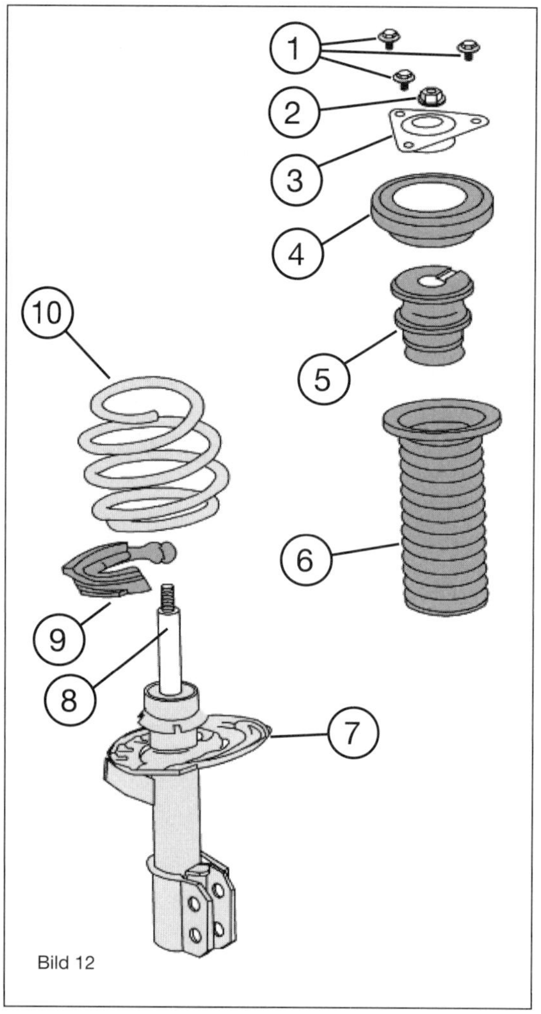

Bild 12

Bild 13
Koppelstange an der Vorderachse:
1 Mutter
2 Koppelstange

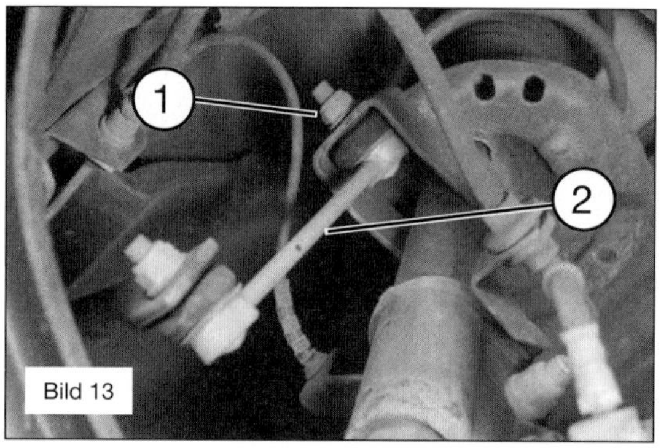

Bild 13

■ Die Schraube (1 im Bild 5) herausschrauben und Drehzahlgeber vorn aus dem Achsschenkel herausziehen.
■ Mutter (1 im Bild 13) abschrauben und die Koppelstange am Federbein aushängen.
■ Mutter (4 im Bild 6) abschrauben und Spurstangenkopf mit Abzieher (2 im Bild 7) vom Achsschenkel lösen und aushängen.

⚠ Den Spurstangenkopf vorsichtig auspressen, anderenfalls kann die Gummimanschette beschädigt werden.

Die Gummimanschette auf Beschädigung prüfen, wenn erforderlich den Spurstangenkopf erneuern.
■ Öffnen Sie die Wartungsklappe vorne und lösen Sie die drei Schrauben (1 im Bild 12).
■ Hängen Sie den Bremsschlauch und die Anschlusskabel zum ABS-Sensor und zur Belagverschleißanzeige am Stoßdämpfer aus und legen Sie sie aus dem Arbeitsbereich heraus.
■ Unterbauen Sie den Querlenker so, dass er nicht durch das Gewicht des Achsschenkels nach dem Abbau des Federbeins nach unten gedrückt wird.

⚠ Querlenker an der Vorderachse nur so weit wie unbedingt notwendig nach unten drücken, anderenfalls können die Gummibuchsen im Querlenker beschädigt werden.

■ Die Muttern (3 im Bild 6) abschrauben, die Schrauben (6) aber noch im Stoßdämpfer stecken lassen.
■ Lassen Sie das Fahrzeug ab.
■ Ziehen Sie die Schrauben (6) heraus und sichern Sie den Achsschenkel gegen Herausklappen mit Kabelbindern an der Karosserie.
■ Den Achsschenkel vom Federbein abziehen.
■ Drehen Sie die Schrauben (1 im Bild 12) ab und nehmen Sie den kompletten Stoßdämpfer, Federbein mit Feder und Anbauteilen heraus.

Die Montage erfolgt sinngemäß in umgekehrter Reihenfolge.
■ Lassen Sie eine Fahrwerksvermessung durchführen.
■ Ersetzen Sie grundsätzlich alle selbstsichernden Muttern.

Schraubenfeder vorne ausbauen

Schraubenfeder ausbauen

⚠ Fahrwerksfedern sollten grundsätzlich nur achsweise ersetzt werden!

■ Linkes beziehungsweise das rechte Federbein vorn wie beschrieben ausbauen.
■ Spannen Sie die Feder mit einem Federspanner (Bild 16) so weit vor, dass das Domlager (4) entlastet ist.

■ Lösen Sie die Mutter (2 im Bild 12) mit einer Hohlratsche oder einem passenden gekröpften Ringschlüssel und einem Innensechskantschlüssel.

Kolbenstange (8) des Stoßdämpfers mit einem passenden Innensechskantschlüssel gegenhalten. Bei festsitzender Mutter (2) die Manschette zurückschieben und Haltevorrichtung an der Kolbenstange des Stoßdämpfers (8) befestigen und mit Gabelschlüssel gegenhalten.

Nicht an der Kolbenstange drehen, da sonst der Stoßdämpfer (8) beschädigt werden kann.

Staubschutzmanschette demontieren

■ Nehmen Sie die Mutter (2), das Domlager (3) und die Federunterlage (4) darunter ab.
■ Ziehen Sie die Staubschutzmanschette (6) und den Anschlagpuffer (5) von der Kolbenstange des Stoßdämpfers ab.
■ Entspannen Sie die Federspanner (2 im Bild 14).
■ Nehmen Sie die Feder (1) vom Dämpfer ab.

Die Montage erfolgt sinngemäß in umgekehrter Reihenfolge.

Prüfen Sie den Zustand der Feder und der Auflagen sowie des Anschlagpuffers und des Faltenbalges.

■ Ersetzen Sie grundsätzlich alle selbstsichernden Muttern.

Stoßdämpfer vorne ausbauen

Grundsätzlich sollten immer alle Stoßdämpfer einer Achse (zumindest) zeitgleich ersetzt werden. Bei unterschiedlichem Dämpfungsverhalten kann es leicht zu unvorhersehbarem und somit gefährlichem Fahrzeugverhalten kommen.

Die Montagearbeiten entsprechen den Arbeiten für den Ausbau der Schraubenfeder vorne.

■ Heben Sie das Fahrzeug an.
■ Schrauben Sie das entsprechende Rad ab.
■ Bauen Sie die Schraubenfeder vorne aus.
■ Ersetzen Sie den Stoßdämpfer vorne (7 im Bild 12).

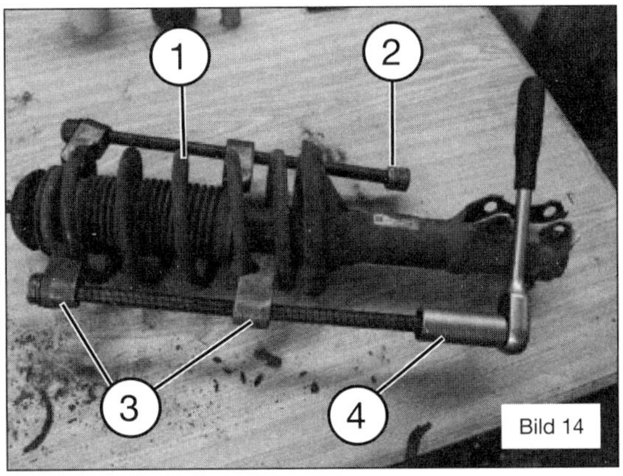

Bild 14

Bild 14
Fahrwerksfeder mit Gewindespannern spannen:
1 Feder
2 Gewindestange
3 Halteklaue
4 Ratsche mit passender Stecknuss

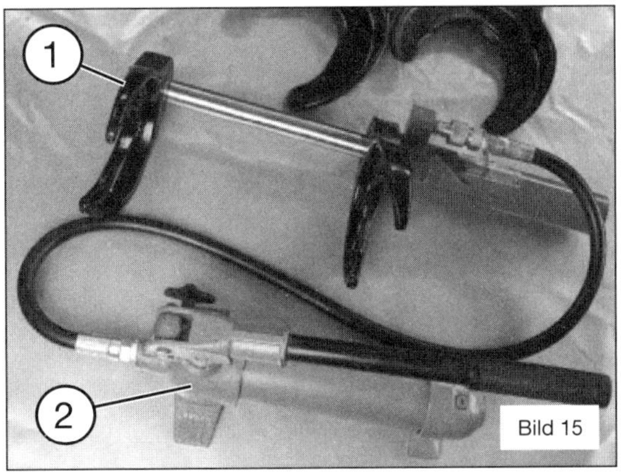

Bild 15

Bild 15
Hydraulischer Federspanner:
1 Zylinder mit Spannbacken
2 Handpumpe

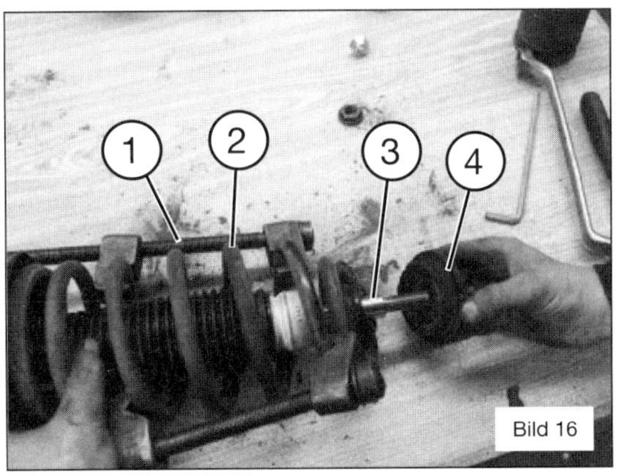

Bild 16

Bild 16
Federbein zerlegen:
1 Federspanner
2 Feder
3 Kolbenstange
4 Domlager

Schraubenfeder hinten ausbauen

Ein paarweiser Tausch der Hinterfedern (7 im Bild 17) wird von Smart nicht vorgeschrieben, ist aber zu empfehlen.

■ Stellen Sie die Leergewichtslage für die Hinterachse fest (Radmittelpunkt bis zur Radlaufkante).
■ Heben Sie das Fahrzeug an.
■ Schrauben Sie das entsprechende Rad ab.
■ Das Hinterachsrohr mit Aggregatehubtisch oder einem Getriebeheber so weit anheben, dass der Stoßdämpfer leicht zusammengedrückt wird.

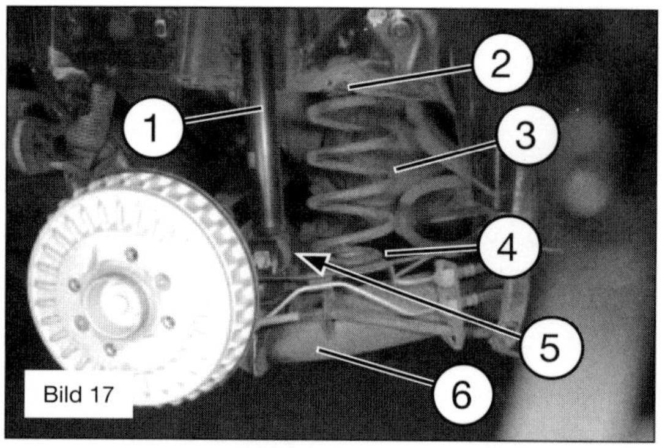

Bild 17

Bild 17
Federung an der Hinterachse:
1 Stoßdämpfer hinten
2 Federunterlage oben
3 Schraubenfeder
4 Federunterlage unten
5 Schraube unten
6 Hinterachsrohr

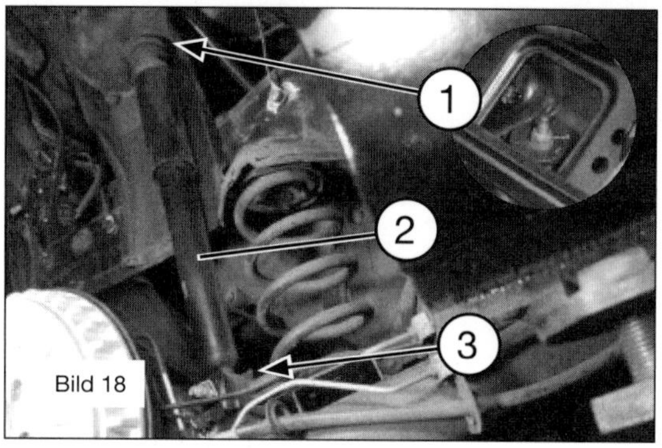

Bild 18

Bild 18
Stoßdämpfer an der Hinterachse:
1 Stoßdämpferverschraubung oben mit Gummilager und Scheibe
2 Stoßdämpfer hinten
3 Stoßdämpferverschraubung unten

⚠ Sichern Sie das Fahrzeug unbedingt auf der Hebebühne mit Spanngurten, um ein Herunterfallen oder Abrutschen zu verhindern.

- Die untere Schraube (5 im Bild 17) herausdrehen.
- Das Hinterachsrohr (6) mit Aggregatehubtisch oder einem Getriebeheber so weit absenken, dass die Schraubenfeder hinten (3) aus ihren Aufnahmen am Achsrohr (3 im Bild 18) und am Rahmen oben (1) herausgenommen werden kann.
- Die Schraubenfeder hinten (3 im Bild 17) herausnehmen.

Die Montage erfolgt sinngemäß in umgekehrter Reihenfolge.

- Die Einbaulage der Schraubenfeder hinten (3 im Bild 17) beachten.
- Oberes und unteres Gummilager der Schraubenfeder hinten und des Stoßdämpfer reinigen, prüfen und ggf. erneuern.

Stoßdämpfer hinten ausbauen

⚠ Grundsätzlich sollten immer alle Stoßdämpfer einer Achse (zumindest) zeitgleich ersetzt werden. Bei unterschiedlichem Dämpfungsverhalten kann es leicht zu unvorhersehbarem und somit gefährlichem Fahrzeugverhalten kommen.

- Heben Sie das Fahrzeug an.
- Schrauben Sie das entsprechende Rad ab.
- Das Achsrohr (6 im Bild 17) mit einem geeigneten Getriebeheber oder einem Aggregatehubtisch abstützen.
- Das Achsrohr (5) vorsichtig so weit anheben, bis der Stoßdämpfer (2) vollständig entlastet ist.
- Die untere Schraube (3 im Bild 18) herausdrehen.
- Die obere Mutter (1) herausdrehen.
- Den Stoßdämpfer (2) herausnehmen.

Die Montage erfolgt sinngemäß in umgekehrter Reihenfolge.

Auf richtigen Sitz der hinteren Federn (3 im Bild 17) in ihren Aufnahmen achten.

Prüfungen an der Lenkung

Die Lenkung ist eine Baugruppe, von der die Fahrsicherheit besonders stark abhängt. Defekte, falsche Einstellungen und fehlerhafte Reparaturarbeiten können fatale Auswirkungen haben. Nach einem Unfall und bei Beschädigung der Vorderachse können verschiedene Lenkungsteile ersetzt werden. Als Instandsetzung an der Servolenkung ist aber nur das Ersetzen der Faltenbälge sowie der Spurstangen und Spurstangenköpfe üblich. Für bestimmte Arbeiten kann es nötig sein, die Lenkzwischenwelle aus- und einzubauen, die das Kreuzgelenk unten an der Lenksäule mit dem Kreuzgelenk des Lenkritzels am Lenkgetriebe verbindet. Beim Smart 453 ist eine Zahnstangenlenkung verbaut, die elektrisch durch einen Motor für die Lenkbewegung in unterschiedlichen Abstufungen und zur Stabilisierung durch Assistenzsysteme unterstützt wird.

Lenkungsspiel prüfen

- Die Räder geradeaus stellen. Von außen durchs geöffnete Fenster greifen und das Lenkrad kurz hin und her drehen.

Auf die Felge achten: Bewegt sich das Vorderrad wie erforderlich sofort mit?

Eine Hilfsperson kann die Spurstangenköpfe umfassen und das Lagerspiel bei Lenkbewegung fühlen oder in Extremfällen sogar beobachten.

■ Falls Spiel bemerkt wird, muss das Nachstellen in der Werkstatt erfolgen oder das Lenkgetriebe ersetzt werden.

Wenn die Lenkung um die Geradeausstellung kein Spiel hat, aber bei stärkerem Einschlag spürbar klemmt, ist die Zahnstange verschlissen. Das dürfte zwar erst nach einer gehörigen Fahrstrecke der Fall sein, aber dann muss das Lenkgetriebe ausgetauscht werden!

Manschetten der Lenkzahnstange prüfen

Mit einer Taschenlampe die Gummimanschetten ableuchten, mit denen die aus ihrem Gehäuse austretende Zahnstange links und rechts geschützt wird. Gründlich auch auf kleinste Verschleißspuren prüfen. Dringen durch einen rissigen oder beschädigten Faltenbalg Schmutz und Feuchtigkeit ein, verbinden sie sich mit dem Fett des Lenkgetriebes zu einer zerstörerischen Schleifpaste.

■ Fahrzeug mit der Hebebühne anheben und gegen Abrutschen oder Kippen sichern.

■ Die Lenkung voll nach rechts oder links einschlagen. Um Risse in den Falten zu erkennen, muss der Faltenbalg Stück um Stück auseinandergezogen werden. Eine verschlissene Manschette sollte man sofort austauschen. Sie kann bei eingebautem Lenkgetriebe ersetzt werden.

■ Klemmschellen müssen fest auf der Manschette sitzen. Zum Wechseln des Faltenbalgs wird daher eine spezielle Schlauchbinderzange empfohlen.

Lenksäule überprüfen

■ Wenn an der Lenksäule gearbeitet wurde, muss danach auf sichtbare Schäden und Funktion geprüft werden. Lässt sich die Säule ohne zu haken und ohne Schwergängigkeit drehen? Lässt sie sich in Längsrichtung und in der Höhe leicht verstellen?

■ Lässt sich das Rohr der Säule deutlich nach vorn und hinten oder seitlich bewegen? Dann ist etwas faul, die Lenksäule muss ausgetauscht werden.

Arbeiten an der Lenkung

Spurstangenkopf aus- und einbauen

■ Fahrzeug mit der Hebebühne anheben und gegen Abrutschen oder Kippen sichern.

■ Das entsprechende Rad abbauen.

■ Mutter (4 im Bild 6) von Spurstangenkopf lösen, aber noch nicht abschrauben. Die Mutter zum Schutz des Gewindes einige Umdrehungen auf dem Zapfen lassen.

■ Den Spurstangenkopf vom Radlagergehäuse mit einem Kugelgelenkabzieher abdrücken. Die Mutter jetzt abschrauben.

Beim Abdrücken die Gummitülle und das Gewinde nicht beschädigen.

■ Die Kontermutter (2 im Bild 19) lösen.

■ Die Position vom Spurstangenkopf (1) auf der Spurstange (3) kennzeichnen.

■ Den Spurstangenkopf von der Spurstange abdrehen. Hierzu die Schlüsselflächen am Spurstangenkopf (1) und an der Spurstange (3) nutzen.

Der Einbau erfolgt sinngemäß in umgekehrter Reihenfolge.

■ Den Spurstangenkopf bis zur angebrachten Markierung auf die Spurstange drehen.

■ Spurstangenkopf mit der Kontermutter sichern.

■ Spurstangenkopf mit neuer Mutter (4 im Bild 6) verschrauben.

■ Rad anbauen und mit Anzugsdrehmoment festziehen.

■ Fahrzeugvermessung durchführen (lassen).

Lenkmanschette wechseln

■ Fahrzeug mit der Hebebühne anheben und gegen Abrutschen oder Kippen sichern.

■ Rad an der betreffenden Seite abbauen.

■ Bauen Sie an der betroffenen Seite den Spurstangenkopf wie beschrieben ab.

■ Drehen Sie die Kontermutter (2 im Bild 16) ab.

■ Die Schellen (4) und (6) am Faltenbalg (Lenkmanschette) (5) lösen und abnehmen.

■ Ziehen Sie die Lenkmanschette (5) ab.

Reinigen Sie die Lenkstange im Lenkgetriebe, die Spurstange und die Auflageflächen der Manschetten gründlich und fetten (1 im Bild 17) Sie sie leicht ein. Verschmutzungen können das Lenkgetriebe schädigen.

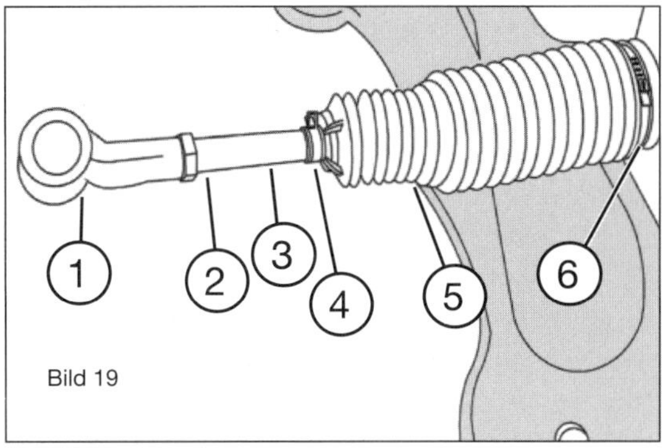

Bild 19
Lenkmanschette an der Spurstange.
1 Spurstangenkopf
2 Kontermutter
3 Spurstange
4 Schelle
5 Manschette
6 Schelle

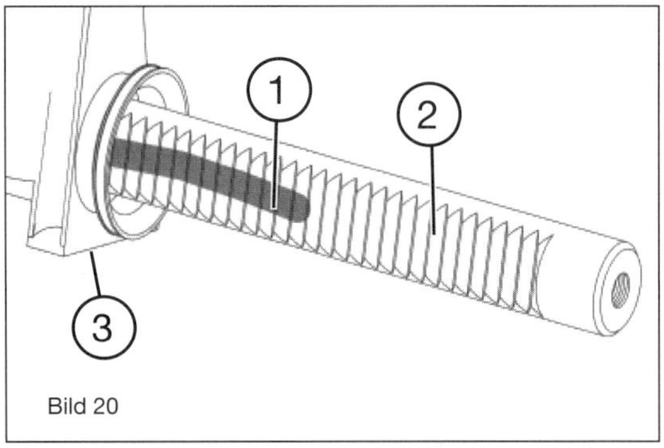

Bild 20
Lenkgetriebe:
1 Fettauftrag auf der Zahnstange
2 Zahnstange
3 Lenkgetriebe

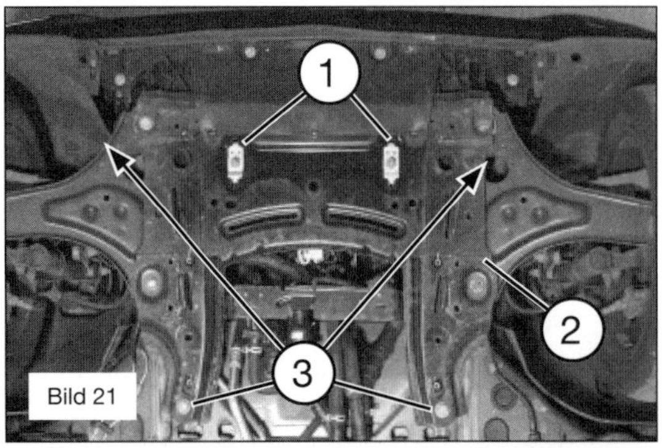

Bild 21
Verschraubung der Lenkung:
1 Selbsthaltende Muttern
2 Achsträger vorne
3 Verschraubungen Achsträger am Rahmen

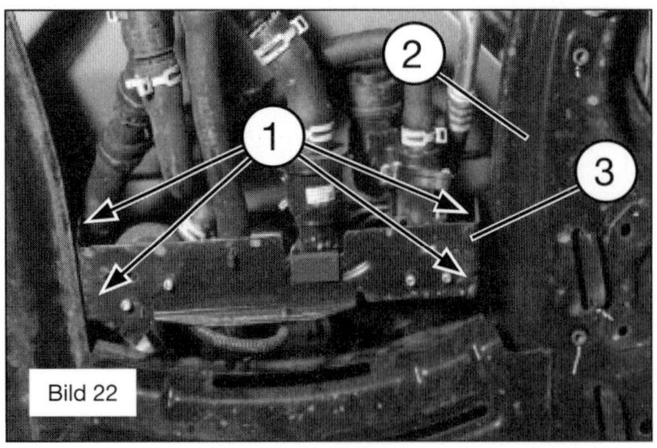

Bild 22
Halter am Achsträger:
1 Schrauben am Achsträger (von oben)
2 Achsträger
3 Halter am Achsträger

■ Schieben Sie die Schelle (6), die neue Manschette (5) und die Schelle (4) auf.

Die weitere Montage erfolgt sinngemäß in umgekehrter Reihenfolge.

☞ Die Laschen und Klemmstellen an den Schellen (4) und (6) müssen so ausgerichtet werden, dass sie nirgendwo anliegen oder schleifen können. Sie können beim Hängenbleiben leicht die Manschette herunterschieben oder beschädigen.

Zahnstangenlenkung aus- und einbauen

Vorbereitungsarbeiten

■ Das Fahrzeug mit der Hebebühne anheben und Unterbodenverkleidungen ausbauen.

⚠ Sichern Sie das Fahrzeug unbedingt auf der Hebebühne mit Spanngurten, um ein Herunterfallen oder Abrutschen zu verhindern.

■ Schalten Sie die Zündung aus und ziehen Sie den Zündschlüssel ab.

■ Prüfen Sie, ob ein Radiocode erforderlich ist und ob der Ihnen vorliegt.

■ Klemmen Sie die Batterie ab.

■ Bauen Sie den Stoßfänger vorne ab.

☞ Die Arbeitsschritte haben wir bereits auf den Seiten 73 und 74 zum Ausbau des Kühlers beschrieben.

■ Demontieren Sie die beiden Vorderräder.

Absenken des Achsträgers

■ Fixieren Sie die Stoßdämpfer am Stabilisator, um ein unbeabsichtigtes Herausklappen zu verhindern.

■ Drehen Sie die Schrauben (1 im Bild 12) am Federbeindom rechts und links heraus.

■ Lösen Sie die Kunststoffmutter im Innenradlauf und ziehen Sie die elektrische Leitung zum Raddrehzahlgeber ab.

■ Ziehen Sie den Bremsschlauch aus dem Halter am Federbein heraus.

■ Schlagen Sie die Lenkung so weit nach rechts ein, dass Sie die Verschraubung am Kreuzgelenk lösen können.

■ Nehmen Sie die Mutter und den Bolzen ab.

■ Drehen Sie die Lenkung vorsichtig wieder in die Mittelstellung zurück.

⚠ Sichern Sie das Lenkrad gegen Verdrehen. Die Lenksäule darf sich nicht mehr verdrehen lassen, da sonst die Kontaktspiralen für Hupe und Airbag sehr leicht beschädigt werden können.

■ Klappen Sie das Kreuzgelenk nach oben.

■ Entsichern Sie die Steckkontakte und zie-

hen Sie die Anschlüsse am Lenkgetriebe ab.
■ Unterbauen Sie den Achsträger vorne (2 im Bild 18) mit einem Getriebeheber.
■ Drehen Sie die Schrauben (3) heraus und senken Sie den Achsträger so weit ab, dass Sie den Halter (3 im Bild 19) für die Kühlmittelleitungen lösen können.
■ Senken Sie den Achsträger weiter ab, sodass Sie die Verschraubungen der Lenkung über dem Achsträger (1 im Bild 18) erreichen können.
■ Drehen Sie die Verschraubungen an der Lenkung heraus und nehmen Sie die elektrische Lenkung zusammen mit einem weiteren Mechaniker zur Seite heraus.

Die weitere Montage erfolgt sinngemäß in umgekehrter Reihenfolge.

■ Bringen Sie das Lenkgetriebe in die Mittelstellung, bevor Sie das Kreuzgelenk wieder montieren, da sonst die Kontaktspirale Fanfaren und Airbag sehr leicht beschädigt werden können.
■ Die Unterbodenverkleidungen wieder einbauen.
■ Das Fahrzeug mit der Hebebühne absenken.
■ Abschließend eine Fahrwerksvermessung durchführen.

Rund um die Lenkunterstützung

Das Lenksystem beim Smart 453 hat nichts mehr mit einem hydraulischen System zu tun, wie man es eigentlich erwarten würde. Entsprechend wird es wichtig, sich über das System und die Komponenten zu informieren. Wir möchten Ihnen hier sowohl einige einzelne Komponenten, als auch das Lenksystem mit seinen Bauteilen näherbringen.

Funktion der elektrischen Lenkung
Die elektrische Lenkung basiert auf einem konventionellen Zahnstangenlenkgetriebe, das vom Lenkhilfemotor unterstützt wird. Die Lenkkraftunterstützung erfolgt stufenlos und geschwindigkeitsabhängig.

Lenkkraftunterstützung:
■ Durch Drehen des Lenkrades wird ein Moment an der Lenkstange erzeugt, das vom Momentensensor Lenkhilfe erfasst und an das Steuergerät Lenkhilfe weitergeleitet wird. Anhand des ermittelten Lenkmoments, des Lenkeinschlags und der Fahrzeuggeschwindigkeit wird vom Steuergerät Lenkhilfe das Unterstützungsmoment festgelegt und der Lenkhilfemotor entsprechend angesteuert.
■ Dieser unterstützt das Lenkmoment des Fahrers über ein Schneckengetriebe des Antriebsmotors auf die Zahnstangenlenkung.
■ Die Lenkkraftunterstützung ist bei niedrigen Geschwindigkeiten bzw. bei Fahrzeugstillstand am größten und nimmt mit zunehmender Fahrzeuggeschwindigkeit ab.
■ Die Lenkkraftunterstützung kann mit zwei Einstellstufen angepasst werden. Die »Stufen« beeinflussen unterschiedliche Kennfelder, die Unterstützung der Lenkung und die variable Veränderung zur Fahrgeschwindigkeit.

Lenkungsrücklaufunterstützung:
Die Rückstellung der Lenkung wird aufgrund des Nachlaufs eingeleitet. Dadurch wird der Lenkhilfemotor passiv erregt und arbeitet als Generator. Auf Grundlage dieses Signals erkennt das Steuergerät der Lenkhilfe den Unterstützungsbedarf und unterstützt die Rückstellkraft durch entsprechende Bestromung des Lenkhilfemotors.

Funktion »active center feeling«:
Bei erkannter Mittelstellung des Lenkrades und ausbleibenden Lenkbewegungen wird der Motor Lenkhilfe vom Steuergerät Lenkhilfe so bestromt, dass ein ausreichendes Moment erzeugt wird, um die Lenkung in der Mittelstellung zu halten.

Besondere Funktionen:
Über die aktive Ansteuerung und das Zusammenspiel mit anderen Systemen wie beispielsweise dem Bremssystem können Assistenten für den Ausgleich von Seitenwind oder ähnlichen Fahreinflüssen realisiert werden.

Bauteile der elektrischen Lenkung
Drehmomentsensor:
Der Momentensensor befindet sich an der Lenkstange und ist im Lenkgetriebe integ-

Sichtprüfung Messen

riert. Durch das Drehen des Lenkrades und dem Widerstand der Lenkung wird in der Lenkstange ein Moment erzeugt, welches vom Momentensensor eingelesen, in ein Spannungssignal umgewandelt und an das Steuergerät Lenkhilfe weitergeleitet wird. Hier wird dann die erforderliche Ansteuerung des Elektromotors zur Lenkunterstützung erzeugt.

Steuergerät Lenkhilfe:
Das Steuergerät Lenkhilfe ist Bestandteil der elektrischen Lenkung. Es übernimmt die Steuerung des Motors der Lenkhilfe. Hierzu werden Signale über den CAN-Bus vom Steuergerät ESP die Fahrzeuggeschwindigkeit, Lenkwinkel und Lenkgeschwindigkeit vom Lenkwinkelsensor verwertet. Weitere Signale kommen vom Momentensensor der Lenkhilfe und die Rückstellanforderung vom Motor der Lenkhilfe. Das Steuergerät ermittelt anhand der Eingangssignale die Drehrichtung und Bestromungsstärke des Motors und überprüft permanent alle Eingangssignale auf Plausibilität. Im Falle eines fehlerhaften Signals wird die elektrische Lenkung abgeschaltet und der jeweilige Fehler im internen Fehlerspeicher abgelegt. Die Lenkung funktioniert dann als herkömmliche Zahnstangenlenkung weiter.

Lenkwinkelsensor:
Der Lenkwinkelsensor befindet sich hinter dem Lenkrad auf der Lenksäule. Der Lenkwinkelsensor erfasst den Lenkeinschlag, die Lenkdrehrichtung sowie die Lenkgeschwindigkeit über einen Messbereich von 720°. Diese Informationen werden über den CAN-Bus an das Steuergerät ESP und an das Steuergerät Lenkhilfe Servolenkung EPS übermittelt.

Fehlerspeicherabfrage mit dem OBD-Tester

- Die Fehlerspeicherabfrage erfolgt in der gleichen Art und Weise wie auf den Seiten 29 und 30 für das Motorsteuergerät dargestellt. Beim unserem Autoaid befindet sich die »Servolenkung« im unteren Feld (1 im Bild 12 auf Seite 30). Schon in der Übersicht lässt es sich erkennen, ob Fehler in diesem System vorliegen.
- Durch doppeltes Anklicken wird das Steuergerät angewählt. Die Fehlerspeicherabfrage und auch die Sensordaten können dann im Bereich (3) angewählt und dargestellt werden.

Istwerte aus dem Steuergerät
Die Istwerte können über die Anwahl der »Sensordaten« abgefragt werden. Sie werden dann in der Bildschirmmaske (Bild 23) im Bereich (1) als Zahlenwert in der Übersicht aufgelistet. Im rechten Bereich können Sie die über das Steuergerät erfassten Messwerte oder Ansteuergrößen grafisch darstellen lassen. So lassen sich die Messwerte mit der Lenkbewegung in der Realität vergleichen und auswerten ohne die Komponenten zuerst freilegen zu müssen.

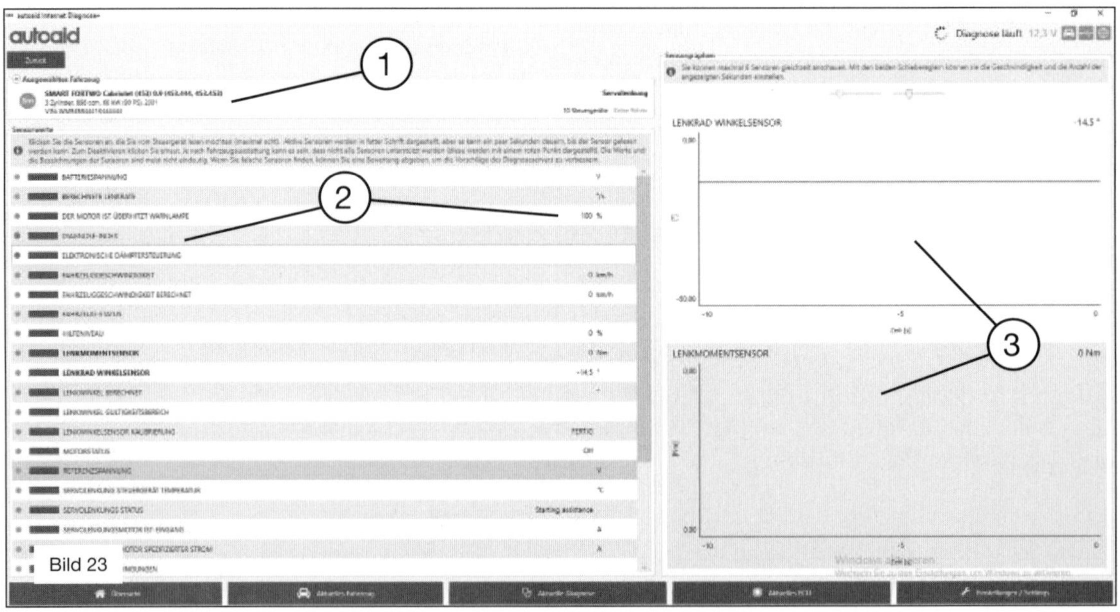

Bild 23
Istwertmaske für die Servolenkung über den Diagnosetester:
1 Fahrzeugdaten
2 Messwertliste mit Zahlenwerten und Einheiten
3 Messwertdiagramme

12 Verdeck und Gestell

Da in diesem Band der Schwerpunkt der Arbeit eher in der Wartung und Montage der Mechanik liegt, werden wir nicht in Detail auf die Demontage des Verdecks eingehen.

Hinweise zum Verdeck

Verdeckmontage

Grundsätzlich sollten Sie Arbeiten am Verdeckstoff und an der Verdeckmechanik nur dann selbst angehen, wenn Sie bereits Erfahrung in diesem Bereich gesammelt haben.

Zur Vermeidung von Verwindungen bzw. Verspannungen der Karosserie, die zu Einstellungsfehlern bei Reparaturarbeiten am Verdeck bzw. dessen Anbauteilen führen, muss das Fahrzeug waagerecht auf dem Boden stehen.

Kabel und Befestigungen von Stoffteilen müssen grundsätzlich immer an den Stellen angebracht werden, an denen sie werkseitig befestigt worden sind.

Setzzeit bei neuem Verdeck

Nach dem Erneuern des Faltdachs bzw. Heckverdecks können erhöhte Schließkräfte am Faltdach und am Spannbügel auftreten.

■ Das Verdeck muss mindestens 12 h geschlossen bleiben ohne Öffnungen und Schließungen. Die erhöhten Schließkräfte lassen im Laufe der Betriebszeit (nach den ersten Fahrten in höherer Geschwindigkeit) nach.

Wartung der Führungen

Bei Wartungsarbeiten am Verdeck liegt der Schwerpunkt in der Reinigung und der Schmierung. Natürlich muss darauf geachtet werden, dass das Verdeck leicht, ruckfrei und ohne Klemmstellen auf- und zuläuft.

Kontrollieren Sie die Laufschienen auf Ablagerungen.

■ Wenn erforderlich, reinigen Sie die Verdeckschienen mit einem Mikrofaserlappen und etwas Silikonentferner.

Tragen Sie etwas säurefreies Fett oder

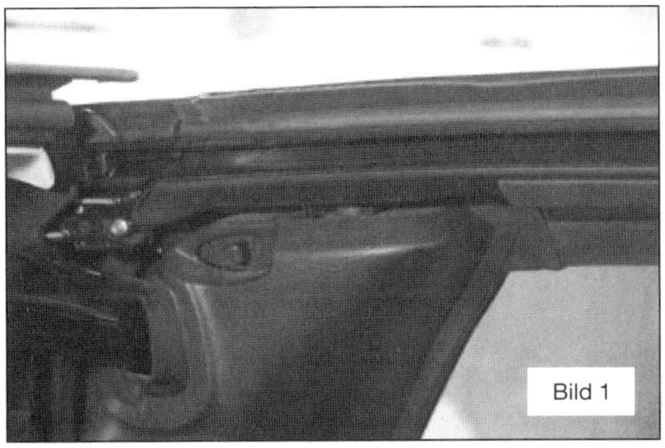

Bild 1

Bild 1
Die Führungsschiene muss sauber und ein leichter Schmiermittelfilm muss erkennbar sein.

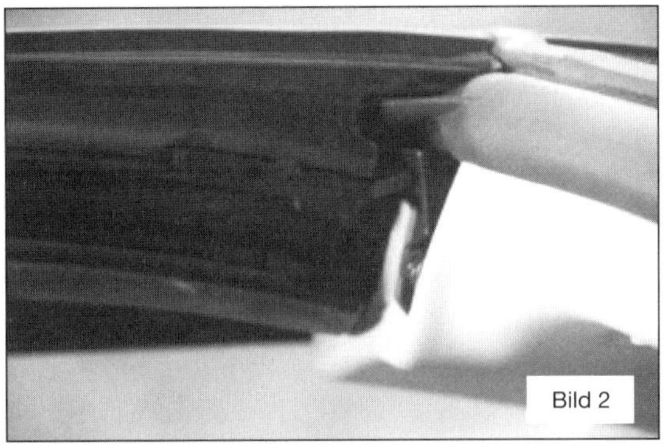

Bild 2

Bild 2
Verunreinigungen und überschüssiges Schmiermittel an Kanten und Übergängen werden mit einem Microfasertuch abgewischt.

besser sogar ein spezielles multifunktionales PFPE-Spray auf (oder auch Fluid), das werkseitig verwendet wird. Das Mittel eignet sich auch für die Pflege der Gummidichtungen.

Wartung der Dichtungen

■ Die Dichtungen des Verdecks und der Anlageschienen sollten regelmäßig gereinigt und mit einem nicht rückfettenden Profilgummipflegemittel eingerieben werden.

■ Eingerissene oder anderweitig beschädigte Dichtungen müssen ersetzt werden.

Antriebskabel des Faltdachs

■ Die Antriebskabel des Faltdachs dürfen weder gefettet noch geölt werden. Die Antriebskabel sind werkseitig mit einem speziellen Öl benetzt.

■ Die Antriebskabel, die Verdeckgleiter und die Verdecklager an der A-Säule dürfen nur paarweise gewechselt werden.

Wartung der Seitenholme

■ Bei Wartungsarbeiten am Fahrzeug müssen die Seitenholme gereinigt und gefettet werden. Es dürfen nur die von der Daimler AG frei gegebenen Reinigungsfilze und Fette verwendet werden.

■ Bei Fahrzeugen, die hoher Staubeinwirkung ausgesetzt sind, kann es erforderlich sein, zwischen den Wartungsarbeiten die Seitenholme zu reinigen und zu fetten.

Dachkassettenschlösser

Das Reinigen und Fetten der Dachkassettenschlösser muss ebenfalls bei Wartungsarbeiten vorgenommen werden.

■ Die Dachkassettenschlösser sollten nur an den vorgesehenen Stellen, mit den von der Daimler AG frei gegebenen Fetten, gefettet werden.

■ Die Federn der Mikroschalter dürfen nicht beschädigt bzw. verbogen werden.

Grundeinstellung des Verdecks

Die Grundeinstellung oder die Überprüfung wird immer dann notwendig, wenn übermäßige Windgeräusche oder Undichtigkeiten auffällig sind. Die Geräuschkulisse für den 453er fällt grundsätzlich etwas höher aus als die des 451er Smart. Im Wesentlichen lässt sich das schon durch die etwas höhere Fahrgeschwindigkeit begründen. Wir stellen Ihnen zuerst die Prüfung der Einstellung vor. Im Anschluss werden die einzelnen Schritte zur Korrektur der Einstellungen abgearbeitet. Durch die Verwendung eines zusätzlichen Keders kann der Geräuschpegel der

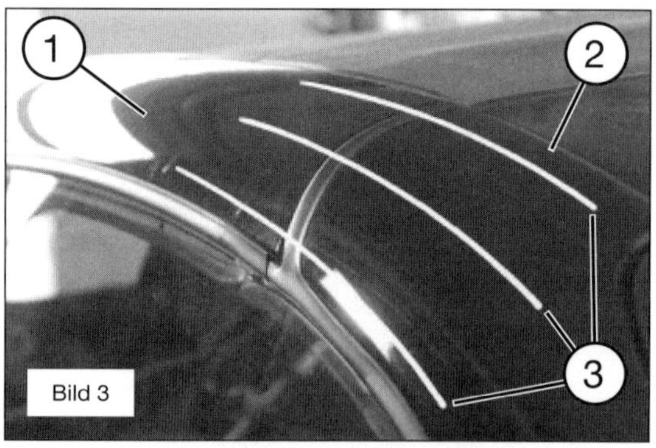

Bild 3

Bild 3
Passung an der A-Säule:
1 Seitenholm
2 A-Säule
3 Konturlinien

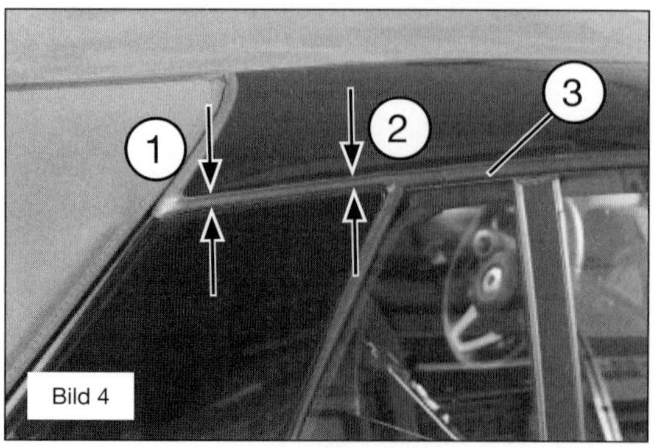

Bild 4

Bild 4
Passung an der B-Säule: Der Karosseriespalt sollte möglichst gleichmäßig verlaufen:
1 Abstand hinten
2 Abstand vorne
3 Abstand Türverglasung

Windgeräusche im mittleren Bereich des Scheibenrahmens etwas abgesenkt werden.

Übersicht der Einstellmaße:

Längenversatz zwischen Seitenholm und Dachkassette	1,5+/-0,5 mm
Höhenversatz zwischen Seitenholm und Dachkassette	≤ 0,5 mm
Seitlicher Versatz zwischen Seitenholm und Dachkassette	≤ 1,0 mm
Eintauchtiefe Verdeck zur Dachspitzendichtung	1,5+/-0,5 mm
Eintauchtiefe Haltebügel Verdeck im Seitenholmlager vorne	≥ 12 mm
Spaltmaß (gleichmäßig) Seitenholm zur B-Säule	5-6 mm
Spaltmaß (gleichmäßig) Verdeck zur B-Säule	5-6 mm

Verdeckeinstellung prüfen

Die Einstellung des Verdecks beschränkt sich auf die Einstellung der Seitenholmlager in der A-Säule und der Positionierung der Seitenholmschlösser. Weiterhin kann das Verdeckgestell in der Höhenlage verändert werden.

Achten Sie auf die korrekte Einstellung der Türen zur Karosserie.

Passung an der A-Säule (Bild 3):

Prüfen Sie, ob die Konturen der Seitenholme zu der Kontur der A-Säulen passen. Ist das nicht der Fall, stellen Sie die Seitenholme ein.

Passung außen an der B-Säule (Bild 4):

Prüfen Sie das Spaltmaß des Seitenholms zur B-Säule. Es muss gleichmäßig verlaufen und sollte etwa 5-6 mm betragen. Der Seitenholm muss auf der Gummidichtung der B-Säule aufliegen.

Passung am Scheibenrahmen (Bild 5):

Prüfen Sie das Spaltmaß des Verdecks zum Scheibenrahmen vorne. Es muss etwa 6-7 mm betragen und gleichmäßig verlaufen. Das Verdeck sollte etwa 1-2 mm tiefer als der Scheibenrahmen liegen.

Passung Führungsschiene (Bild 6):

Prüfen Sie die Lage der Führungsschienen der Seitenholme und des

Verdeckgestells (Dachkassette) hinten. Der Versatz ist in der Tabelle oben für den seitlichen Versatz sowie für den Höhenversatz angegeben. Ein größerer Versatz kann das Klemmen des Verdecks, Schäden an den Gleitstücken oder anderen Führungen des Verdecks verursachen.

Verdeck einstellen

Vorbereitungsarbeiten

- Die Wartungsklappe vorne (Fronthaube) öffnen.
- Ein Erhaltungsladegerät an der Batterie anschließen.
- Den linken und rechten Dachholm ausbauen.
- Die linke und rechte Verkleidung an der B-Säule ausbauen.
- Die Verkleidung am Dachrahmen vorn ausbauen.
- Die Verkleidung an der B-Säule ausbauen.
- Die Grundeinstellung Verdeck wie bereits beschrieben prüfen, ggf. wie folgt beschrieben einstellen.

Verdeckeinstellung A-Säule:

Korrektur der Einbaulage (Bild 3):

- Führen Sie die Vorbereitungsarbeiten wie beschrieben durch.
- Demontieren Sie die Sonnenblenden und die Verkleidung des Scheibenrahmens oben.
- Drehen Sie die Schrauben des Seitenholmlagers gerade so weit los, dass das Seitenholmlager vorne sich gerade so bewegen lässt.
- Den linken und rechten Dachholm einbauen.
- Richten Sie die Dachholme durch Verdrehen oder Verschieben entsprechend der Kontur der A-Säule (Bild 5) aus.
- Die linken und rechten Dachholme vorsichtig ausbauen.
- Drehen Sie die Schrauben des Seitenholmlagers in der A-Säule wieder fest.
- Montieren Sie die Sonnenblenden und die Verkleidung des Scheibenrahmens oben.
- Kontrollieren Sie die Einstellung der Seitenholme erneut.

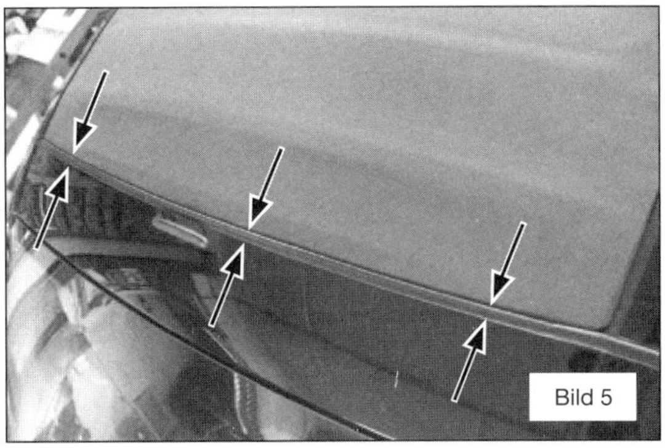

Bild 5
Verdeck am Scheibenrahmen vorne.

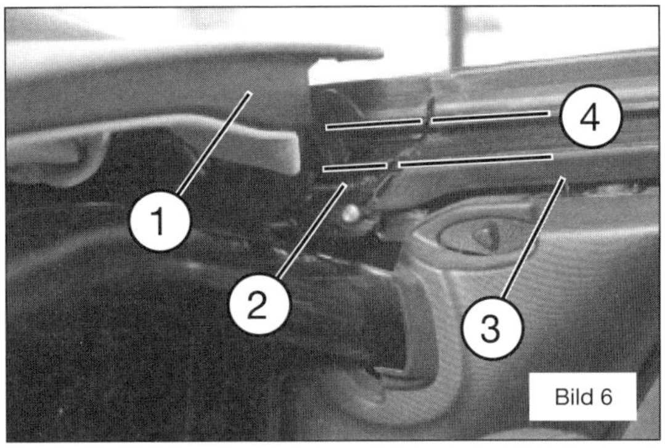

Bild 6
Passung der Führungsschienen:
1 Verdeck oben
2 Verdeckkassette
3 Seitenholm
4 Höhenversatz zwischen Seitenholm und Verdeckkassette

Korrektur Spaltmaß zum Scheibenrahmen:

In diesem Spalt entstehen üblicherweise die Windgeräusche am Verdeckverschluss.

- Führen Sie die Vorbereitungsarbeiten wie beschrieben durch.
- Demontieren Sie die Sonnenblenden und die Verkleidung des Scheibenrahmens oben.
- Markieren Sie die Einbauposition des Lagers für den Seitenholm in der A-Säule.
- Drehen Sie die Schrauben des Schlosses für den Seitenholm heraus.

Kontrollieren Sie, ob Unterlagsscheiben zwischen Halter und A-Säule verbaut worden sind.

Durch Veränderung der Anzahl der Scheiben und deren Stärke kann das Spaltmaß angepasst werden.

- Den linken und rechten Dachholm einbauen.
- Richten Sie die Dachholme durch Verdrehen oder Verschieben entsprechend der Kontur der A-Säule (Bild 3) aus.
- Die linken und rechten Dachholme vorsichtig ausbauen.
- Drehen Sie die Schrauben des Seitenholmlagers in der A-Säule wieder fest.
- Montieren Sie die Sonnenblenden und die Verkleidung des Scheibenrahmens oben.
- Kontrollieren Sie die Einstellung der Seitenholme erneut.

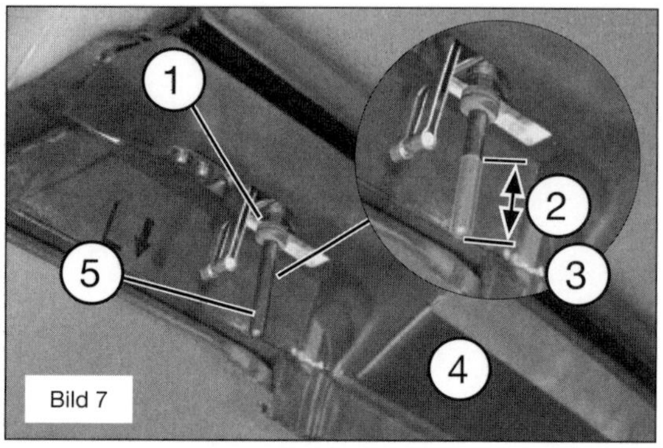

Bild 7

Bild 7
Seitenholm mit Zentrierbolzen:
1 Anschläge
2 Länge 30 mm
3 Zentrierstifte gekürzt
4 Seitenholme
5 Zentrierstift

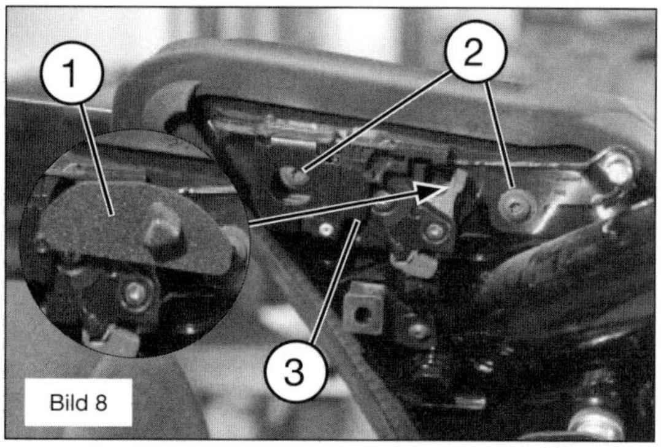

Bild 8

Bild 8
Schloss auf der B-Säule:
1 Hebelabdeckung
2 Schraube
3 Seitenholmschloss

Bild 9

Bild 9
Einstellungen am Schloss auf der B-Säule:
1 Bewegung vorne (Seitenholm/Dachkassette
2 Bewegung komplett (Spaltmaß Seitenholm/B-Säule)
3 Bewegung hinten (Höhe der Dachkassette)

Verdeckeinstellung B-Säule

Die Einstellung des Verdeckschlosses auf der B-Säule verändert die Anlage an den Abdichtungen der Seitenholme und des Verdecks seitlich. Die Lageänderungen des Verdeckschlosses hat gleichzeitig Einfluss auf unterschiedliche Einstellmaße.

Höheneinstellung des Seitenholms zur Dachkassette:

Mit dieser Einstellung (1 im Bild 9) wird der Übergang (Höhenunterschied) der Laufschiene vom Seitenholm zur Dachkassette eingestellt.

■ Verdeck so weit öffnen, dass der Übergang der Seitenholme zum Verdeckkasten einsehbar ist.

☞ Das Verdeck ist dann oben geöffnet und hinten leicht geöffnet.

■ Öffnen Sie die Kofferraumklappe und rasten Sie den Spannbügel des Verdeckes (Abschluss zur Heckklappe) oben ein.

■ Beide Seitenholme (4 im Bild 7) ausbauen.

■ Demontieren Sie die Verkleidungen an den B-Säulen.

■ Ersetzen Sie die Zentrierstifte im Seitenholm durch um 30 mm (2) gekürzte Zentrierstifte.

☞ Der verkürzte Zentrierbolzen ermöglicht den Zugang zur vorderen Schraube (2 im Bild 8) des Schlosses auf der B-Säule bei eingebautem Seitenholm.

■ Stecken Sie die Anschläge (1 im Bild 7) auf die gekürzten Zentrierbolzen (3) auf.

■ Ziehen Sie die Hebelabdeckungen (1 im Bild 8) auf beiden Seiten ab.

■ Lösen Sie die Schrauben (2) gerade so weit, dass Sie das Schloss zusammen mit dem Seitenholm verschieben können.

■ Stellen Sie das Schloss so ein, dass der Übergang zum Seitenholm maximal 0,5 mm beträgt.

■ Ziehen Sie die Schrauben (2 im Bild 8) wieder an.

■ Kontrollieren Sie die Einstellung der Seitenholme wie bereits beschrieben.

Seiteneinstellung des Seitenholms zur Dachkassette:

Mit dieser Einstellung wird der seitliche Versatz der Laufschiene vom Seitenholm zur Dachkassette eingestellt.

■ Verdeck so weit öffnen, dass der Übergang der Seitenholme zum Verdeckkasten einsehbar ist.

☞ Das Verdeck ist dann oben und hinten leicht geöffnet.

■ Öffnen Sie die Kofferraumklappe und rasten Sie den Spannbügel des Verdeckes (Abschluss zur Heckklappe) oben ein.

■ Beide Seitenholme (4 im Bild 7) ausbauen.

■ Demontieren Sie die Verkleidungen an den B-Säulen.

■ Ersetzen Sie die Zentrierstifte im Seitenholm durch um 30 mm (2) gekürzte Zentrierstifte.

☞ Der verkürzte Zentrierbolzen ermöglicht den Zugang zur vorderen Schraube (2 im Bild 8) des Schlosses auf der B-Säule bei eingebautem Seitenholm.

■ Stecken Sie die Anschläge (1 im Bild 7) auf die gekürzten Zentrierbolzen (3) auf.
■ Ziehen Sie die Hebelabdeckungen (1 im Bild 8) auf beiden Seiten ab.
■ Markieren Sie die Einbauposition der Schlösser auf der B-Säule mit einem wasserfesten Stift.
■ Den jeweiligen Seitenholm ausbauen, die Schrauben (2) herausschrauben und Unterlegscheiben zwischen dem Schloss auf der B Säule (3) und der Karosserie einlegen.

Maße der Unterlegscheibe:

Außendurchmesser	24 mm
Innendurchmesser	8 mm
Stärke	1 mm

■ Das Schloss an der B-Säule anhand der zuvor gemachten Markierung positionieren und mit den Schrauben (2) festschrauben.
■ Den Seitenholm wieder einbauen.
■ Den seitlichen Versatz zwischen dem Seitenholm und Dachkassette erneut prüfen.

Wird das Mindestmaß von 1-2 mm nicht erreicht, muss der seitliche Versatz zwischen Seitenholm (5) und Dachkassette erneut eingestellt werden.

Spaltmaß Seitenholm zur B-Säule

Mit dieser Einstellung (2 im Bild 9) wird der Übergang (Höhenunterschied) der Laufschiene vom Seitenholm zur Dachkassette eingestellt. Die Einstellung kann Einfluss auf die Einstellung zwischen Dachkassette und B-Säule haben.
■ Führen Sie die Vorbereitungsarbeiten wie beschrieben durch.
■ Öffnen Sie die Kofferraumklappe und rasten Sie den Spannbügel des Verdeckes (Abschluss zur Heckklappe) oben ein.
■ Beide Seitenholme (4 im Bild 7) ausbauen.
■ Demontieren Sie die Verkleidungen an den B-Säulen.
■ Ersetzen Sie die Zentrierstifte im Seitenholm durch um 30 mm (2) gekürzte Zentrierstifte.

Der verkürzte Zentrierbolzen ermöglicht den Zugang zur vorderen Schraube (2 im Bild 8) des Schlosses auf der B-Säule bei eingebautem Seitenholm.

■ Stecken Sie die Anschläge (1 im Bild 7) auf die gekürzten Zentrierbolzen (3) auf.
■ Ziehen Sie die Hebelabdeckungen (1 im Bild 8) auf beiden Seiten ab.
■ Ziehen Sie die Hebelabdeckungen (1 im Bild 8) auf beiden Seiten ab.
■ Lösen Sie die Schrauben (2 im Bild 8) gerade so weit, dass Sie das Schloss zusammen mit dem Seitenholm verschieben können.
■ Stellen Sie das Schloss so ein, dass der Übergang zum Seitenholm maximal 0,5 mm beträgt und der Seitenholm so parallel wie möglich zur Kante der B-Säule verläuft (Bild 4).
■ Ziehen Sie die Schrauben (2 im Bild 8) wieder an.
■ Kontrollieren Sie die Einstellung der Seitenholme wie bereits beschrieben.

Einstellung der Verdeckspannung

Die Spannung der Spannbänder ist dann erreicht, wenn die seitlichen Kanten des Faltdaches der Kontur der Seitenholme entsprechen.

Die Spannung des Spannseils hinten ist dann erreicht, wenn die Federn (5 im Bild 10) leicht vorgespannt sind.

Spannband nachspannen:
■ Die Wartungsklappe vorne (Fronthaube) öffnen.
■ Ein Erhaltungsladegerät an der Batterie anschließen.
■ Bauen Sie den Dachkantenspoiler ab.
■ Lösen Sie die Schraube (3) gerade so weit, dass Sie das Spannband (2) unter dem Klemmstück bewegen können.
■ Ziehen Sie die Schraube (3) wieder an.
■ Öffnen und schließen Sie das Verdeck.

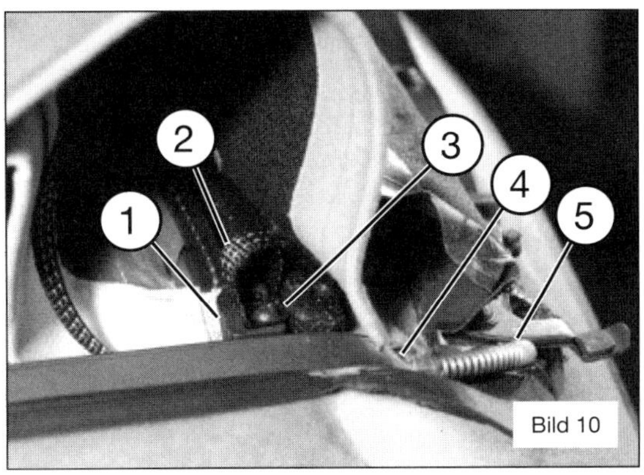

Bild 10
Verdeckkante hinten:
1 Klemmstück
2 Spannband
3 Schraube
4 Spannseil
5 Feder

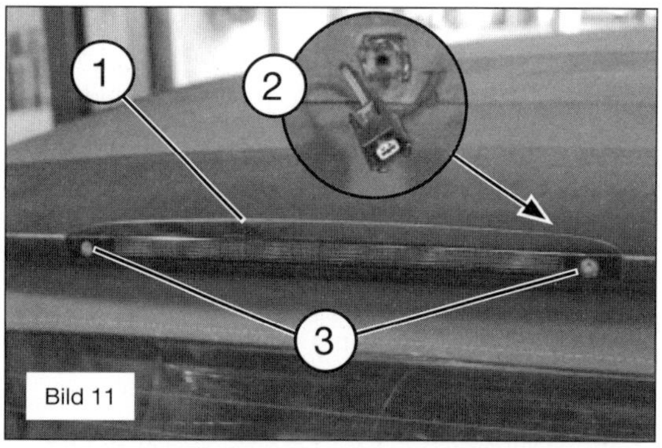

Bild 11

Bild 11
Bremsleuchte hinten:
1 LED-Bremsleuchte
2 Anschlussstecker
3 Schrauben

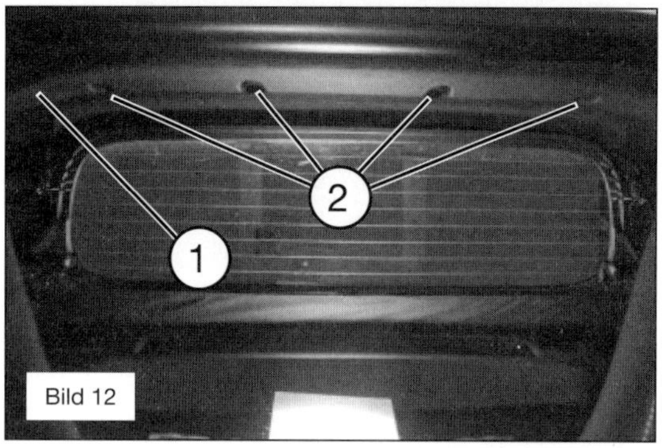

Bild 12

Bild 12
Schrauben Spoiler innen:
1 Verdeckkassette
2 Schrauben Dachkantenspoiler

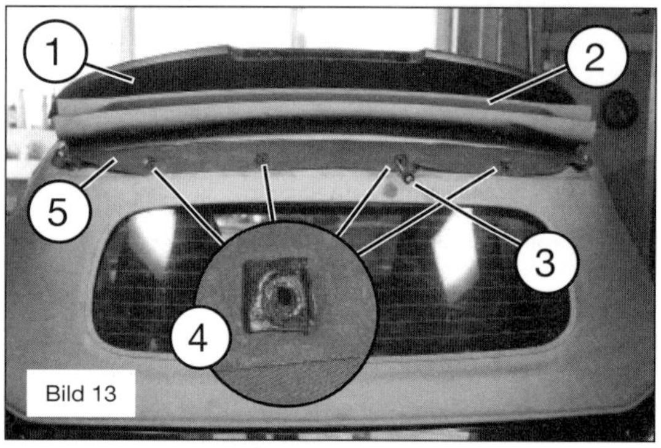

Bild 13

Bild 13
Verdeckkante hinten:
1 Dachkantenspoiler (demontiert)
2 Faltverdeck
3 Stecker Bremsleuchte
4 Dichtband
5 Abdichtung

■ Prüfen Sie die Spannung der Spannbänder und des Spannseiles erneut.

Die Montage erfolgt sinngemäß in umgekehrter Reihenfolge.

Spoiler und Bremsleuchte

Demontage des Dachkantenspoilers

☞ Die Demontage des Heckspoilers ist von innen möglich. Für die Montage ist es erforderlich, den Spoiler genau durch die Löcher im Verdeck und dem Träger darunter zu positionieren. Durch das geöffnete Dach ist der Zugang von innen nach außen leichter möglich.

■ Öffnen Sie das Dach bis zur Dachkante.

■ Schalten Sie die Zündung aus und ziehen Sie den Zündschlüssel ab.

■ Stellen Sie die Sitze in die vorderste Position und klappen Sie die Rücklehnen auf beiden Seiten vor.

■ Bauen Sie die dritte Bremsleuchte aus.

■ Entsichern Sie den Steckkontakt (2 im Bild 11) und ziehen Sie ihn ab.

■ Lösen Sie die Schrauben (2 im Bild 12) und drehen Sie sie heraus.

■ Führen Sie das Anschlusskabel der Bremsleuchte heraus und nehmen Sie den Dachspoiler von außen ab.

Die Montage erfolgt sinngemäß in umgekehrter Reihenfolge.

■ Reinigen Sie die Anlageflächen von Verdeck und Dachspoiler.

■ Kontrollieren Sie, ob die Dichtstreifen (4 im Bild 13) noch intakt sind und vollständig kleben.

■ Kontrollieren Sie den Zustand der Steckverbindung.

■ Kontrollieren Sie die Funktion der Bremsleuchte vor der weiteren Montagearbeit.

■ Achten Sie auf die richtige Lage des Kabels.

Faltverdeck ausbauen

☞ Die Arbeit mit den Bowdenzügen des Verdecks sollte grundsätzlich erfahrenen Sattlern überlassen werden. Im Smart sind seitlich jeweils die Betätigungszüge und die Führungen für das Verdeck verbaut. Grundsätzlich ist es nicht erforderlich, das komplette Verdeck mit allen Führungen, Gleitern und Streben zu erneuern. Erfahrene Sattler und Verdeckbauer können hier im Schadensfall noch einiges retten. Zudem sollten Sie nicht immer auf die Lieferfähigkeit der kleinsten Teile vertrauen.

■ Bauen Sie den Dachkantenspoiler wie bereits beschrieben aus.

Demontage des Innenhimmels:

■ Öffnen Sie das Verdeck so weit, dass Sie den Himmel an der Verdeckkassette und an der Verdeckspitze aushängen können.

■ Lösen Sie die beiden Schrauben des Innenhimmels rechts und links im hinteren Bereich.

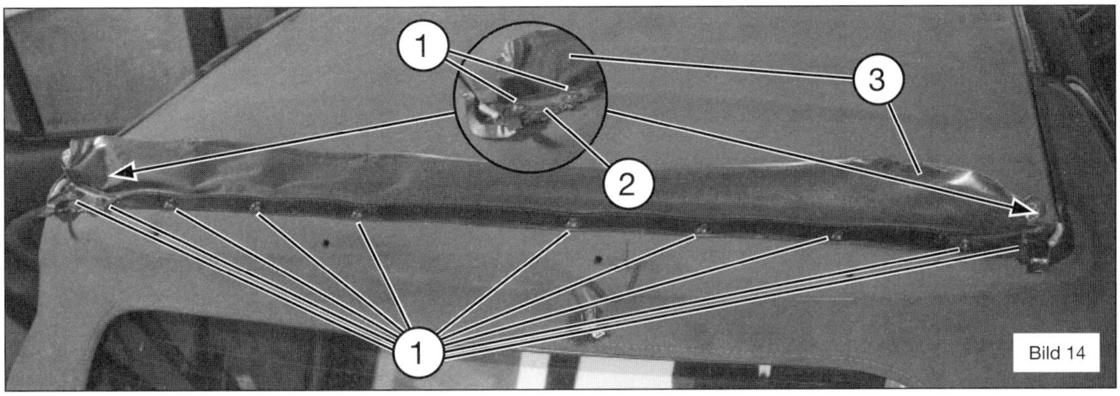

Bild 14
Dachkante und Frontverdeckverschraubung:
1 Schrauben
2 Halter (rechts und links)
3 Abdichtung

■ Ziehen Sie die Halteleisten von der Außenseite zur Mitte hin aus dem Spalt der Dachkante vorne (Verdeckspitze) heraus.
■ Schließen Sie das Verdeck wieder.
■ Lösen Sie die Befestigungsleisten des Himmels außen aus den Verdeckspriegeln und ziehen Sie sie nach innen ab.
■ Lösen Sie verbliebene Halteklammern und nehmen Sie den Innenhimmel heraus.

Demontage des Faltverdecks:

Smart schreibt für die De- und Montagearbeiten das Anlernen des Verdeckmotors vor. Begründet ist das darin, dass nicht mit absoluter Sicherheit die alte angelernte Position der Schubseile erreicht werden kann. Hieraus können sich Probleme oder sogar Schäden am Verdecksystem ergeben.
■ Ziehen Sie die Abdichtung (3 im Bild 14) vom Heckverdeck ab und klappen Sie sie wie gezeigt nach vorne.
■ Markieren Sie die Länge des Spannbandes rechts und links (Bild 15) mit einem wasserfesten weißen Stift.
■ Drehen Sie rechts und links die Schrauben (4) heraus.
■ Nehmen Sie die Klemmstücke (3) rechts und links heraus.
■ Ziehen Sie die Spannbänder (1) rechts und links aus der Dachkassette heraus.
■ Bauen Sie den rechten und linken Seitenholm aus.
■ Betätigen Sie mit einem Helfer beide Seitenholmerkennungen gleichzeitig und drücken Sie den Dachbetätigungsschalter in Richtung »Schließen«.
■ Fahren Sie das Verdeck so weit heraus, dass die Gleiterplatten an der Verdeckspitze freiliegen.
■ Hängen Sie es rechts und links aus dem

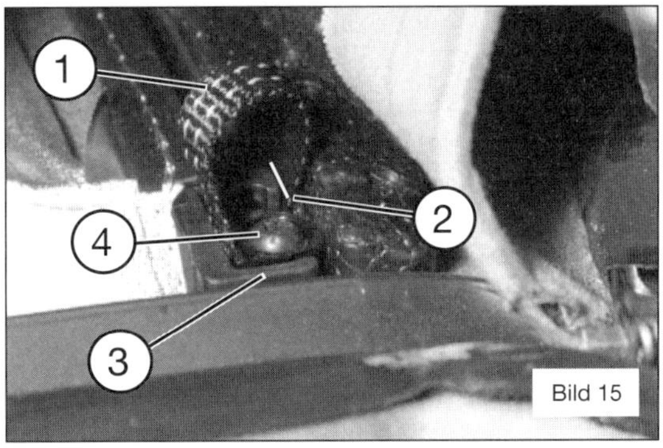

Bild 15
Spannband am Faltverdeck:
1 Spannband
2 Markierung der Bandlänge
3 Klemmstück
4 Schraube Klemmstück

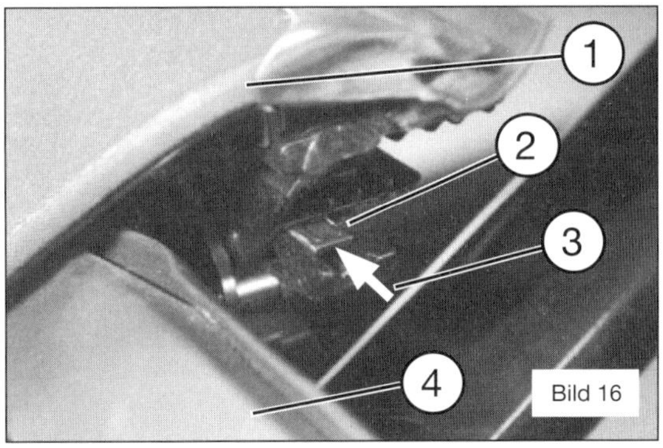

Bild 16
Seitenholmerkennung:
1 Heckverdeck (Kassette)
2 Seitenholmerkennung
3 Bewegungsrichtung bei eingeschobenem Seitenholm
4 B-Säule

Gleiter aus und messen Sie die Länge der Überstände der Schubseile.

Weichen die Längen der Schubseile um mehr als einen Millimeter ab, muss der Gleichlauf eingestellt werden.
■ Ziehen Sie das Verdeck zusammen mit einem Helfer aus den Führungsschienen heraus.

Montage des Faltverdecks:

Messen Sie die Länge der Überstände der Schubseile. Weichen die Längen der Schubseile um mehr als einen Millimeter ab, muss der Gleichlauf der Schubseile eingestellt werden. Erhebliche Unterschiede weisen auf ein Problem mit dem Schubseil selber oder dem Antriebsmotor in der Verdeckkassette hin.

Bild 17
Antriebsmotor für das Faltverdeck:
1 Abdichtung
2 Schrauben
3 Faltverdeck
4 Schaumblock
5 Zugführungsrohr
6 Schrauben
7 Deckel
8 Steckkontakt

Bild 18
Antriebsmotoren für das Heckverdeck:
1 Verdeckkassette
2 Schrauben
3 Heckscheibe
4 Antriebsmotor
5 Haltelasche
6 Schraube
7 Antriebsachse mit Achsenlager

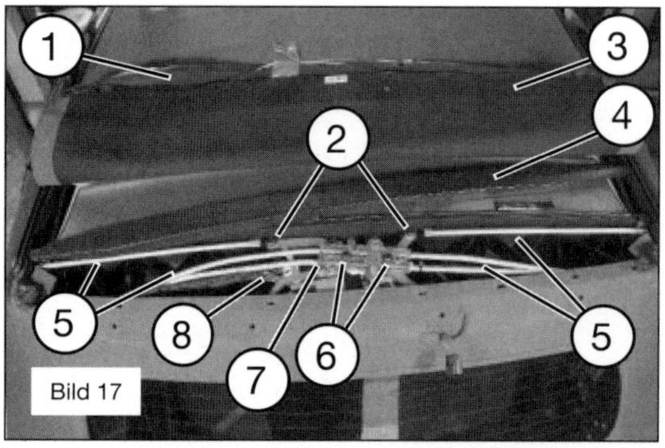

Bild 17

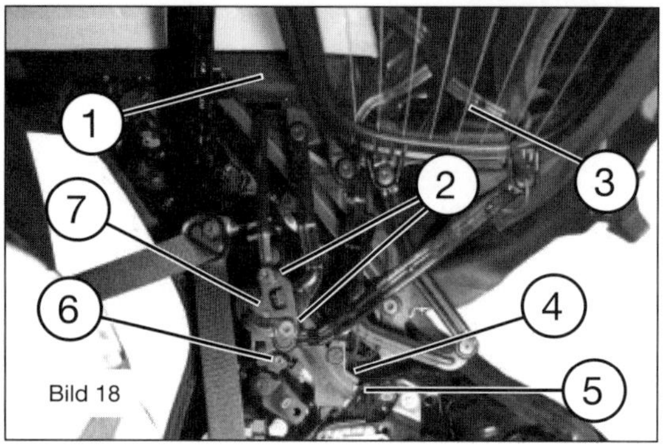

Bild 18

■ Setzen Sie mit Hilfe des Diagnosesystems die Einstellungen für die Dachelektronik zurück.
■ Schieben Sie das Faltdach mit den Gleitern der Spriegel in die mittlere beziehungsweise die inneren (je nach Spriegelbreite) Bahnen der Führungen ein.
■ Hängen Sie die Schubseile in die Gleitplatten ein.
■ Betätigen Sie mit einem Helfer beide Seitenholmerkennungen gleichzeitig und drücken Sie den Dachbetätigungsschalter in Richtung »Öffnen« sehr vorsichtig.
■ Führen Sie hierbei die Gleiterplatten in die mittlere und die äußere Bahn ein.

Achten Sie darauf, die Gleiterplatten gerade zu führen, sodass sie sich nicht verklemmen können.

■ Fädeln Sie die Spannbänder wieder ein.

Achten Sie darauf, dass die Spannbänder nicht verdreht sind.

Montieren Sie die Spannbänder entsprechend Ihrer Markierung von der Demontage.
■ Bauen Sie die Seitenholme wieder ein.
■ Schließen Sie das Faltdach und prüfen Sie die Verdeckspannung und die Einstellmaße wie bereits beschrieben.

Die weitere Montage erfolgt sinngemäß in umgekehrter Reihenfolge.

■ Lernen Sie das Verdeck mit dem Diagnosetester an.

Verdeckmotoren

Das Verdeck wird über insgesamt drei Motoren bewegt. Das obere Verdeck (Faltverdeck) wird über die Schubseile mit einem Motor in der Dachkassette bewegt. Das Heckverdeck wird über die beiden Motoren rechts und links innen an der B-Säule betätigt.
■ Schalten Sie die Zündung aus und ziehen Sie den Zündschlüssel ab.

Antriebsmotor des Faltdaches:
■ Demontieren Sie den Dachkantenspoiler wie bereits auf Seite 154 beschrieben.
■ Lösen Sie das Faltverdeck hinten (Bild 14) und klappen Sie es nach vorne.
■ Drehen Sie die Schrauben (6 im Bild 17) aus dem Deckel heraus und heben Sie ihn ab.
■ Markieren Sie die Einbaulage der beiden Schubseile zueinander und zum Antriebsrad.
■ Drehen Sie die beiden Schrauben (2) heraus.
■ Heben Sie die Zugführungen etwas an und nehmen Sie die Antriebseinheit heraus.
■ Ziehen Sie die elektrische Steckverbindung (8) ab.

Antriebsmotor des Heckverdecks:
■ Bauen Sie die entsprechende Verkleidung an der B-Säule aus.
■ Demontieren Sie das Sicherungsblech auf der Antriebsachse auf der Rückseite des Motors.
■ Drehen Sie die beiden Schrauben (2 im Bild 18) heraus.
■ Ziehen Sie die Antriebsachse mit dem Achsenlager (7) heraus.
■ Legen Sie den elektrischen Leitungssatz des Motors am Verdeckgestänge frei und ziehen Sie den Steckkontakt ab.
■ Halten Sie die Mutter auf der Rückseite gegen und drehen Sie die Schraube (6) heraus.
■ Nehmen Sie den jeweiligen Antriebsmotor (4) heraus.

Die Montage erfolgt sinngemäß in umgekehrter Reihenfolge.
■ Prüfen Sie die Funktion des Verdecks.

13 Bremsanlage

Die Bremsen des Smart 453

Der Smart wird kraftvoll und sicher über ein Hydraulik-Zweikreis-Bremssystem mit Scheibenbremssystemen mit oder ohne Innenbelüftung an der Vorderachse und Trommelbremse auf der Hinterachse verzögert. Die Bremstrommeln hinten sind derzeit durchweg für alle Motorisierungen baugleich. Die mechanische Feststellbremse wirkt über Seilzüge auf die Hinterräder. Die Bremsunterstützung erfolgt pneumatisch durch Vakuumbremskraftverstärker. In ihnen wird der hydraulische Druck, der dann an den Bremsen wirkt, mehr als verdoppelt. Auf diese Weise werden etwa 60% der wirkenden Bremskraft aufgebracht. Das Vakuum für den Unterdruck im Bremskraftverstärker wird dem Saugrohr entnommen oder mit einer Vakuumpumpe erzeugt. Je nach Motorisierung werden unterschiedliche Bremsenmodelle eingesetzt. Da sich die Bremssysteme oft nur durch die Hersteller im Zubehörbereich oder im Detail unterscheiden, sollten Sie sich grundsätzlich immer die richtigen Bauteile durch ein aktuelles Ersatzteilprogramm Ihres Zulieferers oder Händlers heraussuchen lassen.

Bremse vorne

Bei den höheren Motorisierungsvarianten kommt eine innenbelüftete Bremsscheibe zum Einsatz. Die vordere Bremse wird nur als Betriebsbremse eingesetzt. Die Bremssättel werden hydraulisch betätigt.

Scheibenbremse vorne technische Daten:

Scheibendurchmesser	**259 mm**	**258 mm**
Bauform	Vollscheibe	Innenbelüftet
Bauhöhe	40,9 mm	43,9 mm
Scheibendicke	12 mm	22,0 mm
Verschleißmaß Dicke	10,6 mm	19,8 mm
Zentrierlochdurchmesser	61 mm	
Lochkreis Radschraube	4 x 100	
Lochkreis Halteschraube	2 x 100	

Bremse hinten

Je nach Motorleistung und Ausstattung sind Trommelbremsen hinten oder Scheibenbremsen verbaut. Bei der Trommelbremse kommt eine Trommel aus Vollmaterial (Stahlguss) zum Einsatz. Die Betätigung der Bremsbacken für die Betriebsbremse erfolgt hydraulisch. Die Scheibenbremse hinten ist eine Bremsscheibe ohne Innenbelüftung aus Stahlguss. Für die Handbremse werden die gleichen Beläge mechanisch über Seilzüge betätigt.

Bremse hinten technische Daten:

Durchmesser	**203 mm**
Bauform	Trommel (Innen)
Bauhöhe außen	46 mm
Bauhöhe innen	58 mm
Verschleißmaß Dicke	204,4 mm
Zentrierlochdurchmesser	59 mm
Lochkreis Radschraube	4 x 100
Lockhreis Halteschraube	2 x 100

Antiblockiersystem (ABS und ESP)

Der Smart verfügt serienmäßig über ein Antiblockiersystem. Im Smart 453 kommt ein ABS/ESP-System zum Einsatz. Es besteht neben dem Eingriff auf die Bremsanlage die Möglichkeit, mit dem Bordnetzsystem und der Motorsteuerung einige Neuerungen umzusetzen. Es sind nun folgende Funktionen realisiert worden: ABS (Blockierverhinderer beim Bremsen), ASR (verhindert durchdrehende Räder), EBV (regelt den Bremsdruck an der Hinterachse), ESP (Stabilitätsprogramm, um Schleudern einzudämmen) und das MSR (reduziert das Motormoment zum Anfahren auf glatter Straße über den Eingriff in das System E-Gas).

Die im Hydrauliksystem zirkulierende Flüssigkeit ist Bremsflüssigkeit nach dem Standard »FMVSS 116 DOT 4«, wovon auch die Weiterentwicklung »DOT 4 plus« erhältlich ist.

Bremsflüssigkeit auf keinen Fall mit mineralölhaltigen Flüssigkeiten (Öl, Benzin, Reinigungsmittel) in Verbindung bringen. Mineralöle beschädigen die Dichtungen und Gummitüllen der Bremsanlage!

Bremsflüssigkeit ist giftig, sie darf wegen ihrer ätzenden Wirkung auch

Sichtprüfung Messen

Bild 1
Ausgleichsbehälter im Motorraum:
1 Ausgleichsbehälter
2 Deckel
3 Stecker Warnkontakt
4 Minimalmarkierung
5 Maximalmarkierung

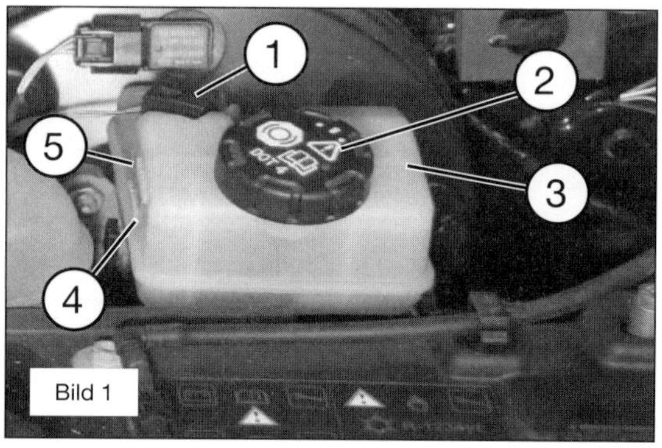

Bild 1

nicht mit Lack in Berührung kommen. Eventuell ausgetretene Bremsflüssigkeit mit viel Wasser abspülen!

Bremsflüssigkeit ist hygroskopisch, das heißt, sie nimmt aus der umgebenden Luft Feuchtigkeit auf und ist darum stets in luftdicht verschlossenen Behältern aufzubewahren.

Störungen am ABS haben keinen Einfluss auf Bremsanlage und Bremskraftverstärkung. Die herkömmliche Bremsanlage bleibt auch ohne ABS funktionsfähig. Es muss jedoch mit einem veränderten Bremsverhalten gerechnet werden. Nach Aufleuchten der ABS-Kontrollleuchte können die Hinterräder beim Bremsen frühzeitig blockieren.

Bremsflüssigkeitsstand (abhängig vom Belagverschleiß) prüfen

Der Stand der Bremsflüssigkeit ist an den Markierungen des Bremsflüssigkeitsbehälters abzulesen.

- Der Bremsflüssigkeitsstand (Menge) ist stets in Abhängigkeit vom Bremsbelagverschleiß zu beurteilen. Im Fahrbetrieb sinkt durch Abnutzung und automatische Nachstellung der Bremsbeläge der Flüssigkeitsstand geringfügig ab.
- Bei einem Flüssigkeitsstand an der »MIN«-Markierung und etwas darüber ist kein Nachfüllen erforderlich, wenn die Bremsbelagverschleißgrenze nahezu erreicht ist.
- Sind die Bremsbeläge neu bzw. weit von der Belagverschleißgrenze entfernt, muss der Flüssigkeitsstand zwischen der »MIN«- und der »MAX«-Markierung liegen.
- Die »MAX«-Markierung darf jedoch nicht überschritten werden, damit die Flüssigkeit nicht aus dem Bremsflüssigkeitsbehälter austritt.
- Ist der Flüssigkeitsstand unter die »MIN«-Markierung abgesunken, muss, bevor Bremsflüssigkeit ergänzt wird, das ganze Bremssystem überprüft werden ggf. sind Reparaturen einzuleiten.

Bremsanlage auf Undichtigkeiten und Beschädigung prüfen

Sichtprüfung

Folgende Bauteile müssen auf Undichtigkeiten und Beschädigungen überprüft werden:

- Hauptbremszylinder,
- Bremskraftverstärker,
- Hydraulikeinheit,
- Bremssättel.

Weiterhin sind zu prüfen:

- Vorhandensein der Staubkappen an den Entlüftungsventilen für Bremsflüssigkeit.
- Dass die Bremsschläuche nicht verdreht sind und dass sie beim maximalen Lenkeinschlag keine Fahrzeugbauteile berühren.
- Dass Bremsschläuche nicht porös und brüchig sind.
- Dass Bremsschläuche und Bremsleitungen keine Scheuerstellen aufweisen.
- Dass Bremsanschlüsse und Befestigungen richtig sitzen, nicht undicht und frei von Korrosion sind.

⚠ Festgestellte Mängel sind durch entsprechende Reparaturmaßnahmen zu beseitigen.

Dichtigkeitsprüfung unter Druck

Diese Prüfung erfordert ein Prüfgerät für Bremssysteme mit Adapter (z. B. die Druckmessuhr V.A.G 1310 A). Prüfvoraussetzung ist, dass Funktion und Dichtheit der Bremsanlage gewährleistet sind.

- Entlüftungsventil an einem der vorderen Bremssättel herausschrauben. Das Prüfgerät für Bremssysteme anschließen und entlüften.
- Bremspedal belasten, bis das Druckmanometer 50 bar Überdruck anzeigt. Während der Prüfdauer von 45 Sekunden darf der

Druckabfall nicht mehr als 4 bar betragen. Bei größerem Druckabfall Hauptbremszylinder ersetzen.

Bremsanlage mit Gerät entlüften

Normale Entlüftung

Den Arbeitsablauf zum Entlüften der Bremsanlage sollten Sie grundsätzlich genau einhalten.

■ Bremsenfüll- und Entlüftungsgerät anschließen, d. h. Adapter statt Verschlussdeckel auf Bremsflüssigkeitsbehälter aufschrauben, Druck einstellen und Befüllschlauch des Gerätes an den Adapter anschließen.

■ Abdeckkappen von den Entlüftungsventilen abziehen, Schlauch der Entlüfterflasche aufstecken und dann Entlüftungsventile mit einem passenden Schlüssel in folgender Reihenfolge öffnen und jeweiligen Radbremszylinder/Bremssättel entlüften:

1. Bremssattel hinten links
2. Bremssattel vorn links
3. Bremssattel vorn rechts
4. Bremssattel hinten rechts

■ Entlüftungsventil bei aufgestecktem Schlauch der Entlüfterflasche so lange geöffnet lassen, bis blasenfreie Bremsflüssigkeit ausströmt.

(Tipp) Geeigneten Entlüfterschlauch verwenden. Er muss straff auf dem Entlüftungsventil sitzen, damit keine Luft in die Bremsanlage gelangen kann!

Vorentlüftung

Wenn bei Fahrzeugen mit EDS, EDS/ASR oder EDS/ASR/ESP eine Kammer des Bremsflüssigkeitsbehälters komplett leergelaufen ist (z. B. bei Undichtigkeiten der Bremsanlage), muss zuerst eine Vorentlüftung erfolgen.

■ Bremssattel vorn links und vorn rechts gleichzeitig zusammen entlüften.

■ Bremssattel hinten links und hinten rechts gleichzeitig zusammen entlüften.

■ Entlüftungsventile bei aufgesteckten Schläuchen der Entlüfterflasche so lange geöffnet lassen, bis blasenfreie Bremsflüssigkeit ausströmt.

Bild 2
Durchgerostete Bremsleitungen sind durchaus auch bei modernen Fahrzeugen noch zu finden.

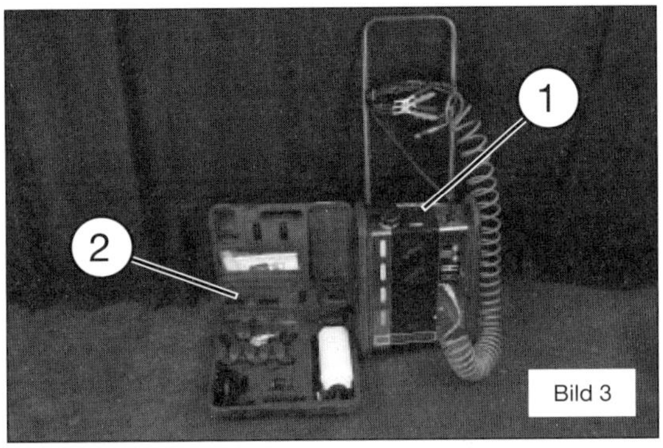

Bild 3
Automatisches Entlüftungsgerät:
1 Entlüftungsgerät mit Batterieanschlüssen und Vorratstank
2 Adapterset für unterschiedliche Vorratsbehälter am Fahrzeug

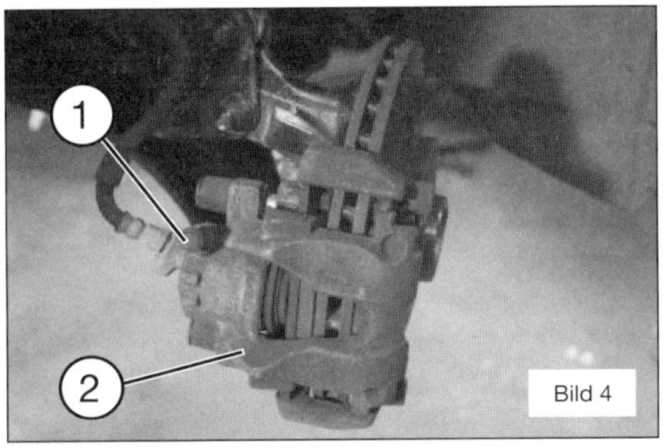

Bild 4
Entlüftungsventil am Bremssattel vorne:
1 Entlüftungsventil
2 Bremssattel

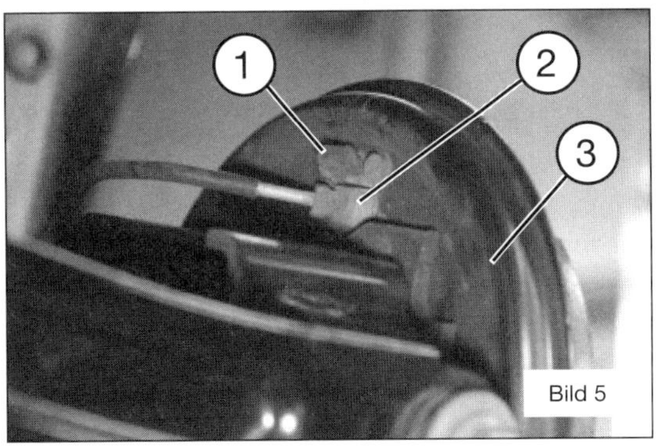

Bild 5
Trommelbremse hinten:
1 Staubschutzkappe mit Entlüftungsnippel
2 Radbremszylinder
3 Ankerplatte

■ Anschließend kann über eine Funktion mit dem Diagnosetester die Hydraulikeinheit nochmals entlüftet werden. Hierbei werden die einzelnen Steuerventile angesteuert und auch die geringe Restmenge im Hydraulikaggregat in die Entlüftung mit einbezogen. Zum Entlüften der Hydraulikeinheit ist ein Vordruck von 2 bar nötig.

■ Danach die Bremsanlage normal entlüften (siehe Seite 159).

Bremsanlage ohne Gerät entlüften

Steht kein Bremsenfüll- und Entlüftungsgerät zur Verfügung, muss die Bremsanlage mit einfachen Mitteln entlüftet werden. Nötig dafür sind neue Bremsflüssigkeit und ein geeigneter, möglichst durchsichtiger Kunststoffschlauch, wie ihn Baumärkte im Sortiment haben. Er muss straff auf der Entlüfterschraube Radbremszylinder/Bremssattel sitzen, damit keine Luft in die Bremsanlage gelangen kann.

■ Wenn erforderlich, die Entlüftungsventile einige Stunden vor der Arbeit mit Rostlöser einsprühen. Das mindert das Risiko, dass die Ventile beim Lösen abgerissen werden.

■ Entlüftungsreihenfolge wie bei »Entlüftung normal«.

■ Staubkappe vom Entlüftungsventil abziehen, Ventilnippel säubern, den Kunststoffschlauch auf den Nippel schieben und das freie Schlauchende in einen teilweise mit Bremsflüssigkeit gefüllten Auffangbehälter stecken.

■ Entlüftungsschraube mit einem Ringschlüssel maximal eine Umdrehung lösen. Ein Helfer tritt das Bremspedal langsam bis zum Boden, damit die Bremsflüssigkeit und die darin eingeschlossene Luft herausgepumpt werden.

☞ Auf Schlauch und Auffangbehälter achten: die Luftbläschen müssen zu sehen sein.

■ Das Bremspedal am Boden halten.

■ Nun die Entlüftungsschraube schließen, erst dann das Bremspedal zurücknehmen.

■ Diesen Vorgang so lange wiederholen, bis keine Luftbläschen mehr aufsteigen, es ist dann keine Luft mehr im System. Dabei aber ständig den Stand der Bremsflüssigkeit im Ausgleichsbehälter beobachten. Bei Bedarf nachfüllen, aber nur so viel, dass der vorherige Stand im Bremsflüssigkeitsbehälter nicht überschritten wird. Dadurch wird verhindert, dass bei einem späteren Wechsel der Bremsbeläge zu viel Bremsflüssigkeit im System ist und der Behälter beim Zurückdrücken der Bremskolben überläuft.

■ Nach dem letzten Durchgang muss der Helfer das Bremspedal wieder am Boden halten, bis das Entlüftungsventil endgültig geschlossen ist (Schraube nicht anknallen).

■ Die Arbeit an den anderen Entlüftungsventilen wiederholen.

■ Lässt sich die Bremse nach vorgenannter Methode nicht vollständig entlüften, alle Entlüftungsventile schließen, den Motor starten und mehrfach die Bremse betätigen. Dann nochmals einen Entlüftungsdurchgang vornehmen.

■ Zum Schluss noch einmal alle Bremsleitungen, Entlüftungsventile (angezogen?), den Stand im Bremsflüssigkeitsbehälter und die Funktion der Bremsen bei einer (vorsichtigen) Probefahrt prüfen. Dabei einmal so stark bremsen, dass die ABS-Regelung greift.

Bremsflüssigkeit wechseln

⚠ Bremsflüssigkeit ist giftig! Sie darf wegen ihrer ätzenden Wirkung auch nicht mit Lack in Berührung kommen. Eventuell ausgetretene Bremsflüssigkeit mit viel Wasser abspülen!

■ Verschlussdeckel vom Bremsflüssigkeits-Vorratsbehälter abschrauben. Das Sieb darf nicht aus dem Behälter entfernt werden!

■ Mit dem Saugschlauch vom Bremsenfüll- und Entlüftungsgerät so viel Bremsflüssigkeit wie möglich absaugen. Abgesaugte Bremsflüssigkeit darf nicht wieder verwendet werden.

■ Adapter (aus dem Bremsenentlüftungswerkzeug) auf den Bremsflüssigkeits-Vorratsbehälter schrauben, den richtigen Druck am Bremsenfüll- und Entlüftungsgerät einstellen (Bedienungsanleitung des Gerätes beachten) und den Befüllschlauch des Geräts an den Adapter anschließen.

■ Abdeckkappe des Entlüftungsventils am Bremssattel vorn links abziehen und Entlüfterschlauch der Auffangflasche auf das Ventil stecken, Entlüftungsventil öffnen und die entsprechende Bremsflüssigkeitsmenge (siehe folgende Tabelle) ausfließen lassen. Entlüftungsventil mit 10 Nm schließen. Abdeckkappe am Entlüftungsventil des Bremssattels vorn links wieder aufstecken.

■ Diesen Arbeitsablauf an der rechten Fahrzeugseite vorn wiederholen.

■ Schrauben Sie ggf. beide Räder an der Hinterachse ab, um nun dort an die Entlüftungsventile zu gelangen. Abdeckkappe am Entlüftungsventil des Bremssattels hinten links abziehen und Entlüfterschlauch der Auffangflasche auf das Entlüftungsventil hinten links stecken, Entlüftungsventil öffnen und die entsprechende Bremsflüssigkeitsmenge (siehe folgende Tabelle) ausfließen lassen. Entlüftungsventil mit 10 Nm schließen. Abdeckkappe am Entlüftungsventil des Bremssattels hinten links wieder aufstecken.

■ Diesen Arbeitsablauf an der rechten Fahrzeugseite hinten wiederholen.

Ausfließende Bremsflüssigkeitsmengen

Reihenfolge Entlüftungsventile	Bremsflüssigkeit
Bremssattel vorn links	0,20 Liter
Bremssattel vorn rechts	0,20 Liter
Bremssattel hinten links	0,30 Liter
Bremssattel hinten rechts	0,30 Liter
Kupplungsnehmerzylinder	0,15 Liter

Bremslichtschalter aus- und einbauen

Tipp: Der Bremslichtschalter ist von vorne im Pedalmodul befestigt. Ist die Lenkradhöhenverstellung ganz nach oben gestellt, kann der Bremslichtschalter durch den Spalt zwischen Lenkradverkleidung und Armaturenbrett gut eingesehen werden. Der Zugang erfolgt über den Fahrer-Fußraum.

■ Entsichern Sie den Steckkontakt (2 im Bild 6) und ziehen Sie ihn ab.

■ Drehen Sie den Bremslichtschalter (1) etwa eine Viertel-Umdrehung gegen den Uhrzeigersinn und nehmen Sie ihn heraus.

Die Montage erfolgt sinngemäß in umgekehrter Reihenfolge.

■ Lesen Sie den Fehlerspeicher aus und löschen Sie ihn gegebenenfalls.

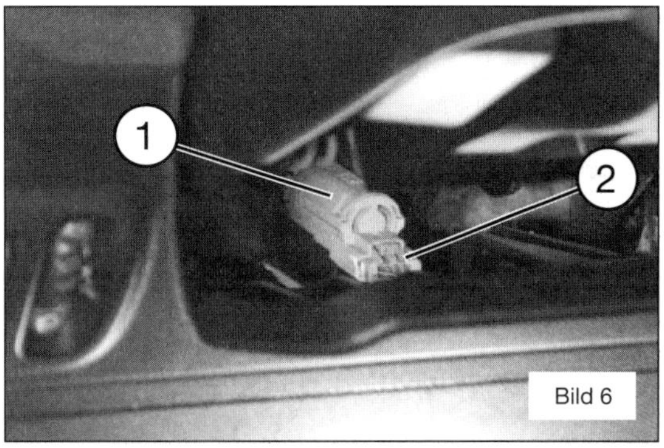

Bild 6
Bremslichtschalter (Blick unter der Lenksäulenverkleidung hindurch (Zugang vom Fußraum aus):
1 Bremslichtschalter
2 Steckkontakt

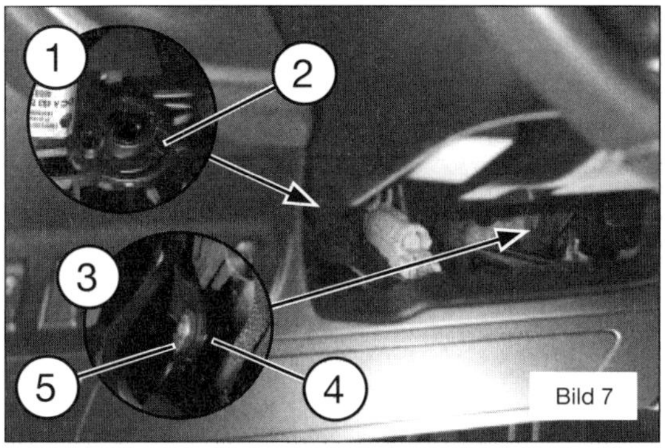

Bild 7
Bremspedal im Fußraum:
1 Pedalachse
2 Rastnase
3 Pedalhebel
4 Bolzen
5 Druckbolzen

Bremspedal aus- und einbauen

Das Bremsspedal ist Bestandteil des Pedalmoduls, kann aber einzeln ersetzt werden.

Achtung: Bei Fahrzeugen mit Knieairbag muss die Airbageinheit ausgebaut werden. Für diese Arbeiten ist unbedingt eine nachgewiesene Sachkunde erforderlich. Es besteht Lebensgefahr bei unsachgemäßem Umgang mit Airbageinheiten. Sollten Sie die Sachkunde nicht haben, lassen Sie die Airbageinheit von einem Sachkundigen ausbauen und lagern.

■ Kontrollieren Sie, ob ein Radiocode erforderlich ist.

■ Stellen Sie das Fahrzeug in Lenkradstellung gerade ab.

■ Ziehen Sie den Zündschlüssel ab.

Achtung: Klemmen Sie die Batterie ab und warten Sie 10 Minuten, bis die Kondensatoren im Airbagsteuergerät entladen sind.

Tipp: Entladen Sie eine mögliche statische Aufladung, indem Sie an den Riegel des Fahrertürschlosses fassen.

■ Drehen Sie die Befestigungsschrauben der Knieairbageinheit heraus.

■ Entsichern Sie den Airbagstecker und ziehen Sie den Stecker ab.

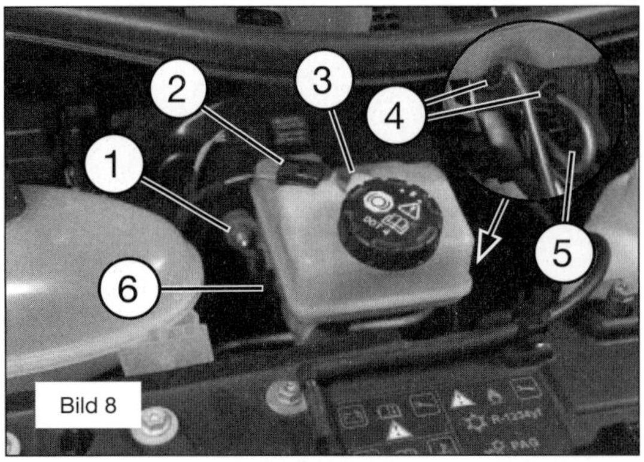

Bild 8
Hauptbremszylinder:
1 Befestigungsschraube am Bremskraftverstärker
2 Anschluss Warnkontakt
3 Vorratsbehälter
4 Bremsleitungen
5 Befestigungsschraube
6 Sicherungssplint für den Vorratsbehälter

■ Drücken Sie den Bolzen (4 im Bild 7) am Stößel des Bremskraftverstärkers, nehmen Sie den Clip vom Bremspedal ab und schieben Sie ihn auf den Stößel.
■ Hängen Sie den Stößel des Bremskraftverstärkers am Bremspedal aus.
■ Entsichern Sie die Pedalwelle (2) und ziehen Sie sie nach rechts so weit heraus, dass Sie das Bremspedal abnehmen können.
■ Nehmen Sie das Bremspedal heraus.

Die Montage erfolgt sinngemäß in umgekehrter Reihenfolge.
■ Achten Sie darauf, dass die Airbageinheit nur bei abgeklemmter Batterie angeschlossen werden darf.
■ Lesen Sie den Fehlerspeicher aus.
■ Arbeiten Sie ihn soweit erforderlich ab und löschen Sie ihn gegebenenfalls.

Hauptbremszylinder aus- und einbauen

Hauptbremszylinder aus- und einbauen
■ Radio-Codierung beachten, Batterie abklemmen, Batterieverkleidung ausbauen.
■ Ausreichend nicht fasernde Lappen im Bereich des Motors und des Getriebes auslegen und so viel Bremsflüssigkeit wie möglich mit dem Bremsenfüll- und Entlüftungsgerät oder mit einer Absaugvorrichtung aus dem Bremsflüssigkeitsbehälter absaugen.
■ Bei Fahrzeugen mit Schaltgetriebe den Nachlaufschlauch für den Kupplungsgeberzylinder abziehen und hochbinden oder mit einem handelsüblichen Werkzeug (Hazet 4590) abklemmen und dann abziehen.
■ Steckverbindungen (2 im Bild 8) vom Warnkontakt für Bremsflüssigkeitsstand abziehen.
■ Sicherungssplint (6) herausziehen und den Vorratsbehälter (3) gerade nach oben abziehen.
■ Bremsleitungen (4) am Hauptbremszylinder abschrauben und mit Verschlussstopfen verschließen.
■ Muttern vom Hauptbremszylinder (1 und 5) abschrauben.
■ Hauptbremszylinder vorsichtig aus dem Bremskraftverstärker entnehmen.

Der Einbau erfolgt sinngemäß in umgekehrter Reihenfolge.
■ Beim Zusammensetzen des Hauptbremszylinders mit dem Bremskraftverstärker auf richtigen Sitz der Druckstange im Hauptbremszylinder achten.
■ Bremsanlage wie beschrieben entlüften.

Bremsflüssigkeitsbehälter ausbauen
⚠ Bremsflüssigkeit ist giftig. Sie darf wegen ihrer ätzenden Wirkung auch nicht mit Lack in Berührung kommen.
☞ Eventuell ausgetretene Bremsflüssigkeit mit viel Wasser abspülen!
■ Merken Sie sich den Stand der Bremsflüssigkeit, um ihn später nicht zu überfüllen.
■ Ausreichend nicht fasernde Lappen im Bereich des Motors und des Getriebes auslegen und so viel Bremsflüssigkeit wie möglich mit dem Bremsenfüll- und Entlüftungsgerät oder mit einer Absaugvorrichtung aus dem Bremsflüssigkeitsbehälter absaugen.
■ Bei Fahrzeugen mit Schaltgetriebe den Nachlaufschlauch für Kupplungsgeberzylinder abziehen und hochbinden oder mit einem handelsüblichen Werkzeug (Hazet 4590) abklemmen und dann abziehen.
⚠ Weder Kupplung noch Bremse ohne befüllten und montierten Ausgleichsbehälter betätigen.
■ Steckverbindungen (2 im Bild 8) vom Warnkontakt für Bremsflüssigkeitsstand abziehen.
■ Ziehen Sie den Sicherungsstift (6) unten aus dem Vorratsbehälter (3) heraus.
■ Ziehen Sie den Vorratsbehälter (3) gerade nach oben heraus.

Der Einbau erfolgt sinngemäß in umgekehrter Reihenfolge.
■ Füllen Sie die Bremsflüssigkeit wieder auf den alten Stand auf.

■ Betätigen Sie Bremse und Kupplung mehrfach und kontrollieren Sie den Flüssigkeitsstand erneut.

Funktion des Bremskraftverstärkers prüfen

■ Bremspedal bei stehendem Motor mehrere Male kräftig durchtreten (dadurch wird der im Gerät vorhandene Unterdruck abgebaut).
■ Bremspedal jetzt mit mittlerer Fußkraft in Bremsstellung halten und Motor starten.

Bei einem einwandfrei funktionierenden Bremskraftverstärker gibt das Bremspedal dabei unter dem Fuß spürbar nach (Verstärkung wird wirksam).
Senkt sich das Pedal nicht, liegt eine Störung vor.

Diese kann in der Unterdruckversorgung (Leitung, Pumpe, Anschluss) oder am Bremskraftverstärker selbst zu finden sein. In diesem Fall muss er ersetzt werden. Reparaturen an diesem Bauteil sind nicht vorgesehen.

Bremsscheiben und Beläge vorne

Bremsbeläge prüfen

Mit einer Taschenlampe durch einen Durchbruch in der Felge leuchten. Die Dicke des äußeren Belages durch Sichtprüfung ermitteln. Den inneren Belag anleuchten und einen Spiegel anhalten. Dann die Dicke des inneren Belages durch Sichtprüfung ermitteln.

■ Zur besseren Beurteilung der Restbelagdicke einen Prüfspiegel benutzen oder das Rad abnehmen.
■ Anbauposition des Rades kennzeichnen.
■ Dicke des äußeren und inneren Belages messen. Bei der Belagdicke (1,5 mm ohne Rückenplatte) haben die Bremsbeläge ihre Verschleißgrenze erreicht und sind zu ersetzen.
■ Rad in der gekennzeichneten Position wieder anschrauben. Radbefestigungsschrauben über Kreuz mit 110 Nm anziehen ggf. Radschraubenkappen aufstecken.

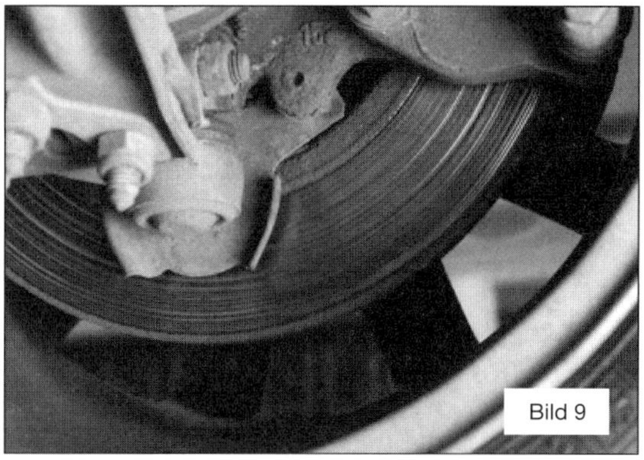

Bild 9
Eine Bremsscheibe mit tiefen Riefen muss ersetzt werden.

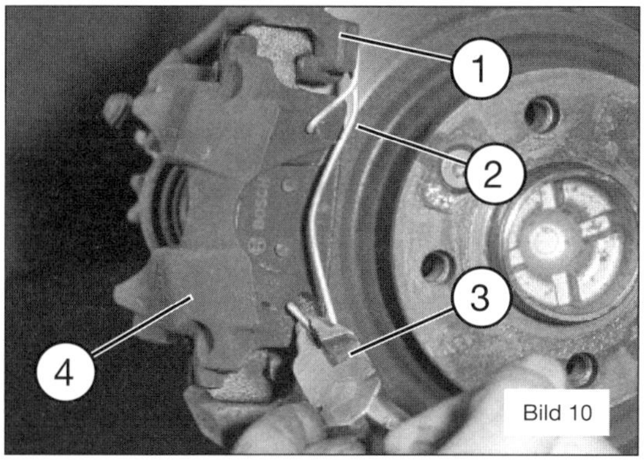

Bild 10
Bremssattel vorne:
1 Sattelträger
2 Haltefeder
3 Zange
4 Bremssattel

Bremsscheiben prüfen

Wenn die Scheibenbremsbeläge ersetzt werden müssen, sind unbedingt auch die Bremsscheiben auf Verschleiß zu prüfen. Fehlerbilder sind:

■ Risse,
■ Riefen,
■ Rost und
■ Grat am Bremsscheibenrand.

Ggf. Bremsscheiben ersetzen (grundsätzlich achsweise).

Bremsbeläge wechseln

Weiter zu verwendende Bremsbeläge beim Ausbau kennzeichnen. Die Beläge an gleicher Stelle wieder einbauen, sonst kann ungleichmäßige Bremswirkung entstehen!

■ Radschrauben lösen, aber noch nicht herausdrehen.
■ Das Fahrzeug anheben und die Räder abbauen.
■ Die elektrische Steckverbindung für Belagverschleißanzeige (soweit vorhanden) trennen.
■ Eventuell den Bremsschlauch aus dem Halter nehmen.
■ Die Abdeckkappen (4 im Bild 11) herausziehen.

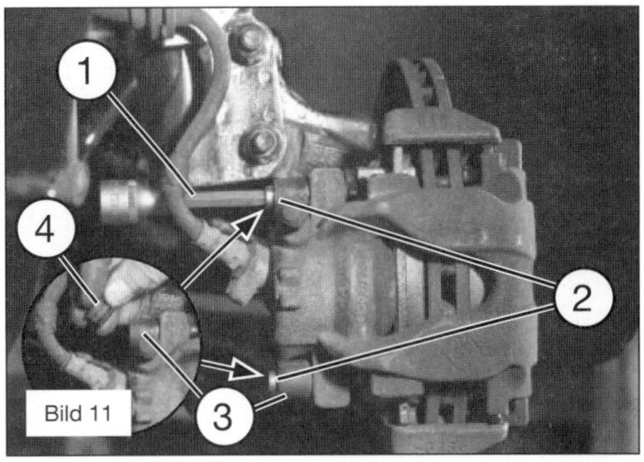

Bild 11
Befestigung Bremssattel:
1 Innensechskantschlüssel
2 Lagerbolzen
3 Lagergummibuchse
4 Abdeckkappe

Bild 12
Innerer Bremsbelag:
1 Bremskolben
2 Bremssattel
3 innerer Bremsbelag
4 Halteklammer

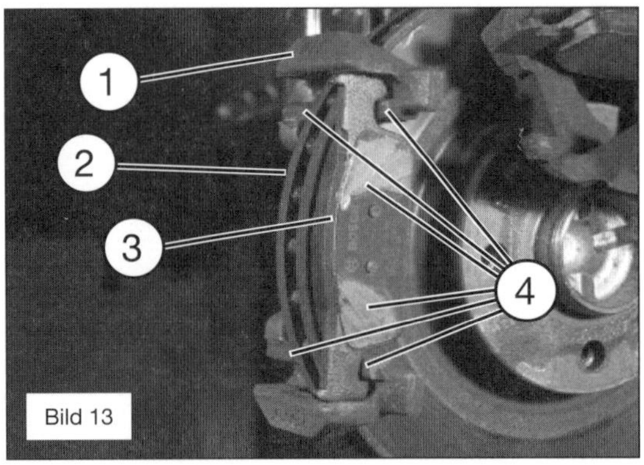

Bild 13
Äußerer Bremsbelag:
1 Sattelträger
2 Bremsscheibe
3 äußerer Bremsbelag
4 Montagepaste als Korrosionsschutz

Bild 14
Bremskolben im Bremssattel zurückstellen:
1 Bremssattel
2 Adapter auf dem Bremskolben
3 Bremskolbenrücksteller

- Entsichern Sie die Haltefeder (2 im Bild 10) und nehmen Sie sie ab.
- Drehen Sie die Lagerbolzen (2 im Bild 11) los und ziehen Sie sie so weit heraus, dass sie nicht mehr im Sattelträger einhängen.
- Den Bremssattel an der entsprechenden Radseite abnehmen.
- Ziehen Sie den inneren Belag (3 im Bild 12) vom Bremskolben (1) ab.
- Nehmen Sie den äußeren Bremsbelag (3 im Bild 13) vom Sattelträger (1) ab.
- Die Anlageflächen für die Beläge am Bremsträger (1) gründlich reinigen und vorhandene Korrosion entfernen.
- Bremsen-Montagepaste oder Kupferpaste auf die Auflagestellen an Bremsträger und Bremssattel dünn auftragen.
- Den Bremssattel zurückstellen. Der Kolben (1 im Bild 12) des Bremssattels (2) muss zurückgedrückt werden.

☞ Verwenden Sie dazu ein Bremssattelrückstellwerkzeug. Mit einer Zange werden leicht Schäden an Bremskolben, Manschette oder am Sattel selbst verursacht.

- Neue Bremsbeläge (3 im Bild 13) außen in den Bremsträger einlegen.
- Neue Bremsbeläge (3 im Bild 12) innen im Bremskolben (1) einclipsen.
- Den Bremssattel auflegen und andrücken.
- Beide Lagerbolzen der Bremssättel hineindrehen und festziehen.

Die weitere Montage erfolgt sinngemäß in umgekehrter Reihenfolge.

- Kontrollieren Sie den Bremsflüssigkeitsstand.

Bremsscheiben vorne wechseln

☞ Wenn Sie die Bremsscheiben erneuern, müssen Sie auch neue Bremsbeläge verwenden. Sollen Beläge und Scheiben wiederverwendet werden, markieren Sie die Einbauposition von Bremsscheiben und Belägen.

- Heben Sie das Fahrzeug an.
- Radschrauben lösen, aber noch nicht herausdrehen.
- Das Fahrzeug anheben, die Räder abbauen, elektrische Steckverbindung für Belagverschleißanzeige trennen. Eventuell den Bremsschlauch aus dem Halter nehmen. Bremsbeläge herausnehmen.
- Drehen Sie die Schrauben (2 im Bild 15) in der Bremsscheibe heraus. Verwenden Sie unbedingt einen passenden Schlüssel.

Lösen Sie die Schrauben durch einige Hammerschläge. Sie sind recht oft festgerostet.

- Demontieren Sie den Bremssattel (2 im Bild 16) wie bereits beschrieben.
- Drehen Sie die beiden Schrauben (1) heraus und nehmen Sie den Bremssatteltträger (3) ab.
- Nehmen Sie die Bremsscheibe von der Radnabe ab.

Auch hier kann Rostbildung dafür sorgen, dass die Bremsscheibe sehr fest sitzt. Im Extremfall helfen nur gezielte Hammerschläge von hinten auf die Bremsscheibe, um sie zu lösen. Der Ersatz ist dann nicht mehr abzuwenden.

- Reinigen Sie die Auflagefläche der Bremsscheibe auf der Radnabe sehr gründlich.

Sehr gut und einfach gelingt das mit einer Topfbürste auf dem Winkelschleifer oder der Bohrmaschine.

Geringe Korrosionsreste können das saubere Aufliegen der Bremsscheibe verhindern. Daraus resultiert eine ungleichmäßige Wärmeableitung, die schnell einen Verzug der Scheibe nach sich ziehen kann.

- Tragen Sie im Bereich der Auflage der Bremsscheibe auf der Radnabe etwas (sehr wenig!) Montagepaste oder Kupferpaste auf. So wird das Festkorrodieren etwas hinausgezögert.
- Ersetzen Sie die Befestigungsschraube in der Bremsscheibe in jedem Fall.

Die weitere Montage erfolgt sinngemäß in umgekehrter Reihenfolge.

Die Trommelbremse hinten

Bremsbeläge prüfen

Mit einer Taschenlampe durch die Kontrollöffnung (soweit vorhanden) der Bremsankerplatte leuchten. Die Dicke des Belages durch Sichtprüfung ermitteln.

Für eine exakte Messung der Belagdicke und der Begutachtung des Zustandes der Bremstrommeln ist die Demontage der Räder und der Bremstrommeln empfehlenswert.

Kontrollieren Sie den Zustand der Bremstrommeln stets gemeinsam mit

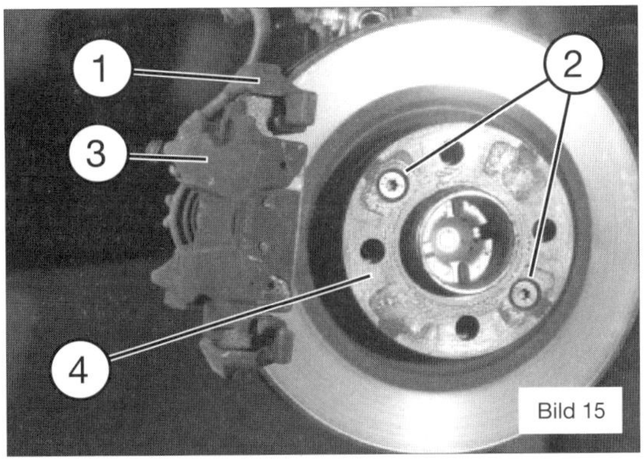

Bild 15

Bild 15
Befestigung der Bremsscheibe vorne:
1 Satteltträger
2 Schrauben
3 Bremssattel
4 Bremsscheibe

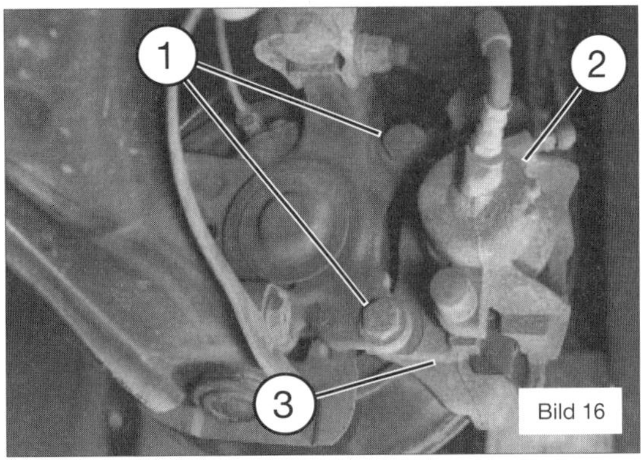

Bild 16

Bild 16
Befestigung dex Bremssattelträgers vorne.
1 Schrauben
2 Bremssattel
3 Bremssattelträger

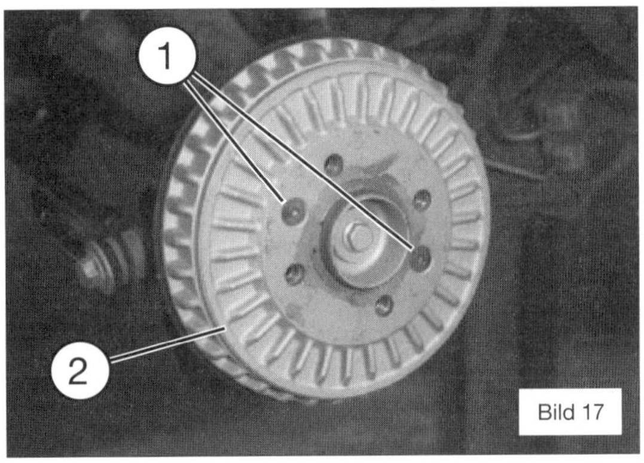

Bild 17

Bild 17
Befestigung der Bremstrommel hinten:
1 Sicherungsschrauben
2 Bremstrommel

dem der Beläge. Auch den Radbremszylindern sollten Sie bei dieser Gelegenheit unter die Staubmanschette sehen, um eventuell eine Undichtigkeit frühzeitig erkennen zu können. Zusätzlich sollten Sie die Radlager in diese Kontrolle mit einbeziehen.

- Beim Erneuern von Bremsbelägen beachten: Grundsätzlich immer auf beiden Seiten austauschen!
- Bei nassen Bremsbelägen durch undichte Radbremszylinder müssen die Bremsbeläge beidseitig mit den Radbremszylindern ersetzt werden!
- Ziehen Sie den Stopfen (nicht immer vorhanden) im Bremsenschutzblech heraus.

Kontrollieren Sie die Belagstärke durch die Bohrung hindurch.

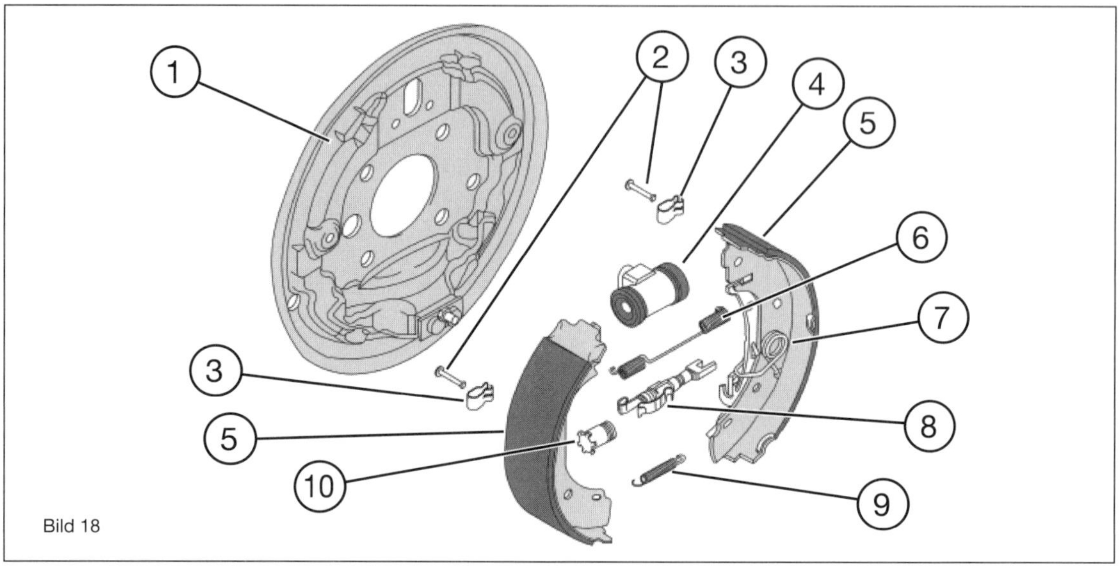

Bild 18

Bild 18
Trommelbremse in der Übersicht:
1 Ankerplatte
2 Haltestifte
3 Sicherungsklammern
4 Radbremszylinder
5 Bremsbacke
6 Rückstellfeder oben
7 Feder
8 Nachsteller
9 Haltefeder
10 Gegenlager

■ Zur besseren Unterscheidung drehen Sie an der Bremstrommel. So können Sie Belag und Trommel besser erkennen.

De- und Montage der Bremstrommel

■ Radschrauben lösen, aber noch nicht herausdrehen, das Fahrzeug anheben, die Räder abbauen. Legen Sie vor und hinter die Vorderräder Holzblöcke oder andere geeignete Gegenstände, um das Wegrollen zu verhindern.

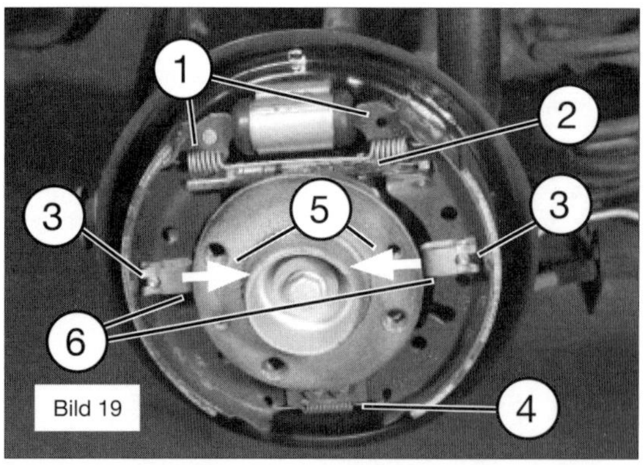

Bild 19

Bild 19
Entsichern der Bremsbacken:
1 Bremsbacke
2 Nachsteller
3 Sicherungsklammer mit Haltestift
4 Feder unten
5 Bewegungsrichtung zum Ausbau
6 Sicherungsklammern

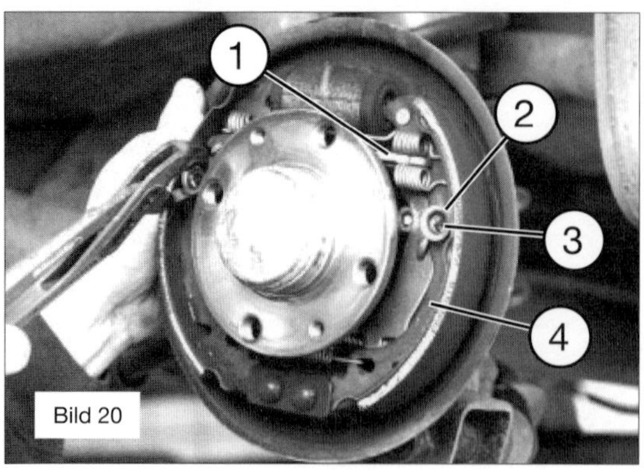

Bild 20

Bild 20
Neuere Bauweise:
1 Nachsteller
2 Feder mit Federteller
3 Haltestift
4 Bremsbacke

■ Verdrehen Sie die Bremstrommeln so, dass Sie durch eine Gewindebohrung den Nachsteller (8 im Bild 18) zur Bremsnachstellung sehen können (Taschenlampe).
■ Verdrehen Sie den Nachsteller mit einem Schraubendreher so, dass die Bremsbeläge, möglichst weit von der Bremstrommel wegstehen. Sie haben so die Nachstellung zurückgenommen und haben etwas mehr Platz zur Demontage der Trommel.
■ Drehen Sie die Schrauben (1 im Bild 16) der Bremstrommel (2) heraus und nehmen Sie die Bremstrommel ab.

Die Montage erfolgt sinngemäß in umgekehrter Reihenfolge.
■ Reinigen Sie die Bremsanlage mit Bremsenreiniger und lassen Sie die Bremse abtrocknen.
■ Tragen Sie im Bereich der Auflage der Bremstrommel auf der Radnabe etwas (sehr wenig!) Montagepaste oder Kupferpaste auf. So wird das Festkorrodieren etwas hinausgezögert.

Bremsbacken hinten wechseln

⚠ Weiter zu verwendende Bremsbeläge müssen beim Ausbau gekennzeichnet werden. Sie müssen an gleicher Stelle wieder eingebaut werden, da sonst ungleichmäßige Bremswirkung entstehen kann!

☞ Die Bremsen sind achssymmetrisch aufgebaut. Entsprechend setzen Sie zuerst eine Seite instand und belassen die andere Seite im zusammengebauten Zustand.

So haben Sie ein Muster zum Gucken, wenn doch mal vergessen gehen sollte, was wie zusammengebaut war.

- Radschrauben lösen, aber noch nicht herausdrehen.
- Bocken Sie das Fahrzeug auf der entsprechenden Seite oder besser gleich auf beiden Seiten auf.
- Legen Sie den Gang ein, um ein Wegrollen zu verhindern, und lösen Sie die Handbremse.
- Demontieren Sie die Bremstrommel wie schon beschrieben.
- Schieben Sie die Sicherungsklammer (3 im Bild 19) in Pfeilrichtung (5) vom Haltestift herunter.
- Demontieren Sie die Haltefeder unten (9 im Bild 18) und nehmen Sie sie heraus.
- Bremskolben des Radbremszylinders (4) zusammendrücken und den Bremsbacken nach oben herausführen.

Die Arbeiten mit den Bremsbacken vorsichtig handhaben. Anderenfalls können die Staubmanschetten der Bremskolben des Radbremszylinders (3) beschädigt werden.

- Nehmen Sie den Nachsteller (8 im Bild 21) und den Gegenhalter (10) heraus.
- Hängen Sie das Handbremsseil (6) aus dem Handbremshebel im Bremsbacken aus.
- Nehmen Sie die Bremsbacken heraus.

Die Montage erfolgt sinngemäß in umgekehrter Reihenfolge.

- Reinigen Sie die Bremsträgerplatte (Ankerplatte) (3) gründlich und tragen Sie etwas Kupferpaste auf die Anlagepunkte der Bremsbeläge auf der Ankerplatte auf.
- Prüfen Sie den Zustand und die Leichtgängigkeit des Radbremszylinders (3 im Bild 22).

Radbremszylinder hinten wechseln

Prüfen Sie den Radbremszylinder (3 im Bild 22) auf Leichtgängigkeit und Dichtigkeit.

Ist Bremsflüssigkeit unter den Staubmanschetten erkennbar, müssen die Radbremszylinder erneuert werden.

Die Bremsen sind achssymmetrisch aufgebaut. Entsprechend setzen Sie

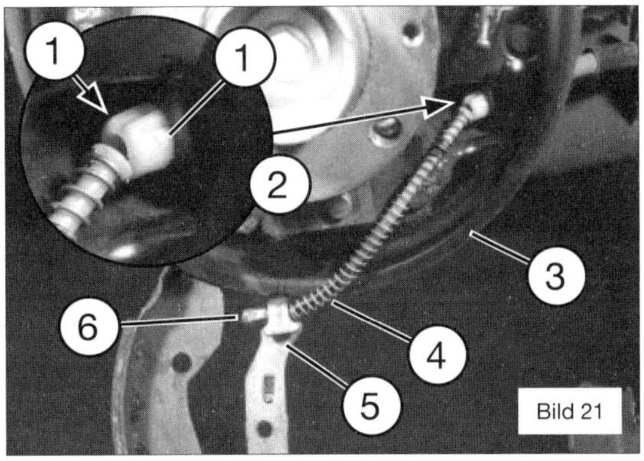

Bild 21
1 Rastnase
2 Halteclip
3 Ankerplatte
4 Feder
5 Bremshebel
6 Bremszug

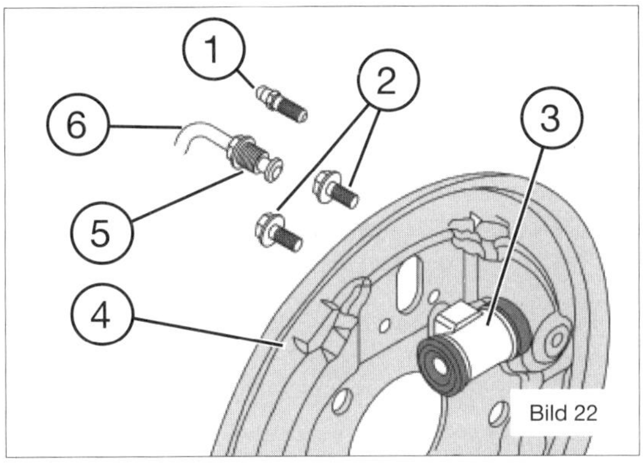

Bild 22
Radbremszylinder hinten:
1 Entlüftungsnippel
2 Schrauben
3 Radbremszylinder
4 Bremsankerplatte
5 Bremsleitungsnippel
6 Bremsleitung

zuerst eine Seite instand und belassen die andere Seite im zusammengebauten Zustand. So haben Sie ein Muster zum Gucken, wenn doch mal vergessen gehen sollte, was wie zusammengebaut war.

- Radschrauben lösen, aber noch nicht herausdrehen.
- Bocken Sie das Fahrzeug auf der entsprechenden Seite oder wenn möglich besser gleich auf beiden Seiten auf.
- Legen Sie den Gang ein, um ein Wegrollen zu verhindern und lösen Sie die Handbremse.
- Demontieren Sie die Bremstrommel wie schon beschrieben.
- Demontieren Sie die Bremsbacken wie bereits beschrieben.
- Ziehen Sie die Staubkappen vom Entlüftungsnippel (1 im Bild 5) ab.
- Lösen Sie den Entlüftungsnippel (1 im Bild 22) und drehen Sie ihn wieder leicht an.
- Lösen Sie den Bremsleitungsnippel (5) und drehen Sie ihn leicht wieder an.

Verwenden Sie für den Bremsleitungsnippel (5) ausschließlich einen Sechskant-Bremsleitungsschlüssel. Wenn beim Lösen oder Anziehen der Sechskant beschädigt wird, muss der Leitungsnippel oder die Bremsleitung erneuert werden.

Sichtprüfung Messen

■ Legen Sie einen saugfähigen Lappen unter den Bereich der Bremsleitung.
■ Drehen Sie den Entlüftungsnippel (1 im Bild 22) heraus.
■ Drehen Sie den Bremsleitungsnippel (5) heraus.
Schieben Sie den Bremsleitungsnippel (5) etwas zurück und stecken Sie die Staubkappe des Entlüftungsnippels auf die Bremsleitung auf, um das weitere Abtropfen der Bremsflüssigkeit zu verhindern.
■ Drehen Sie die Schrauben (2) heraus.
■ Nehmen Sie den Radbremszylinder (3) ab.

Die Montage erfolgt sinngemäß in umgekehrter Reihenfolge.
■ Reinigen Sie die Bremsträgerplatte (Ankerplatte) (4) gründlich.
■ Entlüften Sie die Bremsanlage wie bereits beschrieben.

Die Handbremse

De- und Montage der Handbremsseile

Prüfen Sie die Handbremsseile auf Leichtgängigkeit und auch auf Schäden an der Außenhülle. Korrosionsschäden und daraus folgend schwergängige Seile sind leicht vorauszusehen.

Demontage an der Trommelbremse:
■ Demontieren Sie die Bremstrommel an der Seite, an der das Handbremsseil erneuert werden soll.
■ Bauen Sie die Bremsbacken wie bereits beschrieben aus.
■ Hängen Sie das Bremsseil am Bremsbacken aus.

Demontage im Innenraum:
■ Schalten Sie die Zündung ein und stellen Sie bei Automatik-Getrieben den Wahlhebel auf »D».
■ Schalten Sie die Zündung aus und clipsen Sie die obere Abdeckung der Mittelkonsole aus.
■ Clipsen Sie bei Automatik-Getrieben die Ganganzeige von unten aus und ziehen Sie den elektrischen Anschlussstecker ab.
■ Clipsen Sie die Abdeckung der Mittelkonsole ab (Schaltsack oder Abdeckung des Wählhebels) und nehmen Sie sie ab.
■ Schieben Sie den Fahrersitz nach vorne und stellen Sie die Lehne nach ganz vorne.
■ Drehen Sie die Schraube am Cupholder heraus.
■ Die Armlehne soweit verbaut ausbauen. Fahrer und Beifahrersitz ganz nach hinten stellen.
■ Bei Fahrzeugen mit Automatikgetriebe stellen Sie den Wahlhebel auf die Stellung »P«.
■ Ziehen Sie den Handbremshebel bis zur 7. Raste hoch.
■ Clipsen Sie die Seitenverkleidung der Mittelkonsole rechts und links aus.
■ Entriegeln Sie die Raste vorne an der Mittelkonsole und nehmen Sie sie ab.
■ Demontieren Sie die Abdeckkappe (11 im Bild 23) und lösen Sie die Mutter (8).

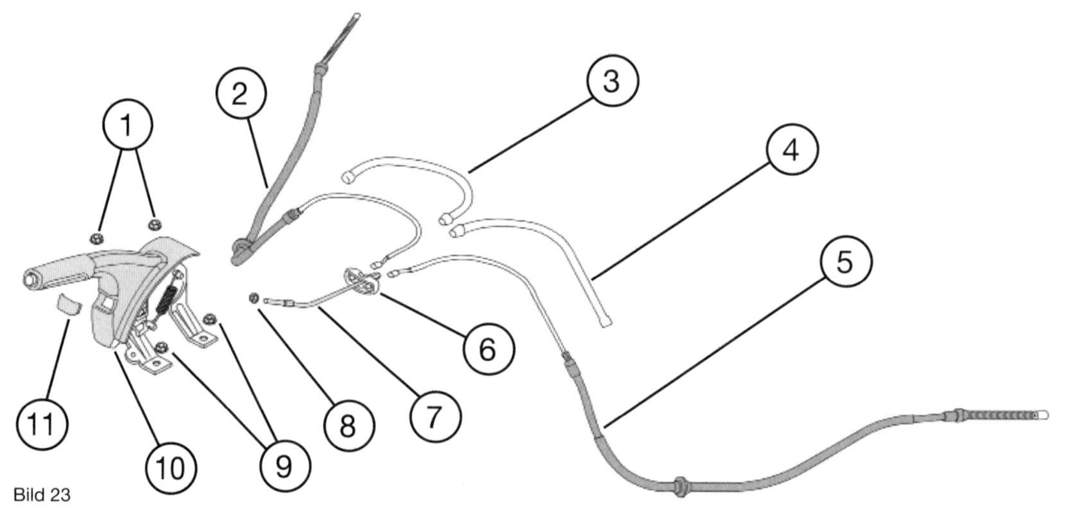

Bild 23

Bild 23
Handbremsmechanik:
1 Muttern
2 Handbremsseil rechts
3 Führungsrohr rechts
4 Führungsrohr links
5 Handbremsseil links
6 Seilwaage
7 Seilnachsteller
8 Mutter
9 Mutter
10 Handbremshebel
11 Abdeckblende

■ Hängen Sie die beiden Handbremsseile (2 und 5) aus der Seilwaage (6) aus.

Demontage von unten:
■ Ziehen Sie das jeweilige Handbremsseil aus dem Führungsrohr heraus.
■ Lösen Sie die Handbremsseile an der Ankerplatte.
■ Nehmen Sie die Handbremsseile heraus.

Die Montage erfolgt sinngemäß in umgekehrter Reihenfolge.
■ Reinigen Sie die Bremsträgerplatte (Ankerplatte) (1) gründlich.
■ Drehen Sie die Nachsteller (8 im Bild 18) zurück.
■ Prüfen Sie nach der Montage und mehrfacher Betätigung der Hand- und Fußbremse die Funktion der Nachstellung.
■ Achten Sie darauf, dass die Bremsseile sicher in der Führung sitzen.
■ Verlegen Sie die Bremsseile ausschließlich in der originalen Einbauposition.
■ Achten Sie darauf, dass alle Befestigungspunkte in Ordnung sind.

Handbremse (Seile) einstellen

Eine Nachstellung der Hinterradbremse ist normalerweise nicht erforderlich. Sie muss nur bei Ersatz der Handbremsseile, der Bremssättel und Bremsscheiben erfolgen. Bei montierter Bremstrommel dürfen keine manuellen Einstellungen am automatischen Nachsteller vorgenommen werden.
■ Handbremse einmal betätigen und wieder lösen.
■ Betriebsbremse betätigen, lösen und ca. 1 Sekunde warten.
■ Handbremse bei gedrücktem Knopf anziehen und lösen. Diesen Vorgang wiederholen, bis kein »Betätigungsklicken« mehr in der Bremstrommel hörbar ist.
■ Das Freidrehen der Hinterräder prüfen.

Handbremshebel Aus- und Einbau

■ Stellen Sie den Schalt- oder Wahlhebel in die hintere Stellung.
■ Clipsen Sie die Mittelkonsolenverkleidung um den Schalthebel nach oben aus.
■ Ziehen Sie die elektrischen Anschlüsse der Schalter und die Ganganzeige ab.

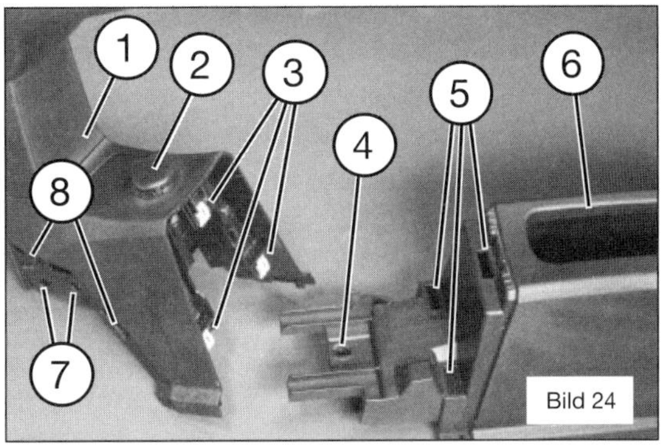

Bild 24
Mittelkonsole hinten:
1 Armlehne
2 Steckdose
3 Halteclip
4 Verschraubung
5 Position für Clip
6 Mittelkonsole Mitte
7 Verschraubung hinten
8 Rasten Clips hinten

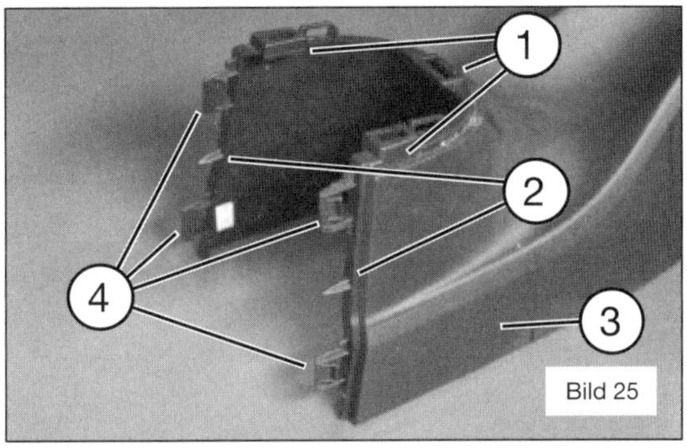

Bild 25
Mittelkonsole Mitte:
1 Position für Clip der Abdeckung oben (Schalthebel)
2 Führungsnasen
3 Mittelkonsole Mitte
4 Rastnasen zur Mittelkonsole vorne

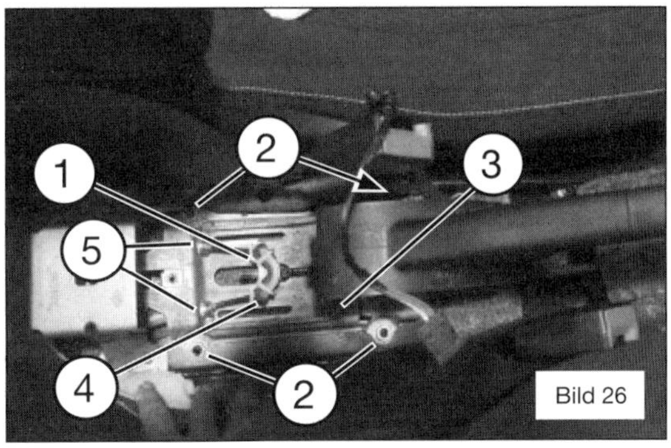

Bild 26
Träger Handbremshebel:
1 Sicherung
2 Schrauben
3 Träger mit Handbremshebel
4 Seilwaage
5 Handbremszüge

■ Clipsen Sie die seitlichen Verkleidungen der vorderen Mittelkonsolenverkleidung los und ziehen Sie sie etwas zur Seite.

Fahrzeuge mit Mittelarmlehne:
■ Ziehen Sie den Cupholder nach oben ab.
■ Ziehen Sie die Abdeckungen unten ab und drehen Sie die Schrauben (7 im Bild 24) heraus.
■ Nehmen Sie die Mittelarmlehne gerade nach oben ab.
■ Drehen Sie die Schraube in Position (4) heraus.

Fahrzeuge ohne Mittelarmlehne:
■ Nehmen Sie die Einlage aus dem hinteren Becherhalter heraus und drehen Sie die Befestigungsschraube heraus.
■ Nehmen Sie die hintere Mittelkonsolenverkleidung gerade nach oben heraus.

Weiter für alle Fahrzeuge:

■ Lösen Sie die Handbremse.

■ Lösen Sie die Einstellmutter (8 im Bild 23) und lockern Sie so die Handbremsseile.

■ Betätigen Sie die Sicherung (1) und hängen Sie die Handbremsseile (5) aus der Seilwaage aus.

■ Den Halteclip des Leitungssatzes am Handbremshebel ausclipsen, die elektrische Steckverbindung am Schalter der Feststellbremskontrolle trennen und die Muttern (2) herausschrauben.

■ Den Handbremshebel (1) abnehmen.

Die Montage erfolgt sinngemäß in umgekehrter Reihenfolge.

■ Kontrollieren Sie die Einstellung der Handbremse.

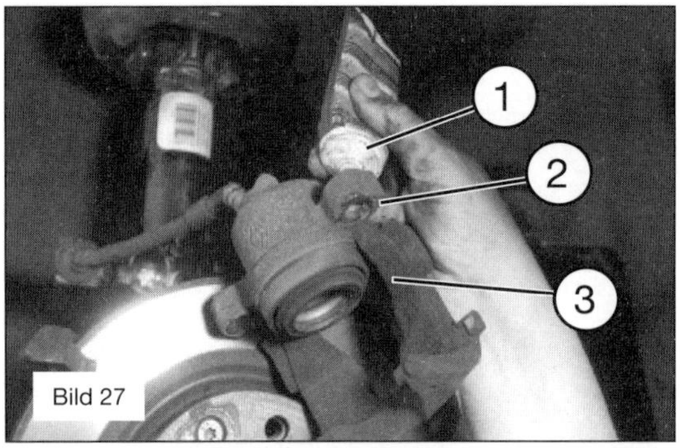

Bild 27
Korrosionsschutz am Bremssattel:
1 Hochtemperaturfett
2 Bohrung im Bremssattel
3 Bremssattel

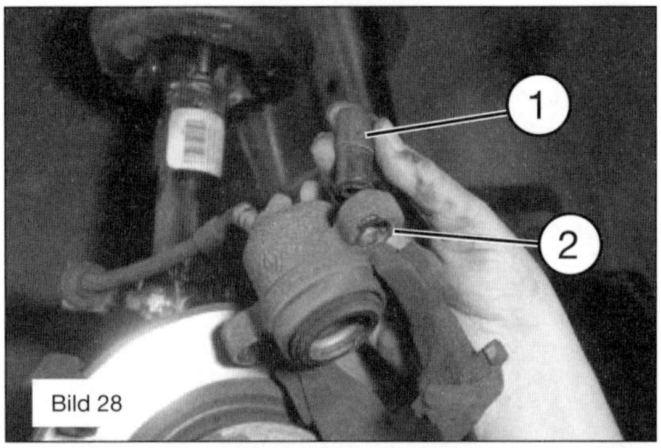

Bild 28
Einsetzen der Gummilagerhülse:
1 Gummilagerhülse
2 Bohrung im Bremssattel

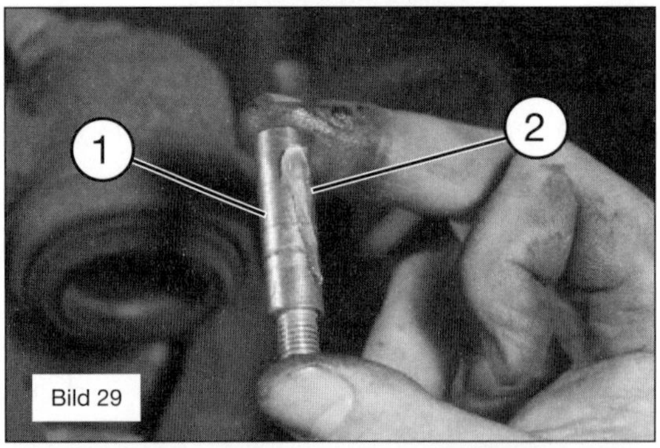

Bild 29
Lagerbolzen einfetten:
1 Lagerbolzen
2 »Strich« Hochtemperaturfett

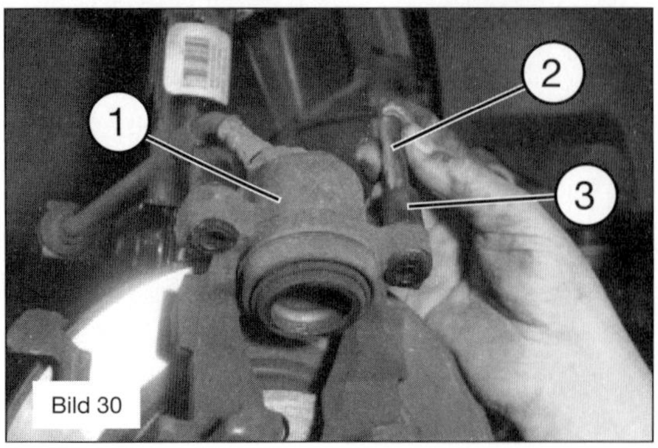

Bild 30
Lagerbolzen montieren:
1 Bremssattel
2 Lagerbolzen
3 Gummilagerhülse

Bremssattellagerung instand setzen

Beim Smart 453 sind sogenannte Schwimmsättel verbaut. Die Bremssättel »schwimmen« auf ihren Lagerungen im Sattelträger. Die Lagerungen sind sehr einfach aufgebaut und können kaum beschädigt werden. Spätestens beim Belagwechsel sollten Sie den Zustand kontrollieren und die Lagerbolzen reinigen sowie mit neuem Montagefett versehen.

Prüfen der Bremssattellagerung

Immer dann, wenn unterschiedliche Abnutzung der Bremsbeläge festzustellen ist, müssen die Lagerpunkte überprüft werden.

■ Bauen Sie den Bremssattel ab.

■ Prüfen Sie, ob die Lagerbolzen (2 im Bild 29) im Sattel sich leichtgängig bewegen lassen.

Wechsel des Hochtemperaturfettes

■ Ziehen Sie die Abdeckkappen (4 im Bild 11) ab.

■ Drehen Sie die Lagerbolzen heraus.

■ Ziehen Sie die Lagerbolzen (2 im Bild 30) des Bremssattels (1) heraus.

■ Ziehen Sie die Lagergummihülse (1 im Bild 28) heraus.

■ Reinigen Sie die Lagerung des Sattelträgers und die Bohrung (2) im Sattelträger gründlich, tragen Sie neues Hochtemperatur-Lagerfett (1 im Bild 27) auf die Lagerstellen und in die Bohrung im Bremssattel auf.

Die Montage erfolgt sinngemäß in umgekehrter Reihenfolge.

14 Elektrische Anlage

Schon im Stand, aber erst recht während der Fahrt benötigt der Smart 453 elektrischen Strom. Motorsteuerung, Lenkung und Kraftstoffeinspritzung müssen mit Elektroenergie versorgt werden. Alle weiteren unbedingt erforderlichen oder für die Sicherheit und Bequemlichkeit eingebauten automatischen Systeme sowie natürlich die gesamte Lichtanlage sind ohne elektrische Energie arbeitsunfähig.
Viele Störungen und Funktionsprüfungen gerade in diesem Bereich gehören, ähnlich wie bei anderen Baugruppen, in die Fachwerkstatt. Denn zum genauen Erkennen und Beseitigen der Mängel muss häufig das auch in anderen Kapiteln schon mehrfach erwähnte Fahrzeugdiagnosegerät angeschlossen und der Fehlerspeicher abgefragt werden.
Der Diagnoseanschluss im Fahrzeug (Steckkontakt für das Werkstattsystem) befindet sich, wie inzwischen international festgelegt, im Fußraum Fahrerseite an der A-Säule. Nun sind die meisten Innovationen im Kraftfahrzeug heute zwar von immer komplizierterer Elektronik geprägt, Reparaturen an der elektrischen Anlage sind aber durchaus nicht in jedem Fall von ihr verursacht. Oft sitzt nur ein Kabel lose, sind Sicherungen durchgebrannt oder Kontakte korrodiert oder messtechnisch zu ermittelnde Bauteile sind defekt. Nicht wenige Störungen an der Elektrik lassen sich mit einfachen Mitteln beheben. Natürlich muss man sich etwas auskennen und die Grundbegriffe verstehen.

Arbeiten an der Spannungsversorgung

Zu allererst haben wir es im Smart 453 noch immer mit elektrischen Bauteilen zu tun, die schon die gesamte Entwicklungsgeschichte des Automobils begleiten: Batterie, Anlasser (Starter) und Lichtmaschine (Drehstromgenerator). Sie sind zusammen für die Arbeitsaufnahme des Motors verantwortlich. Um seine Aufgabe zu erfüllen, ist jedes dieser drei Bauteile auf das andere angewiesen. Wir wenden uns hauptsächlich ihnen zu.

Einbaulage der Relais und Sicherungen
Die Sicherungen für das Bordnetz finden Sie im Fahrerfußraum unter der Armaturentafel und im Motorraum. Die Belegung des Sicherungsträgers ist in Ihrem Bordbuch unter dem Begriff »Sicherung« für Ihren Modelltyp genau beschrieben. Ersetzen Sie niemals eine Sicherung gegen eine stärkere. Das kann erhebliche Schäden auch im Bordnetzsteuergerät verursachen.

Batterie

Batterie an- und abklemmen
Auf das Prüfen (Sichtprüfung, Batterietester) und Laden sowie auf Warnhinweise und allgemeine Sicherheitsregeln bei Arbeiten an der Batterie (Kennzeichnungen auf der Batterie selbst) gehen wir in diesem Ratgeber nur begrenzt ein. Sie sind ausführlich in der Bedienungsanleitung des Fahrzeugs behandelt.
Um Beschädigungen der Batteriepolklemmen und der Batteriepole zu vermeiden, schreibt der Hersteller vor:

- Die Batteriepolklemmen dürfen nur gewaltfrei von Hand aufgesteckt werden.
- Die Batteriepole dürfen nicht gefettet werden.
- Die Batteriepolklemmen sind so zu montieren, dass der Batteriepol bündig mit der Klemme abschließt oder aus ihr herausragt.
- Nach dem Anziehen der Batteriepolklemmen mit dem vorgeschriebenen Anzugs-

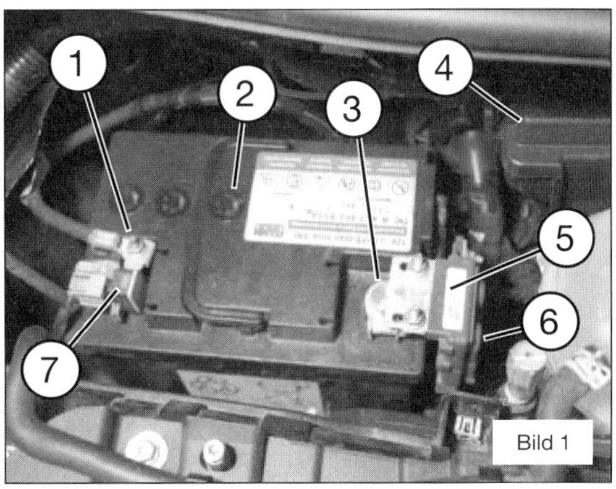

Bild 1
Batterie im Smart 453:
1 Batterieminus
2 Batterie
3 Batterieplus
4 Vorsicherungskasten
5 Anschlussplatte
6 Anschlussstecker
7 Batteriesensor

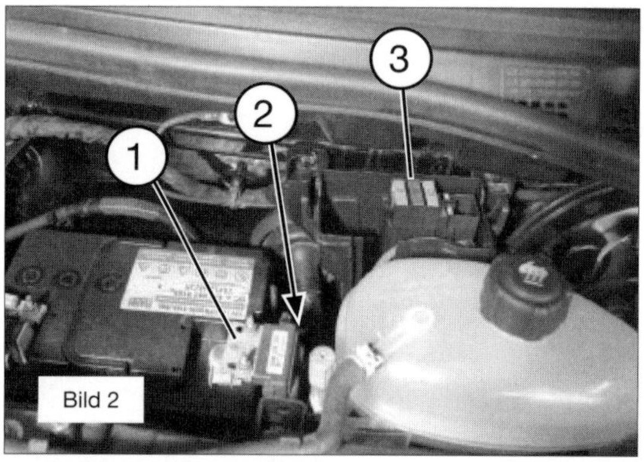

Bild 2

Bild 2
Batteriepluspol:
1 Plusanschlüsse ohne Vorsicherung
2 Anschlussklemme
3 Vorsicherungen

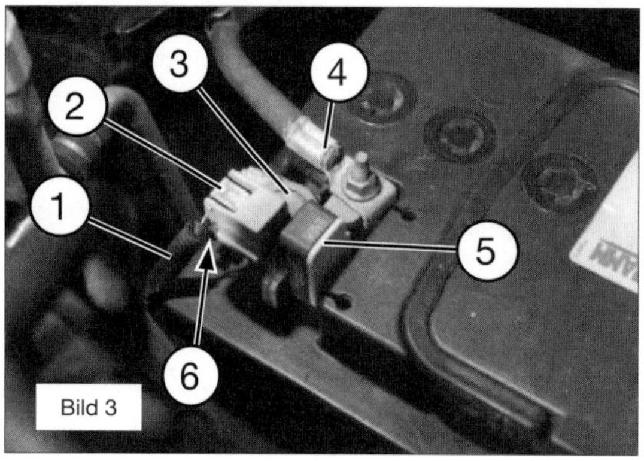

Bild 3

Bild 3
Batterieminuspol:
1 Anschlusskabel
2 Steckerraste
3 Batterieminuspol
4 Anschluss Masseleitung
5 Batteriesensor (Lademanagement und Start/Stopp/Anlage)
6 Mutter Batteriepol

drehmoment von 6 Nm dürfen die Verschraubungen nicht nochmals nachgezogen werden.

■ Durch das Abschrauben der Batterie-Minuspolklemme (Stromunterbrechung) wird das sichere Arbeiten an der elektrischen Anlage gewährleistet. Das Abschrauben der Batterie-Pluspolklemme ist nur für den Ausbau der Batterie erforderlich. In jedem Fall müssen die Hinweise zum Anklemmen der Batterie beachtet werden.

Abklemmen:

■ Zündung und alle elektrischen Verbraucher ausschalten, Zündschlüssel abziehen.
■ Bei Fahrzeugen mit Batteriekasten die Verriegelung an der linken Kastenseite öffnen und den Deckel abnehmen.
■ Bei Fahrzeugen mit Batterieschutzhülle die Abdecklasche der Schutzhülle öffnen.
■ Die Befestigungsmutter Batteriepolklemme Masseleitung lösen und die Minuspolklemme von der Batterie abnehmen.

⚠ Falls wie beim Batterieausbau die Pluspolklemme auch abgenommen wird: Immer zuerst die Minusklemme abnehmen!

■ Die Batterie-Masseleitung sollte karosserieseitig nicht gelöst werden.

Anklemmen:

■ Die Batteriepolklemme Masseleitung in der richtigen Stellung auf den Minuspol der Batterie stecken und die Befestigungsmutter mit 6 Nm anziehen. Dabei auf festen Sitz der Batterieklemme achten.

⚠ Falls wie beim Batterieausbau die Pluspolklemme auch abgenommen wird: Immer zuerst die Pluspolklemme wieder anklemmen! Erst danach die Masseleitung wie beschrieben anklemmen.

👁 Nach Anklemmen der Batterie und Einschalten der Zündung leuchtet die Kontrollleuchte für ESP und ASR dauerhaft. Die Kontrollleuchte erlischt automatisch, wenn mit 15 bis 20 km/h eine Wegstrecke geradeaus gefahren wird. Dadurch wird der Geber für Lenkwinkel wieder aktiviert.

Arbeitsschritte nach Anklemmen der Batterie:

■ Zündung mit dem Zündschlüssel einschalten und wieder ausschalten.
■ Fehlerspeicher auslesen: »Geführte Fehlersuche« mit dem Fahrzeugdiagnosegerät.
■ Uhrzeiteinstellung prüfen ggf. nach Bedienungsanleitung neu einstellen.
■ Zündung einschalten und mit Fensterheberschalter alle Fenster bis Endanschlag öffnen und wieder vollständig schließen.
■ Die Taster für die Fensterheber nach oben ziehen und mindestens eine Sekunde lang in dieser Stellung halten.
■ Anschließend bei geschlossenen Fenstern den Fensterheberschalter ziehen, bis das Relais hörbar schaltet.
■ Die Komfortschaltung der Fensterheber prüfen: Das Fenster muss bei betätigter Komfortschaltung ohne Halten des Schalters schließen.
■ Alle elektrischen Verbraucher auf Funktion prüfen.

Batteriepol mit Sensor ausbauen

■ Schalten Sie die Zündung aus.
■ Klemmen Sie den Minuspol der Batterie wie bereits beschrieben ab.
■ Ziehen Sie den Steckkontakt am Batteriesensor (Start/Stopp) (1 im Bild 3) ab.
■ Lösen Sie die Klemmschraube (6).
■ Nehmen Sie den Batteriepol ab.

Die Montage erfolgt sinngemäß in umgekehrter Reihenfolge.

■ Befolgen Sie die Anweisungen zum Anklemmen der Batterie.

Batterie aus- und einbauen

■ Batterie wie beschrieben abklemmen.
■ Die Befestigungsschraube vorne abschrauben.
■ Die Griffe nach oben klappen und die Batterie herausnehmen.
Die Montage erfolgt sinngemäß in umgekehrter Reihenfolge.

Batterie anklemmen:

■ Die Schraubverbindungen mit den geforderten Anzugsdrehmomenten anziehen: Muttern an den Polklemmen 6 Nm, M8-Schraube am Klemmbügel 35 Nm.
■ Batterie nach dem Einbau auf festen Sitz prüfen.

Bei einer lose montierten Batterie bestehen folgende Gefahren: verkürzte Lebensdauer durch Rüttelschäden (Explosionsgefahr!), Schädigung der Gitterplatten, Beschädigung des Batteriegehäuses durch den Befestigungsbügel (möglicher Säureaustritt, hohe Folgekosten) und mangelhafte Crash-Sicherheit.

Anlasser (Starter) aus- und einbauen

Nicht alle Fahrzeuge verwenden den gleichen Starter. Für viele Motorentypen werden spezielle Bauweisen verwendet. Wenn Sie sich beim Zubehörhändler einen Anlassermotor besorgen, achten Sie darauf, dass er dem Original entspricht. Weiterhin können Sie Ihren alten Starter in den meisten Fällen als Altteil zurückgeben. Heben Sie sich die Quittung auf, um das Altteilepfand bei der Rückgabe Ihres alten Starters auslösen zu können.

Korrosionskontrolle

Wenn Sie Korrosionsspuren erkennen können, reinigen Sie die Anschlüsse gründlich, und wenn erforderlich erneuern Sie die Anschlussklemmen. Ein Übergangswiderstand durch Korrosion bedeutet immer einen Leistungsverlust des Starters und somit auch eine geringere Starterdrehzahl.

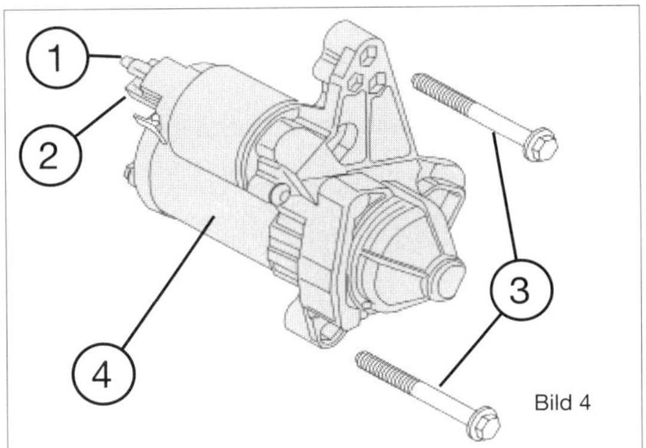

Bild 4

Bild 4
Starter (Anlasser) im Smart 453:
1 Anschluss Klemme 30
2 Anschluss Klemme 50
3 Schrauben
4 Starter

Demontage des Starters

■ Fahrzeug zwischen den Hebebühnensäulen ausrichten und die vier Aufnahmeteller an den vom Fahrzeughersteller vorgeschriebenen Hebebühnenaufnahmepunkten platzieren.
■ Das Fahrzeug mit der Hebebühne anheben.
■ Masseleitung an der Batterie abklemmen.
■ Demontieren Sie das Luftführungsrohr zum Ansaugkrümmer.
■ Bauen Sie den Ansaugkrümmer (Bild 42 auf Seite 44) aus.
■ Ziehen Sie die Abdeckkappe am Pluskabel des Starters ab.
■ Demontieren Sie das Anschlusskabel (KL30 von der Batterie) an der Ausrückspule.
■ Drehen Sie die Anschlussmutter an und Demontieren Sie das Ansteuerkabel des Starters (KL50) an der Ausrückspule.
■ Drehen Sie die Schraube (3 im Bild 4) heraus und nehmen Sie den Halter ab.
■ Drehen Sie die Schraube am Kabelhalter unten los und legen Sie den Kabelsatz frei.
■ Drehen Sie die beiden Schrauben am Getriebe heraus.
■ Nehmen Sie den Starter heraus.

Die Montage erfolgt sinngemäß in umgekehrter Reihenfolge.
■ Prüfen Sie die Funktion des Starters.

Generator (Lichtmaschine) aus- und einbauen

Im Smart 453 sind unterschiedliche Generatoren verbaut. Die Vorgehensweise unterscheidet sich aber hinsichtlich der Montage kaum voneinander. Wir stellen Ihnen die

Sichtprüfung Messen

Bild 5
Generator Ansicht von rechts:
1 Spannrolle
2 Umlenkrolle
3 Schrauben
4 Generator

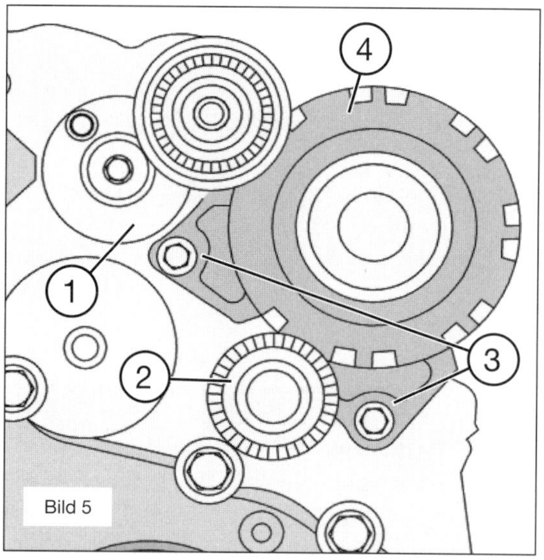

Bild 5

Bild 6
Verschraubungen von oben:
1 Schrauben Stoßfänger
2 Schrauben Haube
3 Haube (Wartungsklappe)

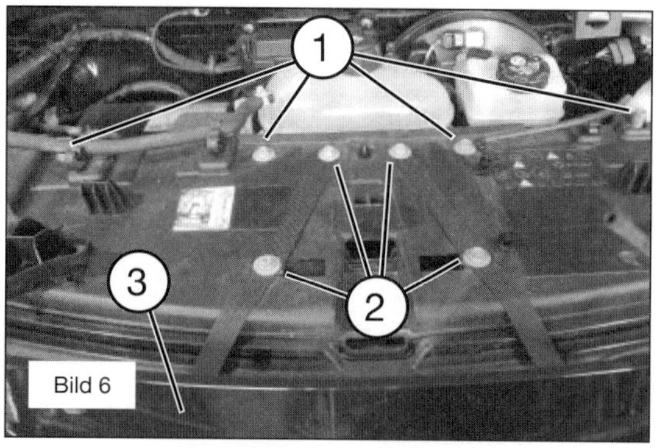

Bild 6

Vorgehensweise in einer allgemeingültigen Beschreibung für alle Motoren vor.

- Das Fahrzeug zwischen den Hebebühnensäulen ausrichten und die vier Aufnahmeteller an den vom Fahrzeughersteller vorgeschriebenen Hebebühnenaufnahmepunkten platzieren.
- Das Fahrzeug mit der Hebebühne anheben.
- Die Masseleitung an der Batterie abklemmen.
- Bauen Sie den Keilrippenriemen wie bereits auf Seite 33 beschrieben aus.
- Senken Sie die Antriebseinheit wie auf Seite 54 beschrieben ab.
- Ziehen Sie die elektrischen Anschlüsse am Generator ab
- Klemmen Sie den Plusanschluss am Generator ab.
- Drehen Sie die beiden Schrauben (3) im Bild 5 heraus.
- Nehmen Sie den Generator ab.

Die Montage erfolgt sinngemäß in umgekehrter Reihenfolge.

- Fragen Sie den Fehlerspeicher ab.
- Prüfen Sie die Funktion des Generators und der demontierten Teile.

Scheinwerfer ausbauen

Die folgende Beschreibung kann auf beide Scheinwerfer angewendet werden. Der Aufbau der Halterungen ist symmetrisch.

- Schalten Sie die Zündung und alle elektrischen Verbraucher aus.
- Ziehen Sie den Zündschlüssel ab.
- Demontieren Sie die beiden Vorderräder.
- Clipsen Sie die Schläuche auf der Kunststoffverkleidung aus und legen Sie die Schläuche frei.

Bilder 7 und 8
Verschraubungen im Radkasten:
1 Stoßfänger vorne
2 Kotflügel
3 Innenradlauf
4 Maschinenschraube

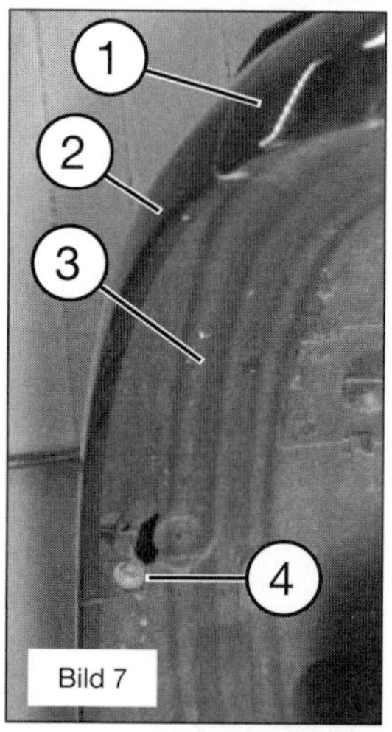

Bild 7

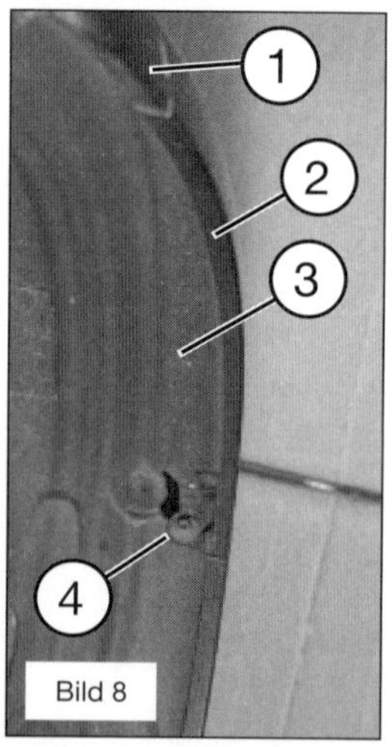

Bild 8

Bild 9
Verschraubungen unten:
1 Kunststoffschrauben
2 Kunststoffschrauben
3 Maschinenschrauben

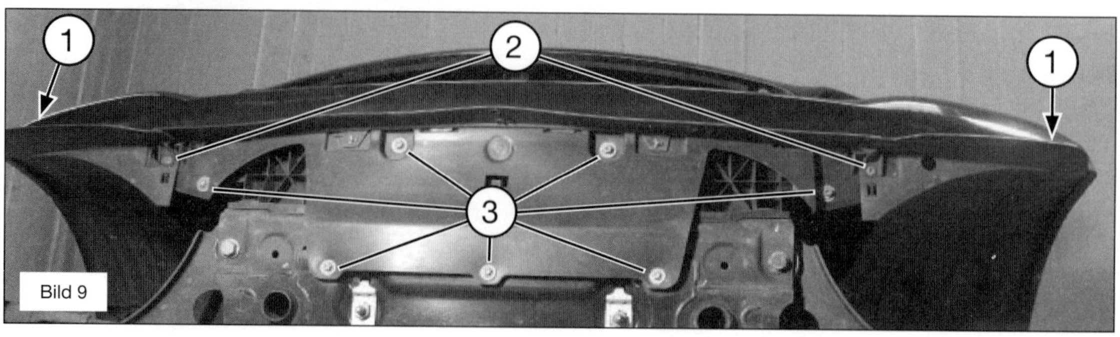

Bild 9

■ Drehen Sie die vier Schrauben (2 im Bild 6) heraus und nehmen Sie die Haube (3) ab.
■ Drehen Sie die Schrauben (1) heraus.
■ Drehen Sie die Maschinenschrauben (4 im Bildern 7 und 8) im Radkasten heraus.
■ Drehen Sie die Schrauben (1, 2 und 3 im Bild 9) heraus.
■ Öffnen Sie den Deckel im rechten vorderen Radhaus.
■ Ziehen Sie den Zentralstecker (1 im Bild 10) für den Stoßfänger vorne auseinander.
■ Ziehen Sie den Stoßfänger links und rechts aus den Rastnasen (3 im Bild 11) im Bereich des Kotflügels heraus.
■ Nehmen Sie den Stoßfänger mit einem Helfer nach vorne ab.
■ Drehen Sie die Schrauben (1 im Bild 12) und nehmen Sie den Scheinwerfer (2) ab.
■ Ziehen Sie den elektrischen Anschluss der Frontscheinwerfer ab.
■ Nehmen Sie den Scheinwerfer (2) ab.

Die Montage erfolgt sinngemäß in umgekehrter Reihenfolge.
■ Einstellung der Leuchteinheit vorn überprüfen und wenn erforderlich richtig einstellen (siehe Seite 177).

Leuchtmittel im Scheinwerfer wechseln

Standlichtlampe

Die Standlichtlampe ist eine LED-Leuchte die im Scheinwerfer integriert ist. Eine Instandsetzung oder der Wechsel einzelner LEDs ist nicht vorgesehen. Bei Ausfall muss der Scheinwerfer ersetzt werden.

Glühlampe für Abblendlicht und Fernlicht (H4 12V 55/60W)

Der Zugang zur Lampe erfolgt über den Raum unter der Serviceklappe (Fronthaube) auf der entsprechenden Seite.
■ Schalten Sie die Beleuchtung des Fahrzeuges aus.
■ Schalten Sie die Zündung aus.
■ Öffnen Sie die Wartungsklappe (Haube) vorne.
■ Ziehen Sie den Deckel auf der Rückseite des Scheinwerfergehäuses (3 im Bild 13) ab.

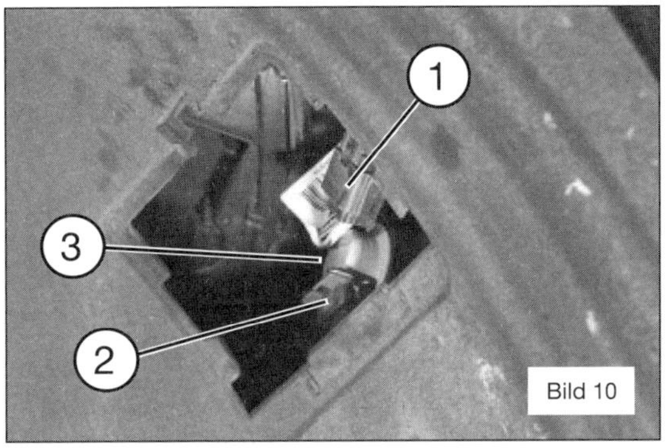

Bild 10

Bild 10
Öffnung im Radhaus (Innenkotflügel) vorne rechts:
1 Zentralstecker
2 Steckkontakt
3 Lampenfassung Blinkleuchte

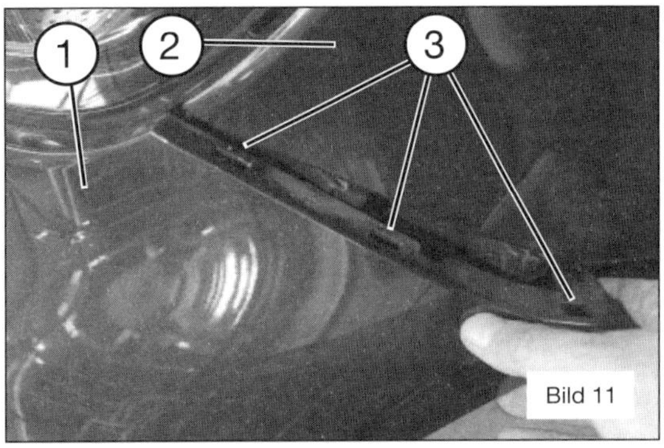

Bild 11

Bild 11
Stoßfänger seitlich abziehen:
1 Stoßfänger vorne
2 Kotflügel
3 Position der Rastnasen

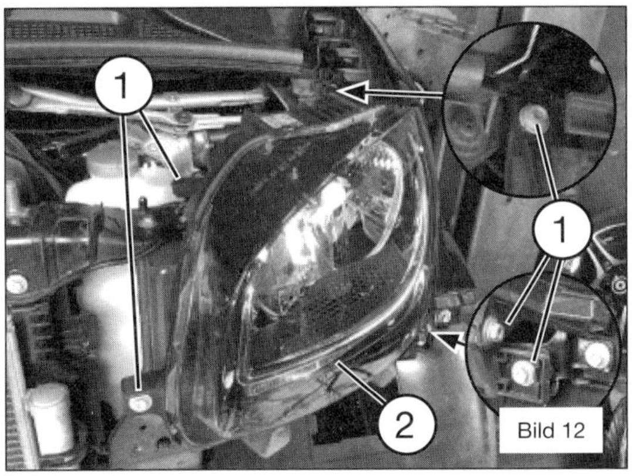

Bild 12

Bild 12
Befestigung Scheinwerfer vorne:
1 Schrauben
2 Scheinwerfer

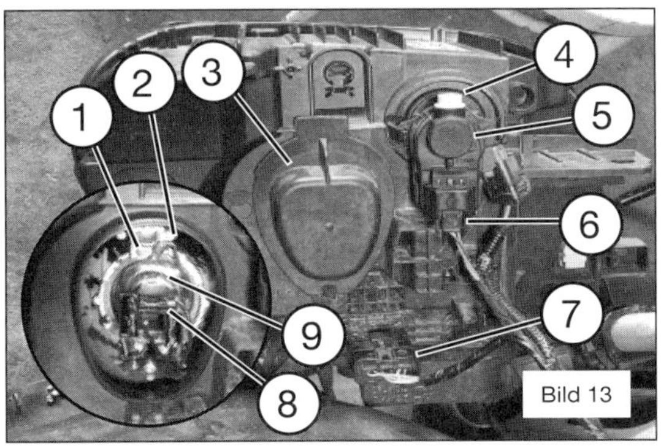

Bild 13

Bild 13
Scheinwerferrückseite:
1 Rastnase
2 Federbügel
3 Deckel
4 Höheneinstellung
5 Leuchtweiteneinsteller
6 Anschlussstecker Leuchtweitensteller
7 Anschlussstecker Licht
8 Anschlussstecker Glühlampe
9 Glühlampe

■ Ziehen Sie den Steckkontakt zur Glühlampe (8) gerade von der Glühlampe (9) ab.
■ Rasten Sie den Federbügel (2) aus und nehmen Sie die Glühlampe heraus.

Beim Einbau einer Lampe nicht den Glaskolben berühren. Die Finger hinterlassen Fettspuren auf dem Glaskol-

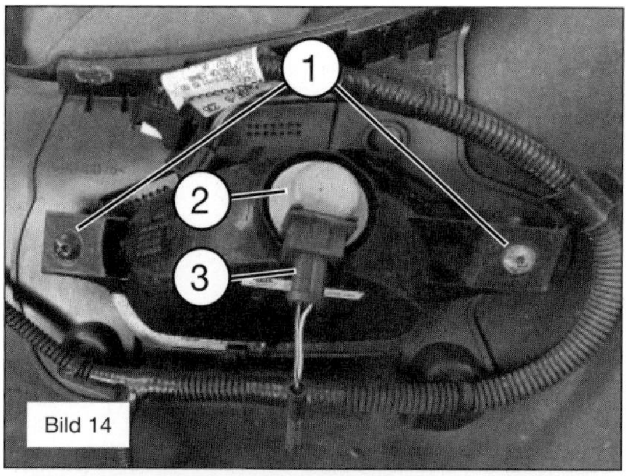

Bild 14

Bild 14
Blinkleuchte im Stoßfänger vorne:
1 Schrauben
2 Fassung mit Glühlampe
3 Steckkontakt

Bild 15

Bild 15
Der Zugang zum Nebelscheinwerfer im Stoßfänger vorne ist auch durch Lösen der Radhausschale unten möglich.

ben, die beim Einschalten der Lampe verdampfen und den Glaskolben trüben.
■ Setzen Sie die Glühlampe in die Aussparungen in der Fassung ein.

Die Montage erfolgt sinngemäß in umgekehrter Reihenfolge.
■ Prüfen Sie die Funktion der Lampe nach der Montage.
■ Kontrollieren Sie den Sitz des Gummischutzes auf dem Scheinwerfergehäuse.

Blinkleuchten vorne

Blinkleuchte im Stoßfänger vorne aus- und einbauen
■ Demontieren Sie den Stoßfänger vorne, wie bereits für die Scheinwerfermontage auf Seite 175 bereits beschrieben.
■ Entsichern Sie den Steckkontakt (3 im Bild 14) und ziehen Sie ihn ab.
■ Drehen Sie die beiden Schrauben (1) heraus.
■ Nehmen Sie die Blinkleuchte ab.

Die Montage erfolgt sinngemäß in umgekehrter Reihenfolge.
■ Prüfen Sie die Funktion der Lampe nach der Montage.

Blinker(glüh)lampe im Stoßfänger vorne wechseln (PY21W)
Der Zugang zur Lampe erfolgt über den Deckel im Innenkotflügel des Radhauses auf der entsprechenden Seite.
■ Öffnen Sie die Abdeckung im Radhaus auf der entsprechenden Seite (Bild 10).
■ Drehen Sie die Lampenfassung etwa eine Viertel-Umdrehung gegen den Uhrzeigersinn.
■ Nehmen Sie die Lampe zusammen mit dem Lampenhalter heraus.
■ Drehen Sie die Glühlampe etwa eine Viertel-Umdrehung gegen den Uhrzeigersinn.
■ Nehmen Sie die Glühlampe aus dem Lampenhalter heraus.

Die Montage erfolgt sinngemäß in umgekehrter Reihenfolge.
■ Prüfen Sie die Funktion der Lampe nach der Montage.

Nebelscheinwerfer vorne

Die Nebelscheinwerfer sind im Stoßfänger eingebaut und auch im eingebauten Zustand von hinten zugänglich. Mit etwas Geschick lässt sich auch der Scheinwerfer komplett von hinten demontieren.

Nebelscheinwerfer aus- und einbauen
■ Schalten Sie die Zündung und alle elektrischen Verbraucher aus.
■ Ziehen Sie den Zündschlüssel ab.
■ Lösen Sie die Verschraubungen der Radhausverkleidung an der vorderen Stoßfängerverkleidung und ziehen Sie sie wie im Bild 15 gezeigt etwas zurück.
■ Entsichern Sie den Steckkontakt der Lampenfassung (4) und ziehen Sie ihn ab.
■ Drehen Sie die Schrauben (1 im Bild 14) heraus.
■ Nehmen Sie den Nebelscheinwerfer komplett nach unten heraus.

Die Montage erfolgt sinngemäß in umgekehrter Reihenfolge.
■ Prüfen Sie die Funktion der Lampe nach der Montage.

■ Prüfen Sie die Höheneinstellung der Lampe.

Leuchtmittel wechseln (H7)
■ Schalten Sie die Beleuchtung des Fahrzeuges und die Zündung aus.
■ Lösen Sie die Verschraubungen der Radhausverkleidung an der vorderen Stoßfängerverkleidung und ziehen Sie sie wie im Bild 16 gezeigt etwas zurück.
■ Entsichern Sie den Steckkontakt der Lampenfassung (4) und ziehen Sie ihn ab.
■ Drehen Sie die Lampenfassung etwa eine Viertel-Umdrehung gegen den Uhrzeigersinn.
■ Nehmen Sie die Lampe zusammen mit dem Lampenhalter heraus.
■ Ziehen Sie die Glühlampe aus dem Lampenhalter heraus.

⚠ Beim Einbau einer Lampe nicht den Glaskolben berühren. Die Finger hinterlassen Fettspuren auf dem Glaskolben, die beim Einschalten der Lampe verdampfen und den Glaskolben trüben.

Die Montage erfolgt sinngemäß in umgekehrter Reihenfolge.
■ Prüfen Sie die Funktion der Lampe nach der Montage.
■ Prüfen Sie die Höheneinstellung der Lampe.

Tagfahrlicht im Stoßfänger

☞ Das Tagfahrlicht ist als LED für Standlicht und Tagfahrlicht im Scheinwerfer integriert. Eine Instandsetzung oder der Wechsel einzelner LEDs ist nicht vorgesehen. Bei Ausfall muss der Scheinwerfer ersetzt werden.

Scheinwerfer einstellen

Voraussetzungen
■ Der Reifendruck muss in Ordnung sein. Die Scheinwerferscheiben dürfen weder beschädigt noch verschmutzt sein.
■ Reflektoren und Glühlampen sind intakt.
■ Die Fahrzeugbelastung muss hergestellt sein.
■ Das Fahrzeug muss einige Meter gerollt bzw. vorn und hinten mehrmals durchgefedert werden, damit sich die Federn setzen. Das Fahrzeug und Scheinwerfer-Einstellgerät müssen auf einer ebenen Fläche stehen, eingestellt und ausgerichtet sein.
■ Scheinwerferhöhenverstellung prüfen, indem die maximale Stufe eingestellt und dabei das Licht der Scheinwerfer beobachtet wird.
■ Anschließend das Rändelrad für die Leuchtweitenregelung, falls vorhanden, in Position »0« stellen.

Einstellung Scheinwerfer (Abblendlicht)

☞ Das Fahrzeug muss sich im fahrbereiten Zustand befinden (Leermasse, Kraftstoffbehälter voll oder entsprechendes Zusatzgewicht).

■ Die Vorderräder müssen in Geradeausstellung stehen.
■ Reifendruck prüfen und richtigstellen.
■ Fahrersitz mit 75 kg oder einer Person belasten und Leuchtweitenregulierung auf »0« stellen (manuelle Einstellung innen).
■ Motorhaube öffnen.
■ Scheinwerfer-Einstellgerät zum Fahrzeug ausrichten und Höheneinstellung nach Mitte

Bild 16

Bild 16
Nebelscheinwerfer im Stoßfänger vorne:
1 Schrauben
2 Nebelscheinwerfer
3 Fassung mit Glühlampe
4 Steckkontakt

Bild 17

Bild 17
Scheinwerfereinstellung:
1 Einsteller seitlich
2 Schlüssel SW 9
3 Einsteller Höhenlage
4 Scheinwerfergehäuse

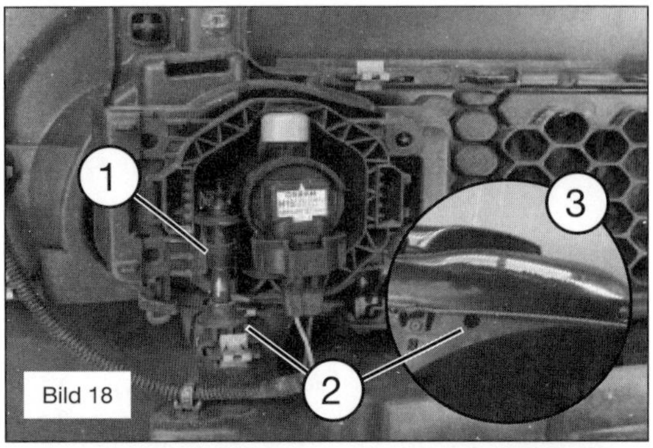

Bild 18
Einstellung Nebelscheinwerfer:
1 Einstellschraube (Ansicht von hinten)
2 Zugangsbohrung von unten
3 Bohrung in der Verkleidung von unten

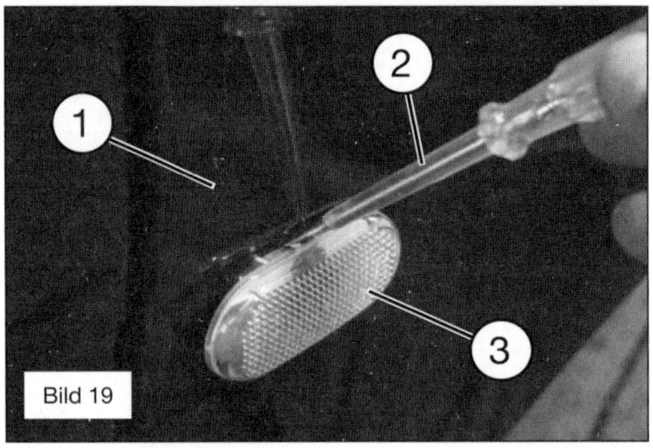

Bild 19
Ausbau Seitenblinkleuchte:
1 Kotflügel
2 Schraubendreher
3 Blinkleuchte

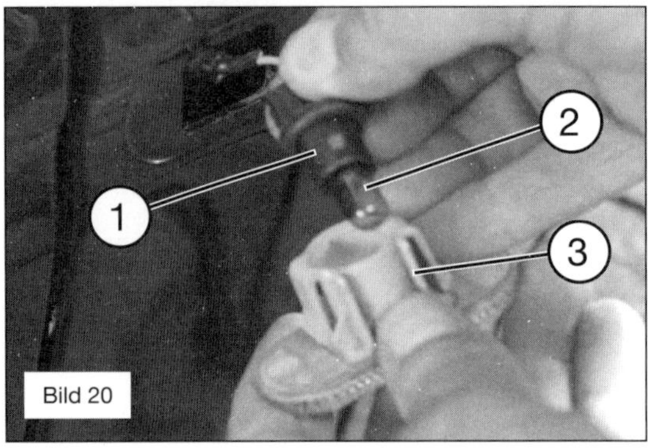

Bild 20
Ausbau Glühlampe der Seitenblinkleuchte:
1 Fassung
2 Glühlampe (WY5W)
3 Blinkleuchte

der Scheinwerfer vornehmen.

■ Fernlicht und Abblendlicht einschalten, dann die Lichteinstellung der beiden Leuchten prüfen und soweit erforderlich die Einstellung korrigieren.

Einstellung Nebelscheinwerfer

☞ Der Zugang zu der Einstellschraube ist über eine Bohrung (3 im Bild 18) in der Radhausverkleidung/Spoiler möglich. Für die Verstellung ist meistens ein 5-mm-Innensechskantschlüssel erforderlich.

☞ Das Neigungsmaß für Nebelscheinwerfer beträgt 2,0%.

■ Drehen Sie zum Verstellen der Leuchtweite die Einstellschraube (1).

■ Eine Seitenverstellung ist nicht vorgesehen.

Seitenblinkleuchte

Seitenblinkleuchte ausbauen

■ Schalten Sie die Zündung und alle elektrischen Verbraucher aus.

■ Ziehen Sie den Zündschlüssel ab.

■ Clipsen Sie die Seitenblinkleuchte (3 im bild 19) gegen die Haltefedern aus dem Kotflügel aus (1).

■ Die Einbaurichtung können Sie am Blinkerglas erkennen.

■ Nehmen Sie das Blinkleuchtengehäuse (3) aus dem Kotflügel (1) so weit heraus, bis die Fassung (1 im Bild 20) zugänglich ist.

■ Fassung (1) um 90° gegen den Uhrzeigersinn drehen und aus der Zusatzblinkleuchte herausnehmen.

■ Nehmen Sie die Seitenblinkleuchte ab.

Die Montage erfolgt sinngemäß in umgekehrter Reihenfolge.

■ Achten Sie darauf, dass die Blinkleuchte sicher einrastet.

■ Prüfen Sie die Funktion der Lampe nach der Montage.

Glühlampe ausbauen

■ Bauen Sie die Blinkleuchte wie beschrieben aus dem Kotflügel aus.

■ Drehen Sie die Fassung etwa 45° gegen den Uhrzeigersinn und nehmen Sie sie heraus.

■ Lampe gerade aus der Fassung herausziehen.

Die Montage erfolgt sinngemäß in umgekehrter Reihenfolge.

■ Prüfen Sie die Funktion der Lampe nach der Montage.

⚠ Berühren Sie beim Einbau einer Lampe nicht den Glaskolben. Ihre Finger hinterlassen Fettspuren auf dem Glaskolben, die beim Einschalten der Lampe verdampfen und den Glaskolben trüben.

Heckleuchten

Rückleuchte ausbauen

Die Rückleuchte besteht aus der Rückleuchte, dem Lampenrahmen und dem

Lampenträger. Es sind unterschiedliche optische Ausführungen und auch LED-Rückleuchten lieferbar. Die Montagearbeiten unterscheiden sich für die unterschiedlichen Bautypen nicht wesentlich.

- Schalten Sie die Zündung und alle elektrischen Verbraucher aus.
- Ziehen Sie den Zündschlüssel ab.
- Öffnen Sie den Kofferraumdeckel.
- Drehen Sie die beiden Schrauben seitlich im Rücklicht heraus.
- Ziehen Sie die Heckleuchte aus ihren Haltepunkten (4 im Bild 21) außen an der Karosserie und nehmen Sie sie ab.
- Nehmen Sie die Rückleuchte aus der Karosserie heraus.
- Entsichern Sie den Stecker und ziehen Sie den elektrischen Anschluss auf der Rückseite der Rückleuchte ab.

Die Montage erfolgt sinngemäß in umgekehrter Reihenfolge.

- Prüfen Sie die Funktion der Glühlampen.

Lampen der Rückleuchte ausbauen

⚠ Berühren Sie beim Einbau einer Lampe nicht den Glaskolben. Ihre Finger hinterlassen Fettspuren auf dem Glaskolben, die beim Einschalten der Lampe verdampfen und den Glaskolben trüben.

- Bauen Sie die entsprechende Rückleuchteneinheit wie beschrieben aus.
- Drücken Sie gegen die Halteklammern (3 im Bild 22) und rasten Sie den Lampenträger von der Rückleuchte aus.
- Drücken Sie leicht auf die entsprechende Glühlampe und drehen Sie sie im Lampenträger gegen den Uhrzeigersinn etwa eine Viertel-Umdrehung.
- Nehmen Sie die Glühlampe heraus.

Funktion	Glühlampe
Bremslicht/Fahrlicht	P21/5W
Blinklampe	PY21W
Nebellampe	P21W
Rückfahrleuchte	W16W

Die Montage erfolgt sinngemäß in umgekehrter Reihenfolge.

- Prüfen Sie die Funktion der Lampe nach der Montage.

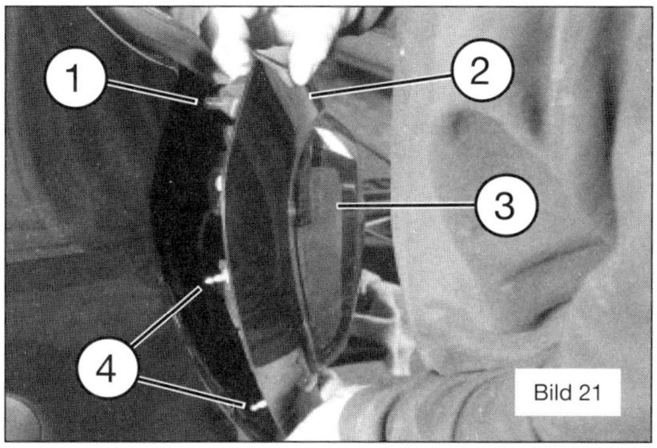

Bild 21

Bild 21
Rückleuchte im Seitenteil:
1 Führungsstift
2 Leuchtenrahmen
3 Rückleuchte
4 Rasten außen

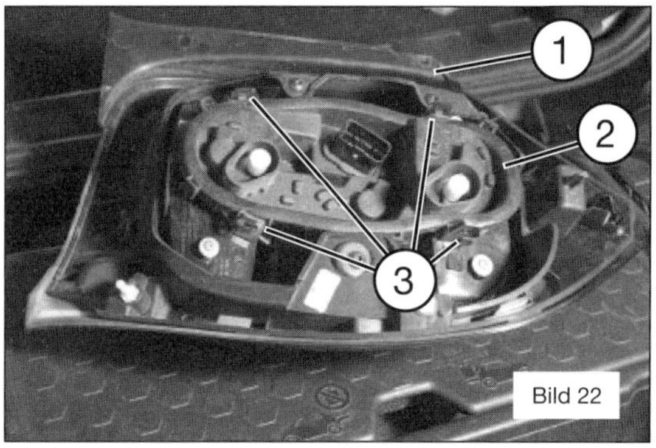

Bild 22

Bild 22
Lampenträger in der Rückleuchte:
1 Lampenrahmen
2 Lampenträger
3 Rasten des Lampenträgers in der Rückleuchte

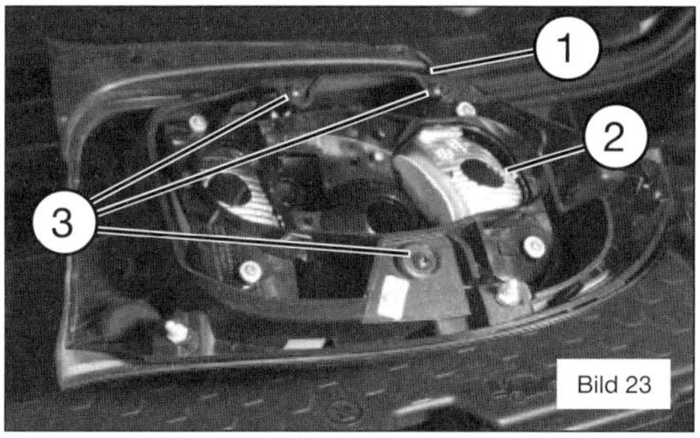

Bild 23

Bild 23
Rückleuchte im Leuchtenrahmen:
1 Lampenrahmen
2 Rückleuchte
3 Schrauben

- Achten Sie darauf, dass der Lampenträger richtig in der Rückleuchte einrastet.
- Achten Sie darauf, dass die Rücklampe richtig in der Karosserie einrastet.

LED-Rückleuchten

☞ Im Rahmen eines Facelifts wurden auch Rückleuchten mit LED-Technik verbaut. Eine Instandsetzung oder der Wechsel einzelner LEDs ist nicht vorgesehen. Bei Ausfall muss die Rückleuchte ersetzt werden.

☞ Werden LED-Rückleuchten nachgerüstet, müssen Vorwiderstände verbaut werden. LEDs haben einen zu geringen Eigenwiderstand. Über die nachgerüsteten Widerstände erfasst das Bordnetzsteuergerät die LED-Leuchten wie eine Glühlampe.

Rücklampe aus dem Lampenrahmen ausbauen

Die Demontage kann für Lackierarbeiten am Lampenrahmen oder zum Wechsel der Rückleuchte erforderlich sein.

- Bauen Sie die Rückleuchte wie bereits beschrieben aus.
- Drehen Sie die Schrauben (3 im Bild 23) auf der Rückseite heraus.
- Nehmen Sie den Lampenrahmen von der Rückleuchte ab.

Die Montage erfolgt sinngemäß in umgekehrter Reihenfolge.

- Prüfen Sie die Funktion der Lampe nach der Montage.

Kennzeichenleuchte

Lampenträger ausbauen

Der Lampenträger der Kennzeichenleuchte ist in einen Rahmen eingeclipst, der wiederum in die Heckklappe eingeclipst ist.

- Schalten Sie die Zündung und alle elektrischen Verbraucher aus.
- Ziehen Sie den Zündschlüssel ab.
- Hebeln Sie mit einem Schraubendreher im Bereich (2 im Bild 24) den Lampenträger aus dem Halterahmen heraus.

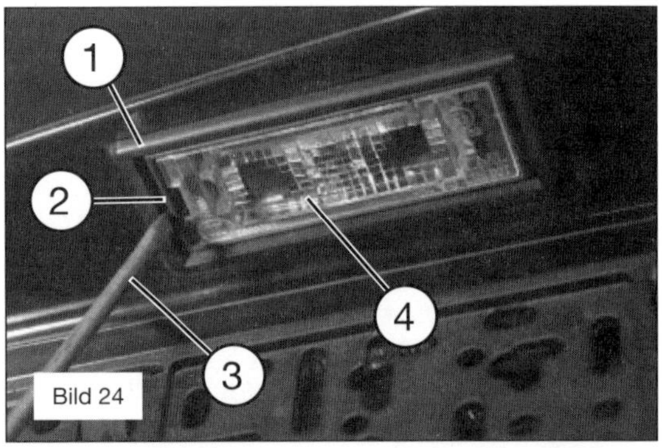

Bild 24 Kennzeichenleuchte in der Heckklappe: 1 Halterahmen 2 Position der Raste des Lampenträgers im Rahmen 3 Schraubendreher 4 Lampenträger mit Lampenglas

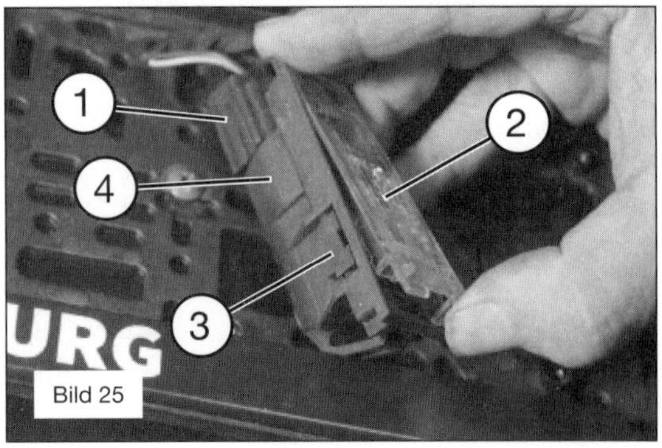

Bild 25 Lampenglas im Lampenträger: 1 Steckkontakt 2 Lampenglas 3 Raste Lampenglas 4 Lampenträger

- Entsichern Sie den Steckkontakt (1 im Bild 25) und ziehen Sie den Stecker ab.

Die Montage erfolgt sinngemäß in umgekehrter Reihenfolge.

- Prüfen Sie die Funktion der Lampe nach der Montage.
- Achten Sie darauf, dass die Leuchte richtig in der Heckklappe einrastet.

Lampe Kennzeichenleuchte ausbauen

⚠ Lampenträger und Heckklappengriff sind aus Kunststoff (ABS) gefertigt. Die thermische Belastung und die Verformung kann die Heckklappe und Kennzeichenleuchte beschädigen. Verwenden Sie niemals leistungsstärkere Leuchtmittel. Achten Sie bei der Verwendung von LED-Leuchten auf die abgegebene Wärme.

- Schalten Sie die Beleuchtung des Fahrzeuges und die Zündung aus.

Bauen Sie den Lampenträger der Kennzeichenleuchte wie beschrieben aus.

- Entsichern Sie die Raste für das Lampenglas (3 im Bild 24) und hebeln Sie es vorsichtig heraus.
- Ziehen Sie die Glühlampe gerade aus dem Lampenträger heraus.

Die Montage erfolgt sinngemäß in umgekehrter Reihenfolge.

- Prüfen Sie die Funktion der Lampe nach der Montage.
- Achten Sie darauf, dass die Leuchte hörbar einrastet.

LED-Kennzeichenleuchte umbauen

⚠ Lampenträger und Heckklappengriff sind aus Kunststoff (ABS) gefertigt. Die thermische Belastung und die Verformung kann die Heckklappe und Kennzeichenleuchte beschädigen. Verwenden Sie niemals leistungsstärkere Leuchtmittel. Achten Sie bei der Verwendung von LED-Leuchten auf die abgegebene Wärme.

☞ Achten Sie darauf, LED-Kennzeichenleuchten mit EG-Prüfzeichen zu verbauen. Es muss ein Messwiderstand verbaut werden. Nur so kann das Bordnetzsteuergerät erkennen, dass eine Lampe verbaut ist und setzt keine Fehlermeldung ab.

■ Bauen Sie, wie bereits beschrieben, die Lampen der Kennzeichenleuchte aus. Die Lampengläser werden meist zusammen mit den (Glüh)Lampen ersetzt.
■ Kontrollieren Sie den Zustand der Kontakte für die Lampen.

Die Montage erfolgt sinngemäß in umgekehrter Reihenfolge.
■ Setzen Sie die LED-Lampe mit der Streuscheibe ein.

Tipp: Bei LED-Lampen mit externem Widerstand muss dieser in der Lampe verstaut werden.

■ Achten Sie darauf, dass die Streuscheibe richtig einrastet.
■ Prüfen Sie die Funktion der Lampe nach der Montage.

3. Bremsleuchte aus- und einbauen

Die Montagearbeiten unterscheiden sich für beide Karosserievarianten kaum. Wie stellen Ihnen die Montagearbeiten am Dachspoiler des Cabrios vor.

Dritte Bremsleuchte Heckklappe

Tipp: Die Bremsleuchte ist eine LED-Leuchteneinheit. Es sind keine Reparaturen an der Leuchte vorgesehen.

Tipp: Sonderfall LED-Lampen: Die Einzel-LEDs (Licht emittierende Dioden) in der hochgesetzten Bremsleuchte sind in Gruppen zu 3 LEDs zusammengefasst und werden gruppenweise mit Strom versorgt. Durch den Ausfall einzelner LEDs werden die intakten LEDs dieser Gruppe höher belastet, weshalb mit einem baldigen Ausfall weiterer LEDs zu rechnen ist.
Ist eine LED-Gruppe (3 Einzel-LEDs) ausgefallen, werden die gesetzlichen Lichtwerte der ECE-Regelung (Economic Commission for Europe) weiterhin erfüllt.
Sind mehr als 3 Einzel-LEDs ausgefallen, werden die gesetzlichen Lichtwerte nicht mehr erfüllt und die Lampe für hochgesetztes Bremslicht ist zu ersetzen.

■ Drehen Sie die Schrauben (2 im Bild 26) heraus und nehmen Sie die Bremsleuchte (3) aus dem Spoiler (1) heraus.

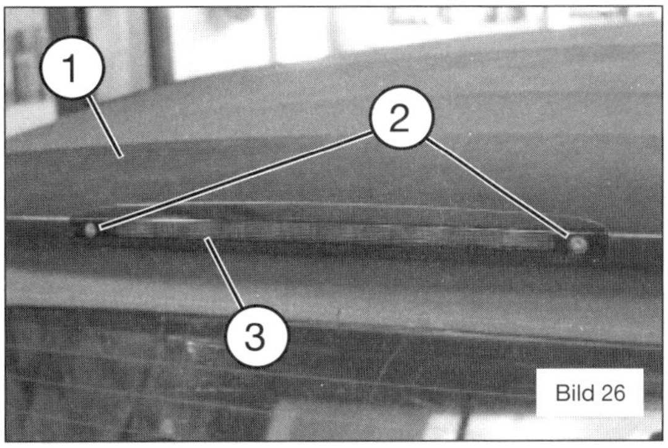

Bild 26
Einbaulage der 3. Bremsleuchte:
1 Dachkantenspoiler
2 Schrauben
3 Bremsleuchte

Bild 27
3. Bremsleuchte ausgebaut:
1 Bremsleuchte
2 Steckkontakt
3 Steckerraste

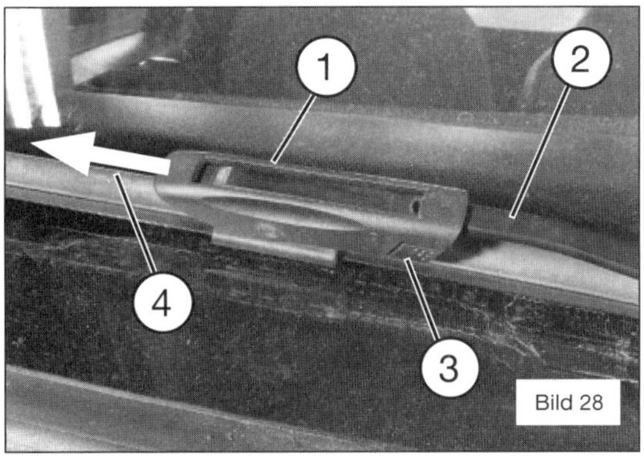

Bild 28
Wischerblatt vorne:
1 Scheibenwischer
2 Wischerarm
3 Rasten
4 Bewegungsrichtung zum Abziehen

■ Entsichern Sie die Steckerraste (3) und ziehen Sie den Steckkontakt ab.
■ Nehmen Sie die Bremsleuchte ab.

Die Montage erfolgt sinngemäß in umgekehrter Reihenfolge.
■ Prüfen Sie die Funktion der Lampe nach der Montage.

Scheibenwischer vorne und hinten

Wischerblattwechsel vorne (Bild 28)

■ Schalten Sie die Zündung aus und ziehen Sie den Zündschlüssel ab.
■ Klappen Sie den Wischerarm (1) hoch.
■ Verrastung (3) am Wischerblatt (2) ausclipsen.

Bild 29
Wischerarm abklappen:
1 Wischerarm Oberteil
2 Bewegungsrichtung zum Kippeln
3 Wischerarm Unterteil

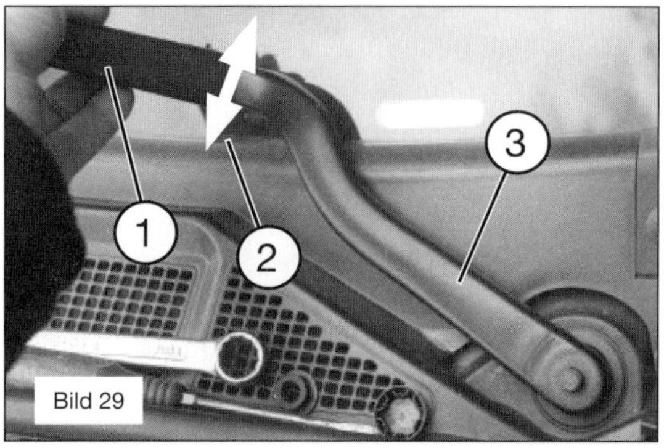

Bild 29

Bild 30
Wischerarm abbauen:
1 Wischerarm
2 Wischerwelle
3 Abdeckkappe
4 Mutter

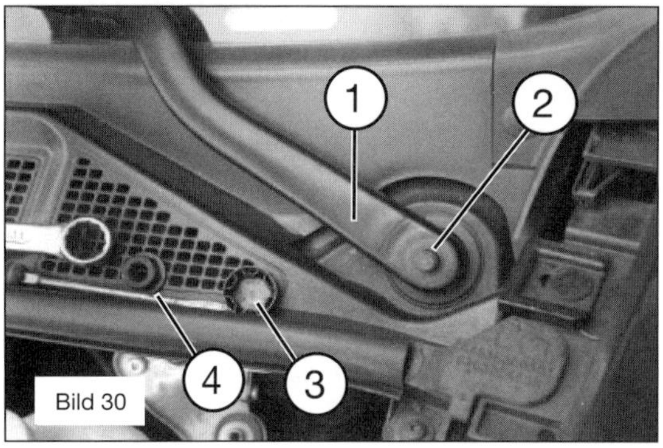

Bild 30

■ Scheibenwischer aus der Führung herausschieben (4) und abnehmen.
■ Klappen Sie den Scheibenwischerarm vorsichtig zurück zur Scheibe und legen ihn auf einem Lappen ab.

Die Montage erfolgt sinngemäß in umgekehrter Reihenfolge.
■ Kontrollieren Sie die Länge der Scheibenwischer genau. Sie müssen auf dem Glas aufsitzen und dürfen weder den Scheibenrahmen noch sich untereinander berühren.

■ Wischerblattaufnahme in den Wischerarm einschieben, bis sie hörbar verrastet.
■ Wischerarm vorsichtig auf die Frontscheibe zurückklappen.

Wischerblatt hinten wechseln

Der Scheibenwischer ist direkt im Wischerarm eingeclipst. Achten Sie darauf, dass der neue Wischer im Wischerarm einrastet. Sollte er zu lose einliegen, wechseln Sie den Wischerarm mit. In diversen Internetplattformen sowie auch im Zubehörhandel lassen sich kostengünstige Sets erwerben.
■ Klappen Sie den Wischerarm (6 im Bild 31) hoch.
■ Klappen Sie das Wischerblatt (5) etwa 45° vom Wischerarm ab.
■ Verrastung am Wischerblatt (5) ausclipsen und Scheibenwischerblatt (3) abnehmen.

Die Montage erfolgt sinngemäß in umgekehrter Reihenfolge.

⚠ Achten Sie auf die Einbaulage des Scheibenwischers. Er muss auf dem Glas aufsitzen und darf den Scheibenrahmen nicht berühren.

Scheibenwischerarm vorne aus- und einbauen

■ Den Wischermotor in Endstellung laufen lassen und die Zündung ausschalten.

Bild 31
Heckwischer beim Coupé:
1 Wischermotor
2 Schrauben
3 Wischerwelle
4 Abdeckung oder Tülle
5 Scheibenwischer
6 Wischerarm
7 Mutter
8 Kappe
9 Waschschlauchanschluss
10 Schraube
11 Verkleidung innen

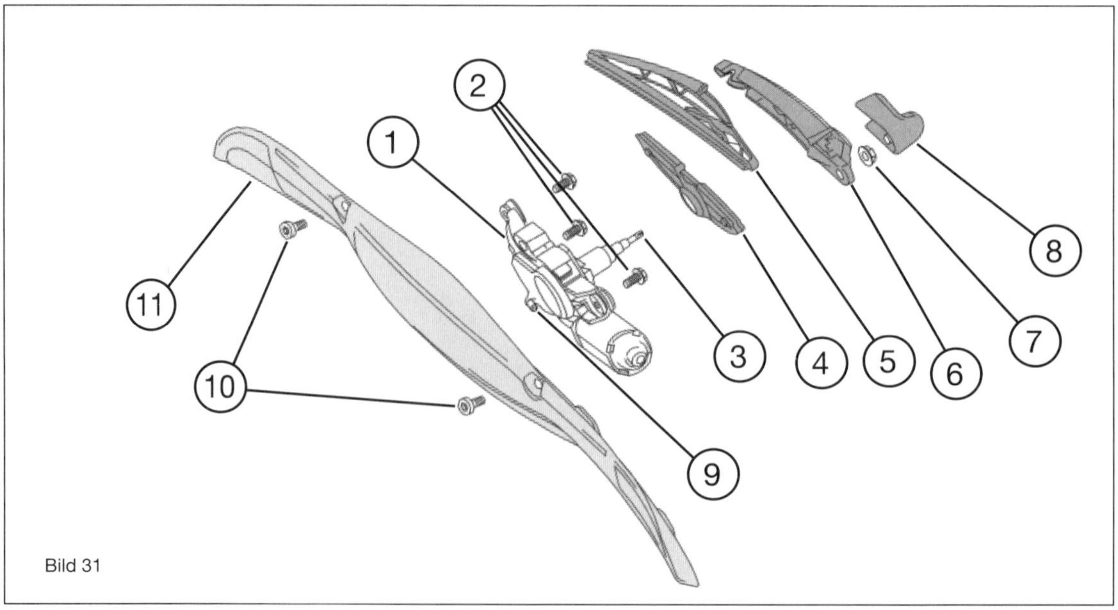

Bild 31

■ Die Wartungsklappe (Haube vorne) öffnen.
■ Abdeckkappe (3 im Bild 30) der Mutter (4) (soweit verbaut) des entsprechenden Wischerarms entfernen.
■ Mutter (4) am Wischerarm (1) abschrauben.

Demontage mit einem Abzieher:
■ Abzieher auf der Wischerarmwelle positionieren und den Wischerarm mit Abzieher lösen.
■ Den Abzieher abnehmen.

Demontage durch Kippeln (Bild 29):
■ Klappen Sie den Wischerarm ab und kippeln Sie ihn seitlich (2) vorsichtig etwas hin und her. Er löst sich so von der Wischerwelle.
■ Den Wischerarm (2) abnehmen.

Der Einbau erfolgt sinngemäß in umgekehrter Reihenfolge.
■ Richten Sie die Wischerarme vor der Montage (Bild 32) aus.

Bei einigen Frontscheibenausführungen sind auf der rechten Wischerseite Markierungen angebracht, um die richtige Höhenlage einrichten zu können.

Scheibenwischerarm hinten aus- und einbauen

Der Wischerarm ist aus Kunststoff. Er kann im Alter verspröden und dann leicht brechen.
■ Den Wischermotor hinten anlaufen lassen und in Endstellung abschalten.
■ Die Kappe (8 im Bild 31) abziehen.
■ Die Mutter (7) lösen.

Demontage mit einem Abzieher:
■ Abzieher auf der Wischerarmwelle positionieren und den Wischerarm mit Abzieher lösen.
■ Den Abzieher abnehmen.
■ Den Wischerarm abnehmen.

Demontage durch Kippeln:
■ Klappen Sie den Wischerarm ab und kippeln Sie ihn seitlich vorsichtig etwas hin und her. Er löst sich so von der Wischerwelle.
■ Den Wischerarm (2) von der Welle abnehmen.

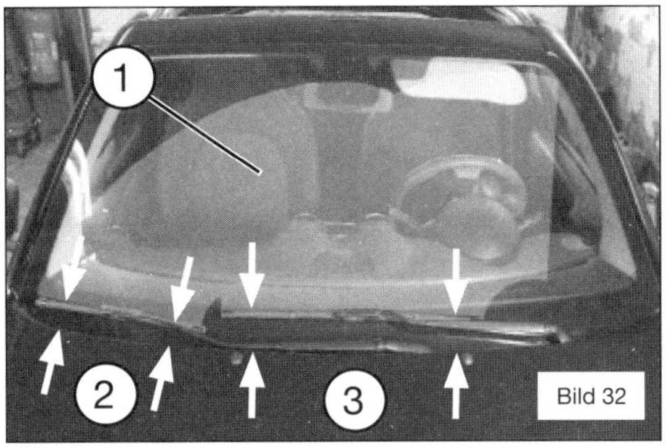

Bild 32

Bild 32
Wischfläche vorne und Lage der Wischerblätter:
1 Wischfläche
2 gleicher Abstand zwischen Haube und Wischer am linken Wischer
3 gleicher Abstand zwischen Haube und Wischer am rechten Wischer

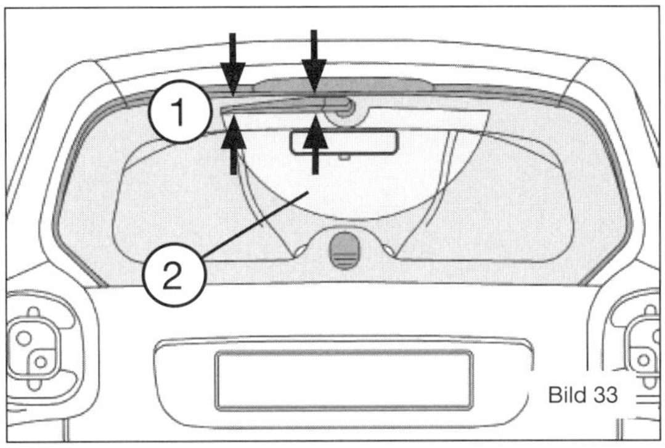

Bild 33

Bild 33
Wischfläche hinten und Lage der Wischerblätter:
1 gleicher Abstand zwischen Glaskante und Wischer
2 Wischfläche

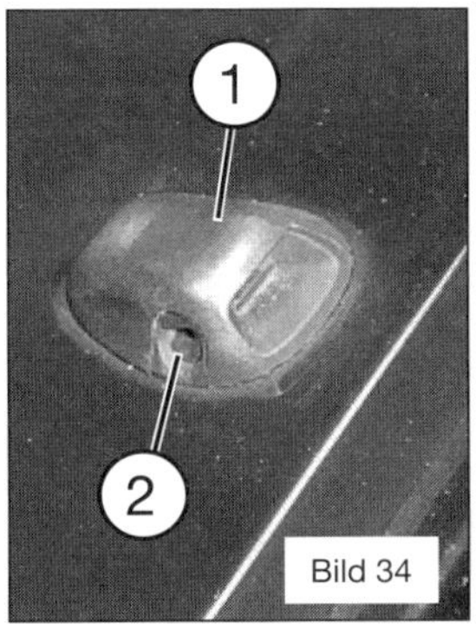

Bild 34

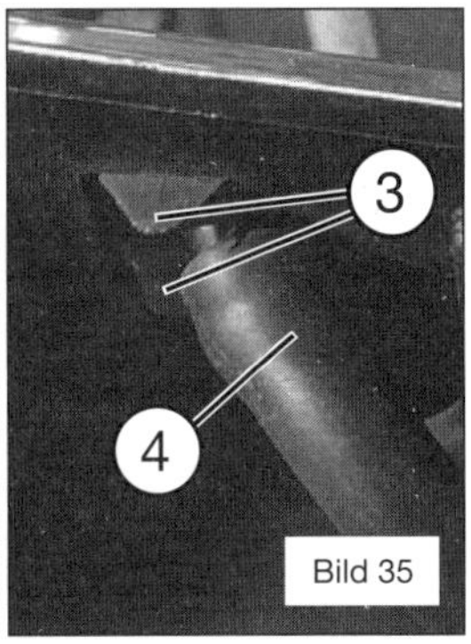

Bild 35

Bilder 34 und 35
Waschdüse vorne:
1 Waschdüse
2 Korrekturschraube
3 Rastnasen
4 Waschschlauch

Der Einbau erfolgt sinngemäß in umgekehrter Reihenfolge.
■ Richten Sie die Wischerarme vor der Montage aus.

Ausrichten hinteren Wischerblätter (Bild 33):
■ Lösen Sie den Wischerarm wie bereits beschrieben.
■ Richten Sie die Scheibenwischer aus.
■ Ziehen Sie die Wischerarme wieder an.

Scheibenwaschdüsen

Scheibenwaschdüsen vorne aus- und einbauen (Bilder 34 und 35)

Die Waschdüse vorne ist eine Fächerdüse. Die Einstellung kann etwas in der Auftreffhöhe korrigiert werden.

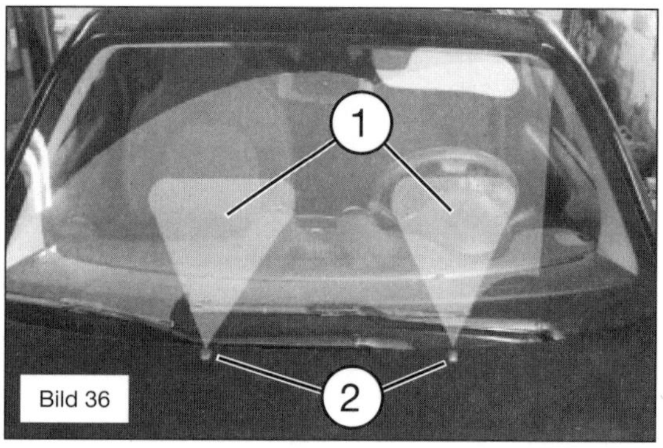

Bild 36
Spritzbereich Frontscheibe:
1 Auftreffbereich
2 Waschdüsen

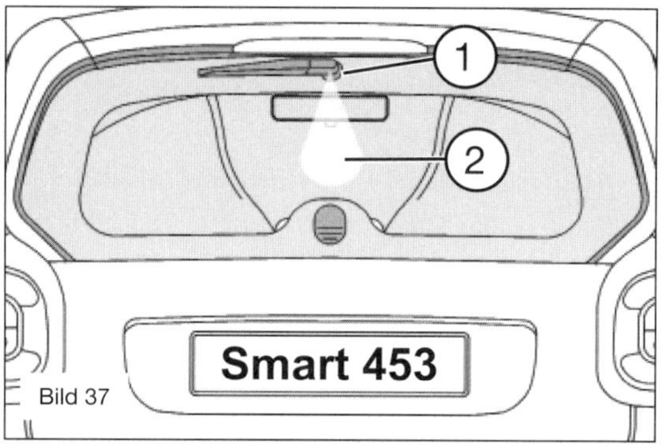

Bild 37
Spritzbereich Heckscheibe:
1 Waschdüse
2 Auftreffbereich

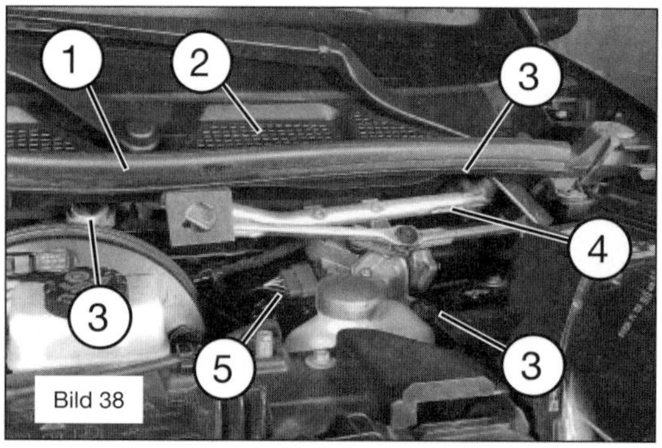

Bild 38
Einbauposition Wischer vorne:
1 Dichtgummi
2 Abdeckung
3 Verschraubung
4 Wischermotor mit Rahmen
5 Anschlussstecker

■ Schalten Sie die Zündung aus.
■ Ziehen Sie den Zündschlüssel ab.
■ Öffnen Sie die Serviceklappe vorne (Fronthaube).
■ Ziehen Sie den Waschschlauch (4 im Bild 35) ab.
■ Drücken Sie die beiden Flügel der Rastnasen (3) zusammen und nehmen Sie die Waschdüse heraus.

Der Einbau erfolgt sinngemäß in umgekehrter Reihenfolge.
■ Stellen Sie die Spritzdüse der Scheibenwaschanlage ein (Bild 36).

Scheibenwaschdüsen vorne ausrichten

Die Waschdüsen sind als Fächerdüsen ausgelegt. Einige Modelle können zumindest in der Höhe ausgerichtet werden (Bild 32). Stimmt der Auftreffbereich nicht mehr und muss erheblich nachgebessert werden, bleibt oftmals nur der Ersatz der Waschdüse gegen eine neue. Wir haben Ihnen in den Bildern 36 und 37 die optimalen Auftreffflächen für die Waschdüsen dargestellt.
■ Stellen Sie die jeweilige Spritzdüse (2 im Bild 36) der Scheibenwaschanlage so ein, dass das Scheibenwasser etwa im mittleren Bereich der Scheibe (1) auftrifft.

Scheibenwaschdüsen hinten aus- und einbauen

Die Spritzdüse für die Heckscheibe ist beim Coupe` im Heckspoiler verbaut.
■ Bauen Sie den Heckspoiler ab.
■ Clipsen Sie die Waschdüse aus dem Heckspoiler vorsichtig aus.
■ Ziehen Sie den Waschschlauch von der Waschdüse ab.

Der Einbau erfolgt sinngemäß in umgekehrter Reihenfolge.
■ Stellen Sie Spritzdüse der Scheibenwaschanlage (1 im Bild 37) so ein, dass das Scheibenwasser etwa im mittleren Bereich der Heckscheibe (2) auftrifft.

Wischermotoren

Ausbau des Wischermotors vorne

■ Öffnen Sie die Serviceklappe vorne (Fronthaube).
■ Bauen Sie die Wischerarme wie bereits beschrieben ab.
■ Bauen Sie die Abdeckung (2 im Bild 38) unter der Frontscheibe aus.
■ Ziehen Sie das Dichtgummi (1) unter der Abdeckung (2) ab.
■ Demontieren Sie den Wasserablauf unter der Abdeckung (2).
■ Ziehen Sie den Anschlussstecker (5) ab.
■ Drehen Sie die Schrauben (3) heraus. Nehmen Sie den Wischermotor mit Rahmen (4) heraus.

Der Einbau erfolgt sinngemäß in umgekehrter Reihenfolge.

⚠ Prüfen Sie die Funktion des Wischermotors und die Endlage nach der

Befestigung der Schrauben (3) und vor der weiteren Montage.

■ Stellen Sie die Wischerarme wie bereits beschrieben ein.

■ Prüfen Sie die Funktion der Wisch- und Waschanlage.

Ausbau des Wischermotors hinten

Der Heckwischer ist ausschließlich bei den geschlossenen Karosserievarianten verbaut.

■ Wischerarm hinten wie bereits beschrieben demontieren.

■ Heckklappe öffnen und die Heckklappenverkleidung oben (11 im Bild 31) demontieren.

■ Elektrische Steckverbindung am Wischermotor der Heckklappe trennen.

■ Waschschlauch am Wischermotor abziehen.

■ Schrauben (2) am Wischermotor der Heckklappe herausschrauben und den Wischermotor (1) abnehmen.

Der Einbau erfolgt sinngemäß in umgekehrter Reihenfolge.

■ Kontrollieren Sie den Zustand der Durchführungstülle durch die Heckscheibe.

■ Prüfen Sie die Funktion der Wisch- und Waschanlage.

Richten Sie die Wischerarme vor der Montage wie schon beschrieben aus.

■ Kontrollieren Sie die Einstellung und die Funktion der Waschdüse.

Scheibenwaschpumpe

■ Öffnen Sie die Serviceklappe vorne (Fronthaube).

■ Drehen Sie die Schraube am Waschbehälter heraus und ziehen Sie ihn nach oben, bis die Waschpumpe (6 im Bild 39) zugänglich ist.

■ Markieren Sie die Einbauposition der Waschschläuche (1) an der Waschpumpe.

■ Ziehen Sie die Schläuche (1) am Waschbehälter (3) ab.

■ Ziehen Sie die Schläuche an der Waschpumpe (6) ab.

■ Fangen Sie das ablaufende Waschmittel auf und entsorgen Sie es fachgerecht.

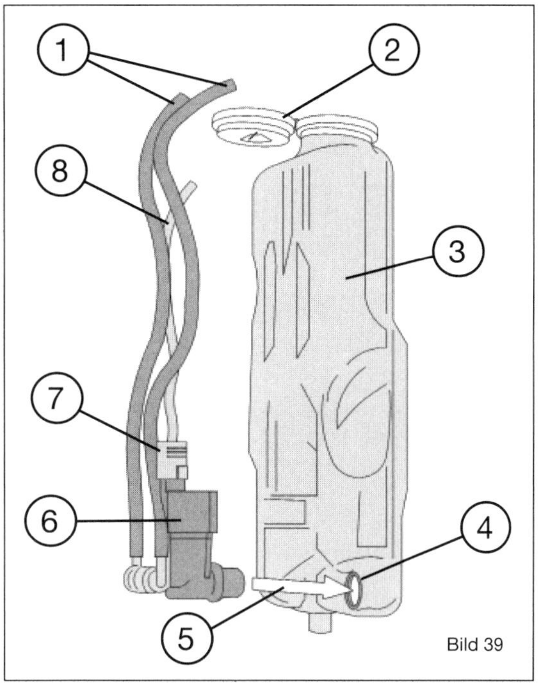

Bild 39
Waschbehälter und Waschpumpe:
1 Schläuche zu den Waschdüsen hinten und vorne
2 Deckel Waschbehälter
3 Waschbehälter
4 Dichtungstülle
5 Einbaurichtung der Waschpumpe im Waschbehälter
6 Waschpumpe
7 Elektrischer Anschluss
8 Anschlusskabel

■ Ziehen Sie den Steckkontakt (7) am Pumpenmotor ab.

■ Nehmen Sie den Waschbehälter zusammen mit Waschmittelpumpe (7) nach oben heraus.

■ Entleeren Sie den Waschmittelbehälter.

■ Ziehen Sie die Waschmittelpumpe (7) aus dem Waschmittelbehälter (3) entgegen der Pfeilrichtung (5) heraus.

■ Nehmen Sie die Waschmittelpumpe ab.

Der Einbau erfolgt sinngemäß in umgekehrter Reihenfolge.

■ Kontrollieren Sie den Zustand der Dichtungstülle (4) im Waschbehälter (3).

■ Prüfen Sie die Funktion der Wisch- und Waschanlage.

Stecker und Rasten

Jedes Bauteil, das an der elektrischen Anlage angeschlossen ist, ist mit einem Kompaktstecker versehen.

■ Die Stecker unterscheiden sich nicht nur durch die Anzahl der Anschlusspole, sondern auch durch die unterschiedlichen Steckerrasten.

■ Oftmals sind diese Stecker nicht als Reparatursatz erhältlich. Ein beschädigter Stecker bedeutet entsprechend viel Reparaturaufwand.

Wir stellen Ihnen im Folgenden die gängigsten Steckerverbindungen und die jeweilige Vorgehensweise zum schadfreien Lösen für Ihren Smart 453 vor.

Drücken Sie den Steckkontakt zum Lösen der Sicherung zusammen. Die Stecker werden durch die innen verbaute Gummidichtung vorgespannt.

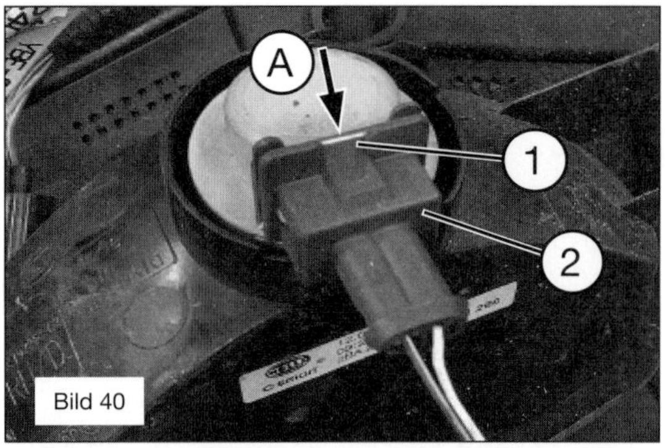

Bild 40

Bild 40
Steckervariante 1:
1 Sicherungsbügel
2 Steckergehäuse
A Betätigungsrichtung

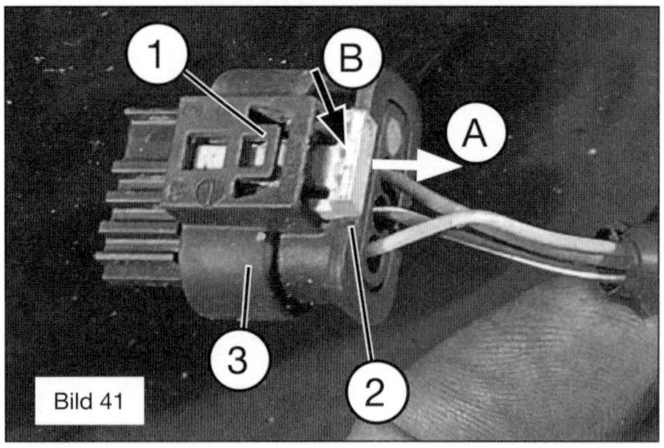

Bild 41

Bild 41
Steckervariante 2:
1 Sicherungsclip
2 Sicherungshebel
3 Steckergehäuse
A Richtung Entsichern
B Richtung zur Betätigung

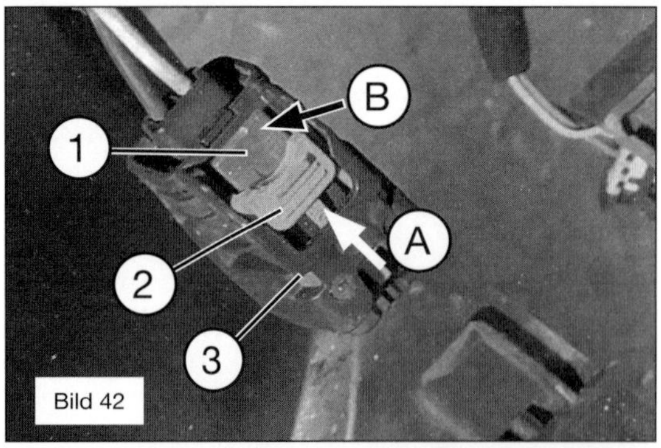

Bild 42

Bild 42
Steckervariante 3:
1 Sicherungsclip
2 Sicherungshebel
3 Steckergehäuse
A Richtung Entsichern
B Richtung zur Betätigung

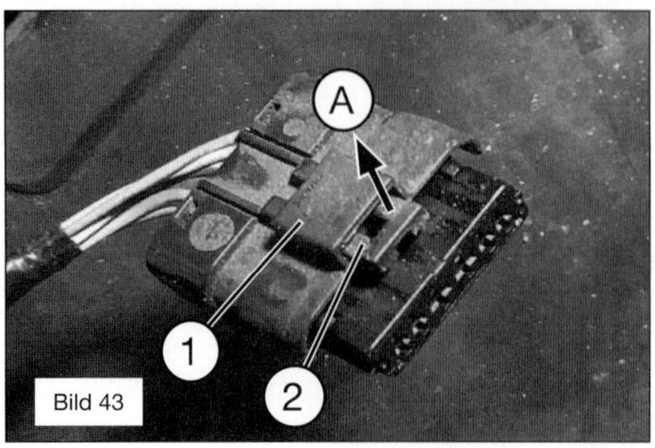

Bild 43

Bild 43
Steckervariante 4:
1 Steckergehäuse
2 Sicherheitshebel
A Richtung entsichern

- Reinigen Sie die Steckkontakte vor der Montage.
- Prüfen Sie den Zustand der Steckerrasten und der Abdichtungen im Stecker.

Steckervariante 1 (Bild 40):

- Drücken (A) Sie die Sicherungsbügel (1) herunter oder nehmen Sie ihn ab.
- Ziehen Sie das Steckergehäuse (2) vom Anschluss ab.

Steckervariante 2 (Bild 41):

- Ziehen Sie (A) den Sicherungshebel (2) heraus. Er rastet hierbei aus dem Sicherungsclip (1) aus.
- Drücken Sie den Sicherungshebel (2) ganz herunter und ziehen Sie gleichzeitig das Steckergehäuse (3) vom Anschluss ab.

Steckervariante 3 (Bild 42):

- Schieben Sie (A) den Sicherungshebel (2) heraus.
- Drücken Sie (B) den Sicherungshebel (2) ganz herunter und ziehen Sie gleichzeitig das Steckergehäuse (3) vom Anschluss ab.

Steckervariante 4 (Bild 43):

- Heben Sie (A) den Sicherungshebel (2) so weit an, dass er über die Nase am Anschluss rutschen kann.
- Ziehen Sie gleichzeitig das Steckergehäuse (1) vom Anschluss ab.

Steckervariante 5 (Bild 44):

- Drücken (A) Sie den Sicherungshebel (2) ganz herunter.
- Ziehen Sie das Steckergehäuse (1) vom Anschluss ab.

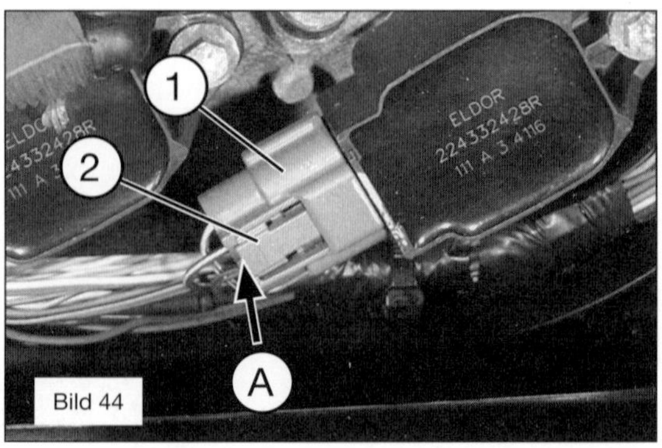

Bild 44

Bild 44
Steckervariante 5:
1 Steckergehäuse
2 Sicherheitshebel
A Richtung Entsichern

15 Stromlaufpläne

Sicherungen und Sicherungshalter

Damit Sie die Elektrik Ihres Autos einfach, zuverlässig und sicher nutzen können, gibt es Schaltstellen, Leitungsstränge und Sicherheitsvorkehrungen.

Prüfen Sie vor jeder Fehlersuche immer die verbauten Sicherungen. Überprüfen Sie auch, ob die Sicherungsbelegung bei Ihrem Fahrzeug identisch ist (siehe Fahrerhandbuch). Herstellerbedingt werden zwar bestimmte Belegungen ausgewählt, diese aber müssen nicht unbedingt Ihrer Variante entsprechen. Schließlich werden oft genug Ausstattungsvarianten ergänzt und erweitert. In den meisten Fällen erkennen Sie schon an der verbauten Sicherungsstärke, um welche Anschlussvariante es sich handelt. Einige wenige Sicherungen sind neben dem Sicherungskasten verbaut. Auch diese werden je nach Belegung in der Fahrzeugbedienungsanleitung beschrieben. Vergessen Sie nicht, dass viele »Kleinsicherungen« durchaus im Sicherungskasten zusätzlich abgesichert sein können! Solche Sicherungen werden auch »Vorsicherung« genannt. Die freien Sicherungsplätze und ihre Schaltfunktionen können sehr hilfreich bei der Erweiterung der Ausrüstung Ihres Smart sein.

Einbaulage

Sicherungen sind nach Steckplätzen nummeriert. Angegeben sind abgesicherter Verbraucher und der Stromstärke-Wert (in A), durch Farbe markiert. Die genaue Sicherungsbelegung ist von der Fahrzeugausstattung abhängig. Wir verweisen auf die aktuellen Belegungslisten in der Fahrzeugbedienungsanleitung.

Sicherungsträger im Motorraum (Bild 1):

■ Im Motorraum hinter der Batterie befindet sich der Sicherungshalter. Er ist mit den Vorsicherungen belegt. Der Sicherungsträger ist mit einer Abdeckung verschlossen, die lediglich nach oben abgezogen werden muss.

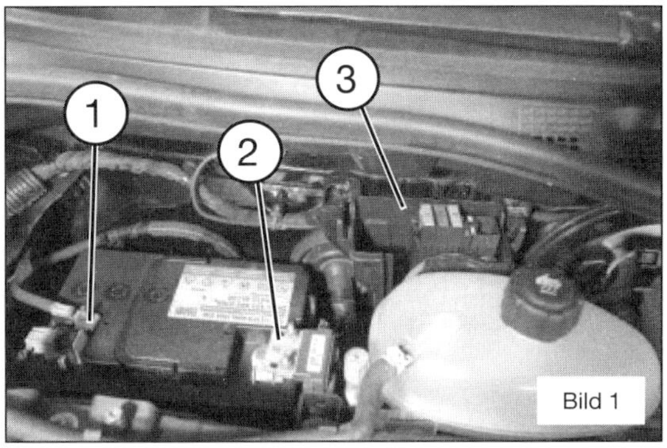

Bild 1

Bild 1
Sicherungskasten und Relaisträger im Motorraum:
1 Batterieminus mit Batteriesensor
2 Batteriepluspol mit Klemmschiene
3 Vorsicherungen an der Spritzwand

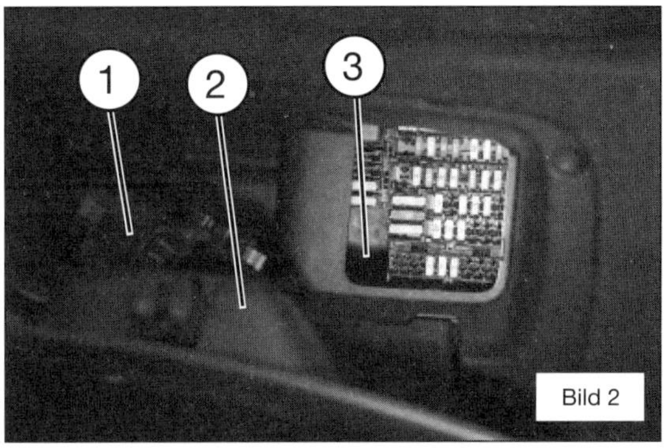

Bild 2

Bild 2
Sicherungskasten im Handschuhfach:
1 Abdeckung
2 Handschuhfachdeckel
3 Sicherungskasten im Handschuhfachkasten

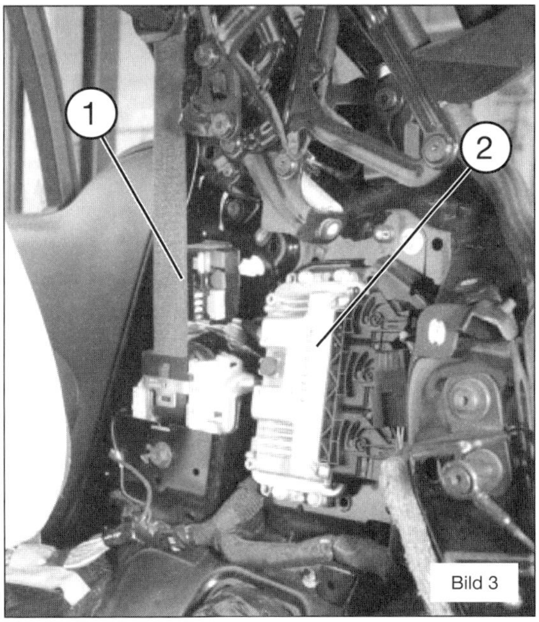

Bild 3

Bild 3
Sicherungskasten und Relaisträger an der B-Säule.
1 Sicherungskasten auf der B-Säule
2 Motorsteuergerät

Sicherungsträger im Handschuhfach (Bild 2):

■ In der Schalttafel rechts (Beifahrerseite) befindet sich der Sicherungshalter. Er ist für die erste Überprüfung bei Störungen der elektrischen Anlage besonders wichtig, weil er die meisten jener Stecksicherungen enthält, die schnell zugänglich sein müssen.

Sicherungsträger an der B-Säule (Bild 2):

■ Unter der Verkleidung auf der rechten B-Säule befindet sich der Sicherungsträger mit Entlastungsrelais (siehe auch Seite 87).

Sicherungen wechseln

⚠ Durchgebrannte Sicherungen müssen durch gleichwertige Sicherungen (erkennbar an Farbe und Ampere-Zahl) ersetzt werden, die auch in der Sicherungsbelegung empfohlen werden.

☞ Wechseln Sie Sicherungen nur im geparkten Fahrzeug.

- Schalten Sie alle Stromverbraucher und die Zündung aus.
- Anhand der Sicherungsbelegung feststellen, welche Sicherung zu dem ausgefallenen Verbraucher gehört.
- Die entsprechende Sicherung herausziehen.
- Die defekte Sicherung durch eine neue mit der gleichen Amperezahl ersetzen.

Kabelfarben und Kabelquerschnitt

Kabelfarbe

Im Schaltplan werden die Informationen über die Kabelfarbe und die Kabelstärke angegeben. Die Farben werden als Kürzel dargestellt. Die Farbangaben, die in Kombination mehrerer Farben bezeichnet werden, stellen Kabelkennzeichnungen mit einer Farblinie dar.
Die Kabelbezeichnung BK/WH ist beispielsweise die Bezeichnung für ein schwarzes Kabel mit einer weißen Linie. Die Grundfarbe des Kabels wird immer zuerst genannt. Wir stellen Ihnen in der nachstehenden Tabelle die gängigsten Farben und Abkürzungen im Schaltplan vor.

Bild 4
Es dürfen maximal zwei Reparaturstellen ausgeführt werden:
1 CAN High
2 CAN Low
3 Reparaturstelle

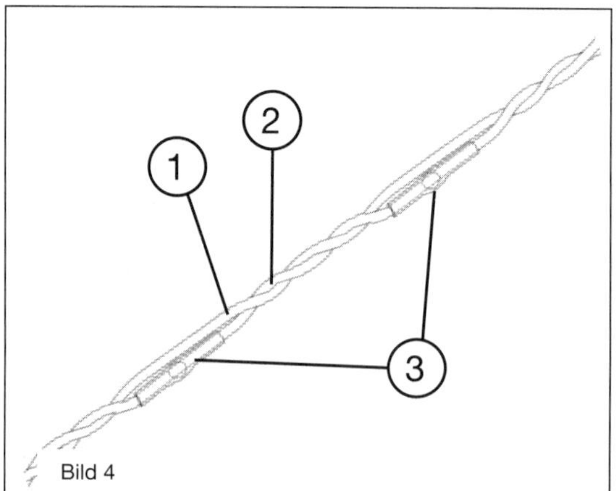

Bild 4

Kürzel	Farbe
BK	Schwarz
BN	Braun
BU	Blau
GN	Grün
GY	Grau
OG	Orange
PK	Rosa
RD	Rot
TR	Transparent
VT	Violett
WH	Weiß
YE	Gelb

Kabelquerschnitt

☞ Auch der Kabel- (Leitungs)Querschnitt ist im Schaltplan angegeben. Er wird durch eine Zahl über der Angabe der Kabelfarbe dargestellt. Beim Suchen der entsprechenden Anschlusskabel kann das die Arbeit sehr erleichtern.

Beispiel: 1,5 YE/BK = 1,5 mm^2, gelbes Kabel, mit schwarzer Kennlinie.

Kabelinstandsetzungsarbeiten

Reparatur von Airbag- und Gurtstrafferleitungen

Das Airbag- und Gurtstraffersystem kann ausfallen. Fehlerhafte Reparaturen am Airbag- und Gurtstrafferleitungsstrang können zur Fehlfunktion des Insassenschutzes führen. Bei Reparaturen am Airbag- und Gurtstrafferleitungsstrang dürfen nur die dafür vorgesehenen Kontakte, Stecker und Leitungen verwendet werden. Leitungen des Airbag- und Gurtstrafferleitungsstrangs dürfen nur mit dem Leitungsstrang-Reparaturset und den Vorgängern repariert werden.

⚠ Bei Reparaturen an Leitungen des Airbag- und Gurtstraffersystems dürfen maximal zwei Reparaturstellen ausgeführt werden. Reparaturstellen erhöhen den elektrischen Widerstand in der Leitung und können Fehler in der Eigendiagnose des Systems auslösen. Bei Reparatu-

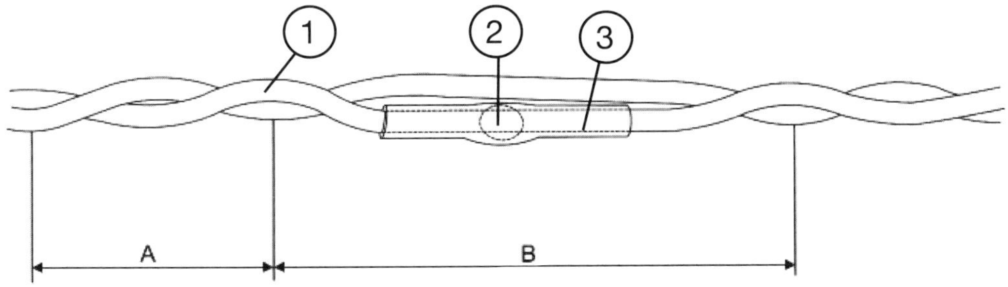

Bild 5

Bild 5
Reparatur CAN-Bus:
1 Leitungen verdrillt
2 Lötstelle (oder Lötverbinder)
3 Isolierung (oder Schrumpfschlauch)
A Verdrillungslänge 20 mm
B maximale gerade 50 mm

ren am Airbag- oder Gurtstrafferleitungsstrang müssen die Quetschverbinder grundsätzlich geschrumpft werden, um Korrosion zu verhindern (Bild 4).

Wickeln Sie die Reparaturstelle nicht wieder in den fahrzeugeigenen Leitungsstrang ein und kennzeichnen Sie die Reparaturstelle gut sichtbar mit gelbem Isolierband. Reparaturen im Bereich von Airbag oder Gurtstraffer sollten maximal 30 cm vom nächsten Kontaktgehäuse entfernt ausgeführt werden. Zusammen mit der Kennzeichnung durch das gelbe Isolierband ermöglicht diese Vorgehensweise einen schnellen Überblick über vorangegangene Reparaturen. Die Leitungen zu den Auslöseeinheiten (Airbags) haben in der Serie die Verdrillung mit der Schlaglänge 20 mm ±5. Diese Schlaglänge ist für die Serienfertigung über Normteilnummern für die Leitungspaare sichergestellt und muss bei den Reparaturlängen der verdrillten Leitungen zwingend eingehalten werden. Bei Reparaturarbeiten müssen die Leitungen zu den Auslöseeinheiten (Airbags) die gleiche Länge aufweisen. Beim Verdrillen der Leitungen (1) und (2) muss die Schlaglänge von A = 20 mm ±5 zwingend eingehalten werden. Es darf dabei kein Leitungsstück, zum Beispiel im Bereich von Quetschverbindern, größer als B = 50 mm ohne Verdrillung der Leitungen entstehen (Bild 5).

Reparaturmöglichkeiten CAN-Bus

Als CAN-Busleitung wird eine ungeschirmte Zweidrahtleitung (1) und (2) mit einem Querschnitt von 0,35 mm² oder 0,5 mm² verwendet.
Die Farbcodierungen der CAN-Busleitungen entnehmen Sie der folgenden Tabelle:

CAN-High-Leitung, SAM Fahrer	Pink/Weiß
CAN-Low-Leitung, SAM Fahrer	Grün/Weiß
CAN-High-Leitung, Abstandswarner	Pink/Weiß
CAN-Low-Leitung, Abstandswarner	Grün/Weiß
CAN-High-Leitung, Audiogateway	Pink/Weiß
CAN-Low-Leitung, Audiogateway	Grün /Weiß
CAN-High-Leitung, Kombiinstrument	Pink /Weiß
CAN-Low-Leitung, Kombiinstrument	Grün /Weiß
CAN-High-Leitung, Kamera	Pink /Weiß
CAN-Low-Leitung, Kamera	Grün /Weiß
CAN-High-Leitung, Diagnosedose	Pink /Weiß
CAN-Low-Leitung, Diagnosedose	Grün /Weiß
CAN-High-Leitung, Motorelektronik	Pink /Weiß
CAN-Low-Leitung, Motorelektronik	Braun /Weiß
CAN-High-Leitung, ESP	Pink /Weiß
CAN-Low-Leitung, ESP	Braun /Weiß
CAN-High-Leitung, Servo	Pink /Weiß
CAN-Low-Leitung, Servo	Braun /Weiß
CAN-High-Leitung, Klima	Pink /Weiß
CAN-Low-Leitung, Klima	Braun /Weiß
CAN-High-Leitung, Telematik	Pink /Weiß
CAN-Low-Leitung, Telematik	Braun /Weiß
CAN-High-Leitung, Airbag	Pink /Weiß
CAN-Low-Leitung, Airbag	Braun /Weiß
CAN-High-Leitung, Verdeck	Grün /Weiß
CAN-Low-Leitung, Verdeck	Blau / Grün
CAN-High-Leitung, DKG	Weiß /Schw.
CAN-Low-Leitung, DKG	Grau/ Schw.

Die Reparatur von CAN-Busleitungen kann sowohl mit Reparaturleitung in passendem Querschnitt als auch mit den gedrillten Leitungen »grün/braun« bzw. »weiß/blau« aus dem Zubehörhandel ausgeführt werden. Bei Reparaturarbeiten (wie im Bild 5) müssen beide Busleitungen die gleiche Länge aufweisen. Beim Verdrillen der Leitungen (1) und (2) muss die Schlag-

Sichtprüfung Messen

Bild 6
Massepunkte am Smart 453:
1 Batterieanschluss Masse
2 Masse Scheinwerfer rechts
3 Masse Scheinwerfer links
4 Masse am ABS / ESP
5 Masse Abschirmung
6 Masse Verbrennungsmotor
7 Masse Getriebe
8 Masse Karosserietunnel
9 Massepunkt Armaturenbrett Rahmen links oben
10 Massepunkt Mittelkonsole
11 Massepunkt Armaturenbrett rechts oben
12 Massepunkt Armaturenbrett links oben
13 Massepunkt 2 Armaturenbrett links oben
14 Massepunkt Verbrennungsmotor 2 an der B-Säule rechts
15 Massepunkt PTC-Zuheizer
16 Massepunkt Rahmen (B-Säule) hinten rechts
17 Massepunkt Mittelkonsole innen rechts

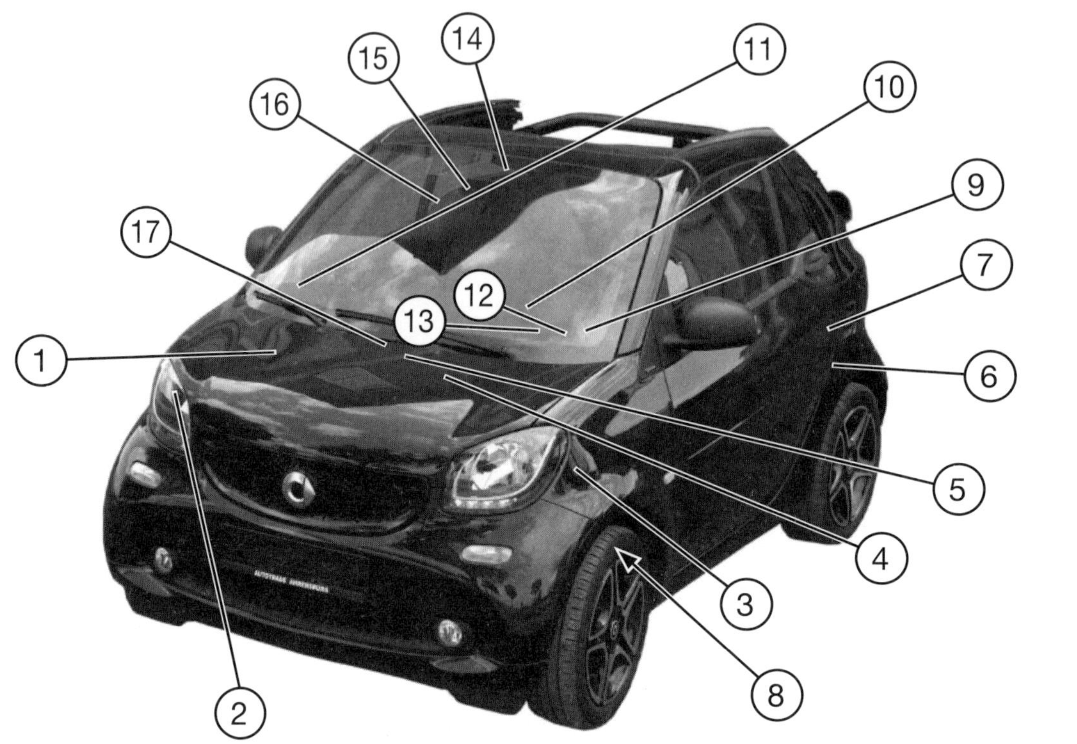

Bild 6

länge von A = 20 mm eingehalten werden. Es darf dabei kein Leitungsstück, zum Beispiel im Bereich von Quetschverbindern (Pfeil), größer als B = 50 mm ohne Verdrillung der Leitungen entstehen. Versehen Sie die Reparaturstelle mit gelbem Klebeband, um eine vorangegangene Reparatur zu kennzeichnen.

Massepunkte am Smart 453

Die Einbaulage der Massepunkte ist in der Übersicht im Bild 6 recht gut zu erkennen. Prüfen Sie die Anschlüsse auf Korrosion und festen Sitz der Anschlusskabel zur Karosserie. Hier entstehen leicht Fehler, die nicht über das Diagnosesystem direkt erfasst werden können.

Massepunkte unter der Serviceklappe (Haube vorne)

Die Massepunkte sind nach dem Öffnen der Serviceklappe (Haube) vorne zugänglich. Die genaue Positionierung stellen wir Ihnen in der folgenden Tabelle für den Motorraum im Detail vor.

Massepunkt	Bemerkung
1 (W10)	Batterieanschluss Masse
2 (W2)	Masse am Scheinwerfer rechts
3 (W9)	Masse am Scheinwerfer links
4 (W43/1)	Masse am ABS/ESP
5 (W98/1)	Masse Abschirmung

Massepunkte Karosserie außen

Die genaue Positionierung stellen wir Ihnen in der folgenden Tabelle für die weitere Karosserie im Detail vor.

Massepunkt	Bemerkung
6 (W11)	Masse am Verbrennungsmotor
7 (W49) (W49/2)	Masse am Getriebe
8 (W83)	Masse am Karosserietunnel

Massepunkte Fahrgastraum

Die genaue Positionierung stellen wir Ihnen in der folgenden Tabelle für den Fahrgastraum vorne im Detail vor.

Massepunkt	Bemerkung
9 (W1/1)	Massepunkt Armaturenbrett Rahmen links oben
10 (W12)	Massepunkt Mittelkonsole
11 (W1/5)	Massepunkt Armaturenbrett rechts oben
12 (W1/3)	Massepunkt Armaturenbrett links oben
13 (W22)	Massepunkt 2 Armaturenbrett links oben
14 (W11/1 BW1)	Massepunkt Verbrennungsmotor 2 an der B-Säule rechts
15 (W15/9)	Massepunkt PTC-Zuheizer
16 (W51/14)	Massepunkt Rahmen (B-Säule) hinten rechts
17 (W26)	Massepunkt Mittelkonsole innen rechts

Messgeräte und Diagnosetester

Geeignete Messmittel in der Elektrik

Verwenden Sie nur geeignete Messmittel wie Multimeter und Mess- und Prüfsysteme. Prüflampen mit Glühlampe können Schäden in der Elektronik verursachen und können zudem keine Messwerte ausgeben.

Vorgaben zur Diagnose am Fahrzeug

Vor unseren Hinweisen zum Umgang mit den Stromlauf- oder Schaltplänen möchten wir, weil dazu ein enger Zusammenhang besteht, nochmals kurz auf das Fahrzeugdiagnose-, Mess- und Informationssystem eingehen. Wird das Diagnose- und Informationssystem während einer Prüf- oder Messfahrt im Aktionsbereich eines Airbags deponiert, besteht im Falle einer Airbag-Auslösung das Risiko von schweren bis tödliche Verletzungen! Deshalb zu Prüf- oder Messfahrten stets einen Helfer mitnehmen, der auf einem Rücksitz das System bedient. Zum Anschließen des Diagnose- und Testsystems schreibt Smart wie die meisten Hersteller folgendes Vorgehen vor:

- Die Handbremse anziehen.
- Das Fahrzeug mit einem Erhaltungsladegerät versehen (Batterie laden).
- Den Wählhebel bei Automatikfahrzeugen in die Stellung »P« oder »N« bringen.
- Den Fahrzeugdiagnosetester bei ausgeschalteter Zündung mit der Diagnoseleitung am Diagnoseanschluss des Fahrzeugs anschließen.
- Die Zündung einschalten.
- Alle elektrischen Verbraucher ausschalten.

Schaltpläne

Zum Gebrauch der Stromlaufpläne

Die Bordelektrik wird in Aufbau und Vernetzung durch Stromlaufpläne (auch Schaltpläne genannt) dargestellt, die für Ihren Smart in gedruckter Form schon in der Grundausführung mehrere Hundert Seiten umfassen, also einen Ordner von ganz beträchtlichem Umfang füllen. Das Schaltplanangebot enthält neben den einzelnen Stromlaufplänen für die Basisausstattung, die Elektrik für jeden der einzelnen Motoren bis hin zu Sonderausstattungen (z. B. für Klimaanlage, Einparkhilfe, Rückfahrkamera) auch zeitliche Überarbeitungen. Es macht sachlich wenig Sinn und der begrenzte Umfang dieses Buches lässt das auch nicht zu, einzelne Stromlaufpläne aus der Fülle herauszugreifen und in diesem Ratgeber darzustellen. Hinzu kommt noch, dass in den wenigsten Fällen tatsächlich der Fehler in der Verkabelung zu finden sein wird. Die Schaltfunktionen erfolgen heute überwiegend lastfrei. Zumindest nicht über die Tasten und Schalter, die der Fahrer bedient.

Lastfreie Schalter

Ein deutlicher Unterschied zu den herkömmlichen Schaltungen im Fahrzeug sind an Fahrzeugen der heutigen Generation lastfreie Schaltungen. Der Strom, der zum Betrieb der Funktion fließt, wird nicht durch den Schalter selbst geleitet. War es früher denkbar ein Relais oder einfach nur einen Kabelabgang zu legen, um eine Nebenfunktion wie zum Beispiel den Anschluss von Zusatzfernscheinwerfern zu realisieren, verursacht das Anschließen am Lichtschalter heute lediglich Fehlfunktionen und vielleicht sogar Schäden an Steuergeräten und Schaltern. Betrachten wir uns als exemplarisch die Schaltung des Lichtschalters und die Unterscheidung von Steuerkreis und Lastkreis.

Virtuelle Umsetzung am Beispiel des Lichtschalters im Lenkstockhebel

Als virtuelle Umsetzung bezeichnet man eine Schaltung, die eine Funktion nicht oder nicht direkt schaltet, sondern einen Schaltbefehl weiterleitet. Die eigentliche Schaltfunktion wird dann von einer Schaltfunktionsbox wie bei unseren Smart 453 vom Bordnetzsteuergerät übernommen. Schaltfunktionen im Tachometer, der natürlich auch ein Steuergerät ist, werden über Datenbus übermittelt. Der Lichtschalter ist lediglich der Anwahlschalter und übernimmt die Steuerfunktion, also die Steuerbefehle für das Bordnetzsteuergerät in Sachen »Licht«.

Welche Funktionen der Schalter genau hat, lässt sich nicht mehr direkt aus dem Schaltplan auslesen. Er wird als Funktionseinheit dargestellt. Kürzel am Schalter im Schaltplan lassen über eine Aufschlüsselung »Abkürzungen von Signal und Klemmenbezeichnungen für elektronische Schaltpläne« die Funktion des einzelnen Anschlusses aufschlüsseln.

Anschlüsse und Funktionen Lichtschalter:

Pin am Schalter	Funktions-kürzel	Funktion
1	161B	Lichtautomatik
2	L	Standlicht ein
3	161A	Lichtschalter aus
4	MAM	Masse (KL31)
5	64T	Blinker rechts
6	161C	Fernlicht aktiv
7	R	+Abblendlicht
8	64S	Blinker links
9	C	Abblendlicht ein
10	BPA2	Dauerplus abgesichert
12	BP75	Dauerplus abgesichert
13	8H	Nebelscheinwerfer ein
14	9B	Nebelschlussleuchte ein
15	67C	Hupe

Systematische Betrachtung erforderlich:
Natürlich lässt sich so nur noch schwer ein Bauteil einzeln überprüfen. Es ist aber grundsätzlich sinnvoller, ein System zunächst einmal als Einheit zu verstehen und im Zusammenhang zu prüfen. Der eigentliche Schalter am Lenkstock übernimmt den Funktionswunsch des Fahrers wie beispielsweise das Einschalten des Lichtes. Diese Information wird nun an die zentrale Schalteinheit »Zentralelektronik« (das Bordnetzsteuergerät) übermittelt. Dieses wiederum leitet den Schaltbefehl wie schon erwähnt an die Sicherungsplatine weiter. Diese Funktionskette erscheint zuerst einmal sehr aufwendig. Allerdings lassen sich so Funktionen in der Lichtsteuerung erreichen, die ohne die Steuersysteme deutlich aufwendiger und anfälliger werden würden. In der Praxis erfolgt ein wichtiger Teil der Fehlersuche über den Diagnosetester. Nicht nur, dass hier gelegentlich auftauchende Fehler abgelegt werden können, es können auch Funktionen über einen Stellgliedtest überprüft werden. Das allerdings ist beim Smart bei sehr wenigen frei verfügbaren Testern möglich. Der Autoaid ermöglicht aber schon die wichtigsten Funktionen unseres Lichtschalters auszuwerten. So kann in vielen Fällen zumindest in der Fehlersuche ein großer Teil der Schalterfunktionen ohne jegliche Demontage mit dem Tester geprüft werden.

Funktionsprüfung mit den Messwerten des Diagnosetesters:

Wir stellen Ihnen den Ablauf für unser Autoaid-Tester vor. Der Ablauf für vergleichbare Diagnosetester ist grundsätzlich ähnlich.

- Schließen Sie ein Ladungserhaltungsgerät an der Batterie an.
- Schließen Sie ein Diagnosegerät an die OBD-Anschlussdose im Fahrerfußraum an. Schalten Sie die Zündung ein.
- Fragen Sie den Fehlerspeicher aller Systeme ab und arbeiten Sie diese eventuell sogar ab.
- Wählen Sie mit einem Doppelklick die »Zentralelektronik« (1 im Bild 7) an.
- Sobald der Tester die Verbindung hergestellt hat, wählen Sie den Button »Sensordaten« (1 im Bild 8) an.

■ Wählen Sie nun aus der Liste (1 im Bild 9) alle möglichen Funktionen aus, die mit dem Lichtschalter zu tun haben.

Die Funktionen und der Status (an/aus oder ein Messwert) werden Ihnen dann im rechten Feld (2) dargestellt.

Fehlersuche nach Wahrscheinlichkeit
Auch wenn man es erwarten würde, ist in den meisten Fällen eben nicht ein Bauteil defekt und der Fehler lässt sich einfach per Schaltplan lokalisieren. Das Bordnetzsystem kann auch Ersatzfunktionen auslösen, die den Weiterbetrieb des Fahrzeugs noch ermöglichen.

Wichtige Reihenfolge für die Fehlersuche im Bordnetzsystem:

■ Die Reihenfolge für die Prüfungen der Bauteile sollten Sie von der Zugänglichkeit zu den Bauteilen und dem Aufwand für die Prüfung abhängig machen.

■ Betrachten Sie das Auftreten des Fehlers sehr genau. Sind andere Funktionen auch beeinträchtigt? Ein Scheinwerfer mit korrodiertem Masseanschluss wird etwas dunkleres Licht aufweisen oder die Leuchtweitenregulierung funktioniert einfach aufgrund der zu geringen Spannung nicht mehr richtig.

■ Kontrollieren Sie die Sicherungen für den jeweiligen Verbraucher, an dem die Fehlfunktion vorliegt.

■ Kontrollieren Sie den Zustand der angesteuerten Verbraucher. Sind die Lampen durchgebrannt? Sind die Anschlüsse in Ordnung?

■ Prüfen Sie, ob Sie das Bauteil mit dem Diagnosetester über den Stellgliedtest ansteuern können.

■ Lesen Sie den Fehlerspeicher für das System aus. Für die Lichtanlage wäre das der »Bedienplatine-Sicherungskasten« im Motorraum.

Prüfung von Bauteilen und Komponenten
Die klassische Fehlersuche bleibt dem Mechatroniker natürlich nicht erspart. Grundsätzlich beginnt diese aber nicht mehr über den Schaltplan eines Fahrzeugs. Vielmehr muss zuerst der Fehler möglichst vollständig erfasst werden. Über Funktionstest (auch Stellgliedtest über den Diagnoserechner) und genaue Beobachtung kann der Fehler oft recht schnell eingegrenzt werden. Den klassischen Kabelbruch gibt es auch heute noch. Auch noch an den gleichen Stellen, wo ein solcher Fehler schon immer aufgetreten ist. Das Abziehen von

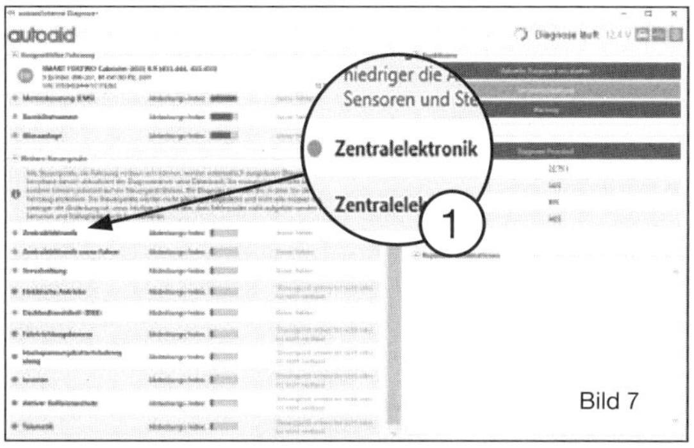

Bild 7

Bild 7
Startmaske beim Autoaidtester:
1 Anwahl des Bordnetzsteuergerätes (Zentralelektronik)

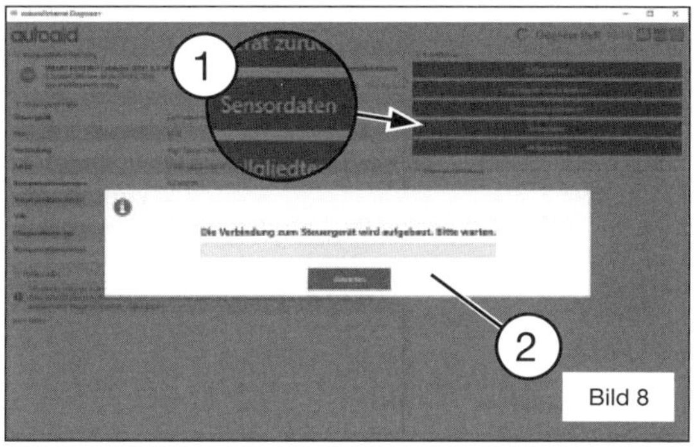

Bild 8

Bild 8
Maske des Steuergerätes Zentralelektronik:
1 Anwahl Sensordaten
2 Rückmeldung der Software

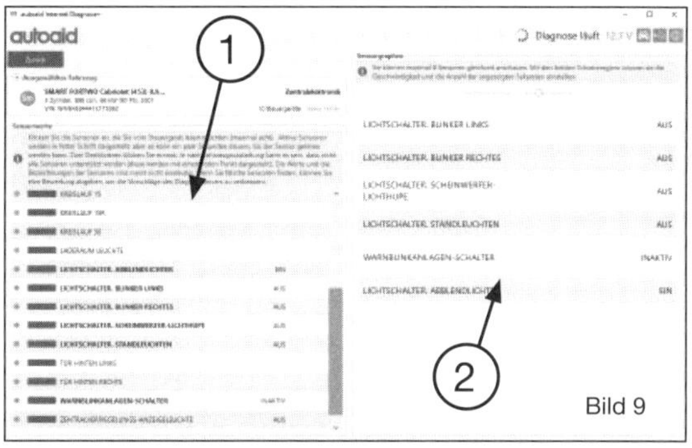

Bild 9

Bild 9
Auswahl der Sensordaten:
1 Auswahlmöglichkeiten
2 Darstellung mit Funktionsstatus

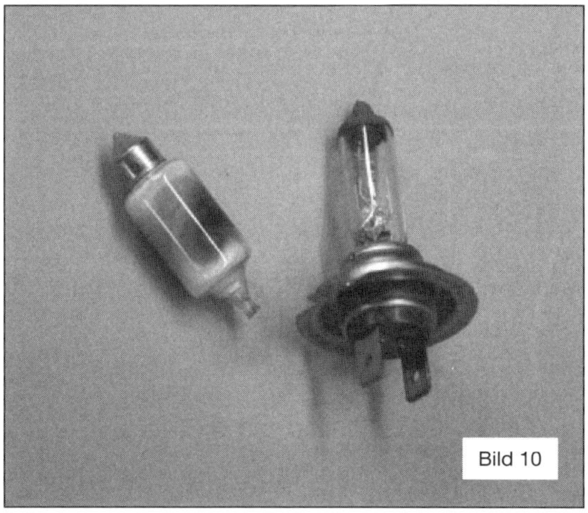
Bild 10

Bild 10
Einfach zu erkennen: defekte Leuchtmittel.

Bild 11
Fehler über Funktionsprüfung des Testers und einfache Überlegungen gefunden: Kabelbruch im Übergang zwischen Tür und Karosserie verursacht oft mehrere Fehler und ist aufgrund der dauerhaften Bewegung nachvollziehbar.

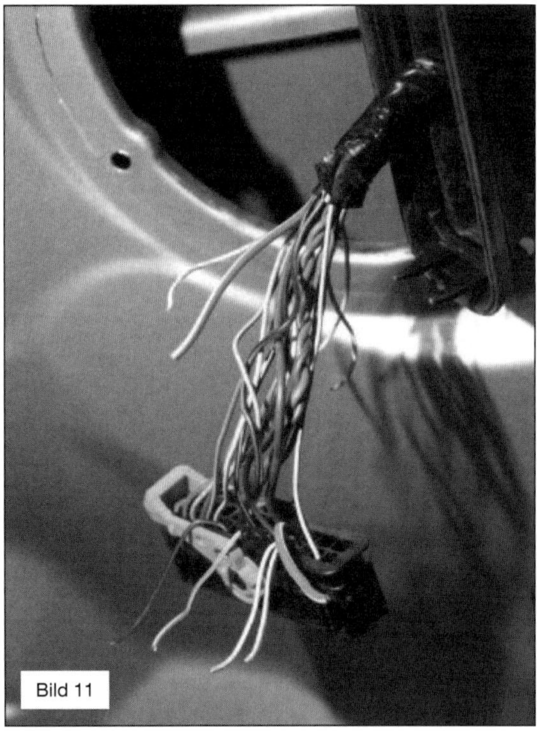

Bild 11

Kabelführungen und Ummantelungen zur Kontrolle ist also weiterhin erforderlich. Die Kabelbrüche sind zwar über einen Schaltplan nachvollziehbar, aber der Weg über die Messtechnik in solchen Fällen nachrangig. Die Spannungsversorgung und die Prüfung der Sensoren und einzelner Bauteile sind unverändert wichtig geblieben. Die optische Kontrolle von Anschlüssen, Kabeln und Kontakten ist noch immer eine wichtige Grundlage.

Den richtigen Schaltplan beschaffen
Oftmals sind es nur minimale Unterschiede in den Komponenten, die einen Schaltplan für ein Fahrzeug passend darstellen oder sogar für ein Fahrzeug unbrauchbar machen. Sollten Sie die Schaltpläne für Ihr Fahrzeug benötigen, lassen Sie sich die Pläne für Ihr Fahrzeug von Ihrem Vertragshändler ausdrucken. Für die Identifizierung ist neben Fahrgestellnummer und Motorcode auch die Getriebekennung erforderlich.

Fehlersuche am Abblendlicht

Betrachten wir eine Fehlersuche aus der Praxis und beschreiben den Einsatz der Messmittel im Detail. Gehen wir mal davon aus, das der rechte Scheinwerfer beim Abblendlicht und Fernlicht dunkler leuchtet als der linke. Es liegt kein Fehlerspeichereintrag vor. Da das Licht grundsätzlich geht, ist die Ansteuerung und die Schaltung der Spannung offensichtlich erfolgt. Allerdings besteht auch die Möglichkeit der Stellglied-Prüfung und die Ablage im Fehlerspeicher nicht.

Fehlerquellen analysieren
Als mögliche Fehlerquellen kommen folgende Komponenten infrage:
- Der Scheinwerfer wird mit einer zu geringen Spannung versorgt. Hier könnte ein Defekt an der Zuleitung, an den Steckkontakten, der Spannungsversorgung des Steuergerätes oder sogar am Steuergerät vorliegen.
- Die Masseverbindung des Scheinwerfers ist schlecht. Die Anschlüsse im Kabelbaum oder die Verschraubungen am Masseanschluss sind korrodiert oder lose.
- Die Verbindung zwischen Scheinwerferanschlussstecker und Lampenfassung ist beschädigt.
- Die Lampenfassung ist beschädigt oder korrodiert.

Vorbereitung am Fahrzeug
- Schließen Sie ein Ladungserhaltungsgerät an der Batterie an.
- Fragen Sie den Fehlerspeicher aller Systeme wie bereits auf Seite 102 beschrieben.
- Demontieren Sie den Lampendeckel des entsprechenden Scheinwerfers, sodass Sie an den Anschlussstecker gelangen können.
- Legen Sie den Steckkontakt des Scheinwerfers frei, ziehen Sie ihn aber nicht ab.

Die Messungen sollten möglichst in dem Zustand erfolgen, in dem der Fehler auftritt.

Prüfung der Spannungsversorgung des Scheinwerfers (Bild 13)
Die Messung wird zwischen der Batteriemasse und dem Anschluss der Glühlampe in der Lampe durchgeführt. So werden alle Komponenten der Spannungsversorgung erfasst.
- Schließen Sie das rote Messkabel des Multimeters an die Klemme (56b im Bild 12) an.

■ Schließen Sie das schwarze Messkabel des Multimeters an die Batteriemasse an.
■ Stellen Sie das Multimeter auf einen Messbereich von 20V DC ein.

Sie sollten nun einen Messwert von etwa 11 V bis 13 V ablesen können. Dieser Messwert stellt die Spannungsversorgung der Glühlampe dar.

Fällt der Messwert niedriger aus, liegt ein Spannungsverlust in der Masseleitung oder der Plusleitung vor.

Prüfung des Masseanschlusses des Scheinwerfers (Bild 14)

Mit dieser Messung wird der Masseanschluss bis zur Glühlampe überprüft. Wenn hier erhöhte Messwerte auffallen, wird die Masseleitung in mehrere Teilmessstrecken aufgeteilt.
■ Schließen Sie das rote Messkabel des Multimeters an die Klemme (31 im Bild 12) an.
■ Schließen Sie das schwarze Messkabel des Multimeters an die Batteriemasse an.
■ Stellen Sie das Multimeter auf einen Messbereich von 20V DC ein.
■ Schalten Sie das Abblend- oder Fernlicht ein.

Sie sollten nun einen Messwert von 0 V bis 0,5 V ablesen können. Dieser Messwert stellt den Spannungsverlust in der Masseleitung dar, bis 0,5 V darf er als »in Ordnung« betrachtet werden.

Fällt der Messwert größer aus, liegt ein Spannungsverlust in der Masseleitung vor.

Messen des Spannungsverlustes der Masse Lampenverkabelung (Bild 15)

■ Schließen Sie das rote Messkabel des Multimeters an die Klemme (4 im Bild 12) an.
■ Schließen Sie das schwarze Messkabel an die Klemme (31 im Bild 12) an.

Sie sollten nun einen Messwert von 0 V bis 0,5 V ablesen können. Dieser Messwert stellt den Spannungsverlust in der Masseleitung dar. Bis 0,5 V darf er als »in Ordnung« betrachtet werden.

Fällt der Messwert größer aus, dürfte der Fehler dann in der Verkabelung der Lampe oder der Fassung zu finden sein.

■ Kontrollieren Sie den Zustand der Anschlüsse an der Lampenfassung und das Kabel zum Zentralstecker der Lampe.
■ Prüfen Sie, ob die Stecker fest auf den Steckerfahnen der Glühlampe sitzen und ob diese oxidiert oder verfärbt sind.

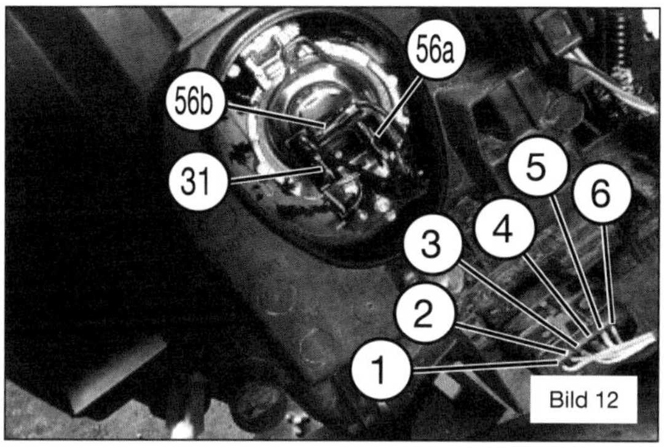

Bild 12
Scheinwerfer vorne:
1 LED
2 LED
3 Abblendlicht
4 Masse (KL31)
5 Fernlicht
6 Umfeldlicht
31 Masse (KL31)
56a Fernlicht
56b Abblendlicht

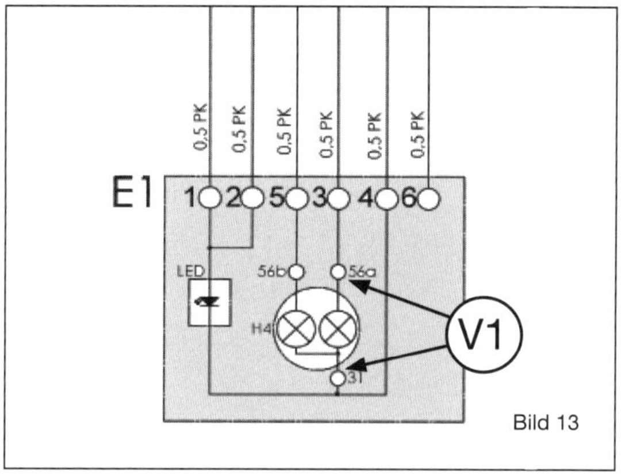

Bild 13
Versorgungsspannung Scheinwerfer vorne:
E1 Scheinwerfer
1-6 Anschlusspin
31 Masse Batterie
V1 Spannungsverlust in der Masseleitung

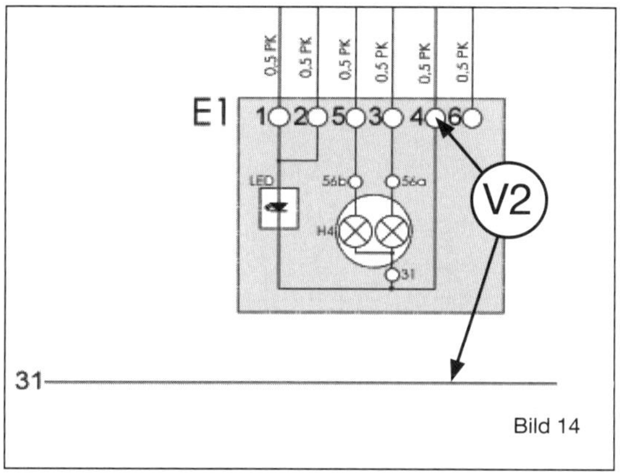

Bild 14
Spannungsverlust Masseleitung Scheinwerfer vorne:
E1 Scheinwerfer
1-6 Anschlusspin
31 Masse Batterie
V2 Spannungsverlust in der Masseleitung im Scheinwerfer

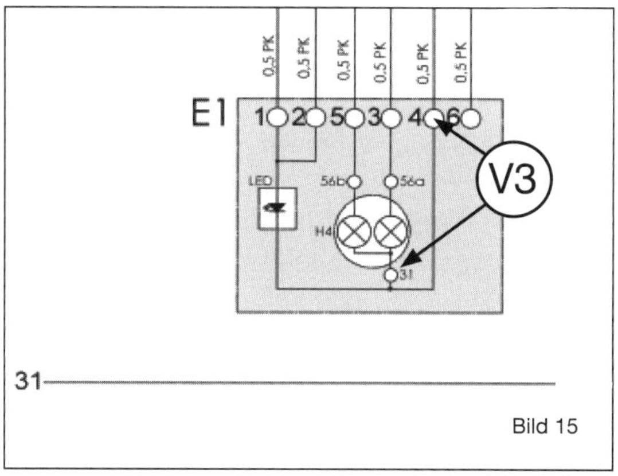

Bild 15
Spannungsverlust Masseverkabelung Scheinwerfer vorne:
E1 Scheinwerfer
1-6 Anschlusspin
31 Masse Batterie
V3 Spannungsverlust in der Masseleitung im Scheinwerfer

Bild 16
Spannungsverlust Plusleitung des Scheinwerfers vorne:
E1 Scheinwerfer
SG1 Steuergerät
1-6 Anschlusspin
31 Masse Batterie
V4 Spannungsverlust in der Plusleitung im Scheinwerfer

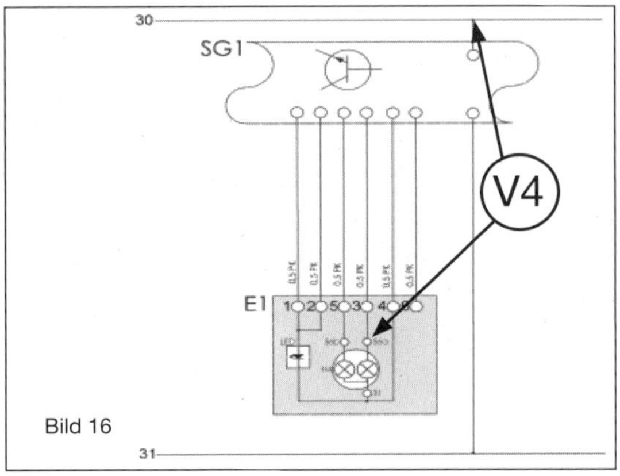

Bild 16

Bild 17
Spannungsverlust Masseverkabelung Scheinwerfer vorne:
E1 Scheinwerfer
1-6 Anschlusspin
31 Masse Batterie
V5 Spannungsverlust in der Plusleitung zur Glühlampe

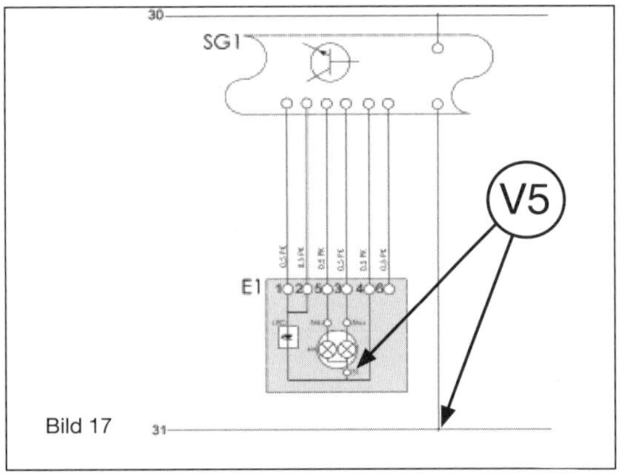

Bild 17

Prüfung des Plusanschlusses des Scheinwerfers (Bild 16)

Die Messung wird zwischen Batterieplus und dem Anschluss der Glühlampe in der Lampe durchgeführt. So werden alle Komponenten der Spannungsversorgung erfasst, die für die Spannungsversorgung auf der Plusseite verbaut sind.

- Schließen Sie das rote Messkabel des Multimeters an die Klemme (56b im Bild 12) an.
- Schließen Sie das schwarze Messkabel des Multimeters an die Batteriemasse an.
- Stellen Sie das Multimeter auf einen Messbereich von 20V DC ein.
- Schalten Sie das Abblendlicht ein.

Sie sollten nun einen Messwert von 0 V bis 0,5 V ablesen können. Dieser Messwert stellt den Spannungsverlust in der Masseleitung dar. Bis 0,5 V darf er als »in Ordnung« betrachtet werden.

Fällt der Messwert größer aus, liegt ein Spannungsverlust in der Plusleitung vor. Die Messstrecke wird in den folgenden Messungen in Teilbereiche aufgeteilt.

Messen des Spannungsverlustes der Plus-Lampenverkabelung zwischen Scheinwerfer und Zentralsteuergerät (Bild 17)

- Schließen Sie das rote Messkabel des Multimeters an die Anschlussklemme am Zentralsteuergerät (SG1) an.

Der Anschlusspin kann variieren und muss speziell für Ihr Fahrzeug abgefragt werden oder auf die herkömmliche Art optisch nach der Kabelfarbe gesucht werden.

- Schließen Sie das schwarze Messkabel an die Klemme (56b im Bild 12) an.
- Stellen Sie das Multimeter auf einen Messbereich von 20V DC ein.
- Schalten Sie das Abblendlicht ein.

Sie sollten nun einen Messwert von 0 V bis 0,5 V ablesen können. Dieser Messwert stellt den Spannungsverlust in der Masseleitung dar. Bis 0,5 V darf er als »in Ordnung« betrachtet werden.

Fällt der Messwert größer aus, liegt ein Spannungsverlust in der Plusleitung zwischen Scheinwerfer und Zentralsteuergerät vor.

- Prüfen Sie, ob die Stecker fest auf den Steckerfahnen sitzen und ob diese oxidiert oder verfärbt sind.
- Prüfen Sie, ob die Kabel in den Steckern sauber vercrimpt sind oder der Kabelbaum Scheuerstellen oder Schäden aufweist.

Praxistipp: Spannungsverlustmessung

Fehler durch Übergangswiderstände lassen sich nur unter Last feststellen. Die Übergangswiderstände fallen zumeist klein aus und werden durch die Erwärmung größer. Eine Messung des Widerstandes ist deshalb nicht sinnvoll.

Voraussetzungen für die Spannungsverlustmessung:

- Alle Geräte und Bauteile, die im zu untersuchenden Stromkreis verwendet werden, müssen angeschlossen sein.
- Die Zündung ist eingeschaltet.
- Die Spannungsversorgung ist in Ordnung.
- Die Messpunkte (Stecker an den Bauteilen) sind zugänglich.
- Die Anschlussstecker sind nicht korrodiert und sitzen fest.

Messen des Spannungsverlustes der Plus Lampenverkabelung (Bild 18)

- Schließen Sie das rote Messkabel des Multimeters an die Klemme (5 im Bild 12) an.
- Schließen Sie das schwarze Messkabel an die Klemme (56b im Bild 12) an.
- Schalten Sie das Abblendlicht ein.

Sie sollten nun einen Messwert von 0 V bis 0,5 V ablesen können. Dieser Messwert stellt den Spannungsverlust in der Masseleitung dar. Bis 0,5 V darf er als »in Ordnung« betrachtet werden.

Fällt der Messwert größer aus, dürfte der Fehler dann in der Verkabelung der Lampe oder der Fassung zu finden sein.

- Kontrollieren Sie den Zustand der Anschlüsse an der Lampenfassung und das Kabel zum Zentralstecker der Lampe.
- Prüfen Sie, ob die Stecker fest auf den Steckerfahnen der Glühlampe sitzen und ob diese oxidiert oder verfärbt sind.

Messen des Spannungsverlustes am Masseanschluss (Bild 19)

Korrosion ist bei verschraubten Anschlüssen grundsätzlich immer ein Problem. Gerade bei Fahrzeugen, wo alle ungünstigen Betriebsvarianten grundsätzlich immer zusammen kommen, können hier schnell Übergangswiderstände entstehen und sogar die Weiterleitung zwischen Verschraubung und Anschlussöse deutlich verschlechtern. Smart ist auch einer der Hersteller, bei dem die Masseanschlüsse zum Korrosionsschutz besonders beschichtet sind. Ein Lösen sollte also soweit möglich vermieden werden.

- Schließen Sie das rote Messkabel des Multimeters an die Anschlussöse des Masseanschlusses (3 im Bild 19) an.
- Schließen Sie das schwarze Messkabel an die Schraubverbindung (2) an. Am besten erfolgt die Messung an dem Teil der Verschraubung, die fest am Rahmen verbaut ist. In diesem Fall ist es der Schweißbolzen.
- Schalten Sie das Abblendlicht ein.

Sie sollten nun einen Messwert von 0 V bis 0,5 V ablesen können. Dieser Messwert stellt den Spannungsverlust in der Masseleitung dar. Bis 0,5 V darf er als »in Ordnung« betrachtet werden.

Fällt der Messwert größer aus, muss der Anschluss gereinigt und die Anschlussöse entweder gereinigt oder erneuert werden.

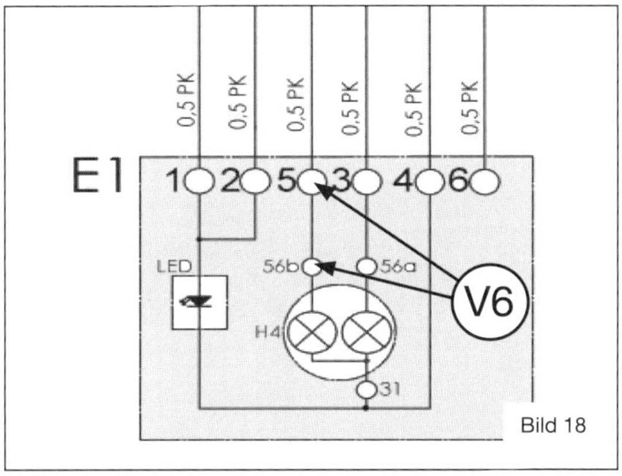

Bild 18

Bild 18
Spannungsverlust Masseverkabelung Scheinwerfer vorne:
E1 Scheinwerfer
1-6 Anschlusspin
31 Masse Batterie
V6 Spannungsverlust in der Masseleitung im Scheinwerfer

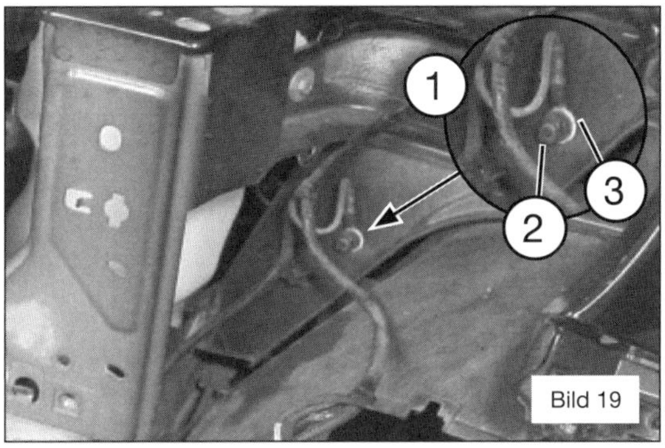

Bild 19

Bild 19
Masseanschluss am Fahrzeugrahmen:
1 Masseanschluss am Rahmen vorne links (W9)
2 Mutter
3 Anschlusskabel mit Schrauböse

Zur Versiegelung nach dem Anschrauben der blanken Metallteile eignet sich sehr gut ein Batteriepolfett.

Besonderheiten beim Smart (Mercedes) Schaltplan

Wie schon erwähnt, würden die Schaltpläne für den Smart 453 mehrere Ordner füllen. Schon die Beschreibung der Schaltfunktionen umfassen aktuell 13 Seiten.

Die Schaltpläne lassen Sie sich am besten erst dann ausdrucken, wenn wirklich Bedarf besteht. Die Fehlersuche selbst erfolgt heute eher bauteilbezogen. Fehler in der Verkabelung kommen recht selten vor.

Die Schaltpläne für den Smart sind wie die typischen Mercedes-Schaltpläne aufgebaut. Um mit den Schaltplänen sinnvoll arbeiten zu können, brauchen Sie neben den Schaltplanlegenden, die die Bauteile des jeweiligen Schaltplans bezeichnen, weitere Informationen. Die Funktionen der Bauteile oder die innere Verschaltung finden Sie in der Regel nicht in den Schaltplänen.

Sichtprüfung Messen

Bild 20
Funktionsschemata der Lichtschaltung als Muster:
A1 Tachometer
A1h1 Warnsummer
A1e38 Kontrollleuchte
E2 Leuchteneinheit vorne
E3 Leuchteneinheit hinten
N10/10 SAM Mitte
N10/11 SAM Fahrer
CAN B Datenbus Innenraum

Bild 21
Funktions- und Systemschaltplan als Muster: Hier das Datenbusssystem im Zusammenhang.
CAN A Telematik
CAN B Innenraum
CAN C Antrieb
CAN E Fahrwerk
CAN G Frontbereich, Abstandswarner usw.

Bild 22
Auszug aus einem Steuergeräteplan als Muster: Die Anbindung eines Scheinwerfers (E1) an das Zentralsteuergerät (SG1). Im kompletten Plan wären alle Bauteile am Zentralsteuergerät dargestellt.

Bild 23
Verbindungsstellenplan als Muster

Bild 24
Kennzeichnung der Schaltpläne:
1 Informationsart
2 Funktionsgruppe
3 Untergruppe
4 Kennung des Erstellers
5 Organisationsnummer
6 Nummer der Infoeinheit
7 Gültigkeiten

Schalt- und andere Planarten

Smart (Mercedes) unterscheidet grundsätzlich zwischen unterschiedlichen Planarten.

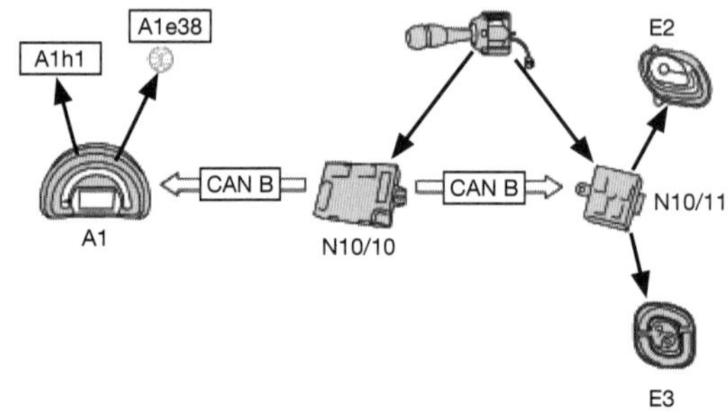

Bild 20

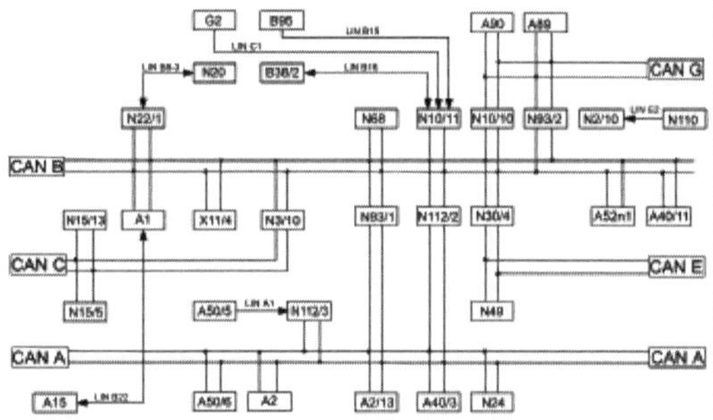

Bild 21

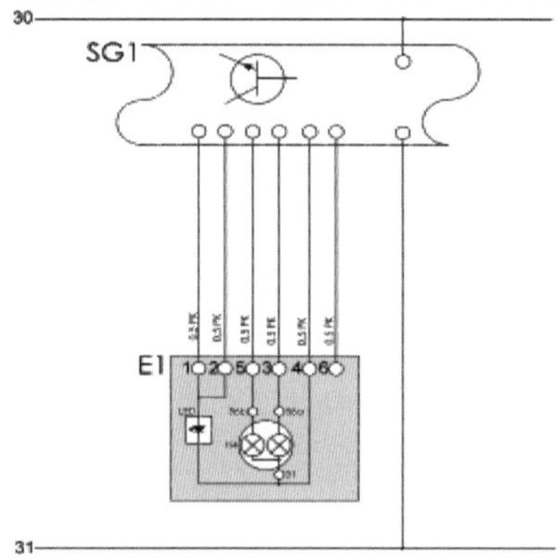

Bild 22

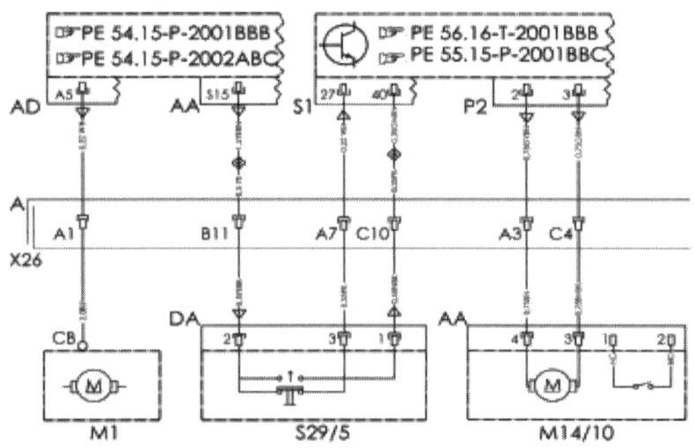

Bild 23

Funktionsschemata Pläne (Bild 20):

Schwerpunkt der Pläne ist der Funktionale Zusammenhang der Bauteile.

■ In dieser Planart geht es darum, die Funktionen der Bauteile eines Systems zueinander darzustellen. Die Bauteile werden als Symbol dargestellt. Die Verdrahtung der Bauteile untereinander spielt keine Rolle.

Funktions- und Systemschaltpläne (Bild 21):

Der Schwerpunkt der Pläne ist die Systemzugehörigkeit.

■ In dieser Planart werden die Bauteile, die für ein System relevant sind, mit ihrer Verdrahtung dargestellt.

Steuergerätepläne (Bild 22):

Der Schwerpunkt dieser Planart ist der Anschluss der Bauteile an ein spezielles Steuergerät.

■ In dieser Planart wird die Verkabelung an einem Steuergerät dargestellt. Bei Steuergeräten mit großen Anschlussanzahlen wird der Steuergeräteplan mit mehreren Plänen ausgeführt. Unterschiedliche Varianten werden im jeweiligen Plan ausgewiesen.

Lötstellen-, Masseverkabelung-und Steckverbindungspläne (Bild 23):

Der Schwerpunkt dieser Pläne liegt in den Kabelverbindungen.

■ In dieser Planart werden die Verbindungsstellen vollständig mit den Anschlüssen an den Geräten und Bauteilen dargestellt.

Kennzeichnung der Schaltpläne (Bild 24)

Die Kennzeichnung der Schaltpläne hat eine zentrale Bedeutung. Zum einen können Sie mit dieser Kennnummer einen speziellen Plan wiederfinden. Zum anderen werden Sie auch bei anderen Plänen oder auch bei

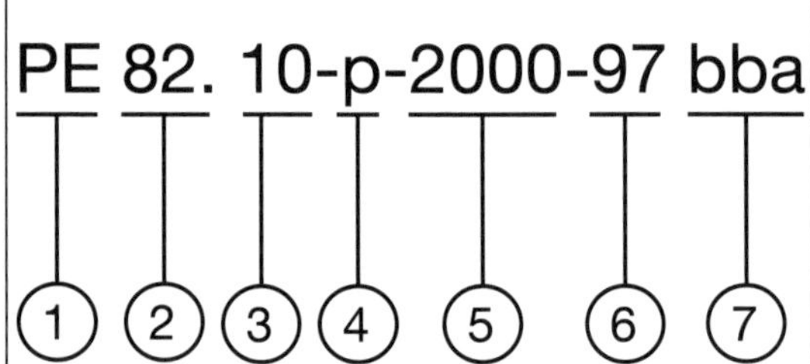

Bild 24

den Planarten zu einem Schaltplan oder zu weiterführenden Hinweisen geleitet.

Aufschlüsselung der Informationsart
Die »Informationsart« (1 im Bild 24) hilft die umfangreichen Fahrzeuginformationen schneller zu sichten und einzuordnen.

Aktuelle Informationen:

Kürzel	Bedeutung	Verweis
SI	Serviceinformationen	SI00.01-Z-0700Z
SN	Einführungs-vorschriften	SN00.01-Z-0999ZZ
SM	Maßnahmen und Anleitungen	SM00.01-Z-0999ZZ

Arbeitsinformationen:

Kürzel	Bedeutung	Verweis
AS	Sicherheitshinweise	AS00.01-Z-0999ZZ
AH	Allgemeine Hinweise	AH00.01-Z-0999ZZ
AP	Pflege, Wartung und Abgasuntersuchung	AP00.01-Z-0999ZZ
AD	Diagnose	AD00.01-Z-0999ZZ
AR	Reparatur und Prüfungen	AR00.01-Z-0999ZZ
AN	Nachrüstungen Sonderausstattungen	AN00.01-Z-0999ZZ
AZ	Nachrüstungen Umbauten Zubehör	AZ00.01-Z-0999ZZ

Grundwissen:

Kürzel	Bedeutung	Verweis
GF	Funktionen	GF00.01-Z-9999ZZ
GF	Bauzustände	GF00.01-Z-8999ZZ
GF	Technische Daten	GF00.01-Z-7999ZZ
GF	Systembauteile	GF00.01-Z-6999ZZ

Basisdaten:

Kürzel	Bedeutung	Verweis
BR	Reparaturmittel	Die Reparaturmittel sind in den Reparaturbeschreibungen enthalten.
BE	Prüf- und Einstellwerte	BE00.01-Z-0999ZZ
BA	Anziehdrehmomente	BA00.01-Z-0999ZZ
BF	Füllmengen	BF00.01-Z-0999ZZ
BB	Betriebsvorschriften	BB00.01-Z-0999ZZ
BT	Technische Änderungen	BT00.01-Z-0999ZZ
PE	Pläne Elektrik	PE00.01-Z-0999ZZ
PP	Pläne Pneumatik	PP00.01-Z-0999ZZ
PH	Pläne Hydraulik	PH00.01-Z-0999ZZ
WS	Werkstattausrüstung	Sie Infos in den Ersatzteilkatalogen
WF	Werkzeuge in der Selbstfertigung	WF00.01-Z-0999ZZ

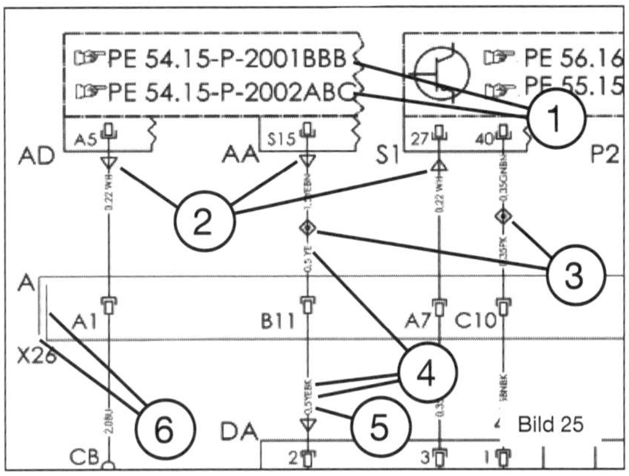

Bild 25
Pläne mit hoher Informationsdichte:
1 Weiterführende Links zu dem angeschlossenen Bauteil
2 Informations- oder Befehlsrichtung
3 Gesicherte Endhülsen
4 Kabelfarbe zwei Buchstaben je Farbe
5 Kabelquerschnitt
6 Darstellung eines Steckergehäuses

Organisation:

Kürzel	Bedeutung	Verweis
OF	Bescheinigungen	OF00.01-Z-1999ZZ
OF	Formulare	OF00.01-Z-1999ZZ

Schaltplanzuordnung zu wichtigen Bausystemen

Im Folgenden stellen wir Ihnen eine Übersicht zu den Schaltplänen des Smarts zusammen. Diese Übersicht erlaubt den Zugang zu allen Fahrzeugtypen. Unter dieser Verlinkung »OV00.01-P-1909BBA« finden sich dann die unterschiedlichen Varianten, die dann Ihrem Fahrzeug zugeordnet werden müssen.

Inhaltsübersicht zu den Schaltplänen
Der Weg zu Ihrem Schaltplan durch die unterschiedlichen Ebenen der Herstellerinformationen ist zwar bestens strukturiert, aber

Sichtprüfung Messen

Bild 26
Der Weg durch die Struktur beim Mercedeshändler zum Schaltplan.

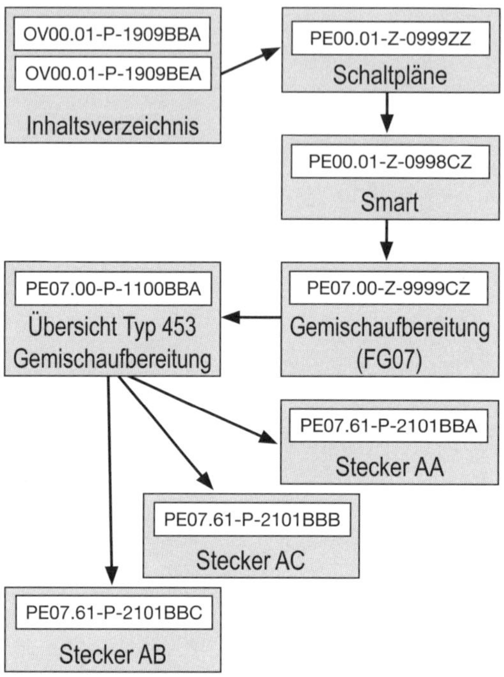

Bild 26

alles andere als einfach zu durchblicken. Den strukturellen Aufbau für die Gemischaufbereitung haben wir Ihnen im Bild 26 zusammengestellt. Die Übersicht der Schaltpläne zum Smart finden Sie in der Übersicht »PE07.00-P-1100BBA«. Die Struktur steckt natürlich auch hinter jedem Kürzel in den unterschiedlichen Themenbereichen.

Motor:

Kürzel	Bedeutung	Verweis
FG07	Gemischaufbereitung	PE07.00-Z-999CZ
FG15	Elektrische Anlage Motor	PE15.00-Z-9999CZ
FG20	Motorkühlung	PE20.00-Z-9999CZ
FG30	Tempomat	PE30.00-Z-9999CZ
FG47	Kraftstoffanlage	PE47.00-Z-9999CZ

Fahrwerk:

Kürzel	Bedeutung	Verweis
FG26	Mechanisches Getriebe	PE26.00-Z-9999CZ
FG27	Automatisches Getriebe	PE27.00-Z-9999CZ
FG31	Rahmen, Anhängerbetrieb	PE31.00-Z-9999CZ
FG40	Räder, Fahrwerksvermessung	PE40.00-Z-9999CZ
FG42	Bremsen (Hydraulik und Mechanik)	PE42.00-Z-9999CZ
FG43	Bremsen (Pneumatik und Zusatzbremsen)	PE43.00-Z-9999CZ
FG46	Lenkung	PE46.00-Z-9999CZ
FG54	Elektrische Anlage, Ausrüstung und Instrumente	PE54.00-Z-9999CZ

Aufbau:

Kürzel	Bedeutung	Verweis
FG67	Scheiben und Fenster	PE67.00-Z-9999CZ
FG68	Innenausstattung	PE68.00-Z-9999CZ
FG72	Türen	PE72.00-Z-9999CZ
FG77	Schiebedach, Verdeck und Aufsätze	PE77.00-Z-9999CZ
FG80	Zentralverriegelung, Komfortbedienung und Fahrberechtigungssysteme	PE80.00-Z-9999CZ
FG82	Elektrische Anlage Aufbau	PE82.00-Z-9999CZ
FG83	Klimatisierung	PE83.00-Z-9999CZ
FG88	Anbauteile, Außenklappen	PE88.00-Z-9999CZ
FG91	Sitze, Liegen und Rückhaltesysteme	PE91.00-Z-9999CZ

Norm-Klemmenbezeichnung

Schaltplanlegenden

Um die Schaltpläne verwenden zu können ist es auch bei den Originalplänen erforderlich, die Legenden zur Verfügung zu haben. In unseren Plänen finden Sie die Legende in der Bildbeschreibung am Rand.

Klemmenbezeichnungen nach Norm

Die Liste auf der nächsten Seite fasst die häufig benutzten Klemmenbezeichnungen zusammen, wie wir sie im Kapitel »Elektrische Anlage« auch im Zusammenhang mit der Funktion von Sicherungen angegeben haben.

Spannungsversorgung

Die wichtigsten Normkurzzeichen für die Spannungsversorgung im Bordnetz.

DIN-Norm	Beschreibung
15	Geschaltetes Plus hinter Batterie (Ausgangskontakt vom Zündanlassschalter)
15a	Geschaltetes Plus vom Zündanlassschalter (hinter der Sicherung)
30	Ausgang direkt von Batterie-Plus
30a	Ausgang direkt von Batterie-Plus (hinter der Sicherung)
30al	Ausgeschaltetes Plus von Steuergerät für Bordnetz für Innenleuchte
31	Batterie-Minus oder Fahrzeugmasse
50	Ausgangskontakt vom Zündanlassschalter für Anlasser
75	Ausgangskontakt vom Zündanlassschalter für Ausschalten von Verbrauchern zur Entlastung der Batterie beim Anlassen
75a	Ausgeschaltetes Plus hinter dem Relais für die Entlastung der Batterie beim Anlassen (hinter der Sicherung)
86s	Ausgeschaltetes Plus durch Zündanlassschalter beim vollständigen Herausziehen des Schlüssels aus dem Zündanlassschalter
87	Ausgangskontakt vom Kraftstoffpumpenrelais oder vom Relais für Dieseldirekteinspritzanlage
87a	Ausgangskontakt vom Kraftstoffpumpenrelais oder vom Relais für Dieseldirekteinspritzanlage hinter der Sicherung

Signale und Beleuchtung

Die wichtigsten Normkurzzeichen für die Beleuchtung im Bordnetz. Die Klemmenbezeichnung finden Sie auf externen Bauteilen wie beispielsweise der Anhängekupplung.

DIN-Norm	Beschreibung
54	Bremsleuchten
56	Ausgang von Lichtschalter für Abblendlicht und Fernlicht
56a	Fernlicht
56aL	Fernlicht links
56aR	Fernlicht rechts
56b	Abblendlicht
56bL	Abblendlicht links
56bR	Abblendlicht rechts
58	Stand- und Schlusslicht, Kennzeichenleuchte
58d	Beleuchtung von Schaltern und Schalttafeleinsatz
58L	Standlicht, Schlusslicht und Parklicht links
58R	Standlicht, Schlusslicht und Parklicht rechts
49L	Blinker links
48R	Blinker rechts
49a	Blinkrelais Ausgang (nur konventionelle Blinkanlagen)
71	Eingang Signalhorn

16 Technische Daten

Zur Übersicht haben wir Ihnen die wichtigsten Daten für den Smart 453 in den folgenden Tabellen zusammengetragen. Grundsätzlich sollten Sie diese Daten aber gerade bei Bestellung von Neuteilen über den Zulieferer oder über Ihren Smart-Händler nachfragen und prüfen. Im Laufe der Zeit können sich durchaus veränderte Abmessungen oder Füllmengen ergeben. Jedes Serienfahrzeug verändert sich eben auch in der laufenden Produktion in vielen Details.

0,9-l-und 1,0-l-Benzinmotoren

Modellbezeichnung	**0,9 l / 90PS**	**1,0 l / 61PS**	**1,0 l / 71PS**
Motorkennbuchstaben	281.910	281.920	281.920
Kraftstoff (Qualität)	ROZ 95		
Hubraum	898 cm^3	999 cm^3	
Zylinderzahl	3		
Ventile pro Zylinder	4		
Leistung kW bei 1/min	66 / 5500	45 / 6000	52 / 6000
Drehmoment Nm bei 1/min	135 / 2500	91 / 2850	91 / 2850
Einspritzsystem	MFI-d (Motronik)		
Bohrung Ø mm (Grund)	72,000 - 72,215		
Maximaler Verschleiß mm	0,01		
Ovalität mm	0,015		
Bohrung Ø mm (Stufe 1)	Werkseitig sind keine Übermaße vorgesehen. Wenn die Verschleißmaße überschritten werden, muss der Motorblock (Zylinderblock) ersetzt werden.		
Kolbendurchmesser (Stufe 2)			
Hub/Bohrung mm	73,1 / 72,2	81,3 / 72,2	
Kolbendurchmesser	Werkseitig sind keine Übermaße vorgesehen. Wenn die Verschleißmaße überschritten werden, muss der Motorblock (Zylinderblock) ersetzt werden		
Stoßspiel 1. Ring	0,15 - 0,30 mm		
Stoßspiel 2. Ring	0,40 - 0,60 mm		
Stoßspiel Ölabstreifring	0,20 - 0,90 mm		
Höhenspiel 1. Ring	0,04 - 0,09 mm		
Höhenspiel 2. Ring	0,03 - 0,07 mm		
Höhenspiel Ölabstreifring	Keine Angabe (mehrteiliger Ring)		
Pleuellagerspiel mm	Farbcodierung: schwarz C05, grün C08, gelb C11, blau C06, rot C16		
Lagerspiel KW Lager mm	Farbcodierung: schwarz C05, weiß C03, grün C08, gelb C11, blau C06, rot C16		
Aufladesystem	Bypasslader	Kein	
Nockenwellenantrieb	Steuerkette		
Ventilspiel Einlass (kalt)	0,25 mm - 0,35 mm		
Ventilspiel Auslass (kalt)	0,46 mm - 0,54 mm		
Planfläche Zylinder/kopf	0,03 - 0,10 mm		

Modellbezeichnung	0,9 l / 90PS	1,0 l / 61PS	1,0 l / 71PS
Motoröl	MB 229.3 0W30, 0W40, 10W40, 5W50		
Ölfilter	Filtereinsatz oder Patrone		
Ölmenge mit Filter	4,3 l	3,5 l	
Ölmenge Filter	0,5 l (inkl.)		
Kühlmittelmenge (Rot) ca.	6.9 l - 7,3 l (MB325.6)		
Getriebeöl Schaltgetriebe	SAE 75W-80 ca. 2,6 l		
Getriebeöl Automatikgetriebe (DKG-Getriebe)	SAE 75W-80 ca. 1,7 l		
Bremsflüssigkeit	DOT 4		
Klimaanlage Klimamittel (alle Systeme)	R1234Yf ca. 430g - 475g		
Klimaöl (Kompressoröl) + Kondensator Erneuerung + Verdampfer Erneuerung + Saugleitung Erneuerung + Druckleitung Erneuerung + Trocknerpatr. Erneuerung	100 cm³ 30 cm³ 30 cm³ 15 cm³ 10 cm³ 10 cm³		

Verschleißmaße

Smart 453 Bauteile	
Bremsscheibendicke (Vollscheibe) vorne (min.) Verschleißgrenze	10,6 - 12 mm
Belagsstärke vorne (ohne Trägerplatte)	10 - 17,5 mm
Bremstrommeln hinten Durchmesser (Max) Verschleißgrenze (4 im Bild 2)	203,2 - 204,4 mm
Belagsstärke hinten (ohne Belagträger) (1 im Bild 2)	4,2 - 2,4 mm
Reifenprofiltiefe	1,6 mm

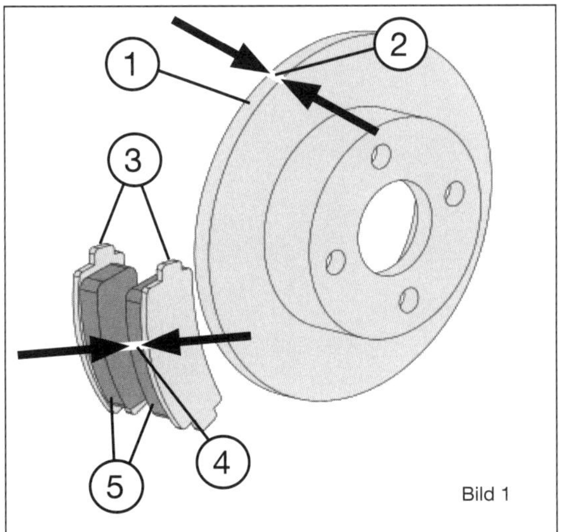

Bild 1

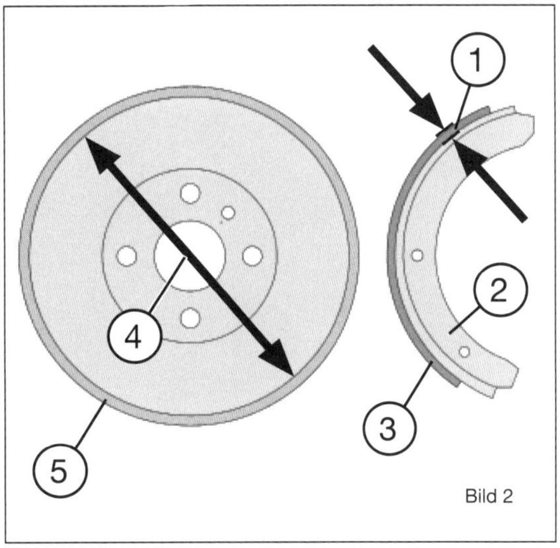

Bild 2

Bild 1
Scheibenbremse vorne:
1 Bremsscheibe
2 Bremsscheibendicke
3 Belagträger
4 Belagstärke
5 Bremsbelag

Bild 2
Trommelbremse hinten:
1 Belagstärke
2 Belagträger
3 Bremsbelag
4 Trommeldurchmesser
5 Bremstrommel

17 Anzugsdrehmomente

In diesem Kapitel stellen wir Ihnen die Anzugsmomente für die wichtigsten Verschraubungen am Fahrzeug zur Verfügung. Diese sind zum einen alphabetisch und zum anderen nach den Motorkennbuchstaben sortiert. Natürlich konnten wir nur diese Motoren darstellen, deren Daten bis zum Redaktionsschluss bekannt waren. Alle Daten sollten Sie im Zweifel bei der Teilebestellung hinterfragen und wenn erforderlich korrigieren. Selbiges gilt auch für neue Motortypen. Übernehmen Sie niemals einfach Abmessungen eines anderen Motors ohne diese zu überprüfen. Hier können leicht Schäden entstehen, die vermeidbar wären und oft recht teuer in der Beseitigung sind.

Motor und Antrieb

Smart 453 Modellbezeichnung	**Motor 0,9 l und 1,0 l Bautyp 281**
Abgaskrümmer	35 Nm
Ansaugkrümmer	10 Nm
Kraftstoffverteilerrohr	10 Nm
Kurbelwellenlager 1.	32 Nm
Kurbelwellenlager 2.	62°
Nockenwellenlagergehäuse 1.	10 Nm
Nockenwellenversteller Zentralschraube Ein- und Auslass	78 Nm
Deckel Nockenwellenversteller	10 Nm
Ventil Nockenwellenversteller	10 Nm
Ölablassschraube	50 Nm
Ölpumpe am Zylinderblock 1. Stufe	25 Nm
Ölwannenschrauben	10 Nm
Ölfilter	25 Nm
Pleuellager 1.	25 Nm
Pleuellager 2.	110°
Riemenscheibe Zentralschraube 1.	50 Nm
Riemenscheibe Zentralschraube 2.	180°
Saugrohr am Zylinderkopf	10 Nm
Schwungrad Kupplung**	20 Nm
Schwungrad/Mitnehmer 1.	30 Nm
Schwungrad/Mitnehmer 2.	50°
Sensor »Klopfsensor«	20 Nm
Sensor »Öldruckschalter«	21 Nm
Sensor Kurbelwelle	8 Nm
Sensor Lambdasonde	44 Nm
Sensor Nockenwelle	10 Nm
Steuergehäusedeckel M8 1. Stufe	8 Nm
Steuergehäusedeckel M10 2. Stufe	55 Nm
Steuergehäusedeckel M8 3. Stufe	25 Nm
Starter am Getriebeblock	44 Nm

Smart 453 Modellbezeichnung	Motor 0,9 l und 1,0 l Bautyp 281
Deckel Motorentlüftung	10 Nm
Generator Klemme D+	8 Nm
Generator Klemme B+	21 Nm
Generator am Steuergehäusedeckel	23 Nm
Getriebe Einfüllschraube	Handfest
Getriebe Ablassschraube	40 Nm
Getriebe Zentralausrücker	10 Nm
Kupplungssteller am Getriebe	10 Nm
Ventildeckel M6	10 Nm
Wasserpumpe	25 Nm
Zündkerzen	24 Nm
Zündspule am Zylinderkopf	10 Nm
Zylinderkopfschrauben 1.	25 Nm
Zylinderkopfschrauben 2.	25 Nm
Zylinderkopfschrauben 3.	270°

Fahrgestell

Verschraubung	Anzugsdrehmoment
Radnabe vorne 1. Stufe	105 Nm
Radnabe hinten 1. Stufe	60 Nm
Radnabe hinten 2. Stufe	70°
Radlagergehäuse am Achsträger	62 Nm
Lenkrad	44 Nm
Befestigung Lenkgetriebe	105 Nm
Befestigung elektrische Lenkung	105 Nm
Äußeres Spurstangengelenk	37 Nm
Bremsscheibe an Bremsnabe	21 Nm
Bremstrommel an Bremsnabe Sicherungsschraube	5 Nm
Bremssattelhalter an der Nabe vorne	105 Nm
Bremssattel an Halter vorne	30 Nm
Sensor ABS vorne	8 Nm
Sensor ABS hinten	8 Nm
Radschrauben	105 Nm

Verschraubung	Anzugsdrehmoment
Radnabe vorne 1. Stufe	280 Nm
Flanschschraube am Achsschenkel	62 Nm
Querlenker am Achsträger	105 Nm
Achsträger an der Karosserie	105 Nm
Antriebswelle 1. Stufe	60 Nm
Antriebswelle 2. Stufe	70°
Radlagergehäuse am Achsrohr	62 Nm
Querlenker Hinterachse an der Karosserie	70 Nm
Hinterachsrohr an der Karosserie	180 Nm
Pendelstütze am Getriebe M10 (M12)	21 Nm
Motorlager rechts am Motor	62 Nm
Motorlager Mutter	105 Nm
Motorlager links am Getriebe	62 Nm
Stütze am Kurbelgehäuse	105 Nm
Traggelenkbolzen	37 Nm
Spurstange am Achsschenkel	37 Nm
Kontermutter an der Spurstange	53 Nm
Spurstange an der Lenkung	90 Nm

Elektrische Anlage

Verschraubung	Anzugsdrehmoment
Masseanschluss an der Batterie M6	6 Nm
Masseband am Getriebe	24 Nm
Massepunkte an der Karosserie M6	8 Nm
Massepunkte an der Karosserie M8	15 Nm
Plusanschluss am Anlasser M8	12 Nm
Plusanschluss am Generator	15 Nm
Plusanschluss am Sicherungskasten M5	4 Nm
Plusanschluss am Sicherungskasten M6	6 Nm
Plusanschluss an der Batterie M6	6 Nm

Sonstige Verschraubungen

Schraubengröße	M4	M5	M6	M8	M10	M12	M14	M16
Anzugsdrehmoment	0,5 Nm	3 Nm	10 Nm	20 Nm	45 Nm	60 Nm	100 Nm	200 Nm

Einkaufszettel Wartungsteile

Bauteil	Lieferant	Bemerkung
Luftfilter		
Ölfilter		
Twinairfiltereinheit		
Innenraumfilter		
Motoröl		
Zündkerzen		

Sonstige Bemerkungen